大学入試 ▼ 10日あればいい!

短期集中ゼミ

数学I・A・II・B・C

特別編集

福島國光

●本書の特色

▶過去の大学入試でとくに出題頻度が高いタイプの問題を、数学 I・A・II・B・C の範囲で選びました。

▶各例題の最後に掲げた、入試に役立つテクニック『これで解決』には必ず目を通してください。

▶本書は、10 日あればいい! シリーズ『数学I+A』、『数学II』、『数学 B+C』の総例題 296 題から 197 題を厳選し、これに合わせ練習問題を選び直した特別編集版です。10 日で終了することにこだわらず、すべてを学習することをお薦めします。

※問題文に付記された大学名は、過去に同様の問題が入学試験に出題されたことを参考までに示したものです。

●目次

数学Ⅰ

数と式

1. よくでる因数分解 —— 8
2. 対称式（$x+y=a$，$xy=b$ のとき）—— 9
3. 二重根号 —— 10
4. $a+\sqrt{b}$ の整数部分と小数部分 —— 11
5. $\sqrt{a^2}=|a|$ —— 12

2次関数

6. 放物線の平行・対称移動 —— 13
7. 頂点が直線上にある放物線 —— 13
8. 最大・最小と2次関数の決定 —— 14
9. 定義域と2次関数の決定 —— 14
10. グラフの軸が動く場合の最大・最小 —— 15
11. 定義域が動く場合の最大・最小 —— 16
12. 条件式があるときの最大・最小 —— 17
13. 不等式の解と整数の個数 —— 18
14. $D>0$ と $D\geqq 0$ —— 18
15. 文字を含む不等式 —— 19
16. 解に適した不等式をつくる —— 19
17. 連立不等式の包含関係 —— 20
18. 絶対値を含む関数のグラフ —— 21
19. $ax^2+bx+c>0$　がつねに成り立つ条件 —— 21
20. 2次方程式の解とグラフ —— 22

集合と論証

21. 集合の要素と集合の決定 —— 23
22. 不等式で表された集合の関係 —— 24
23. 集合の要素の個数 —— 25
24. 「すべてとある」「またはとかつ」「少なくとも一方とともに」—— 26
25. 必要条件・十分条件 —— 27

図形と計量

26. $\sin\theta$，$\cos\theta$，$\tan\theta$ の三角比ファミリー —— 28
27. 三角方程式・不等式 —— 29
28. $\sin\theta$，$\cos\theta$ が係数の2次方程式 —— 30
29. $\sin\theta+\cos\theta=a$ のとき —— 30
30. $\sin x$，$\cos x$ で表された関数の最大・最小 —— 31
31. 三角方程式の解と個数 —— 32
32. 内接円と外接円の半径 —— 33
33. △ABC で ∠A の2等分線の長さ —— 34

CONTENTS

データの分析

34. △ABCで角の２等分線による対辺の比 —— 34
35. 覚えておきたい角の関係 —— 35
36. 空間図形の計量 —— 36
37. 箱ひげ図 —— 37
38. 平均値・分散と標準偏差 —— 38
39. 相関係数 —— 39
40. 仮説検定の考え方 —— 40

数学A

場合の数と確率

41. 順列の基本 —— 41
42. いろいろな順列 —— 42
43. 円順列 —— 43
44. 組合せの基本 —— 44
45. 組の区別がつく組分けとつかない組分け —— 45
46. 並んでいるものの間に入れる順列 —— 46
47. 組合せの図形への応用 —— 47
48. 確率と順列 —— 48
49. 確率と組合せ —— 49
50. 余事象の確率 —— 50
51. 続けて起こる場合の確率 —— 51
52. ジャンケンの確率 —— 52
53. さいころの確率 —— 53
54. 反復試行の確率 —— 54
55. ある事象が起こった原因の確率 —— 55
56. 期待値 —— 56

図形の性質

57. 円周角，接弦定理，円に内接する四角形 —— 57
58. 内心と外心 —— 58
59. 方べきの定理 —— 59
60. 円と接線・２円の関係 —— 60
61. メネラウスの定理 —— 61
62. チェバの定理 —— 62

数学と人間の活動

63. 最大公約数・最小公倍数 —— 63
64. 分数が整数になる条件 —— 64
65. 約数の個数とその総和 —— 64
66. 整数の倍数の証明問題 —— 65

67. 余りによる整数の分類（剰余類） 66
68. 互除法 67
69. 不定方程式 $ax+by=c$ の整数解 68
70. 不定方程式 $xy+px+qy=r$ の整数解 69
71. p 進法 70

数学Ⅱ

複素数と方程式・式と証明

72. 二項定理と多項定理 71
73. 整式の除法 72
74. 分数式の計算 73
75. 複素数の計算 74
76. 複素数の相等 74
77. 解と係数の関係 75
78. 解と係数の関係と２数を解とする２次方程式 76
79. 解の条件と解と係数の関係 76
80. 剰余の定理・因数定理 77
81. 剰余の定理（２次式で割ったときの余り） 78
82. 剰余の定理（３次式で割ったときの余り） 79
83. 因数定理と高次方程式 80
84. 高次方程式の解の個数 81
85. １つの解が $p+qi$ のとき 82
86. 恒等式 83
87. 条件があるときの式の値 84
88. (相加平均)≧(相乗平均) の利用 85

図形と方程式

89. 座標軸上の点 86
90. 平行な直線，垂直な直線 86
91. ３点が同一直線上にある 87
92. 三角形をつくらない条件 87
93. 点と直線の距離 88
94. 直線に関して対称な点 89
95. k の値にかかわらず定点を通る 90
96. ２直線の交角の２等分線 90
97. 円の方程式と円の中心 91
98. 円の接線の求め方――３つのパターン 92
99. 円を表す式の条件 94

CONTENTS

100. 点から円に引いた接線の長さ ―― 94
101. 定点や直線と最短距離となる円周上の点 ―― 95
102. 切り取る線分(弦)の長さ ―― 96
103. 直線と直線，円と円の交点を通る(直線・円) ―― 97
104. 平行移動 ―― 98
105. 放物線の頂点や円の中心の軌跡 ―― 98
106. 分点，重心の軌跡 ―― 99
107. 領域における最大・最小 ―― 100

三角関数

108. 加法定理 ―― 101
109. 三角関数の合成 ―― 102
110. $\sin^2 x$，$\cos^2 x$，$\sin x\cos x$ がある式 ―― 103
111. $\cos 2x$ と $\sin x$，$\cos x$ がある式 ―― 104
112. $\sin x+\cos x=t$ の関数で表す ―― 105

指数・対数

113. $a^{3x}\pm a^{-3x}$ のときの変形 ―― 106
114. $2^x\pm 2^{-x}=k$ のとき ―― 106
115. 累乗，累乗根の大小 ―― 107
116. 指数関数の最大・最小 ―― 107
117. 指数方程式・不等式 ―― 108
118. 対数の計算 ―― 109
119. $\log_2 3=a$，$\log_3 5=b$ のとき ―― 110
120. $\log_a b$ と $\log_b a$ ―― 110
121. 対数の大小 ―― 111
122. $a^x=b^y=c^z$ の式の値 ―― 111
123. 対数方程式・不等式 ―― 112
124. 対数関数の最大・最小 ―― 113
125. 桁数の計算・最高位の数・1の位の数 ―― 114

微分・積分

126. 接線：曲線上の点における ―― 115
127. 接線：曲線外の点を通る接線と本数 ―― 116
128. $f(x)$ が $x=\alpha$，β で極値をとる ―― 117
129. 増減表と極大値・極小値 ―― 118
130. 3次関数が極値をもつ条件・もたない条件 ―― 118
131. 区間 $\alpha\leqq x\leqq\beta$ で $f(x)$ が増加する条件 ―― 119
132. 関数の最大・最小（定義域が決まっているとき） ―― 120

133. $f(x)=a$ の解の個数と解の正負 —— 121
134. $f(x)=0$ の解の個数（極値を考えて）—— 122
135. 絶対値を含む関数の定積分 —— 123
136. 絶対値と文字を含む関数の定積分 —— 124
137. $\int_a^b f(t)\,dt=A$（定数）とおく —— 125
138. 放物線と直線で囲まれた部分の面積 —— 126
139. 面積の最小値・最大値 —— 127
140. 面積を分ける直線，放物線 —— 128

数学B
数　列

141. 等差数列 —— 129
142. 等比数列 —— 130
143. 等差数列の和の最大値 —— 131
144. a，b，c が等差・等比数列をなすとき —— 131
145. p で割って r_1 余り，q で割って r_2 余る数列 —— 132
146. S_n-rS_n で和を求める —— 132
147. Σ の計算 —— 133
148. 分数で表された数列の和 —— 134
149. 特定の項を取り出してできる数列 —— 135
150. a_n と S_n の関係 —— 136
151. 群数列 —— 137
152. 階差数列の漸化式 $a_{n+1}-a_n=f(n)$ 型 —— 138
153. 漸化式 $a_{n+1}=pa_n+q$ $(p\neq1)$ の型（基本型）—— 139

確率分布と統計的な推測

154. 確率変数の期待値（平均）—— 140
155. 確率変数の分散と標準偏差 —— 141
156. 確率変数 $aX+b$ の期待値と分散 —— 142
157. 正規分布と標準化 —— 143
158. 二項分布の正規分布による近似 —— 144
159. 標本平均の期待値と分散 —— 145
160. 母平均の推定 —— 146
161. 母比率の検定 —— 147

数学C
ベクトル

162. ベクトルの加法と減法 —— 148
163. 内分点の位置ベクトル —— 149
164. 3点が同一直線上にある条件 —— 150

165. 座標とベクトルの成分 ―― 151
166. $\vec{c}=m\vec{a}+n\vec{b}$ を満たす m, n ―― 151
167. ベクトルの内積・なす角・大きさ ―― 152
168. 成分による大きさ・なす角・垂直・平行 ―― 153
169. 三角形の面積の公式 ―― 154
170. △ABC：$a\overrightarrow{\mathrm{PA}}+b\overrightarrow{\mathrm{PB}}+c\overrightarrow{\mathrm{PC}}=\vec{0}$ の点 P の位置と面積比 ― 155
171. 角の２等分線と三角形の内心のベクトル ―― 156
172. 線分，直線 AB 上の点の表し方 ―― 157
173. 線分の交点の求め方（内分点の考えで） ―― 158
174. 直線の方程式 $\overrightarrow{\mathrm{OP}}=s\overrightarrow{\mathrm{OA}}+t\overrightarrow{\mathrm{OB}}$ $(s+t=1)$ ―― 159
175. 平面ベクトルと空間ベクトルの公式の比較 ―― 160
176. 正四面体の問題 ―― 161
177. 空間の中の平面 ―― 162
178. 平面と直線の交点 ―― 163
179. 空間座標と空間における直線 ―― 164
180. 平面に下ろした垂線と平面の交点 ―― 165

複素数平面

181. 複素数と複素数平面 ―― 166
182. 極形式 ―― 167
183. 積・商の極形式 ―― 168
184. ド・モアブルの定理 ―― 169
185. $z^n=a+bi$ の解 ―― 170
186. 複素数 z のえがく図形 ―― 171
187. $w=f(z)$：w のえがく図形 ―― 172
188. ２線分のなす角 ―― 173
189. 三角形の形状 ―― 174
190. 点 z の回転移動 ―― 175

平面上の曲線

191. 放物線 ―― 176
192. 楕円 ―― 177
193. 双曲線 ―― 178
194. ２次曲線の平行移動 ―― 179
195. ２次曲線と直線 ―― 180
196. 極方程式を直交座標の方程式で表す ―― 181
197. ２次曲線の極方程式 ―― 182

1 よくでる因数分解

次の式を因数分解せよ。

(1) x^3+2x^2-4x-8 〈広島工大〉

(2) $x^2(1-yz)-y^2(1-xz)$ 〈名古屋学院大〉

(3) $6x^2+7xy-5y^2-11x+12y-7$ 〈青山学院大〉

(4) x^4-8x^2+4 〈大阪工大〉

解

(1) 与式 $=x^2(x+2)-4(x+2)$ ←かくれた共通因数がでてくるように，項の組合せを考える。

$=(x+2)(x^2-4)$

$=\boldsymbol{(x+2)^2(x-2)}$

(2) 与式 $=x^2-x^2yz-y^2+xy^2z$ ←一度展開する。

$=(xy^2-x^2y)z+(x^2-y^2)$ ←最低次数の文字 z で整理（文字が2つ以上あるとき，次数の一番低い文字で整理する。）

$=xy(y-x)z+(x+y)(x-y)$

$=\boldsymbol{(x-y)(x+y-xyz)}$

(3) 与式 $=6x^2+(7y-11)x-(5y^2-12y+7)$ ←x の2次式として整理

$=6x^2+(7y-11)x-(5y-7)(y-1)$ ←タスキ掛け

$=\boldsymbol{(2x-y+1)(3x+5y-7)}$

$2 \quad -(y-1) \cdots -3y+3$
$3 \quad (5y-7) \cdots 10y-14$

(4) 与式 $=(x^2-2)^2-4x^2$

$=(x^2-2)^2-(2x)^2$ ←A^2-X^2 の型にする。

$=(x^2-2+2x)(x^2-2-2x)$

$=\boldsymbol{(x^2+2x-2)(x^2-2x-2)}$ ←式は形よく整理しておく。

アドバイス

- 因数分解では，式の形をみてはじめに“共通因数でくくれるか”“公式にあてはまるか”を考える。
- 次に，“次数の一番低い文字で整理する”，次数が同じならば，“一つの文字について整理する”などが基本的 step である。

これで解決！

因数分解は
(1) 公式にあてはまるか
(2) かくれた共通因数の発見
(3) 最低次数の文字で整理
(4) 2次式ならタスキ掛け
➡ これでできないとき A^2-X^2 の型を考えよ

練習1 次の式を因数分解せよ。

(1) $x^3+4x^2-4x-16$ 〈近畿大〉

(2) $a^3+a^2-2a-a^2b-ab+2b$ 〈福井工大〉

(3) $(a+b)(b+c)(c+a)+abc$ 〈成城大〉

(4) $x^4-3x^2y^2+y^4$ 〈名古屋経大〉

2 対称式（$x+y=a$，$xy=b$ のとき）

$x=\dfrac{\sqrt{3}-1}{\sqrt{3}+1}$，$y=\dfrac{\sqrt{3}+1}{\sqrt{3}-1}$ のとき，次の値を求めよ。

(1)　x^2+y^2　　　　(2)　x^3+y^3　　　〈大阪産大〉

$$x=\frac{(\sqrt{3}-1)^2}{(\sqrt{3}+1)(\sqrt{3}-1)}=\frac{4-2\sqrt{3}}{3-1}=2-\sqrt{3}$$

⬅x，y を有理化する。

$$y=\frac{(\sqrt{3}+1)^2}{(\sqrt{3}-1)(\sqrt{3}+1)}=\frac{4+2\sqrt{3}}{3-1}=2+\sqrt{3}$$

$x+y=4$，$xy=1$

⬅$x+y$，xy の基本対称式の値を求める。

(1)　$x^2+y^2=(x+y)^2-2xy$

　　$=4^2-2\cdot1=\mathbf{14}$

(2)　$x^3+y^3=(x+y)^3-3xy(x+y)$

　　$=4^3-3\cdot1\cdot4=\mathbf{52}$

⬅$x+y$，xy の基本対称式で表す。

アドバイス

- $x+y$，xy を x，y の基本対称式という。特に次の変形は重要である。
  $\boldsymbol{x^2+y^2=(x+y)^2-2xy}$，$\boldsymbol{x^3+y^3=(x+y)^3-3xy(x+y)}$　（数Ⅱ）
- $x-y$，$\sqrt{x}+\sqrt{y}$ などは平方して
  $\boldsymbol{(x-y)^2=(x+y)^2-4xy}$，$\boldsymbol{(\sqrt{x}+\sqrt{y})^2=x+y+2\sqrt{xy}}$
  として計算する。さらに，3 文字 x，y，z について
  $\boldsymbol{x^2+y^2+z^2=(x+y+z)^2-2(xy+yz+zx)}$
  は覚えておきたい頻出の式変形である。
- $x=\sqrt{a}+\sqrt{b}$，$y=\sqrt{a}-\sqrt{b}$ が与えられているとき，単に代入して計算しようなどと考えるな。工夫もせずそれで簡単に解けるようなら入学試験問題にならない。対称式の計算は和 $x+y$ と積 xy を求めて計算を進めよう。

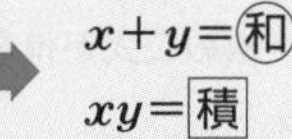

$\left.\begin{array}{l}x=\sqrt{a}+\sqrt{b}\\ y=\sqrt{a}-\sqrt{b}\end{array}\right\}$ のとき ➡ $x+y=$㊊，$xy=$[積] の基本対称式で計算せよ

練習2　(1)　$x=\dfrac{4}{3+\sqrt{5}}$，$y=\dfrac{4}{3-\sqrt{5}}$ のとき，x^2+y^2，x^3+y^3，$\sqrt{x}-\sqrt{y}$ の値を求めよ。

〈名城大〉

(2)　$x+y=2$，$x^2+y^2=1$ のとき，$xy=$[　　]，$x^3+y^3=$[　　]，$x^5+y^5=$[　　] である。

〈青山学院大〉

(3)　$a+b+c=2$，$a^2+b^2+c^2=8$，$abc=-3$ を満たすとき，次の値を求めよ。

　$ab(a+b)+bc(b+c)+ca(c+a)$

〈福島大〉

3 二重根号

次の式を簡単にせよ。

(1) $\sqrt{15+2\sqrt{54}}+\sqrt{15-2\sqrt{54}}$ 〈近畿大〉

(2) $\sqrt{4-\sqrt{15}}$ 〈日本大〉

解

(1) $\sqrt{15+2\sqrt{54}}+\sqrt{15-2\sqrt{54}}$

$=\sqrt{(9+6)+2\sqrt{9\times6}}+\sqrt{(9+6)-2\sqrt{9\times6}}$

$=(\sqrt{9}+\sqrt{6})+(\sqrt{9}-\sqrt{6})$

$=3+3=\mathbf{6}$

← $\sqrt{15\pm2\sqrt{54}}$
$=\sqrt{\underset{\text{和}}{(9+6)}\pm2\sqrt{\underset{\text{積}}{9\times6}}}$

(2) $\sqrt{4-\sqrt{15}}=\sqrt{\dfrac{8-2\sqrt{15}}{2}}$

$=\dfrac{\sqrt{8-2\sqrt{15}}}{\sqrt{2}}$

$=\dfrac{\sqrt{5}-\sqrt{3}}{\sqrt{2}}=\dfrac{\sqrt{\mathbf{10}}-\sqrt{\mathbf{6}}}{\mathbf{2}}$

← $\sqrt{\bigcirc\pm2\sqrt{\bullet}}$ の形にするために，分数にして表す。

← $\sqrt{8-2\sqrt{15}}$
$=\sqrt{\underset{\text{和}}{(5+3)}-2\sqrt{\underset{\text{積}}{5\times3}}}$

アドバイス

◤二重根号をはずすときの注意◢

- (1)では，$\sqrt{15-2\sqrt{54}}$ を $\sqrt{6}-\sqrt{9}$ としないこと。($\sqrt{6}-\sqrt{9}<0$ である。)
  (2)では，$\sqrt{4-\sqrt{15}}$ の $\sqrt{15}$ の前に 2 がないので，$2\sqrt{15}$ をつくるために分母に 2 をもってきて，無理に公式が使える $\sqrt{\bigcirc-2\sqrt{\bullet}}$ の形に変形する。
- この公式は次の式の関係から導かれる。

  $(\sqrt{a}\pm\sqrt{b})^2=a\pm2\sqrt{ab}+b$ ($a>b>0$，複号同順)

  $(\sqrt{a}\pm\sqrt{b})^2=(a+b)\pm2\sqrt{ab}$

  $\sqrt{a}\pm\sqrt{b}=\sqrt{(a+b)\pm2\sqrt{ab}}$

  この左辺と右辺を入れかえて，次の公式が得られる。

これで解決！

二重根号 ➡ $\sqrt{\underset{\text{和}}{(a+b)}\pm2\sqrt{\underset{\text{積}}{ab}}}=\sqrt{a}\pm\sqrt{b}$ ($a>b>0$) (複号同順)

（この 2 が必ずくるように）

練習3 (1) $\sqrt{7+2\sqrt{10}}+\sqrt{13-4\sqrt{10}}$ を簡単にすると □ となる。 〈獨協大〉

(2) $\sqrt{8+\sqrt{15}}+\sqrt{8-\sqrt{15}}$ を簡単にすると □ となる。 〈大阪産大〉

(3) $\sqrt{a+8+6\sqrt{a-1}}-\sqrt{a+8-6\sqrt{a-1}}$ ($a\geqq1$) は $a\geqq$ □ のとき □，$1\leqq a<$ □ のとき □ となる。 〈阪南大〉

4　$a+\sqrt{b}$ の整数部分と小数部分

$\dfrac{2}{\sqrt{6}-2}$ の整数部分を a，小数部分を b とするとき，$a^2+4ab+4b^2$ の値を求めよ。　〈北海学園大〉

$$\frac{2}{\sqrt{6}-2}=\frac{2(\sqrt{6}+2)}{(\sqrt{6}-2)(\sqrt{6}+2)}$$

$$=\frac{2(\sqrt{6}+2)}{2}=2+\sqrt{6}$$

⬅有理化する。

$2<\sqrt{6}<3$ だから　$4<2+\sqrt{6}<5$

⬅$\sqrt{6}$ を自然数で挟む。$\sqrt{4}<\sqrt{6}<\sqrt{9}$ より $2<\sqrt{6}<3$

よって，整数部分は　$a=4$

小数部分は　$b=2+\sqrt{6}-4$

$=\sqrt{6}-2$

⬅小数部分は整数部分を引いたもの。

$$a^2+4ab+4b^2=(a+2b)^2$$
$$=(4+2\sqrt{6}-4)^2$$
$$=\mathbf{24}$$

アドバイス

- $a+\sqrt{b}$ の整数部分と小数部分に関する問題では，まず $\sqrt{b}$ を連続する自然数 n と $n+1$ で挟む。それから小数部分は $a+\sqrt{b}$ の整数部分を求めて引けばよい。
- 不等式で小数部分を求めるとき，注意をしなければならないことがある。
  例えば，$4\sqrt{3}$ の小数部分を求めるとき，
  $1<\sqrt{3}<2$ の各辺を 4 倍して　$4<4\sqrt{3}<8$
  これでは，$4\sqrt{3}$ の整数部分が 4，5，6，7 のどれかわからない。
  一度 $\sqrt{}$ の中に入れる。
  $4\sqrt{3}=\sqrt{48} \longrightarrow \sqrt{36}<\sqrt{48}<\sqrt{49} \longrightarrow 6<\sqrt{48}<7$
  とすれば，整数部分は 6 であることがわかる。

$a+\sqrt{b}$ の整数部分 小数部分 ➡
- **$\sqrt{b}$ を自然数 n と $n+1$ で挟み込む**
  $n<\sqrt{b}<n+1$
- **各辺に a を加えて**
  $a+n<a+\sqrt{b}<a+(n+1)$

➡ **整数部分 $a+n$　小数部分 $a+\sqrt{b}-$(整数部分)**

練習4　$\dfrac{1}{4-\sqrt{15}}$ の整数部分を a，小数部分を b とする。このとき，$a=$□，$a^2-b(b+6)=$□ である。　〈甲南大〉

5 $\sqrt{a^2}=|a|$

x が実数のとき，$\sqrt{(x-1)^2}+\sqrt{(x+1)^2}$ を簡単にせよ。　〈福岡教育大〉

解

$$\sqrt{(x-1)^2}+\sqrt{(x+1)^2}=|x-1|+|x+1|$$

⬅$\sqrt{a^2}=|a|$

$$|x-1|=\begin{cases} x-1 & (x\geqq 1) \\ -(x-1) & (x<1) \end{cases}$$

$$|x+1|=\begin{cases} x+1 & (x\geqq -1) \\ -(x+1) & (x<-1) \end{cases}$$

絶対値

$$|a|=\begin{cases} a & (a\geqq 0) \\ -a & (a<0) \end{cases}$$

(i)　$x\geqq 1$ のとき

与式 $=|x-1|+|x+1|$

$=(x-1)+(x+1)=2x$

⬅絶対値 $=0$ となるときの値が場合分けの分岐点。

(ii)　$-1\leqq x<1$ のとき

与式 $=|x-1|+|x+1|$

$=-(x-1)+(x+1)=2$

$x<-1$　$-1\leqq x<1$　$1\leqq x$
(iii)　(ii)　(i)
-1　1　x

(iii)　$x<-1$ のとき

与式 $=|x-1|+|x+1|$

$=-(x-1)-(x+1)=-2x$

よって，与式 $=\begin{cases} x\geqq 1 \text{ のとき} & 2x \\ -1\leqq x<1 \text{ のとき} & 2 \\ x<-1 \text{ のとき} & -2x \end{cases}$

⬅答えはまとめてかいておく。

アドバイス

◤$\sqrt{a^2}=|a|$ とする理由◢

- $\sqrt{(x-1)^2}=x-1$ となんの疑いもなく $\sqrt{\ \ }$ をはずす人が多い。
  $\sqrt{5^2}=5$，$\sqrt{(-5)^2}=5$ からもわかるように，$\sqrt{(\ \ )^2}$ は（　）内の正，負にかかわらず，$\sqrt{\ \ }$ をはずしたときに負になることはない。したがって，絶対値記号をつけて $\sqrt{(x-1)^2}=|x-1|$，$\sqrt{(x+1)^2}=|x+1|$ とする。
- 絶対値記号をはずす場合，等号 $=$ は全部につけておいても間違いではないが，$x\geqq 1$ のように大きい方を示す方につけるのが一般的である。

これで解決！

$$\sqrt{(x-a)^2}=|x-a|=\begin{cases} x-a & (x\geqq a) \\ -(x-a) & (x<a) \end{cases}$$

練習5　(1)　$\sqrt{9x^2+36x+36}-\sqrt{4x^2-8x+4}$ を簡単な形に整理すると，$x<-5$ の場合は □，$|x|<1$ の場合は □ になる。　〈愛知大〉

(2)　$x=\dfrac{1+a^2}{2a}$ $(0<a\leqq 1$，a は実数$)$ のとき，$a(\sqrt{x+1}+\sqrt{x-1})$ の値を求めよ。

〈類　自治医大〉

6 放物線の平行・対称移動

放物線 $y=x^2-2x+2$ を x 軸方向に 2，y 軸方向に -2 平行移動し，さらに原点に関して対称移動した放物線の式を求めよ。〈天理大〉

解　$y=(x-1)^2+1$ より，頂点は　$(1,\ 1)$

x 軸方向に 2，y 軸方向に -2 の平行移動で

頂点は $(1,\ 1)\to(3,\ -1)$ に移る。

原点に関しての対称移動で，x^2 の係数が -1 になり，頂点は $(3,\ -1)\to(-3,\ 1)$ に移る。

よって，$\boldsymbol{y=-(x+3)^2+1}$

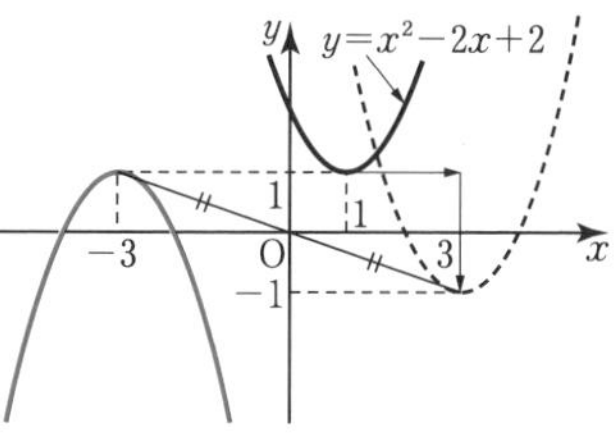

アドバイス

- 放物線の移動は，グラフの概形をかき，頂点に注目して移動させるのがわかりやすい。ただし，グラフが上下逆転するときは，x^2 の係数の符号が変わる。

これで解決！

放物線（2次関数）の移動 ➡ 頂点の動きで考える，上下逆転に注意！

練習6　放物線 $y=-2x^2+4x-4$ を x 軸に関して対称移動し，さらに x 軸方向に 8，y 軸方向に 4 だけ平行移動して得られる放物線の方程式は $\boxed{}$ である。〈慶応大〉

7 頂点が直線上にある放物線

放物線 $y=2x^2$ を平行移動したもので，点 $(1,\ 3)$ を通り，頂点が直線 $y=2x-3$ 上にある放物線の方程式を求めよ。〈兵庫医大〉

解　頂点を $(t,\ 2t-3)$ とおくと

$y=2(x-t)^2+2t-3$ と表せる。

点 $(1,\ 3)$ を通るから $3=2(1-t)^2+2t-3$，

$(t-2)(t+1)=0$　より　$t=2,\ -1$

よって，$\boldsymbol{y=2(x-2)^2+1,\ y=2(x+1)^2-5}$

⬅ $y=2x-3$ 上の点は $(t,\ 2t-3)$ とおける。

アドバイス

- 直線 $y=mx+n$ 上の点は $(t,\ mt+n)$ と表せる。放物線の頂点や，円の中心が直線上にあるとき，その他一般的に利用頻度は高いので使えるようにしておきたい。

これで解決！

直線 $\boldsymbol{y=mx+n}$ 上の点は ➡ $\boldsymbol{(t,\ mt+n)}$ とおく

練習7　x^2 の係数が 2 である放物線のうち，点 $(3,\ 5)$ を通り，頂点が直線 $y=2x-5$ 上にあるものの方程式を求めよ。〈立命館大〉

8 最大・最小と2次関数の決定

グラフが点 $(4,\ -4)$ を通り，$x=2$ のとき最大値8をとる2次関数は，$y=\boxed{}$ である。〈摂南大〉

解 $x=2$ で最大値8をとるから

$y=a(x-2)^2+8$ $(a<0)$ とおける。

点 $(4,\ -4)$ を通るから

$-4=4a+8$ より $a=-3$ （$a<0$ を満たす。）

よって，$\boldsymbol{y=-3(x-2)^2+8}$

⬅$y=ax^2+bx+c$ が最大値をとるとき上に凸で $a<0$

アドバイス

- 2次関数 $y=ax^2+bx+c$ の a，b，c の決定には3つの条件が必要になるが，最大値や最小値などの頂点に関する条件が与えられたときは，次の形で求めていく。

これで解決！

2次関数の決定：頂点が関係したら ➡ $\boldsymbol{y=a(x-p)^2+q}$ とおく

■**練習8** 2次関数 $y=ax^2+bx+c$ は，$x=-1$ で最大値4をとり，グラフが点 $(1,\ 0)$ を通るとき，a，b，c の値を求めよ。〈類　大阪産大〉

9 定義域と2次関数の決定

2次関数 $y=ax^2-8ax+b$ $(2\leqq x\leqq 5)$ の最大値が6で，最小値が -2である。このとき，定数 a $(a>0)$，b を求めよ。〈類　名城大〉

解 $y=a(x-4)^2-16a+b$ と変形する。

グラフを考えると，右図のようになるから

最大値は $x=2$ のとき $-12a+b=6$ ……①

最小値は $x=4$ のとき $-16a+b=-2$……②

①，②から $\boldsymbol{a=2,\ b=30}$

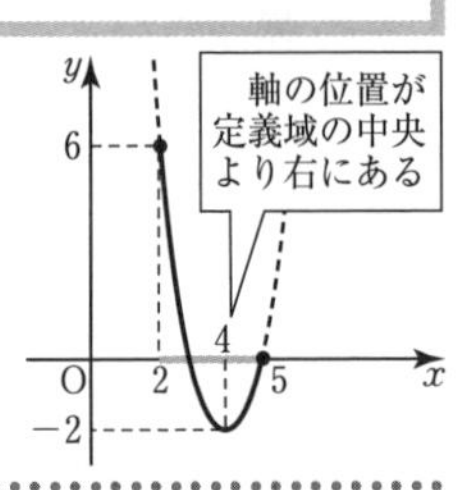

アドバイス

- 2次関数は定義域の端で最大値または最小値をとる。これはグラフの軸が定義域の中央より“右寄り”か“左寄り”かによって決まる。

これで解決！

定義域があるときの最大・最小 ➡ グラフの軸の位置を確認！

■**練習9** 2次関数 $f(x)=ax^2-2ax+b$ の $-1\leqq x\leqq 2$ における最大値が3，最小値が -5 となるような $f(x)$ は2つ存在する。この $f(x)$ を求めよ。〈福島大〉

10　グラフの軸が動く場合の最大・最小

$-1 \leqq x \leqq 1$ における関数 $f(x)=x^2-2ax+a^2+1$ の最大値 M と最小値 m を求めよ。　〈類　京都産大〉

解　$y=f(x)=(x-a)^2+1$ と変形する。
このグラフは，軸 $x=a$ の値によって，次のように分類される。

(i)　$a<-1$　(ii)　$-1 \leqq a<0$　(iii)　$a=0$　(iv)　$0<a \leqq 1$　(v)　$1<a$

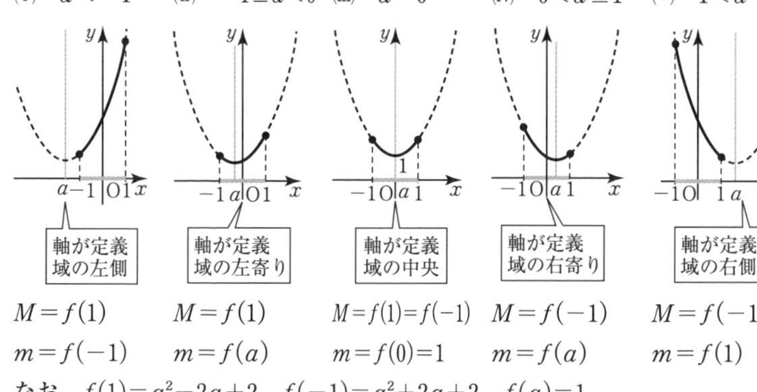

なお，$f(1)=a^2-2a+2$，$f(-1)=a^2+2a+2$，$f(a)=1$
以上より，

$$\begin{cases} a<-1 \text{ のとき} & M=a^2-2a+2\ (x=1), & m=a^2+2a+2\ (x=-1) \\ -1 \leqq a<0 \text{ のとき} & M=a^2-2a+2\ (x=1), & m=1\ (x=a) \\ a=0 \text{ のとき} & M=2\ (x=1,\ -1), & m=1\ (x=0) \\ 0<a \leqq 1 \text{ のとき} & M=a^2+2a+2\ (x=-1), & m=1\ (x=a) \\ 1<a \text{ のとき} & M=a^2+2a+2\ (x=-1), & m=a^2-2a+2\ (x=1) \end{cases}$$

アドバイス

- 定義域が決まっていてグラフが動くような場合は，まず軸が定義域の内にあるか，外にあるかで分類するとわかりやすい。
- 軸が定義域内にあるときは，(ii)，(iii)，(iv)からもわかるように，右寄りか，左寄りかで最大値が異なるので，そこで場合分けをする。(最小値だけならこの必要はない)
- 座標軸と動かない定義域をまずかいて，その上で動くグラフを左から右に動かして考えるとよい。

これで解決！

2次関数の最大・最小
グラフの軸が動くとき　➡　{軸が / 定義域} の “内か”“外か” で，まず分けよ
“右寄り”“左寄り” にも注意

練習10　関数 $y=2x^2-4ax+a$ $(0 \leqq x \leqq 2)$ における最小値が -1 であるような定数 a の値を求めよ。　〈高知工科大〉

11 定義域が動く場合の最大・最小

関数 $f(x)=x^2-4x+5$ において，$t\leqq x\leqq t+1$ における $f(x)$ の最小値を $m(t)$ とするとき，$m(t)$ を求めよ。 〈類 東京薬大〉

解 $y=(x-2)^2+1$ と変形する。

t の値によって定義域が変わるから，最小値は次の 3 通りに分類できる。

(i) $t+1<2$ すなわち $t<1$ のとき

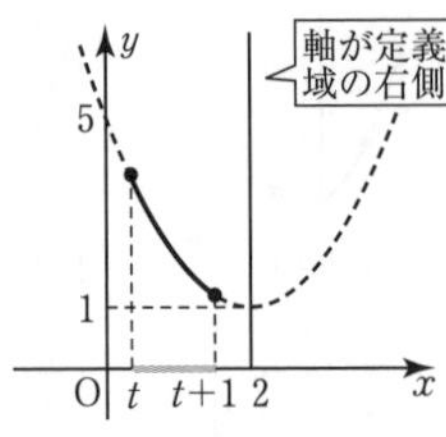

$m(t)=f(t+1)$
$=t^2-2t+2$

(ii) $t\leqq 2\leqq t+1$ すなわち $1\leqq t\leqq 2$ のとき

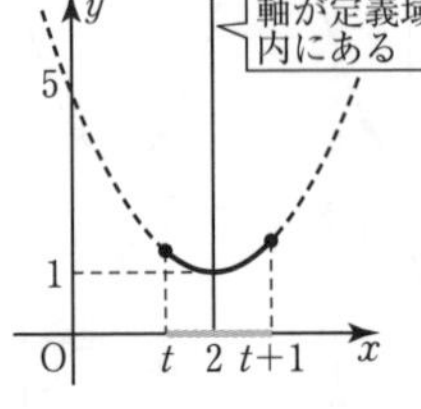

$m(t)=f(2)=1$

(iii) $2<t$ のとき

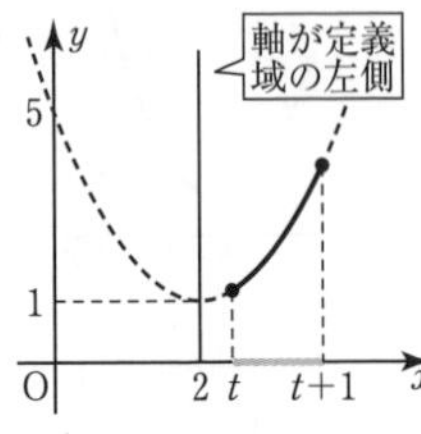

$m(t)=f(t)$
$=t^2-4t+5$

よって，(i)，(ii)，(iii)より $\boldsymbol{m(t)=\begin{cases} t^2-2t+2 & (t<1) \\ 1 & (1\leqq t\leqq 2) \\ t^2-4t+5 & (2<t) \end{cases}}$

アドバイス

- この問題では，グラフは動かないが，定義域が $t\leqq x\leqq t+1$ なので t の値によって，定義域が動く。しかも，t のどんな値に対しても定義域の区間の幅が 1 であることがポイントになる。
- したがって，まずグラフを大きくかき，x 軸上で幅 1 の区間をスライドさせながら，場合分けをする t の値を考える。
- 場合分けは前ページのように，グラフの軸が“定義域の内か外か”や“定義域内の右寄りか左寄りか”で判断する。

これで解決！

関数 $f(x)$ で定義域が $t\leqq x\leqq t+1$ のとき

・t の値で定義域（区間の幅はいつも 1）が動くから t の値で場合分け
・グラフの軸と定義域の位置関係を，区間をスライドさせて考える

練習11 関数 $f(x)=x^2-2x$ において，$t-1\leqq x\leqq t+2$ における最小値を $m(t)$ で表す。

(1) $m(t)$ を求めよ。 (2) $y=m(t)$ のグラフをかけ。

〈兵庫県立大〉

12 条件式があるときの最大・最小

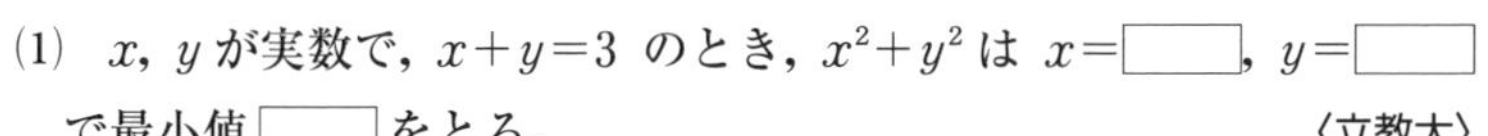

(1)　x, y が実数で，$x+y=3$ のとき，x^2+y^2 は $x=$□，$y=$□ で最小値□をとる。〈立教大〉

(2)　x, y が実数で，$x^2+2y^2=1$ を満たすとき，$z=x+3y^2$ の最大値は□，最小値は□である。〈摂南大〉

解　(1)　$z=x^2+y^2$ として，$y=3-x$ を代入する。

⬅$x+y=3$ だけの条件だから x はすべての値をとる。

$z=x^2+(3-x)^2=2x^2-6x+9$

$=2\left(x-\dfrac{3}{2}\right)^2+\dfrac{9}{2}$

よって，$\boldsymbol{x=\dfrac{3}{2}}$，このとき $\boldsymbol{y=\dfrac{3}{2}}$ で最小値 $\boldsymbol{\dfrac{9}{2}}$

(2)　$2y^2=1-x^2\geqq 0$　より，$-1\leqq x\leqq 1$

⬅$x^2+2y^2=1$ の条件から x の範囲が押さえられる。この定義域の決定が重要。

$z=x+3y^2=x+3\cdot\dfrac{1-x^2}{2}$

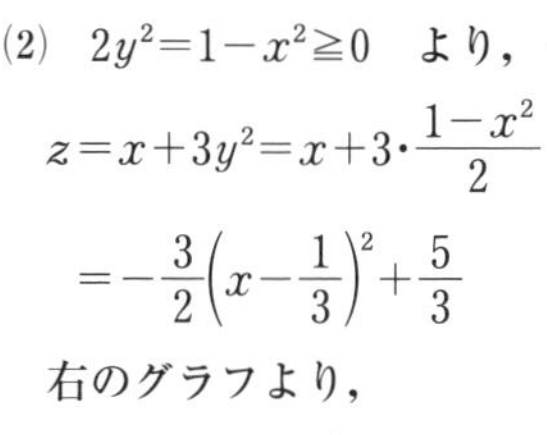

$=-\dfrac{3}{2}\left(x-\dfrac{1}{3}\right)^2+\dfrac{5}{3}$

右のグラフより，

最大値 $\boldsymbol{\dfrac{5}{3}}$　$\left(x=\dfrac{1}{3},\ y=\pm\dfrac{2}{3}\right)$

最小値 $\boldsymbol{-1}$　$(x=-1,\ y=0)$

z, $\frac{5}{3}$, $\frac{3}{2}$, 1, -1, O, $\frac{1}{3}$, 1, x, -1

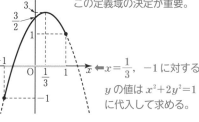

⬅$x=\dfrac{1}{3}$，-1 に対する y の値は $x^2+2y^2=1$ に代入して求める。

アドバイス

- 条件がある最大，最小の問題では，条件式より1文字消して，1変数の関数にするのが基本である。
- また，(1)と(2)の決定的な違いは，定義域である。
  (1)の $x+y=3$ の条件では，x の定義域はすべての実数である。
  一方，(2)の $x^2+2y^2=1$ では，$2y^2=1-x^2\geqq 0$ から，x の範囲に $-1\leqq x\leqq 1$ の制限がでてくる。
- この他にも，例えば，$x^2+y^2=4$ のとき，$y^2=4-x^2\geqq 0$ から $-2\leqq x\leqq 2$ となる。

これで解決！

条件式がある最大・最小

・条件式より1文字消去が基本（1変数の関数で）
・条件式の中に定義域がかくれているから要注意！

練習12　(1)　x, y が実数で，$2x+y=6$ のとき，xy は，$x=$□，$y=$□ のとき，最大値□をとる。〈類　玉川大〉

(2)　x, y は $x^2+3y^2=1$ を満たす。このとき，$\dfrac{1}{3}x+y^2$ の最大値と最小値を求めよ。また，そのときの x, y の値を求めよ。〈静岡文化芸術大〉

13 不等式の解と整数の個数

$6x^2-25x-9<0$ を満たす整数 x の個数は □ 個である。〈立教大〉

解 $(3x+1)(2x-9)<0$ より　$-\dfrac{1}{3}<x<\dfrac{9}{2}$

よって，**5個**

⬅数直線上に解を図示する。

アドバイス

- 不等式を満たす整数の個数を調べるには，数直線上に示すのが明快である。
- 無理数 $\sqrt{m}$ のおよその値は，自然数 n で $n \leqq \sqrt{m} < n+1$ と挟み込む。

これで解決！

不等式を満たす整数 ➡ 範囲を数直線上に図示

練習13 $2n^2-9n-5 \leqq 0$ を満たす整数 n は全部で □ 個ある。〈千葉工大〉

14 $D>0$ と $D \geqq 0$

2つの方程式 $x^2-4x+a^2=0$……①，$x^2+2ax-a^2+6a=0$……② がともに実数解をもつような a の値の範囲を求めよ。〈類　東北学院大〉

解 ①の判別式を D_1，②の判別式を D_2 とすると

$\dfrac{D_1}{4}=(-2)^2-a^2 \geqq 0$ より　$(a+2)(a-2) \leqq 0$

$-2 \leqq a \leqq 2$　……①′

⬅実数解だから重解もよいので $D \geqq 0$

$\dfrac{D_2}{4}=a^2-(-a^2+6a) \geqq 0$ より　$2a(a-3) \geqq 0$

$a \leqq 0$，$3 \leqq a$　……②′

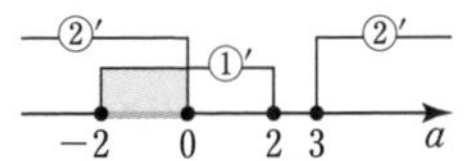

①′，②′ の共通範囲だから　$\boldsymbol{-2 \leqq a \leqq 0}$

アドバイス

- 実数解をもつ条件で，$D \geqq 0$ と $D>0$ の区別をいい加減にしている人がいる。$D \geqq 0$ は重解も入るが $D>0$ は重解は入らないから要注意！

これで解決！

2次方程式の実数解と判別式 ➡ 実数解 $D \geqq 0$（重解も入る）
異なる2つの実数解 $D>0$（重解は入らない）

練習14 方程式 $x^2+(a+1)x+a^2=0$，$x^2+2ax+2a=0$ のうち，少なくとも一方の方程式が実数解をもつ a の値の範囲は □ である。〈神奈川大〉

15 文字を含む不等式

不等式 $x(x-a+1)<a$ の解を求めよ。〈岩手大〉

解 $x^2-(a-1)x-a<0$ から $(x-a)(x+1)<0$

$a>-1$ のとき

-1　a　x

$\boldsymbol{-1<x<a}$

$a=-1$ のとき

$(x+1)^2<0$ となり

$(x+1)^2 \geqq 0$ だから

解はない

$a<-1$ のとき

a　-1　x

$\boldsymbol{a<x<-1}$

アドバイス

- $(x-\alpha)(x-\beta)<0$ の解は，α，β の大，小によって，$\alpha<x<\beta$ となったり，$\beta<x<\alpha$ となったりするので，場合分けが必要。$(x-\alpha)(x-\beta)>0$ も同様である。
- 文字を含む不等式では，文字の大小による場合分けを覚悟しておこう。

$\boldsymbol{(x-\alpha)(x-\beta)\gtrless 0}$ ➡ $\boldsymbol{\alpha<\beta,\ \alpha=\beta,\ \alpha>\beta}$ **で場合分け**

練習15 不等式 $x^2-x+a(1-a)<0$ を解け。ただし，a は定数とする。〈関西大〉

16 解に適した不等式をつくる

不等式 $ax^2-2x+b>0$ の解が $-2<x<1$ のとき，a，b の値を求めよ。〈甲南大〉

解 $-2<x<1$ を解にもつ2次不等式は

$(x+2)(x-1)<0$ より $x^2+x-2<0$

与式の1次の係数が -2 だから，両辺に -2 を掛けて

$-2x^2-2x+4>0 \iff ax^2-2x+b>0$　⬅不等号の向きと，どこかの項の係数を一致させる。

係数を比較して，$\boldsymbol{a=-2,\ b=4}$

アドバイス

- 不等式の解から，2次方程式をつくるのがポイントで，不等号の向きと同じ次数の項の係数や定数項を一致させてから係数を比較する。

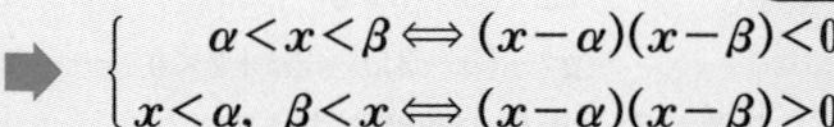

不等式とその解 $(\alpha<\beta)$ ➡ $\begin{cases} \alpha<x<\beta \iff (x-\alpha)(x-\beta)<0 \\ x<\alpha,\ \beta<x \iff (x-\alpha)(x-\beta)>0 \end{cases}$

練習16 a，b を実数の定数とする。不等式 $ax^2+(3b-a)x-24>0$ の解が $2<x<4$ のとき，$a=$\[　　\]，$b=$\[　　\] である。〈成蹊大〉

17 連立不等式の包含関係

連立不等式 $x^2-(a+6)x+6a<0$, $4x^2-27x+45>0$ の解の中に整数値が3個だけ含まれるように a の値の範囲を定めよ。 〈北海学園大〉

解 $(x-a)(x-6)<0$, $(4x-15)(x-3)>0$

共通部分を数直線を使って図示すると

(i) $a<6$ のとき (ii) $a>6$ のとき

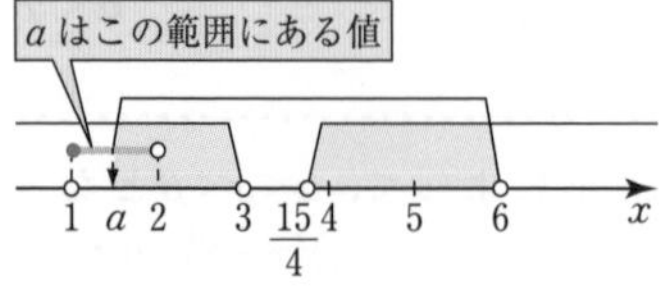

上の図より，2, 4, 5が含まれればよいから，$1 \leqq a<2$

上の図より，7, 8, 9が含まれればよいから，$9<a \leqq 10$

(iii) $a=6$ のとき解がないから不適。

よって，(i), (ii)より **$1 \leqq a<2$, $9<a \leqq 10$**

アドバイス

- 連立不等式の解の包含関係は数直線を使って図示するのが一番よい。ただし，注意しなければならないのは，両端に等号が入るかどうかの吟味である。それは問題の式に = が入っているか，入っていないかで違ってくる。
- この問題でも a の範囲の1と10には = がついているが，2と9には = はつかない。それは，問題の式に等号が入っていないからで，実際に $(x-a)(x-6)<0$ の解を調べると $a=1$ のときは，$1<x<6$ で，共通範囲が $1<x<3$ となり $x=1$ は含まれない。したがって，$a=1$ はよい。
- 一方，$a=2$ のときは，$2<x<6$ で，共通範囲が $2<x<3$ となり $x=2$ を含まなくなってしまうから，$a=2$ はダメである。

($a=9$, 10のときについては各自で確かめてみよう。)

これで解決！

連立不等式の解の包含関係 ➡ 数直線で考えるのがbest

両端の等号が入るかどうか ➡ 迷ったら実際に解を求めよ

練習17 次の2つの不等式①，②について，次の問いに答えよ。

$$2x^2+x-3>0 \quad \cdots\cdots①$$

$$x^2-(a-3)x-2a+2<0 \quad \cdots\cdots②$$

(1) 不等式①を満たす x の値の範囲を求めよ。

(2) 不等式①と②を満たす整数解がただ1つであるとき，a のとりうる値の範囲を求めよ。 〈神戸女子大〉

18 絶対値を含む関数のグラフ

次の関数のグラフをかけ。

(1)　$y=|x(x-2)|$　〈東北学院大〉　(2)　$f(x)=|x^2-3x|-x$　〈首都大〉

解　(1)

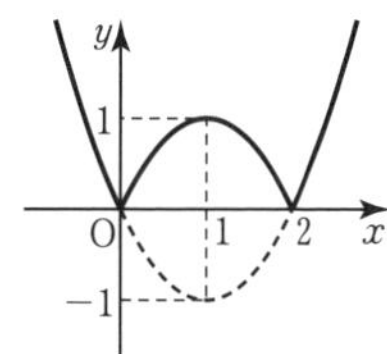

(2)　$x\leqq 0$，$3\leqq x$ のとき

$f(x)=x^2-4x$

$0<x<3$ のとき

$f(x)=-(x^2-3x)-x$

$\quad=-x^2+2x$

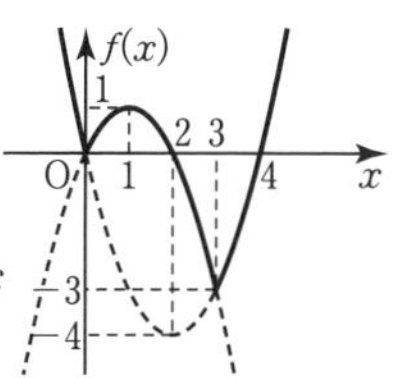

アドバイス

- (1)は，全体に絶対値がついているから，負の部分を x 軸で折り返せばよいが，(2)はそれができないから，基本通りに“絶対値の中が正か負か”，で場合分けする。

これで解決！

絶対値のグラフ ➡ $\begin{cases} y=|f(x)| \text{ は，負の部分を } x \text{ 軸で折り返す} \\ y=g(x)+|f(x)| \text{ は，} f(x)\geqq 0 \text{ と } f(x)<0 \text{ で場合分け} \end{cases}$

練習18　次の関数のグラフをかけ。

(1)　$y=|x^2-4x+3|$　〈甲南大〉　(2)　$y=|x^2-5x+4|+x+1$　〈同志社大〉

19 $ax^2+bx+c>0$　がつねに成り立つ条件

2次不等式 $x^2-2kx+4(k+3)>0$ がすべての実数 x で成り立つとき，k のとりうる値の範囲を求めよ。　〈国士舘大〉

解　x^2 の係数が1で正なので，$D<0$ であればよいから

$\frac{D}{4}=k^2-4(k+3)=(k+2)(k-6)<0$

よって，$-2<\boldsymbol{k}<6$

⬅$y=x^2-2kx+4(k+3)$ のグラフは下に凸。

アドバイス

- すべての x で $ax^2+bx+c>0$ となる条件は，右のグラフから $\boldsymbol{a}>0$（下に凸）かつ $\boldsymbol{D}<0$（x 軸と交わらない）である。
- ただし，$a=0$ のときは $b=0$，$c>0$ となる。
したがって，$a\neq 0$ のとき次が成り立つ。

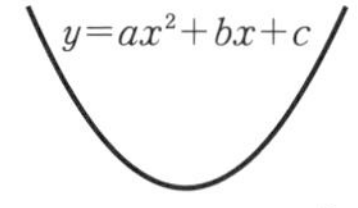

これで解決！

すべての実数 x で $ax^2+bx+c>0$ ➡ $a>0$，$D=b^2-4ac<0$

練習19　すべての実数 x について，$x^2-3x+k^2>0$，$-x^2-2kx+k-2<0$ が同時に成り立つとき，実数 k の範囲を求めよ。　〈武庫川女子大〉

20 2次方程式の解とグラフ

方程式 $x^2-2ax+a+12=0$ の異なる2つの実数解がともに1より大きくなるのは $\boxed{}<a<\boxed{}$ のときである。〈青山学院大〉

解 $f(x)=x^2-2ax+a+12$ とおくと

$y=f(x)$ のグラフが右のようになればよいから

$\dfrac{D}{4}=a^2-a-12=(a-4)(a+3)>0$ より

$a<-3,\ 4<a$ ……①

軸 $x=a>1$ より $a>1$ ……②

$f(1)=1-2a+a+12>0$ より $a<13$ ……③

①，②，③の共通範囲だから

$\boldsymbol{4<a<13}$

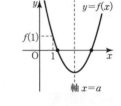

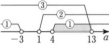

アドバイス

- 2次方程式の解を下に凸のグラフで考えるとき，グラフは次の3つの条件で決まる。
  - ① 判別式 D の符号（重解を含む実数解は $D\geqq0$，異なる実数解は $D>0$）
  - ② 軸の位置（軸の x 座標の範囲）
  - ③ 解の条件を示す値が k のとき，$f(k)$ の正，負で解の範囲を押さえる。

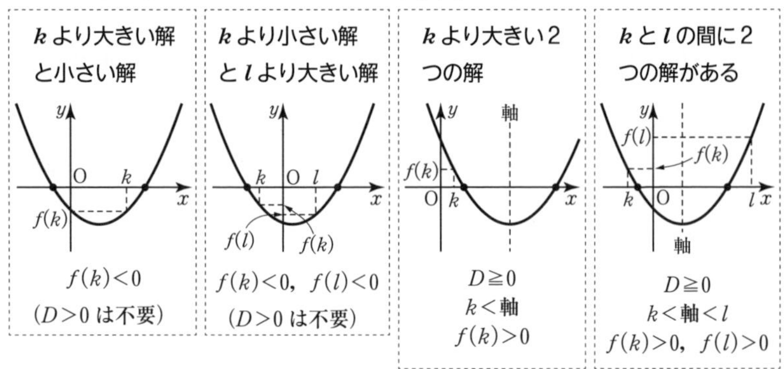

kより大きい解と小さい解
f(k)<0
(D>0は不要)
kより小さい解とlより大きい解
f(k)<0, f(l)<0
(D>0は不要)
kより大きい2つの解
D≧0
k<軸
f(k)>0
kとlの間に2つの解がある
D≧0
k<軸<l
f(k)>0, f(l)>0

これで解決！

2次方程式の解と グラフとの関係 ➡ { 判別式 $D\geqq0$ （$D>0$） / 軸（頂点の x 座標）の位置 / $f(k)$ が正か負か（k は解の条件を示す値）} トリオで

練習20 (1) 2次方程式 $x^2+2mx+m+2=0$ が異なる2つの正の実数解をもつとき，定数 m の値の範囲を求めよ。〈鳥取大〉

(2) 2次方程式 $x^2+ax+a=0$ が異なる2つの実数解をもち，その絶対値が1より小さい。このような実数 a の値の範囲を求めよ。〈信州大〉

21 集合の要素と集合の決定

2つの集合 $A=\{2,\ 6,\ 5a-a^2\}$，$B=\{3,\ 4,\ 3a-1,\ a+b\}$ がある。4が $A\cap B$ に属するとき，$a=$□ または□である。

さらに，$A\cap B=\{4,\ 6\}$ であるとき，$b=$□であり $A\cup B=$□である。　〈千葉工大〉

解　4が A の要素だから

$5a-a^2=4$ より $(a-1)(a-4)=0$

よって，$a=\mathbf{1}$ または $\mathbf{4}$

$a=1$ のとき，$B=\{3,\ 4,\ 2,\ 1+b\}$

このとき，2が $A\cap B$ に属するので

$A\cap B\neq\{4,\ 6\}$　よって，$a=1$ は不適。

$a=4$ のとき，$B=\{3,\ 4,\ 11,\ 4+b\}$

$A\cap B=\{4,\ 6\}$ より $4+b=6$　よって，$b=\mathbf{2}$

このとき，

$A=\{2,\ 4,\ 6\}$，$B=\{3,\ 4,\ 6,\ 11\}$

よって，$A\cup B=\mathbf{\{2,\ 3,\ 4,\ 6,\ 11\}}$

⬅$4\in A\cap B$ より $4\in A$ である。

⬅少なくとも a は1か4である。（必要条件）

⬅$A\cap B=\{2,\ 4,\ 6\}$ となってしまう。

⬅A と B を具体的に求める。（十分条件）

アドバイス

- 集合の要素を決定する問題では，まず集合 A と B の共通部分 $A\cap B$ の要素を考えるのがよい。
- 多くの場合，いくつかの場合分けが必要になってくるので，その都度 A と B の要素を求めて，$A\cap B$，$A\cup B$ を明らかにしていく。
- なお，集合の主な包含関係をベン図で表すと，次のようになる。一度確認しておく。

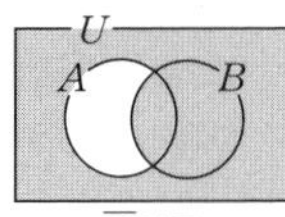

$\overline{A}\cup B$

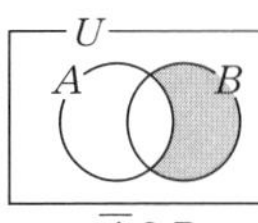

$\overline{A}\cap B$

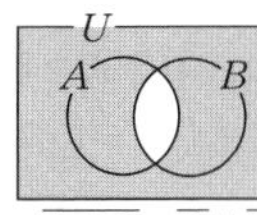

$\overline{A\cap B}=\overline{A}\cup\overline{B}$

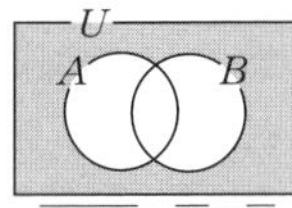

$\overline{A\cup B}=\overline{A}\cap\overline{B}$

これで解決！

集合 A と B の要素の決定 ➡ $A\cap B=\{\cdots,\ x,\ \cdots\}\to x\in A$ かつ $x\in B$
$A\cup B=\{\cdots,\ x,\ \cdots\}\to x\in A$ または $x\in B$

練習21　整数を要素とする2つの集合

$A=\{-3,\ 2,\ a^2-9a+25,\ 2a+3\}$

$B=\{-2,\ a^2-4a-10,\ a^2-5a+1,\ a+6,\ 16\}$

において，$A\cap B=\{2,\ 7\}$ とする。

(1)　$A\cup B$　を求めよ。　(2)　$\overline{A}\cap B$　を求めよ。　〈釧路公立大〉

22 不等式で表された集合の関係

a を正の定数とする。次の3つの集合

$A=\{x\,|\,x^2-3x+2\leqq 0\}$, $B=\{x\,|\,x^2-9<0\}$, $C=\{x\,|\,3x^2-2ax-a^2<0\}$

について，$A\subset C$ かつ $C\subset B$ が同時に成り立つとき，a の値の範囲を求めよ。　〈類　久留米大〉

解　集合 A は　$x^2-3x+2\leqq 0$ より

$(x-1)(x-2)\leqq 0$,　　$1\leqq x\leqq 2$

集合 B は　$x^2-9<0$ より

$(x+3)(x-3)<0$,　　$-3<x<3$

⬅$x^2-9<0$ を $x<\pm 3$ と誤らない。

集合 C は　$3x^2-2ax-a^2<0$ より

$(3x+a)(x-a)<0$

$a>0$ だから　$-\dfrac{a}{3}<x<a$

⬅a と $-\dfrac{a}{3}$ の大小関係は $a>0$ だから $-\dfrac{a}{3}<a$

$A\subset C$ が成り立つためには右図より

$-\dfrac{a}{3}<1$ かつ $2<a$

よって，$a>2$　……①

⬅Aの両端は●で Cは両端は○なので ①に＝は入らない。

$C\subset B$ が成り立つためには右図より

$-3\leqq -\dfrac{a}{3}$ かつ $a\leqq 3$

よって，$a\leqq 3$　……②

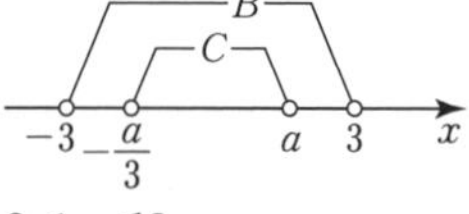

⬅B，C どちらも両端が○なので②の両端に＝が入ってもよい。

①，②が同時に成り立つのは　$\boldsymbol{2<a\leqq 3}$

アドバイス

- 集合の包含関係では，不等式を題材とすることが多い。集合の要素のとりうる範囲について，含む含まれないの関係は，数直線上にとって調べるのが簡明である。
- その際，問題文に＝が入っているかいないかで，両端に＝が入るか入らないか異なるので注意しなければならない。

これで解決！

集合の包含関係 ➡
- 不等式は数直線上に範囲を示して考える
- 両端に＝が入るかどうかは慎重に

練習22　a を0でない実数とする。2次不等式 $ax^2-3a^2x+2a^3\leqq 0$ の解集合を A，$x^2+x-2\geqq 0$ の解集合を B とする。

(1)　$A\cap B$ が空集合となるような a の値の範囲を求めよ。

(2)　$A\cup B$ が実数全体の集合となるような a の値の範囲を求めよ。　〈島根大〉

23 集合の要素の個数

1から1000までの整数の集合を全体集合 U とする。
$A=\{x|x$ は3の倍数$\}$，$B=\{x|x$ は5の倍数$\}$ とするとき，$n(\overline{A}\cap\overline{B})$ を求めよ。〈千葉経大〉

解 $1\leqq 3k\leqq 1000$　より　$1\leqq k\leqq 333$
よって，$n(A)=333$
$1\leqq 5k\leqq 1000$　より　$1\leqq k\leqq 200$
よって，$n(B)=200$
$1\leqq 15k\leqq 1000$　より　$1\leqq k\leqq 66$
よって，$n(A\cap B)=66$

$$n(A\cup B)=n(A)+n(B)-n(A\cap B)$$
$$=333+200-66=467$$
$$n(\overline{A}\cap\overline{B})=n(\overline{A\cup B})=n(U)-n(A\cup B)$$
$$=1000-467=\mathbf{533}$$

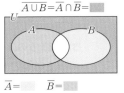

⬅k を自然数として $n(A)$，$n(B)$ を求める。

⬅$A\cap B$ は3かつ5の倍数だから，15の倍数。

$\overline{A\cup B}=\overline{A}\cap\overline{B}=$ ▒

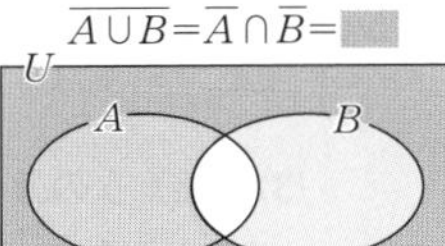

$\overline{A}=$ ▒　$\overline{B}=$ ▒

アドバイス

- 集合の包含関係や要素の個数の問題はつかみ所がなくて，学生諸君の三大アレルギー（整数，集合，絶対値）といってもいい。
- しかし，集合では，次のことを理解していればまず大丈夫だろう。

$\boldsymbol{n(A\cup B)=n(A)+n(B)-n(A\cap B)}$　（最も基本となる関係式）

$n(A\cap\overline{B})=n(A)-n(A\cap B)$　$n(\overline{A}\cap B)=n(B)-n(A\cap B)$　⬅ベン図をかけば暗記しなくてもわかる。

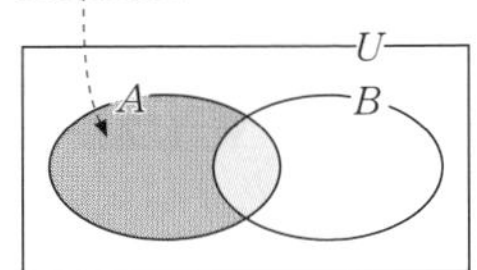

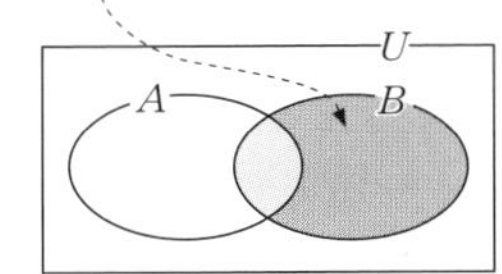

- ド・モルガンの法則は「線が切れれば，∪ と ∩ の向きが変わる」と覚える。

これで解決！

ド・モルガンの法則➡

線が切れれば	向きが変わる		線が切れれば	向きが変わる
↓	↓		↓	↓
$\overline{A\cup B}$	$=\overline{A}\cap\overline{B}$	,	$\overline{A\cap B}$	$=\overline{A}\cup\overline{B}$

練習23　$U=\{x|100\leqq x\leqq 200$ の整数$\}$ を全体集合とし，$A=\{x|x\in U$，x は3の倍数$\}$，$B=\{x|x\in U$，x は4の倍数$\}$ をその部分集合とする。このとき，$n(A)$，$n(B)$，$n(A\cap B)$，$n(A\cup B)$，$n(\overline{A}\cap B)$，$n(\overline{A}\cup B)$，$n(\overline{A}\cup\overline{B})$ を求めよ。〈近畿大〉

24 「すべてとある」「またはとかつ」「少なくとも一方とともに」

次の条件の否定をいえ。

(1) 「すべての x について $ax^2+bx+c\geqq 0$」

(2) 「$a\neq 0$ かつ $b\neq 0$」 〈芝浦工大〉

(3) 「a と b のうち少なくとも一方は奇数」

解 (1) 「すべての x について $ax^2+bx+c\geqq 0$ である」の否定は

「ある x について $ax^2+bx+c<0$ である」

集合では
$\overline{A\cup B}=\overline{A}\cap\overline{B}$
または　かつ
$\overline{A\cap B}=\overline{A}\cup\overline{B}$
かつ　または

(2) 「$a\neq 0$ かつ $b\neq 0$」の否定は

「$a=0$ または $b=0$」

(3) 「a, b のうち少なくとも一方は奇数」の否定は

「a と b はともに偶数」

アドバイス

数学における条件で使われる用語の意味は，日常使っている言葉と少し違った意味になることがある。

- “すべての～” の否定は “ある～” であり，逆に “ある～” の否定は “すべての～” である。
- “ある” とは1つあればよいし，“すべて” は例外が1つあってもダメである。
- “p または q” は，p か q のどちらかという意味ではなく，“p でもよいし，q でもよいし，p と q の両方でもよい”。

これで解決！

ある x について p ⟸ 否定 ⟹ すべての x について $\overline{p}$

p または q ⟸ 否定 ⟹ $\overline{p}$ かつ $\overline{q}$

a と b の少なくとも一方は p ⟸ 否定 ⟹ a と b はともに $\overline{p}$

($\overline{p}$, $\overline{q}$ は，それぞれ条件 p, q の否定を表す。)

練習24 (1) 次の条件の否定をいえ。

(ア) 「ある x について $f(x)\geqq 0$」　(イ) 「$a=b$ または $a<c$」

(ウ) 「m と n はともに無理数」

(2) 次の命題の対偶をかけ。

(ア) 「$a>b$ かつ $a+b>0$ ならば $a^2>b^2$ である」 〈広島工大〉

(イ) 「すべての a について $f(a)>0$ ならば，ある b について $g(b)<0$ である」 〈類　中京大〉

25 必要条件・十分条件

次の□の中に必要，十分，必要十分，必要でも十分でもない，のうち最も適する語を入れよ。ただし，x，y は実数とする。

(1)　$xy=6$ は $x=2$，$y=3$ であるための□条件である。

(2)　$x=2$ は $x^2=2x$ であるための□条件である。

(3)　$x+y=0$，$xy=0$ は $x=0$，$y=0$ であるための□条件である。

(4)　$x>0$ は $x \neq 1$ であるための□条件である。　〈徳島文理大〉

解　(1)　$x=2$，$y=3$ のとき　$xy=6$ だから

$xy=6 \underset{\longleftarrow}{\not\longrightarrow} x=2,\ y=3$　　よって，**必要条件**

(2)　$x^2=2x$ のとき　$x=0$，2 だから

$x=2 \underset{\not\longleftarrow}{\longrightarrow} x^2=2x$　　よって，**十分条件**

(3)　$x+y=0$，$xy=0$ のとき　$x=0$，$y=0$ だから

$x+y=0,\ xy=0 \rightleftarrows x=0,\ y=0$　　よって，**必要十分条件**

(4)　右の数直線より

$x>0 \underset{\not\longleftarrow}{\not\longrightarrow} x \neq 1$　　よって，**必要でも十分でもない条件**

アドバイス

- 必要条件，十分条件を集合の包含関係で示すと，右図のようになる。すなわち，

$p \underset{\longleftarrow}{\not\longrightarrow} q$ ならば，p は q の必要条件。

$p \underset{\not\longleftarrow}{\longrightarrow} q$ ならば，p は q の十分条件。

$p \rightleftarrows q$ ならば，必要十分条件。

$p \underset{\not\longleftarrow}{\not\longrightarrow} q$ ならば，必要条件でも十分条件でもない。

p は q の必要条件

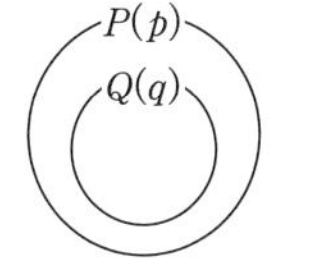

p は q の十分条件

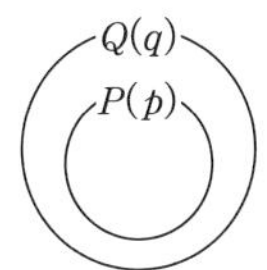

- $p \not\longrightarrow q$ や $q \not\longrightarrow p$ の例は1つあればよい。しかも，特別な場合でよい。それを考えるのがここの point といえる。

これで解決！

必要条件・十分条件 ➡ **p は q の必要条件**　$p \underset{\longleftarrow}{\not\longrightarrow} q$　　**p は q の十分条件**　$p \underset{\not\longleftarrow}{\longrightarrow} q$

反例は特別な場合を考えよ

練習25　次の空欄に「必要」,「十分」,「必要十分」の中から適するものを入れよ。適するものがない場合は×を入れよ。ただし，x，y，z は実数とする。

(1)　$xyz=0$ は $xy=0$ のための□条件である。

(2)　$x+y+z=0$ は $x+y=0$ のための□条件である。

(3)　$x^4-4x^3+3x^2<0$ は $1<x<3$ のための□条件である。

(4)　$x^2+y^2=0$ は $|x-y|=x+y$ のための□条件である。　〈摂南大〉

26 $\sin\theta$，$\cos\theta$，$\tan\theta$ の三角比ファミリー

(1) 角 θ が鋭角で，$\sin\theta=\dfrac{2}{3}$ のとき，$\cos\theta$，$\tan\theta$ の値を求めよ。

〈中央大〉

(2) $\tan\theta=-2$，$0^\circ<\theta<180^\circ$ のとき，$\cos\theta$，$\sin\theta$ の値を求めよ。

〈福岡大〉

解 (1) $\cos^2\theta=1-\sin^2\theta=1-\left(\dfrac{2}{3}\right)^2=\dfrac{5}{9}$ 　　⬅$\sin^2\theta+\cos^2\theta=1$

θ が鋭角だから　$\cos\theta>0$

$\cos\theta=\sqrt{\dfrac{5}{9}}=\boldsymbol{\dfrac{\sqrt{5}}{3}}$

$\tan\theta=\dfrac{\sin\theta}{\cos\theta}=\dfrac{2}{3}\times\dfrac{3}{\sqrt{5}}=\boldsymbol{\dfrac{2\sqrt{5}}{5}}$

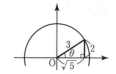

(2) $1+\tan^2\theta=\dfrac{1}{\cos^2\theta}$ に代入して

$1+(-2)^2=\dfrac{1}{\cos^2\theta}$　より　$\cos^2\theta=\dfrac{1}{5}$

ここで，$\tan\theta=-2$ のとき $90^\circ<\theta<180^\circ$

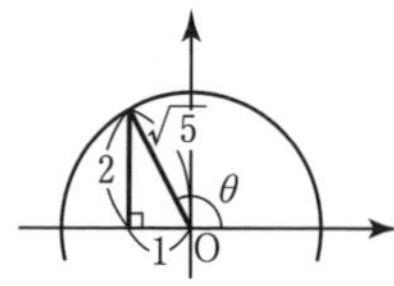

$\cos\theta<0$ だから $\cos\theta=\boldsymbol{-\dfrac{\sqrt{5}}{5}}$

$\sin\theta=\tan\theta\cos\theta=-2\cdot\left(-\dfrac{\sqrt{5}}{5}\right)=\boldsymbol{\dfrac{2\sqrt{5}}{5}}$ 　　⬅$\sin^2\theta+\cos^2\theta=1$ から求めてもよい。

アドバイス

- 三角比を苦手とする人は少なくない。その原因の１つに $\sin\theta$，$\cos\theta$，$\tan\theta$ をバラバラに見ていることが考えられる。
- $\sin\theta$，$\cos\theta$，$\tan\theta$ の三角比ファミリーは次の式で結ばれているから，**１つわかればすべて求められる**。これを知っただけでも少しは自信がつくはずだ。なお，$\tan\theta$ は $\sin\theta$，$\cos\theta$ に直して計算するとわかりやすい。

これで解決！

$\sin\theta$，$\cos\theta$，$\tan\theta$ の三角比ファミリー ➡ $\sin^2\theta+\cos^2\theta=1$，$\tan\theta=\dfrac{\sin\theta}{\cos\theta}$，$1+\tan^2\theta=\dfrac{1}{\cos^2\theta}$

練習26 (1) θ が第２象限の角で $\sin\theta=\dfrac{2}{5}$ のとき，$\cos\theta=$□，$\tan\theta=$□ である。

〈大阪工大〉

(2) $\tan\theta=\dfrac{1}{2}$ のとき，$\dfrac{\sin\theta}{1+\cos\theta}=$□ である。ただし，$0^\circ<\theta<90^\circ$ とする。

〈立教大〉

27 三角方程式・不等式

次の方程式・不等式を解け。ただし，$0° \leqq x \leqq 180°$ とする。

(1)　$2\sin^2 x - \cos x - 1 = 0$　〈北里大〉

(2)　$2\cos^2 x + 5\sin x - 4 \leqq 0$　〈類　愛知工大〉

解

(1)　$2\sin^2 x - \cos x - 1 = 0$

$2(1-\cos^2 x) - \cos x - 1 = 0$

←$\sin^2 x + \cos^2 x = 1$ より $\sin^2 x = 1 - \cos^2 x$ を代入して $\cos x$ に統一。

$2\cos^2 x + \cos x - 1 = 0$

$(2\cos x - 1)(\cos x + 1) = 0$

←因数分解する。

$\cos x = \dfrac{1}{2},\ -1$

よって，$x = 60°,\ 180°$

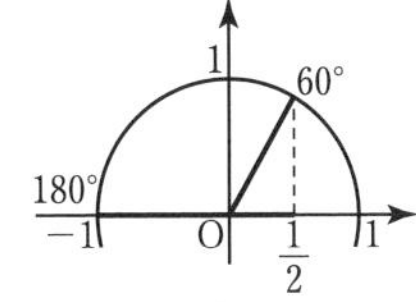

(2)　$2\cos^2 x + 5\sin x - 4 \leqq 0$

$2(1-\sin^2 x) + 5\sin x - 4 \leqq 0$

←$\sin x$ に統一。

$2\sin^2 x - 5\sin x + 2 \geqq 0$

$(2\sin x - 1)(\sin x - 2) \geqq 0$

←因数分解する。

$\sin x - 2 < 0$　だから

←$0° \leqq x \leqq 180°$ のとき $0 \leqq \sin x \leqq 1$ だからつねに　$\sin x - 2 < 0$

$2\sin x - 1 \leqq 0$

$\sin x \leqq \dfrac{1}{2}$

よって，$0° \leqq x \leqq 30°,\ 150° \leqq x \leqq 180°$

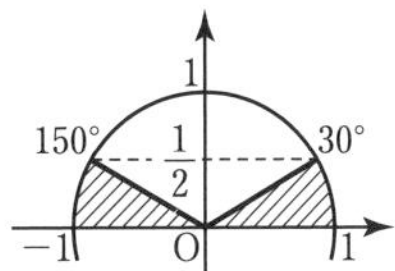

アドバイス

- 三角比（三角関数）で表された方程式・不等式で，式の中に $\sin x$ と $\cos x$ が混在していることがよくある。そんなときはまず，$\sin x$ か $\cos x$ に統一しよう。
- それから因数分解して考えるが，ここで大切なことは $0° \leqq x \leqq 180°$ の範囲では $0 \leqq \sin x \leqq 1$，$-1 \leqq \cos x \leqq 1$　であることを忘れない。また，x の範囲は単位円を用いて求めるのが早いし明快だ。

$\sin x$，$\cos x$ の方程式・不等式

- **$\sin x$ か $\cos x$ に統一（$\sin^2 x + \cos^2 x = 1$ の利用）**
- **$0° \leqq x \leqq 180°$ のとき $0 \leqq \sin x \leqq 1$，$-1 \leqq \cos x \leqq 1$**
- **x の範囲は単位円で考える**

練習27　次の方程式，不等式を解け。ただし，$0° \leqq x \leqq 180°$ とする。

(1)　$2\cos^2 x + 3\sin x - 3 = 0$　〈滋賀大〉　(2)　$2\sin^2 x + \cos x - 1 \geqq 0$　〈福岡大〉

28 $\sin\theta$，$\cos\theta$ が係数の２次方程式

$0° < \theta < 180°$ のとき，２次方程式 $x^2-(4\sin\theta)x+2\sin\theta=0$ が異なる２つの実数解をもつように θ の範囲を定めよ。〈類　立命館大〉

解　判別式をとって，$\dfrac{D}{4}=(-2\sin\theta)^2-2\sin\theta>0$
となればよいから　$2\sin\theta(2\sin\theta-1)>0$
$0°<\theta<180°$ より $\sin\theta>0$　だから　$\sin\theta>\dfrac{1}{2}$
よって，$\mathbf{30°<\theta<150°}$

⬅$D>0$……異なる２つの実数解
$D\geqq 0$……２つの実数解

アドバイス

• 係数に三角比を含む２次方程式では，$\sin\theta$，$\cos\theta$ を見ただけでビビってしまいそうだが，単なる文字と思って条件を式にすれば，三角方程式，不等式になる。

これで解決！

三角比が係数の２次方程式 ➡ $\sin\theta$，$\cos\theta$ は単なる文字と見る

練習28　２次方程式 $x^2+(2\cos\theta)x+\sin^2\theta=0$ が実数解をもつように θ の値の範囲を定めよ。ただし，$0°<\theta<180°$ とする。〈神戸女子大〉

29 $\sin\theta+\cos\theta=a$ のとき

$\sin\theta+\cos\theta=\dfrac{1}{2}$ のとき，次の値を求めよ。

(1)　$\sin\theta\cos\theta$　　(2)　$\sin^3\theta+\cos^3\theta$　〈芝浦工大〉

(1)　$(\sin\theta+\cos\theta)^2=\left(\dfrac{1}{2}\right)^2$
$1+2\sin\theta\cos\theta=\dfrac{1}{4}$　　よって，$\sin\theta\cos\theta=\mathbf{-\dfrac{3}{8}}$

⬅$\sin^2\theta+\cos^2\theta=1$

(2)　$\sin^3\theta+\cos^3\theta$
$=(\sin\theta+\cos\theta)(\sin^2\theta-\sin\theta\cos\theta+\cos^2\theta)$
$=\dfrac{1}{2}\cdot\left\{1-\left(-\dfrac{3}{8}\right)\right\}=\mathbf{\dfrac{11}{16}}$

⬅$a^3+b^3=(a+b)(a^2-ab+b^2)$

アドバイス

• $\sin\theta\pm\cos\theta=a$ のとき，**$\sin\theta\cos\theta$** は両辺を２乗して導ける。三角比の根幹となる公式 $\sin^2\theta+\cos^2\theta=1$ を利用するために，２乗するのは常套手段だ！

これで解決！

$\sin\theta+\cos\theta=a$ のとき ➡ 両辺を２乗して $\sin\theta\cos\theta=\dfrac{a^2-1}{2}$

練習29　$\sin\theta-\cos\theta=\dfrac{1}{3}$ のとき，次の式の値を求めよ。

(1)　$\sin\theta\cos\theta$　　(2)　$\sin^3\theta-\cos^3\theta$　〈明治大〉

30 $\sin x$，$\cos x$ で表された関数の最大・最小

$0° \leqq x \leqq 180°$ の範囲で，関数 $y=\sin^2 x+\cos x$ の最大値，最小値と，そのときの x の値を求めよ。〈立教大〉

解

$y=\sin^2 x+\cos x$

$=(1-\cos^2 x)+\cos x$

$=-\cos^2 x+\cos x+1$

⬅$\sin^2 x+\cos^2 x=1$ を利用して $\cos x$ に統一。

$\cos x=t$ とおく。ただし，t は
$0° \leqq x \leqq 180°$ のとき $-1 \leqq t \leqq 1$　だから

$y=-t^2+t+1\ (-1 \leqq t \leqq 1)$ で考える。

$=-\left(t-\frac{1}{2}\right)^2+\frac{5}{4}$

⬅t の定義域は $0° \leqq x \leqq 180°$ より　$-1 \leqq \cos x \leqq 1$ ゆえに　$-1 \leqq t \leqq 1$

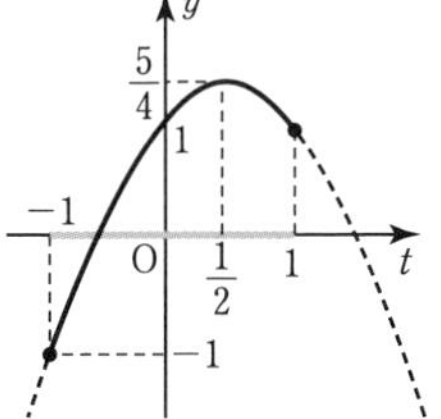

右のグラフより

$t=\frac{1}{2}$ のとき最大値 $\frac{5}{4}$

このとき，$\cos x=\frac{1}{2}$ より $x=60°$

$t=-1$ のとき最小値 -1

このとき，$\cos x=-1$ より　$x=180°$

よって

$x=60°$ のとき　最大値 $\frac{5}{4}$

$x=180°$ のとき　最小値 -1

⬅ 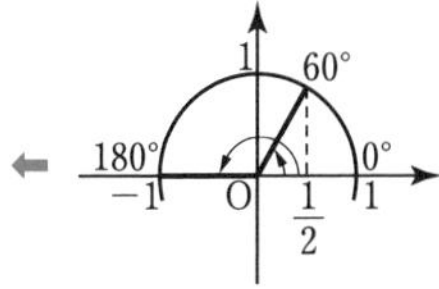

アドバイス

- $\sin x$ や $\cos x$ で表された関数は，$\sin x$ か $\cos x$ に統一し，$\sin x=t$ または，$\cos x=t$ とおいて t についての関数で考えるのがよい。
- ただし，t の定義域に注意しよう。t は $\sin x$ や $\cos x$ の代わりだから，とりうる値の範囲が限られる。x の範囲を確認して t の定義域を定めよう。

これで解決！

$\sin x$ や $\cos x$ で表された関数 ➡
- **$\sin x=t$ または $\cos x=t$ とおき t の関数として考える**
- **t の定義域は $\sin x$，$\cos x$ のとりうる範囲 $0° \leqq x \leqq 180°$ のとき $0 \leqq \sin x \leqq 1$，$-1 \leqq \cos x \leqq 1$**

練習30　$0° \leqq x \leqq 180°$ のとき，関数 $y=-4\cos^2 x-4\sin x+6$ の最大値と最小値，およびそのときの x の値を求めよ。〈三重大〉

31 三角方程式の解と個数

方程式　$\cos^2 x-4\sin x+a=0$（a は定数）が $0°\leqq x\leqq 180°$ において2つの解をもつように定数 a の値の範囲を定めよ。　〈類　千葉工大〉

解

$\cos^2 x-4\sin x+a=0$

$(1-\sin^2 x)-4\sin x+a=0$

$\sin^2 x+4\sin x-1=a$　と変形。

ここで，$\sin x=t$　とおく。ただし，

$0°\leqq x\leqq 180°$ より $0\leqq t\leqq 1$ である。

⬅$\sin x=t$ とおいたとき t の定義域を押さえる。

$t^2+4t-1=a\ (0\leqq t\leqq 1)$ より

$y=t^2+4t-1$

$=(t+2)^2-5$　……①と

$y=a$　……②

のグラフで考える。

①と②の交点が

$0\leqq t<1$ の範囲に

1つあればよい。

⬅$\sin x=t\ (0\leqq t<1)$ のとき x の値は $0°\leqq x\leqq 180°$ の範囲に2つ存在する。

よって，

右のグラフより

$-1\leqq a<4$　のとき

⬅$a=4$ のときは，$\sin x=1$ より $x=90°$ の1つしかない。

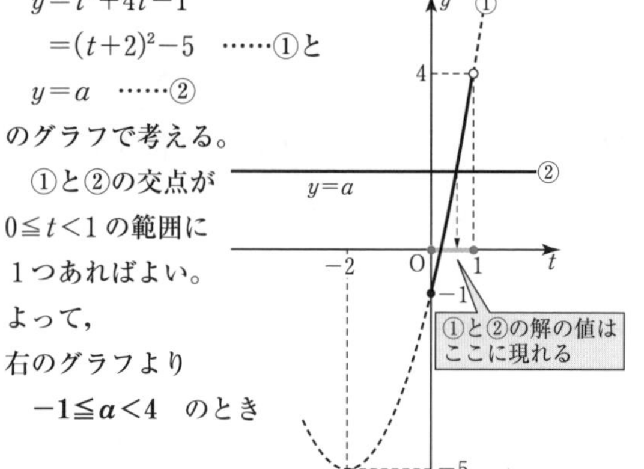

アドバイス

- 三角方程式の解の個数は，前問の関数の場合と同様 $\sin x$ や $\cos x$ を t におきかえ t の方程式で考える。当然 t の定義域はきちんと押さえておくこと。
- また，大切なことは $\sin x=t$ を満たす x の値は，$0\leqq t<1$ のとき t の1つの値に対して1次のように2つでてくることもあるので注意しよう。

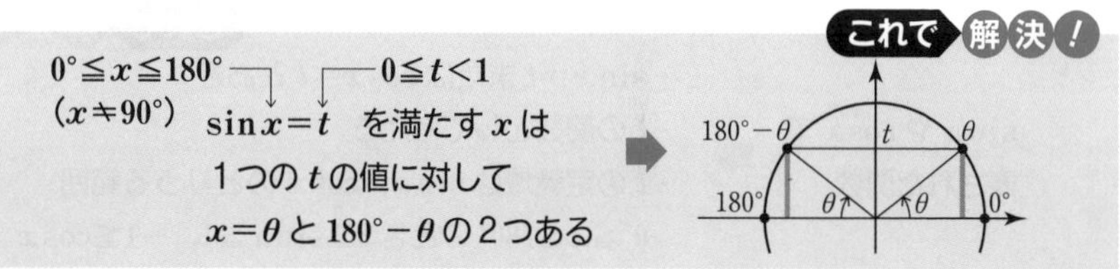

練習31　方程式 $\cos^2 x-\sin x+k=0$（k は定数）の解の個数を $0°\leqq x\leqq 180°$ の範囲で調べよ。

〈類　日本福祉大〉

32 内接円と外接円の半径

△ABC において BC=4，CA=5，AB=6 である。次を求めよ。

(1) $\cos A$，$\sin A$　　(2) △ABC の外接円の半径 R

(3) △ABC の面積 S　　(4) △ABC の内接円の半径 r

〈類　東京工芸大〉

解

(1) $\cos A=\dfrac{5^2+6^2-4^2}{2\cdot5\cdot6}=\mathbf{\dfrac{3}{4}}$

$\sin A=\sqrt{1-\cos^2 A}=\sqrt{1-\left(\dfrac{3}{4}\right)^2}=\mathbf{\dfrac{\sqrt{7}}{4}}$

(2) $\dfrac{a}{\sin A}=2R$ だから　$R=\dfrac{a}{2\sin A}$

$R=\dfrac{1}{2}\cdot4\cdot\dfrac{4}{\sqrt{7}}=\mathbf{\dfrac{8\sqrt{7}}{7}}$

(3) $S=\dfrac{1}{2}\cdot5\cdot6\cdot\sin A=\dfrac{1}{2}\cdot5\cdot6\cdot\dfrac{\sqrt{7}}{4}=\mathbf{\dfrac{15\sqrt{7}}{4}}$

(4) △ABC=△OAB+△OBC+△OCA だから

$\dfrac{15\sqrt{7}}{4}=\dfrac{1}{2}\cdot6\cdot r+\dfrac{1}{2}\cdot4\cdot r+\dfrac{1}{2}\cdot5\cdot r$

$=\dfrac{15}{2}r$　　よって，$r=\mathbf{\dfrac{\sqrt{7}}{2}}$

余弦定理

$\cos A=\dfrac{b^2+c^2-a^2}{2bc}$

正弦定理

$\dfrac{a}{\sin A}=\dfrac{b}{\sin B}=\dfrac{c}{\sin C}=2R$

面積

$S=\dfrac{1}{2}bc\sin A$

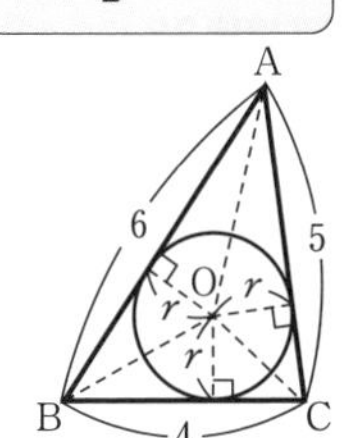

アドバイス

内接円や外接円の半径を求める問題で，よく出題される代表的なもの。

- (2)では，外接円の半径が出てくる公式は，正弦定理しかないのだから，外接円ときたら，まず正弦定理を考えること。
- (4)の面積が等しいことを利用して，内接円の半径を求める方法も頻度の高いものだから忘れずに。

これで解決！

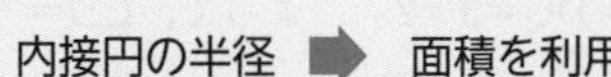

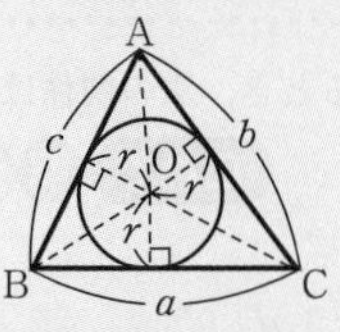

$S=\dfrac{1}{2}r(a+b+c)$

から

$r=\dfrac{2S}{a+b+c}$

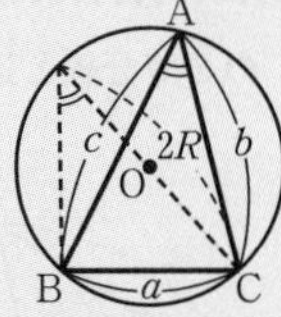

$\dfrac{a}{\sin A}=2R$

$\dfrac{b}{\sin B}=2R$

$\dfrac{c}{\sin C}=2R$

練習32　△ABC において，$a=7$，$b=8$，$c=9$ のとき

(1) 外接円の半径 R を求めよ。　　(2) △ABC の面積を求めよ。

(3) 内接円の半径 r を求めよ。

〈県立広島女子大〉

33 △ABC で ∠A の2等分線の長さ

△ABC において，AB=3，AC=4，∠A=120°，∠A の 2 等分線と BC の交点を D とするとき，AD の長さを求めよ。 〈類 順天堂大〉

解 三角形の面積を考えると，△ABC=△ABD+△ACD

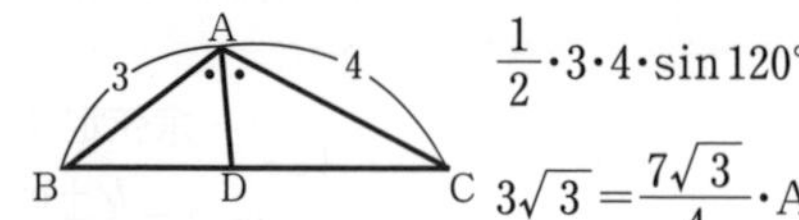

$$\frac{1}{2}\cdot3\cdot4\cdot\sin120^\circ=\frac{1}{2}\cdot3\cdot\mathrm{AD}\cdot\sin60^\circ+\frac{1}{2}\cdot4\cdot\mathrm{AD}\cdot\sin60^\circ$$

$3\sqrt{3}=\dfrac{7\sqrt{3}}{4}\cdot\mathrm{AD}$ よって，$\mathrm{AD}=\mathbf{\dfrac{12}{7}}$

アドバイス

- 線分の長さを求めようとするとき，公式（余弦定理など）が使えないこともある。そんなとき，面積を比較して求められることがある。ぜひ知っておいてほしい。

△ABC で角の2等分線の長さ ➡ 面積を考える

練習33 △ABC において，∠A=60°，AB=4，AC=5 とする。∠A の 2 等分線が BC と交わる点を D とするとき，AD の長さを求めよ。 〈甲南大〉

34 △ABC で角の2等分線による対辺の比

△ABC で AB=3，AC=2，∠A=60°，∠A の 2 等分線と BC との交点を D とするとき，CD の長さを求めよ。 〈類 岐阜女子大〉

解

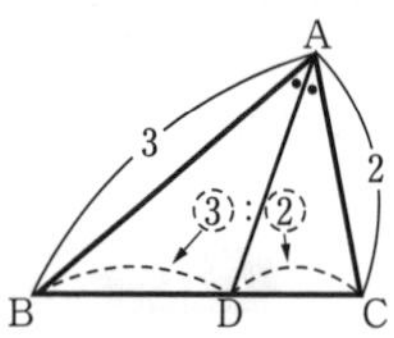

$\mathrm{BC}^2=3^2+2^2-2\cdot3\cdot2\cdot\cos60^\circ$ ⬅余弦定理

$=7$ より $\mathrm{BC}=\sqrt{7}$

AD が ∠A の 2 等分線だから

AB：AC=BD：DC=3：2 よって，$\mathrm{CD}=\mathbf{\dfrac{2\sqrt{7}}{5}}$

アドバイス

- △ABC の ∠A の 2 等分線と辺 BC との交点を D とするとき，次の関係は重要。

これで解決!

角の2等分線と対辺の比

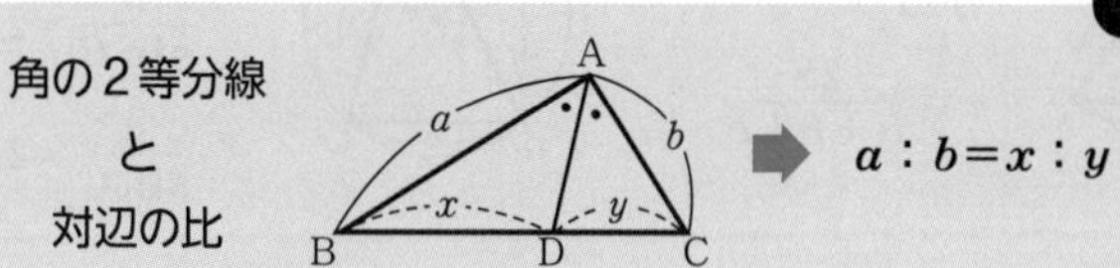

➡ $a:b=x:y$

練習34 △ABC で AB=6，∠BAC=60° とし，∠A の 2 等分線と BC の交点を D とする。△ABD と △ADC の面積比が 3：2 のとき，BD=[　　] である。 〈福岡大〉

35 覚えておきたい角の関係

(1)　△ABC において，AB＝4，AC＝6，∠A＝60° のとき，頂点 A と辺 BC の中点 M を結ぶ線分 AM の長さを求めよ。

(2)　円に内接する四角形 ABCD があり，AB＝1，BC＝$\sqrt{2}$，CD＝$\sqrt{3}$，DA＝2 とする。このとき，$\cos A$ と BD を求めよ。　〈類　埼玉大〉

解　(1)

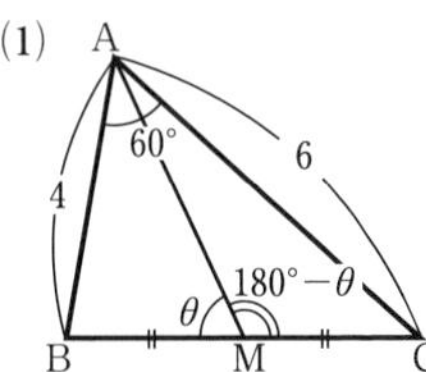

$BC^2=6^2+4^2-2\cdot6\cdot4\cdot\cos60°=28$　⬅余弦定理

$BC=2\sqrt{7}$　$(BM=CM=\sqrt{7})$

$4^2=AM^2+(\sqrt{7})^2-2\cdot AM\cdot\sqrt{7}\cos\theta$　……①

$6^2=AM^2+(\sqrt{7})^2-2\cdot AM\cdot\sqrt{7}\cos(180°-\theta)$　……②

①＋②より　⬅$\cos(180°-\theta)=-\cos\theta$

$52=2AM^2+14$　よって，$AM=\boldsymbol{\sqrt{19}}$

(2)

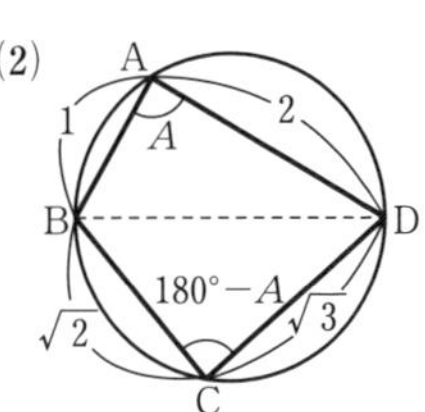

四角形 ABCD は円に内接するから

∠A＋∠C＝180° である。

$BD^2=2^2+1^2-2\cdot2\cdot1\cdot\cos A$　……①

$BD^2=(\sqrt{2})^2+(\sqrt{3})^2-2\cdot\sqrt{2}\cdot\sqrt{3}\cos(180°-A)$　……②

①＝②より　⬅$\cos(180°-A)=-\cos A$

$5-4\cos A=5+2\sqrt{6}\cos A$

よって，$\boldsymbol{\cos A=0}$，$\boldsymbol{BD=\sqrt{5}}$

アドバイス

- (1)は中線定理 $\boldsymbol{AB^2+AC^2=2(AM^2+BM^2)}$ を使って求める方法もある。しかし，中線定理を知らなくても，解答のように余弦定理を使って求められる。そのとき，単純なことだが，上図の θ と $180°-\theta$ の関係を使えるようにしておきたい。
- (2)の円に内接する四角形の向かい合う角の和は 180° である，という定理は，円に内接する四角形の問題では，重要なファクターとなる。

これで解決！

この角の関係は図形の問題によく使う

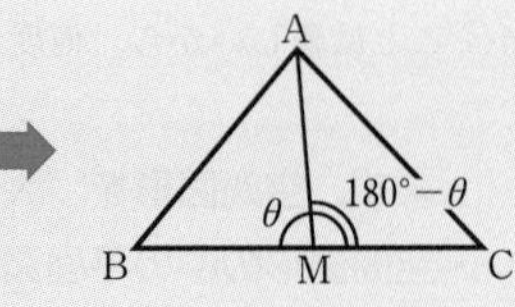

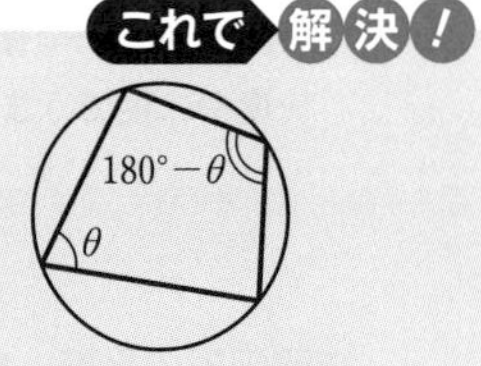

練習35　(1)　△ABC の辺 BC の中点を M とする。$AB^2+AC^2=2(AM^2+BM^2)$ であることを証明せよ。　〈明治大〉

(2)　円に内接する四角形 ABCD において，AB＝3，BC＝6，CD＝4，DA＝3 である。∠ABC＝θ とすると $\cos\theta$＝□ であり，AC＝□ である。　〈立教大〉

36 空間図形の計量

四面体 OABC において，OA＝AB＝3，OC＝5，CA＝4，$\angle$OAB＝90°，$\angle$BOC＝45° とする。

(1) BC の長さを求めよ。　(2) sin$\angle$BAC の値を求めよ。

(3) 四面体 OABC の体積 V を求めよ。〈岡山理科大〉

(1) △OBC において，OB＝$3\sqrt{2}$ だから

$BC^2=(3\sqrt{2})^2+5^2-2\cdot 3\sqrt{2}\cdot 5\cdot\cos 45°$

$=13$　よって，BC＝$\sqrt{\mathbf{13}}$

←与えられた問題の図をかく。

(2) △ABC において

$\cos\angle BAC=\dfrac{4^2+3^2-(\sqrt{13})^2}{2\cdot 4\cdot 3}=\dfrac{1}{2}$

$\angle$BAC＝60° だから $\sin\angle BAC=\dfrac{\sqrt{3}}{2}$

←四面体を構成しているそれぞれの三角形に注目。

(3) $\triangle ABC=\dfrac{1}{2}\cdot 4\cdot 3\cdot\sin\angle BAC$

$=\dfrac{1}{2}\cdot 4\cdot 3\cdot\dfrac{\sqrt{3}}{2}=3\sqrt{3}$

△OAC において，OC＝5，AC＝4，OA＝3 より

$OC^2=AC^2+OA^2$ が成り立つ。よって，$\angle$OAC＝90°

OA⊥AB，OA⊥AC　だから　OA⊥△ABC

よって，$V=\dfrac{1}{3}\cdot\triangle ABC\cdot OA=\dfrac{1}{3}\cdot 3\sqrt{3}\cdot 3=\mathbf{3\sqrt{3}}$

↙直線 l と平面 α の垂直

$\left.\begin{array}{l} l\perp m \\ l\perp n \end{array}\right\} \iff l\perp\alpha$

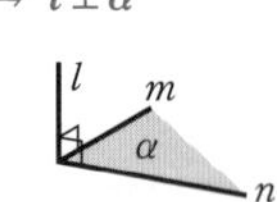

アドバイス

- 空間図形といっても，平面図形の集まりである。空間図形を構成している平面図形に着目して，平面図形としてとらえればよい。
- しかし，その前に問題となる空間図形がかけなくては何を考えていいかわからない。大きく，全体がイメージできるような図をかくことが何といっても大切だ！一度や二度でうまくかくことは難しいから，何度かかいてみることだ。

空間図形の計量 ➡
- まず，空間図形を“大きく”かく
- 空間図形の中の平面図形を視(み)よ！
- 平面での公式“正弦，余弦，三平方，……”すべて使える

練習36 四面体 ABCD は AB＝6，BC＝$\sqrt{13}$，AD＝BD＝CD＝CA＝5 を満たしている。

(1) 三角形 ABC の面積を求めよ。

(2) 四面体 ABCD の体積を求めよ。〈学習院大〉

37 箱ひげ図

右の箱ひげ図は，30 人に実施した 2 つのテスト A と B の結果である。次の(1)～(3)は正しいかどうか答えよ。

(1)　四分位範囲が大きいのは A である。

(2)　40 点以下は A の方が多い。

(3)　80 点以上は B の方が多い。

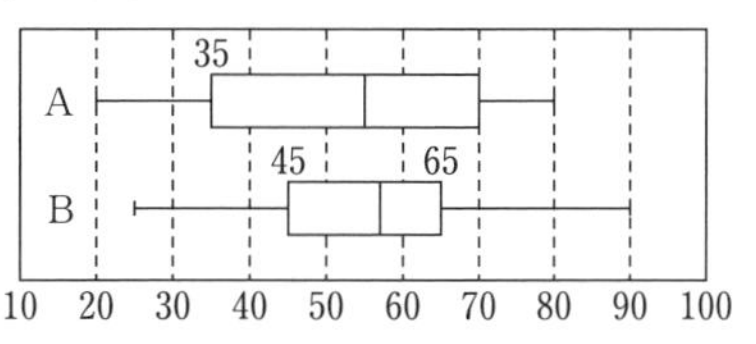

解　(1)　A の四分位範囲は　$Q_3-Q_1=70-35=35$　⬅四分位範囲は箱の長さ

B の四分位範囲は　$Q_3-Q_1=65-45=20$

よって，正しい。

(2)　A は $Q_1=35$ だから 40 点以下は 8 人以上いる。　⬅Q_1 は小さい方から 8 番目

B は $Q_1=45$ だから 40 点以下は 7 人以下である。

よって，正しい。

(3)　A の最大値の 80 点は 1 人とは限らないし，B の 80 点以上 90 点未満の間に 1 人もいないことも考えられる。

よって，正しいとはいえない。

アドバイス

- 箱ひげ図は全体のデータを 25 %ずつ 4 つに分けて視覚化したものである。データのおよその分布状態を比較するのに適している。しかし，箱やひげの中でのデータの偏りは，表していないので注意する。
- 25 %ずつ区分する値を小さい方から Q_1，Q_2，Q_3 とし，Q_3-Q_1（四分位範囲），$\frac{Q_3-Q_1}{2}$（四分位偏差）の値が大きいほど散らばりの具合が大きいといえる。

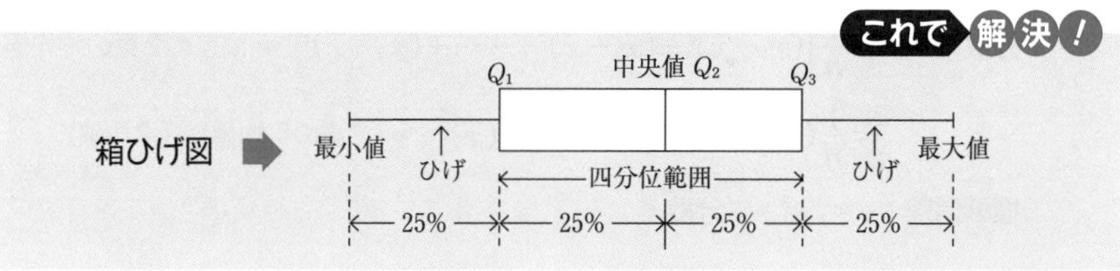

練習37　右の箱ひげ図は 50 人に実施した 2 つのテスト A と B の結果である。次の(1)～(4)について，正しいかどうか理由をつけて答えよ。　〈類　同志社女大〉

(1)　四分位範囲は A の方が大きい。

(2)　平均点はどちらも同じである。

(3)　70 点以上は A の方が多い。

(4)　30 点台は A，B どちらにも 1 人はいる。

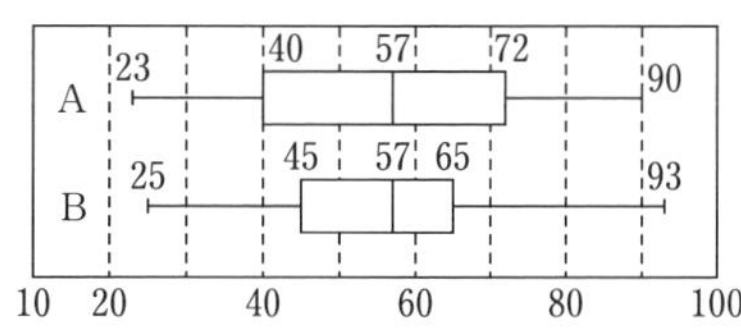

38 平均値・分散と標準偏差

右の表は5人のテストの結果である。平均値 $\overline{x}$，分散 s^2，標準偏差 s を求めよ。

生徒	A	B	C	D	E
得点	5	8	6	4	7

解 平均値 $\overline{x}=\dfrac{1}{5}(5+8+6+4+7)=\dfrac{30}{5}=\mathbf{6}$（点）　⬅平均値＝$\dfrac{\text{データの総和}}{\text{データの個数}}$

分散 $s^2=\dfrac{1}{5}\{(5-6)^2+(8-6)^2+(6-6)^2+(4-6)^2+(7-6)^2\}$ ……①

⬉偏差の2乗の平均値

$=\dfrac{1}{5}(1+4+0+4+1)=\mathbf{2}$

別解 $s^2=\dfrac{1}{5}(5^2+8^2+6^2+4^2+7^2)-6^2$ ……②　⬅分散＝(2乗の平均値)−(平均値)^2

$=\dfrac{190}{5}-36=\mathbf{2}$

標準偏差 $s=\sqrt{2}\fallingdotseq\mathbf{1.41}$　⬅標準偏差＝$\sqrt{\text{分散}}$

アドバイス

- 平均値，分散または標準偏差は，データの分析では最も大切な指標といえる。平均値は私達が日常使っているので理解できると思う。
- 標準偏差＝$\sqrt{\text{分散}}$ は文字通りデータ全体が平均からどれぐらい分散しているかの値で小さいほどデータは平均の近くに集中し，大きいほど平均から散らばっているといえる。
- 分散を求めるには，解の①，別解の②，計算しやすい方のどちらを使ってもよい。$\overline{x}$ が整数のときは①の方が早いことがある。

平均値：$\overline{x}=\dfrac{1}{n}(x_1+x_2+\cdots\cdots+x_n)$

分散　：$s^2=\dfrac{1}{n}\{(x_1-\overline{x})^2+(x_2-\overline{x})^2+\cdots\cdots+(x_n-\overline{x})^2\}$ ⬅偏差の2乗の平均値

$=\dfrac{1}{n}(x_1{}^2+x_2{}^2+\cdots\cdots+x_n{}^2)-(\overline{x})^2$　⬅(2乗の平均値)−(平均値)^2

標準偏差：$s=\sqrt{s^2}=\sqrt{\text{分散}}$

練習38 (1) 右の表は，5人のテストの結果である。平均値 $\overline{x}$，分散 s^2，標準偏差 s を求めよ。

生徒	A	B	C	D	E
得点	6	10	4	13	7

(2) 20個のデータがある。そのうちの15個の平均値は10，分散は5であり，残りの5個のデータの平均値は14，分散は13である。このデータの平均値と分散を求めよ。 〈信州大〉

39 相関係数

右の表は，5人のテスト x とテスト y の結果である。x と y の平均値と標準偏差は $\overline{x}=6$, $s_x=2$, $\overline{y}=4$, $s_y=\sqrt{2}$ である。このとき，x と y の相関係数を求めよ。

	A	B	C	D	E
x	7	6	9	3	5
y	4	3	6	5	2

〈類　福岡大〉

解　x と y の共分散 s_{xy} は

$$s_{xy}=\frac{1}{5}\{(7-6)(4-4)+(6-6)(3-4)+(9-6)(6-4)+(3-6)(5-4)+(5-6)(2-4)\}$$

$$=\frac{1}{5}(6-3+2)=1$$

$\Leftarrow (x-\overline{x})(y-\overline{y})$（$x$ の平均値，y の平均値）
同じ人の x と y のデータを順番に入れて計算し，その和を求める。

よって，相関係数 r は

$$r=\frac{s_{xy}}{s_x s_y}=\frac{1}{2\cdot\sqrt{2}}=\frac{\sqrt{2}}{4}\quad(\fallingdotseq 0.35)$$

アドバイス

- 相関係数は2つの変量 x, y の関係を数値化したものである。その数値化には x, y の標準偏差 s_x, s_y の他に次の s_{xy} で表される共分散という式が加わる。

$$s_{xy}=\frac{1}{n}\{(x_1-\overline{x})(y_1-\overline{y})+(x_2-\overline{x})(y_2-\overline{y})+\cdots\cdots+(x_n-\overline{x})(y_n-\overline{y})\}$$

- 相関係数は次の式で表され，相関係数の値と散布図は次のような傾向になる。およその数値と散布図の関係は出題されることもあるので確認しておくこと。

これで解決！

相関係数 $r=\dfrac{s_{xy}}{s_x s_y}$　$\Leftarrow$ x と y の共分散：$(x_n-\overline{x})(y_n-\overline{y})$ の平均値 ／ $\Leftarrow$ x と y の標準偏差の積

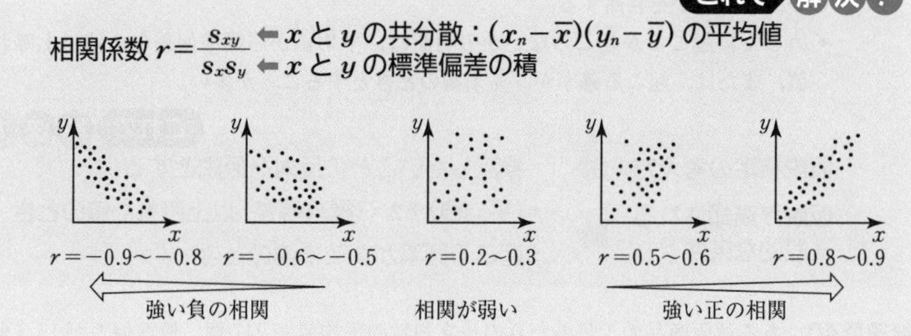

練習39　2つの変量 x, y のデータが，5個の x, y の値の組として右のように与えられているとする。x と y の相関係数を求めよ。

x	12	14	11	8	10
y	11	12	14	10	8

〈信州大〉

40 仮説検定の考え方

ある製品を製造するのに，A 社の機械は 1000 個あたり，不良品の個数の平均値が 10 個，標準偏差が 1.6 個であった。この度，B 社の新型機械で製造したところ，1000 個あたりの不良品が 5 個であった。このとき，A 社の機械より B 社の機械の方が優れているといえるだろうか。棄却域を「不良品の個数が平均値から標準偏差の 2 倍以上離れた値となる」こととして，仮説検定を用いて判断せよ。

解　検証したいことは

「A 社の機械より B 社の機械の方が優れている」

かどうかだから

「B 社の方が優れているとはいえない」と仮説を立てる。

棄却域は不良品の個数が

「平均値から標準偏差の 2 倍以上離れた値になること」だから

$10-2\times1.6=6.8$　⬅棄却域を求める。

これより棄却域は 6 個以下だから仮説は棄却される。　⬅不良品は 5 個だから棄却域に含まれる。

よって，**B 社の機械の方が優れているといえる。**

アドバイス

◤仮説検定の考え方◢

- 検証したいことの反対の事柄を仮説にする。
- 立てた仮説が「めったに起こらないこと」なのか，そうでないかで仮説を棄却するか，しないかを判断する。
- めったに起こるか起こらないかの判断は，平均値から標準偏差の 2 倍以上離れた値，または，起こる確率が 5 %未満のときとすることが多い。

これで解決！

仮説検定の考え方 ➡	・検証したいことの反対を仮説とする
仮説が棄却される一般的な条件 ➡	・(平均値)±2×(標準偏差) 以上離れた値のとき ・起こる確率が 5 %未満のとき

練習40　ある通販商品の 1 日あたりの注文個数の平均値が 247 個，標準偏差が 15.3 個であった。この度，新しい宣伝を流した結果，1 日あたりの注文個数が次のようになった。このとき，新しい宣伝は効果があったといえるか。棄却域を「1 日あたりの注文個数の平均値から標準偏差の 2 倍以上離れた値となること」として仮説検定せよ。

(1)　280 個の場合　　(2)　270 個の場合

41 順列の基本

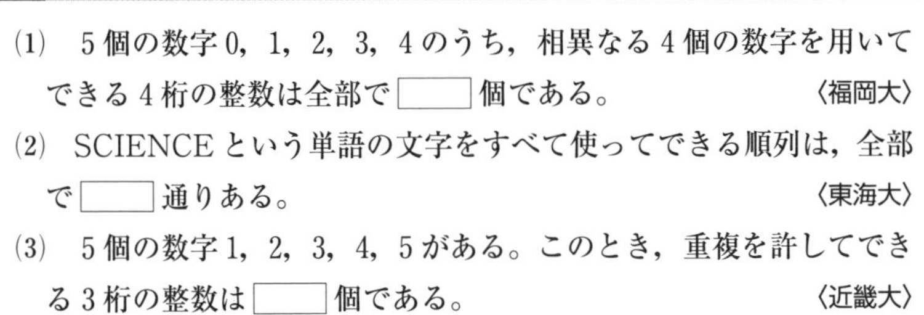

(1)　5 個の数字 0，1，2，3，4 のうち，相異なる 4 個の数字を用いてできる 4 桁の整数は全部で □ 個である。〈福岡大〉

(2)　SCIENCE という単語の文字をすべて使ってできる順列は，全部で □ 通りある。〈東海大〉

(3)　5 個の数字 1，2，3，4，5 がある。このとき，重複を許してできる 3 桁の整数は □ 個である。〈近畿大〉

解

(1)　千の位には 0 以外の数がくるから　4 通り

残りの 3 つの数の並べ方は　${}_4P_3=24$ 通り

よって，$4\times{}_4P_3=4\times24=$**96**（個）

← 0 はこない　□ □ □ □

（別解）${}_5P_4-{}_4P_3=96$（通り）

${}_5P_4$：0 を含めて並べたときの順列

${}_4P_3$：0 がはじめにきたときの順列

(2)　7 個の文字の中に同じ C が 2 個，E が 2 個あるから　$\dfrac{7!}{2!2!}=$**1260**（通り）

(3)　百，十，一の各位には，1 ～ 5 の数がくるから，それぞれ 5 通りある。

よって，$5^3=$**125**（個）

1 ～ 5 の数が入る　□ □ □

アドバイス

- 順列の基本公式を確認した問題である。例題を通して公式の使い方をよく理解してほしい。そして，以下のことは順列や組合せを考えるときの最初のステップである。

$_nP_r$　：異なる n 個のものから r 個とる順列の総数

$\dfrac{n!}{p!q!r!\cdots}$：n 個の中に，同じものがそれぞれ p 個，q 個，r 個，……含まれている場合の順列の総数

n^r　：異なる n 個のものから，重複を許して r 個とる順列の総数

これで解決！

まず確認 ➡ 順列と組合せ → すべて異なると同じものを含む → 重複を許すと重複は許さない

練習41　(1)　0，1，2，3，4，5 の中から異なる 4 つの数字を使ってつくられる 4 桁の整数は全部で □ 個である。〈玉川大〉

(2)　1，1，1，2，2，3 の 6 個の数字をすべて並べてできる 6 桁の整数のうち，10 万の位が 1 である整数は □ 個ある。〈中部大〉

(3)　互いに異なる 5 個の玉を 2 つの箱 A，B に分けて入れる。A，B の箱にそれぞれ少なくとも 1 個の玉が入る分け方は何通りあるか。〈倉敷芸科大〉

42 いろいろな順列

a, b, c, d, e, f, g の 7 文字を使って，次のように 1 列に並べる場合の順列の総数を求めよ。

(1) a, b が両端にくるように並べる。

(2) a, b が隣り合うように並べる。

(3) a, b, c がこの順にくるように並べる。 〈名古屋学院大〉

(1) 両端に a, b がくるのは $_2P_2$

残りの 5 文字の並べ方は $_5P_5$

よって，$_2P_2 \times {}_5P_5 = 2 \times 120 = \mathbf{240}$（通り）

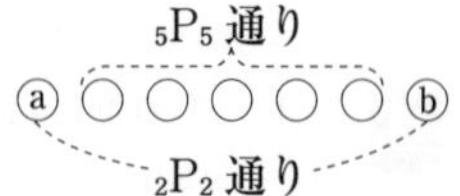

(2) a, b をまとめて 1 文字とみたときの並べ方は $_6P_6$

ab, ba の入れかえが $_2P_2$

よって，$_2P_2 \times {}_6P_6 = 2 \times 720 = \mathbf{1440}$（通り）

$_6P_6$ 通り
$_2P_2$ 通り

(3) a, b, c を同じもの●として並べた後，●を左から順に a, b, c におきかえればよい。

よって，$\dfrac{7!}{3!} = \mathbf{840}$（通り）

左から a, b, c と並ぶ

アドバイス

- 順列の中でも“両端にくる”“隣り合う”は知っておかなければならない代表的なもので，両端にくるものははじめに並べ，隣り合うものは 1 つにまとめて考える。
- “a, b, c の順にくるように”は，何となく隣り合っている感じがするが，必ずしもそうではないので気をつけよう。また，“b の左に a, b の右に c がくるように”という表現も a, b, c の順と同じ意味なので要注意だ！

- 両端にくる ➡ はじめに両端にくるものを並べる
- 隣り合う ➡ 隣り合うものをパックして 1 つにみる
  （パックの中の入れかえも忘れずに！）
- a, b, c の順序が決まっている ➡ a, b, c を同じものとみる

練習42 男子 4 人，女子 3 人がいる。次の並べ方は何通りあるか。

(1) 男子が両端にくるように，7 人が 1 列に並ぶのは ☐ 通り。

(2) 女子 3 人が隣り合うように，7 人が 1 列に並ぶのは ☐ 通り。

(3) 男子 A, B, C, D の 4 人が，この順に並ぶのは ☐ 通り。〈類　青山学院大〉

43 円順列

(1) hokuseiの7文字を円形に並べる並べ方は何通りか。〈北星学園大〉

(2) 4組の夫婦が円卓を囲む。各夫婦は隣り合ってすわるものとする。このようなすわり方は何通りか。〈津田塾大〉

(3) 男子4人，女子3人がいる。女子の両隣りには男子がくるように7人が円周上に並ぶ並べ方は何通りか。〈青山学院大〉

解

(1) 1文字を固定すれば，残り6文字の順列を考えればよい。

よって，${}_6P_6=\mathbf{720}$（通り）

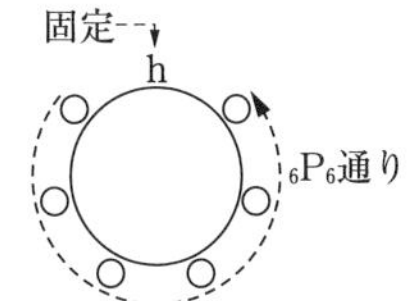

(2) 1組の夫婦を固定すれば，残り3組の夫婦の並べ方は ${}_3P_3$

4組の夫婦の入れかえが 2^4 通り。

よって，${}_3P_3\times2^4=\mathbf{96}$（通り）

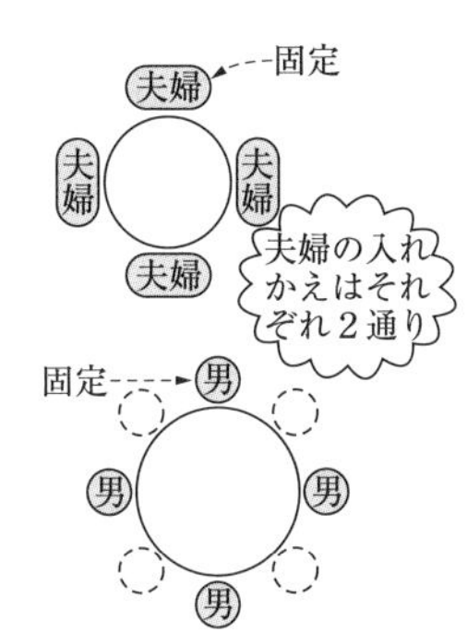

(3) まず，男子4人を円形に並べる並べ方は1人を固定して ${}_3P_3$

男子の間に3人の女子を入れればよいからその並べ方は ${}_4P_3$

よって，${}_3P_3\times{}_4P_3=6\times24=\mathbf{144}$（通り）

アドバイス

- 円順列の基本は，最初に1つを固定することである。1つを固定すれば，あとは普通に1列に並べることを考えればよい。
- 2人が向かい合う場合は，向かい合う2人を固定して，残りを並べればよい。
- このとき，向かい合う2人を入れかえて数えると，ダブって数えることになるから注意する。

これで解決！

円順列 ➡ ・まず，1つを固定する
・特定の2人が向き合う場合，2人の入れ替えはしない

練習43 両親と4人の子供（息子2人，娘2人）が手をつないで輪をつくるとき

(1) 6人の並び方は全部で何通りあるか。

(2) 両親が隣り合う並び方は何通りあるか。

(3) 両親が正面に向き合う並び方は何通りあるか。

(4) 男性と女性が交互に並ぶ並び方は何通りあるか。〈岐阜女子大〉

44 組合せの基本

10人の生徒の中から7人を選ぶ。特定の2人をともに含むような選び方は全部で［　　］通りある。また，特定の2人のうち少なくとも一方の生徒を含むような選び方は［　　］通りある。〈日本大〉

解 10人から特定の2人を除いた8人から5人を選べばよいから

←特定の2人は始めから除いて（既に選ばれている）考える。

$${}_8C_5=\frac{8\cdot7\cdot6}{3\cdot2\cdot1}=\mathbf{56}\text{（通り）}$$

10人から7人を選ぶ総数から，特定の2人が選ばれない場合を除けばよい。

$_nC_r$：異なる n 個のものから r 個とる組合せ

10人から7人を選ぶのは

$${}_{10}C_7=\frac{10\cdot9\cdot8}{3\cdot2\cdot1}=120\text{（通り）}$$

$_{10}C_7$
特定の2人のうち少なくとも1人が選ばれる。
$_8C_7$
特定の2人が選ばれない。

特定の2人が選ばれない場合は，特定の2人を除いた8人から7人を選べばよいから

$_8C_7=8$（通り）

よって，$120-8=\mathbf{112}$（通り）

アドバイス

- 組合せの問題で，特定のものが選ばれたり，選ばれなかったりする場合がある。その場合は，特定のものをはじめから除いて考える。
- 少なくとも……は，補集合の考え方を利用するのが一般的だ。……以上，……以下も，どっちを求めた方が簡単になるか確かめるとよい。

これで解決！

必ず｛選ばれる／選ばれない｝特定のもの ➡ はじめから除外して考える

少なくとも～を1つ含む ➡ (全体の総数)－(～を含まない数)

練習44 男子8人，女子4人の計12人から6人を選んでAグループとし，残りの6人をBグループとする。次の問いに答えよ。

(1) Aグループがすべて男子となるようなグループ分けの方法は［　　］通り。

(2) AグループBグループどちらにも，女子が2人入るようなグループ分けの方法は［　　］通り。

(3) Aグループに特定の女子1人が入るようなグループ分けの方法は［　　］通り。

(4) AグループBグループのどちらにも，女子が少なくとも1人は入るようなグループ分けの方法は［　　］通り。〈類　関西学院大〉

45 組の区別がつく組分けとつかない組分け

12 冊の異なる本を次のように分ける方法は何通りあるか。

(1)　5 冊，4 冊，3 冊の 3 組に分ける。

(2)　4 冊ずつ 3 人の子供に分ける。

(3)　4 冊ずつ 3 組に分ける。

(4)　8 冊，2 冊，2 冊の 3 組に分ける。　〈東京理科大〉

(1)　12 冊から 5 冊選ぶ方法は　${}_{12}C_5$

残りの 7 冊から 4 冊選ぶ方法は ${}_7C_4$，残りの 3 冊は自動的に決まる。

よって，${}_{12}C_5 \times {}_7C_4 \times 1 =$ **27720**（通り）

(2)　3 人の子供を A，B，C とすると

A に 4 冊選ぶ方法は　${}_{12}C_4$

B に 4 冊選ぶ方法は　${}_8C_4$

C の 4 冊は自動的に決まる。

よって，${}_{12}C_4 \times {}_8C_4 \times 1 =$ **34650**（通り）

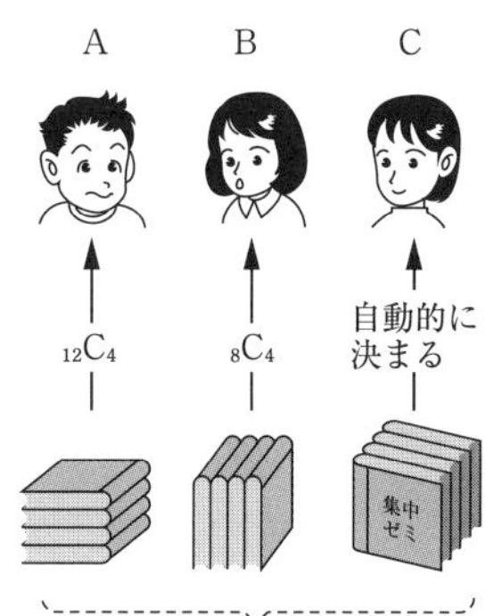

A，B，C の区別をなくすと，同じ分け方が ${}_3P_3=3!$ 通りでてくる。

(3)　(2)で A，B，C の区別をなくすと，同じ分け方が ${}_3P_3=3!$ 通りでてくる。

よって，${}_{12}C_4 \times {}_8C_4 \times 1 \div 3! =$ **5775**（通り）

(4)　8 冊，2 冊，2 冊に分けると，2 冊の組は区別がつかない。

よって，${}_{12}C_8 \times {}_4C_2 \times 1 \div 2! =$ **1485**（通り）

アドバイス

- 組分けの問題では，組の区別がつくかどうかが point になる。(1)では冊数が 5 冊，4 冊，3 冊と異なるので数の違いによる組の区別ができる。(2)は同じ 4 冊であっても，どの子供に分けるかで区別がつく。
- (3)は冊数が同じなので組の区別はつかない。(4)では 2 冊，2 冊の組だけが区別がつかない。このような場合は，区別のつかない組の数の階乗で割ることになる。

これで解決！

組分け
- 組の区別がつく ➡ ${}_nC_r$ で順次選んでいけばよい
- 組の区別がつかない ➡ ${}_nC_r$ で順次選んでいき，それから組の区別がつかない数の階乗で割る

練習45　10 人の生徒を次のように分ける方法は何通りあるか。

(1)　7 人，3 人のグループに分ける。　(2)　5 人，3 人，2 人のグループに分ける。

(3)　4 人，3 人，3 人のグループに分ける。

(4)　1 人を除き，残り 9 人を 3 人ずつ 3 つのグループに分ける。　〈広島県立女大〉

46 並んでいるものの間に入れる順列

(1) 男子3人，女子5人が1列に並ぶとき，男どうしが隣り合わないような並び方は全部で[　　]通りある。〈立教大〉

(2) 青球7個と赤球4個を，両端が青球で，赤球の両側は青球であるように並べる並べ方は[　　]通りである。〈類 東京電機大〉

解 (1) 5人の女子の並べ方は $_5P_5$

◯ 女 ◯ 女 ◯ 女 ◯ 女 ◯ 女 ◯

男子の並べ方は，6つの◯の中から3つ選んで並べる順列だから $_6P_3$

よって，$_5P_5 \times {}_6P_3 = 120 \times 120 =$ **14400**（通り）

⬅はじめに女子を並べ，その間に男子を入れる。

⬅異なるものを入れるから並べ方も考える。

(2) 青球7個の並べ方は1通りしかない。

● ◯ ● ◯ ● ◯ ● ◯ ● ◯ ● ◯ ●

両端が青球で，赤球の両側が青球だから，上図の◯の6か所から4か所選んで赤球を入れればよい。

よって，$_6C_4 =$ **15**（通り）

⬅同じものを入れるから場所だけ決めればよい。

アドバイス

- 並んでいるものの間に，別のものを入れて並べる場合，それぞれ異なるものを入れるのか，同じものを入れるのかによって違う。
- 同じものを入れる場合は，場所だけ選べばよいから $_nC_r$ でいい。
- 異なるものを入れる場合は選んだ場所とそこに入れる順列も関係するから $_nP_r$ で，これは $\underset{\text{選んで}}{_nC_r} \times \underset{\text{並べる}}{r!} = \underset{\text{順列}}{_nP_r}$ ということだ。

これで解決！

並んでいるものの間に入れる順列

異なるものが間に入る ➡ $_nP_r$ で並べたのと同じ

同じものが間に入る ➡ $_nC_r$ で position を決定

練習46 (1) 1から7までの7個の数字を1列に並べるとき，奇数どうしが隣り合わない並べ方は[　　]通り，偶数どうしが隣り合わない並べ方は[　　]通りである。〈青山学院大〉

(2) 白8個，黒5個の碁石を1列に並べるのに，

(ア) 黒石どうしが隣り合わないように並べる並べ方は何通りか。

(イ) 黒石が4個または5個続かないようにする並べ方は何通りか。〈東北学院大〉

47 組合せの図形への応用

正八角形の3つの頂点を結んでできる三角形は全部で何個あるか。また，そのうち二等辺三角形でも直角三角形でもないものは何個あるか。

〈近畿大〉

解　右図の正八角形で，8つの頂点から3つを選んで線で結べば三角形が1個できる。

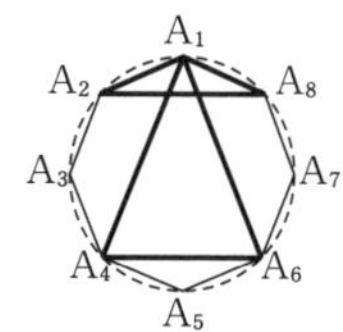

よって，$_8C_3=\dfrac{8\cdot7\cdot6}{3\cdot2\cdot1}=\mathbf{56}$（個）

直角でない二等辺三角形は1つの頂点Aに対して2個できるから全部で　$8\times2=16$（個）

直角三角形は，A_1A_5 に対して6個できる。

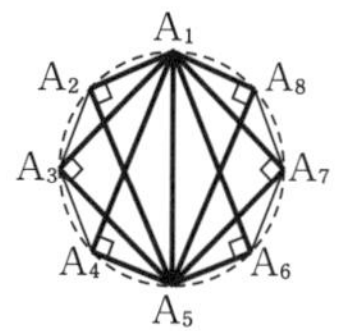

A_2A_6，A_3A_7，A_4A_8 についても同様だから

$4\times6=24$（個）

よって，$56-(16+24)=\mathbf{16}$（個）

アドバイス

- 図形を題材にした組合せの問題では，どのようにすると図形ができるのかを覚えておかないと画一的に $_nC_r$ では求められない場合も多い。
- 例題以外にも次の考え方は知っておきたい。さらに，条件に適するものを1つ1つ“もれなく”，“ダブらず”数え上げることもあるので，思ったほど楽ではない。

これで解決！

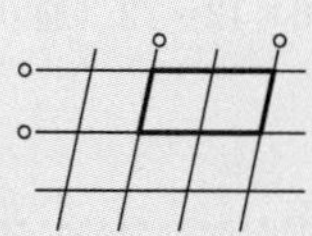

縦2本，横2本を選べば1つの平行四辺形ができる

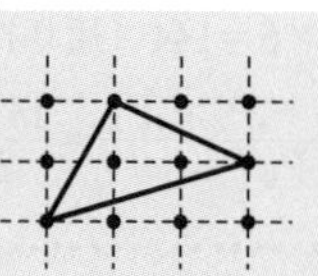

同一直線上にない3点を選べば三角形が1つできる

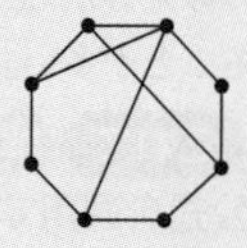

2頂点を選べば対角線が1本引ける（多角形の辺は除く）

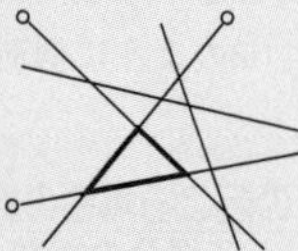

3本の直線を選べば三角形が1つできる（ただし，どの2直線も平行でなく，どの3直線も1点で交わらないとき）

練習47　正十二角形Dの3つの頂点を結んでできる三角形を考える。

(1)　三角形は全部で何個あるか。
(2)　Dと2辺を共有するものは何個あるか。
(3)　Dと1辺のみを共有するものは何個あるか。
(4)　直角三角形は何個あるか。
(5)　鈍角三角形は何個あるか。
(6)　鋭角三角形は何個あるか。

〈近畿大〉

48 確率と順列

袋の中に1から7までの数字を記入した7枚のカードが入っている。この袋の中から5枚をとり出し5桁の整数をつくる。この整数が53000より大きい確率は［　　］である。また，偶数と奇数が交互に並んだ整数ができる確率は［　　］である。〈福岡大〉

解 つくられる整数は全部で　${}_7P_5=2520$（通り）　⬅まず全事象の総数を求める。

53000より大きい数字は次の通り。

(i) 3，4，6，7のどれか（4通り）

${}_5P_3$ ← 5と●以外の5個から3個とる順列

5 ●○○○

$4\times{}_5P_3=4\times60=240$（通り）

(ii) 6か7のどれか（2通り）

${}_6P_4$ ← ●以外の6個から4個とる順列

●○○○○

$2\times{}_6P_4=2\times360=720$（通り）

よって，$\dfrac{4\times{}_5P_3+2\times{}_6P_4}{{}_7P_5}=\dfrac{960}{2520}=\mathbf{\dfrac{8}{21}}$

偶数と奇数が交互に並ぶのは，次の(i)，(ii)のパターンがある。

(i)

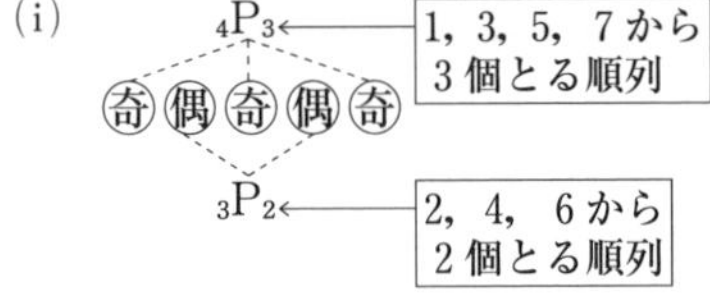

$ {}_4P_3\times{}_3P_2=24\times6=144$（通り）

(ii)

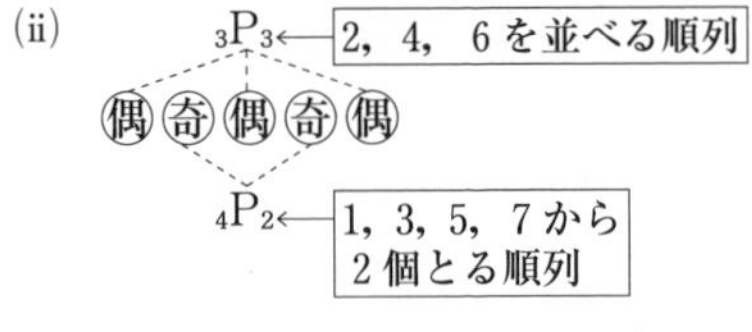

${}_3P_3\times{}_4P_2=6\times12=72$（通り）

よって，$\dfrac{{}_4P_3\times{}_3P_2+{}_3P_3\times{}_4P_2}{{}_7P_5}=\dfrac{144+72}{2520}=\dfrac{216}{2520}=\mathbf{\dfrac{3}{35}}$

アドバイス

- 事象 A の起こる確率は，起こりうる場合の総数と事象 A の起こる場合の数との割合である。当然のことながら順列（${}_nP_r$）や組合せ（${}_nC_r$）の考え方がbaseになるが，この問題の(i)，(ii)のように個別のパターンを考えさせることが多い。

これで解決！

確率 $P(A)=\dfrac{\text{事象 }A\text{ の起こる場合の数}}{\text{起こりうる場合の総数}}$ ➡ 順列，組合せの公式を適用する前に個別のパターンを考える

練習48　1から9までの番号がかかれたカードがそれぞれ1枚ずつある。この9枚のカードをよくきって重ねた後，上から3枚のカードを順に左から並べて，3桁の数をつくる。このとき，次の問いに答えよ。

(1)　3桁の数が500以上である確率を求めよ。

(2)　3桁の数が500以上の偶数である確率を求めよ。〈千葉大〉

49 確率と組合せ

赤玉が5個，白玉が4個，青玉が3個入った袋がある。この袋から玉を同時に3個取り出すとき，次の確率を求めよ。

(1)　3個とも同じ色である。

(2)　3個の色がすべて異なる。〈京都教育大〉

解　合わせて12個から3個取り出す総数は

$_{12}C_3=220$（通り）

←まず，全事象の総数を求める。

(1)　赤が3個取り出されるとき　$_5C_3=10$（通り）

白が3個取り出されるとき　$_4C_3=4$（通り）

青が3個取り出されるとき　$_3C_3=1$（通り）

←同じ色の玉でも，すべて異なるものとして数え上げる。

よって，$\dfrac{_5C_3+_4C_3+_3C_3}{_{12}C_3}=\dfrac{15}{220}=\boldsymbol{\dfrac{3}{44}}$

(2)　赤玉，白玉，青玉が1個ずつ取り出される場合だから

$_5C_1\times{}_4C_1\times{}_3C_1=60$（通り）

よって，$\dfrac{60}{220}=\boldsymbol{\dfrac{3}{11}}$

アドバイス

- この問題のように，同じものをとり出す場合でも，確率を求める場合は**同じものでもすべて異なるものとして考える**のが基本である。それは確率は，求めようとする事象 A と全事象との根元事象の数の割合を表したものだからだ。
- また，玉をとり出す場合1個ずつとり出す場合でも，順序を考慮しなければ，一度に取り出す組合せと同じになり，$_nC_r$ で処理することになる。（順序を考慮すれば $_nP_r$ である）

これで解決！

確率の計算では ➡
- 同じものでもすべて異なるものとして扱う
- 順序を考慮しなければ　$_nC_r$
- 順序を考慮すれば　$_nP_r$

練習49　赤球4個，黒球3個，白球3個が入った箱から球をいくつか取り出す。次の問いに答えよ。

(1)　3個同時に取り出すとき，次の確率を求めよ。

　(i)　3個とも同色になる確率。

　(ii)　3個とも異なる色になる確率。

(2)　2個同時に取り出すとき，2個とも異なる色になる確率を求めよ。

(3)　4個同時に取り出すとき，3色すべて取り出される確率を求めよ。〈宮城大〉

50 余事象の確率

ある受験生がA，B，C 3つの大学の入学試験を受ける。これらの大学に合格する確率はそれぞれ $\frac{3}{4}$，$\frac{3}{5}$，$\frac{2}{3}$ とするとき，少なくとも1つに合格する確率を求めよ。 〈近畿大〉

解 A，B，Cの大学に合格する確率をそれぞれ$P(A)$，$P(B)$，$P(C)$とすると，不合格になる確率は

$$P(\overline{A})=1-\frac{3}{4}=\frac{1}{4}$$

$$P(\overline{B})=1-\frac{3}{5}=\frac{2}{5}$$

$$P(\overline{C})=1-\frac{2}{3}=\frac{1}{3}$$

←「不合格になる」事象は「合格する」事象の余事象

←(不合格になる確率)＝1−(合格する確率)

全部不合格になる確率は

$$P(\overline{A})\cdot P(\overline{B})\cdot P(\overline{C})=\frac{1}{4}\times\frac{2}{5}\times\frac{1}{3}=\frac{1}{30}$$

←同時に起こる排反事象の確率

よって，少なくとも1つに合格する確率は

$$1-\frac{1}{30}=\mathbf{\frac{29}{30}}$$

←「少なくとも1つに合格する」事象は「全部不合格である」事象の余事象

アドバイス

- 余事象の確率の考え方は次のような関係とともに理解しておくとよい。
  (少なくとも1本当たる確率)＝1−(全部はずれる確率)
  (〜以上になる確率)＝1−(〜より小さくなる確率)
- ある事象の確率を求めようとするとき，その事象になる場合分けが3つ以上に及ぶときは，余事象を考えることをすすめる。

余事象の確率
$P(\overline{A})=1-P(A)$

・少なくとも……
・〜以上，〜以下
・場合分けが3つ以上
は余事象の確率を考えよ

練習50 (1) 弓で的を射るとき，Aが命中させるのは5回に3回，Bが命中させるのは7回に4回である。A，Bともに射るとき，2人とも的に命中させる確率は＿＿，少なくとも1人が的に命中させる確率は＿＿である。 〈城西大〉

(2) 1から10までの番号の書かれた10枚のカードから同時に3枚とり出したとき，カードに書かれた3つの数字の積が3の倍数になる確率を求めよ。 〈津田塾大〉

51 続けて起こる場合の確率

10本のうち2本の当たりくじがあるくじで，A，B，Cの3人がこの順にくじを引くものとする。ただし，くじはもとに戻さない。

(1) A，Bがともに当たる確率は［　　］である。

(2) Bが当たる確率は［　　］である。

(3) Cだけが当たる確率は［　　］である。　〈広島工大〉

解 (1) Aが当たる確率は $\frac{2}{10}$，続けてBが当たる確率は $\frac{1}{9}$

よって，$\frac{2}{10}\times\frac{1}{9}=\mathbf{\frac{1}{45}}$

(2) (i) Aが当たり，Bが当たる場合。(Cは無関係)

これは(1)の場合である。

(ii) Aがはずれ，Bが当たる場合。(Cは無関係)

$\frac{8}{10}\times\frac{2}{9}=\frac{8}{45}$

(i)，(ii)は互いに排反だから

$\frac{1}{45}+\frac{8}{45}=\mathbf{\frac{1}{5}}$

(3) A，Bがはずれ，Cが当たる場合であるから

$\frac{8}{10}\times\frac{7}{9}\times\frac{2}{8}=\mathbf{\frac{7}{45}}$

> **続けて起こる確率**
> 試行 T_1，T_2 の結果の事象 A_1，A_2 が続けて起こる確率は
> $P(A_1)\times P(A_2)$

←A，B が互いに独立試行であるとき $P(A\cup B)=P(A)+P(B)$

アドバイス

- くじを続けて引くときの確率のように，ある試行を続けて行う場合，1回の試行ごとに根元事象が変わることがある。
- そんなときの確率の計算は，条件つき確率になるが，基本的には，その回ごとの確率を掛けていけばよい。

続けて起こる場合の確率 ➡ $P(A_1)\times P(A_2)$
(はじめに A_1，続けて A_2 が起こる確率)

練習51 赤球4個と白球6個の入った袋から2個の球を同時にとり出し，その中に赤球が含まれていたら，その個数だけさらに袋から球をとり出す。

(1) とり出した赤球の総数が2である確率を求めよ。

(2) とり出した赤球の総数が，とり出した白球の総数を超える確率を求めよ。

〈熊本大〉

52 ジャンケンの確率

3人でジャンケンをし，勝ち残った1人を決める。このとき，次の確率を求めよ。ただし，負けた人は次回から参加できない。

(1) 1回目のジャンケンで1人が決まる確率およびあいこになる確率

(2) 2回目のジャンケンで勝ち残った1人が決まる確率 〈類 岩手大〉

解 3人でジャンケンをするとき，手の出し方は

$3^3=27$（通り） ⬅3人は，グー，チョキ，パーの3通り出せる。（重複順列 n^r）

(1) 1人が勝つのは，

［3人］［グー，チョキ，パーの3通り］

$3\times3=9$（通り） よって，$\frac{9}{27}=\mathbf{\frac{1}{3}}$

あいこになるのは，3人がグー，チョキ，パーの

(i) それぞれ異なるものを出すとき，${}_3P_3=6$（通り） ⬅A B C ○ ○ ○ グー，チョキ，パーを並べると考える。

(ii) いずれか同じものを出すとき，3（通り）

よって，$\frac{6+3}{27}=\mathbf{\frac{1}{3}}$

(2) ［1回目あいこ］［2回目1人が勝つ］［1回目2人が勝つ］［2回目2人のうち1人が勝つ］ ⬅(2人が勝つ)=(1人が負ける)$=\frac{1}{3}$

$\frac{1}{3}\times\frac{1}{3}+\frac{1}{3}\times\frac{2\times3}{3^2}=\mathbf{\frac{1}{3}}$ ⬅$\frac{2\times3}{3^2}$ ←(2人)×(グー，チョキ，パー) ←2人の出し方

アドバイス

• ジャンケンに関する確率の問題はよく出題されるテーマであり，次のことはあらかじめわかっていることなので覚えておくとよいだろう。

例えば，A，B 2人のジャンケンなら

“Aが勝つ”“Bが勝つ”“あいこ”になる確率はどれも $\frac{1}{3}$ である。

• そして，A，B，C 3人の場合は次のようになる。

これで解決！

A，B，C3人のジャンケンで
- だれか1人が勝つ → A，B，Cそれぞれの勝つ確率は $\frac{1}{9}$
- だれか2人が勝つ
- “あいこ”になる

（いずれも）→ 確率は $\frac{1}{3}$

注 だれか1人が勝つことと，特定のAさんが勝つ場合を混同しないように。

練習52 A，B，Cの3人がジャンケンをして，勝者1人を選ぶ。3人あいこならばジャンケンをくり返し，2人勝ちならば勝った2人で決戦をするものとする。このとき，次の確率を求めよ。

(1) Aが1回目で優勝する (2) Aが2回目で優勝する

(3) 3回目で勝者が1人に決まる (4) 3回終わっても勝者が決まらない

〈類 青山学院大〉

53 さいころの確率

3個のさいころを同時に投げるとき，次の問いに答えよ。

(1)　少なくとも2個が同じ目である確率は［　　］である。〈福井工大〉

(2)　最大の目が4である確率は［　　］である。〈近畿大〉

解　(1)　すべて異なる目が出る確率は

$$\frac{{}_6\mathrm{P}_3}{6^3}=\frac{120}{216}=\frac{5}{9}$$

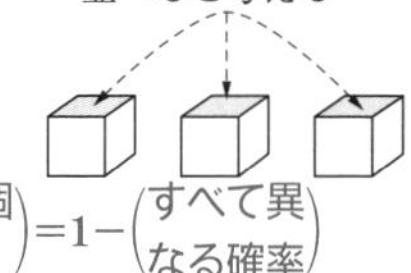

少なくとも2個が同じ目である事象はすべて異なる目の余事象だから

⬅ (少なくとも2個が同じ確率)=1−(すべて異なる確率)

$$1-\frac{5}{9}=\boldsymbol{\frac{4}{9}}$$

(2)　［3個とも1～4のいずれかの目］−［3個とも1～3のいずれかの目］=［少なくとも1個は4の目が出る］

$$\left(\frac{4}{6}\right)^3-\left(\frac{3}{6}\right)^3=\frac{64-27}{216}=\boldsymbol{\frac{37}{216}}$$

アドバイス

- すべて異なる目が出る確率は，右のように，1個ずつ，それぞれの確率を考えて，続けて起こる確率の計算でも求められる。

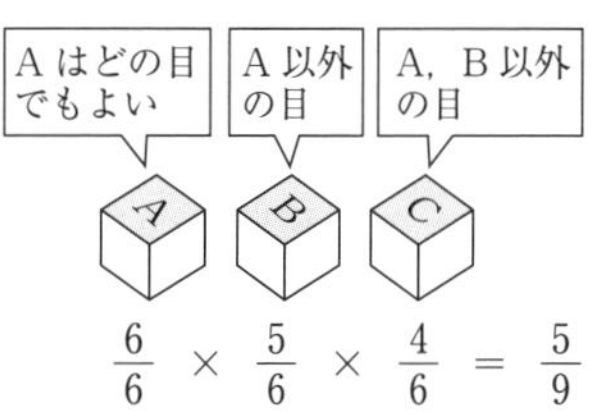

$$\frac{6}{6}\times\frac{5}{6}\times\frac{4}{6}=\frac{5}{9}$$

- また，3個のさいころを同時に投げることと，1個のさいころを続けて3回投げることは，確率を考える場合は同じである。
- なお，出る目の最大値がkである確率は次の式で求まる。
  (k以下の確率)−($k-1$以下の確率)

これで解決！

r個のさいころを投げたときの確率 ➡
- すべて異なる目が出る ⋯→ ${}_6\mathrm{P}_r$で数を並べる
- 最大の目がk $(2\leqq k\leqq 6)$ ⋯→ $\left(\frac{k}{6}\right)^r-\left(\frac{k-1}{6}\right)^r$（$k$以下　$k-1$以下）

練習53　(1)　5個のさいころを投げるとき，すべて異なる目が出る確率は［　　］であり，少なくとも2個が同じ目である確率は［　　］である。〈類　中央大〉

(2)　3個のさいころを同時に投げる。このとき，出る目の最小値が2以上である確率は［　　］であり，出る目の最小値がちょうど2である確率は［　　］である。〈慶応大〉

54 反復試行の確率

表の出る確率が $\frac{2}{3}$，裏の出る確率が $\frac{1}{3}$ のコインがある。このコインを5回投げたとき，次の確率を求めよ。

(1) 表が2回，裏が3回出る。　(2) 表が2回以上出る。

〈類　近畿大〉

解

(1) 5回投げて表が2回　裏が3回出るから

$${}_5C_2\left(\frac{2}{3}\right)^2\left(\frac{1}{3}\right)^3=\frac{10\times4}{3^5}=\mathbf{\frac{40}{243}}$$

←1 2 3 4 5
○表○○表
5回のうち表が2回出る場合の数は，5回のうち2回を選ぶ ${}_5C_2$ 通り。

(2) 表が1回も出ないのは $\left(\frac{1}{3}\right)^5=\frac{1}{243}$

表が1回出るのは ${}_5C_1\left(\frac{2}{3}\right)\left(\frac{1}{3}\right)^4=\frac{10}{243}$

表が2回以上出るのは $1-\frac{1}{243}-\frac{10}{243}=\mathbf{\frac{232}{243}}$

←余事象の確率を利用
（2回以上出る確率）
＝1−（1回以下の確率）

アドバイス

- コインやさいころ等で，同じ試行を何回もくり返す試行を反復試行という。
  n 回の試行で（例題では5回の試行）
  確率 p である事象が r 回
  確率 $1-p$ である事象が $n-r$ 回
  起こる確率は ${}_nC_rp^r(1-p)^{n-r}$ で表される。
- $p^r(1-p)^{n-r}$ はすぐ思いつくが，n 回のうち r 回起こる起こり方が ${}_nC_r$ 通りあることを忘れがちだから十分気をつけてほしい。

1	2	3	4	5
○	○	●	●	●
○	●	○	●	●
⋮	⋮	⋮	⋮	⋮
●	●	●	○	○

${}_5C_2$ 通り
確率はどれも $\left(\frac{2}{3}\right)^2\left(\frac{1}{3}\right)^3$

○表，●裏

これで解決！

反復試行の確率 ➡ n 回の試行で，確率 p である事象が r 回起こる
$${}_nC_rp^r(1-p)^{n-r}$$

練習54 (1) 赤球と白球がそれぞれ4個ずつ入った袋から1個取り出してもとに戻すことを4回行うとき，3回以上赤球が出る確率は □ である。〈東洋大〉

(2) 数直線上を動く点Pが原点にある。さいころを1回投げて，2以下の目が出たときは正の向きに1，3以上の目が出たときは負の向きに2だけ進む。

(ア) さいころを3回投げたとき，点Pが原点にくる確率は □ である。

(イ) さいころを5回投げたとき，点Pの座標が −4 または2になる確率は □ である。〈早稲田大〉

55 ある事象が起こった原因の確率

2つの箱 A, B があり，箱 A には白球 2 個と黒球 6 個，箱 B には白球 6 個と黒球 2 個が入っている。さいころを投げて，5 以上の目が出たら A の箱から，それ以外は B の箱から球を 1 個取り出すとき，

(1) 取り出した球が白球である確率を求めよ。

(2) 取り出した白球が A の箱から取り出された確率を求めよ。

〈類　日本大〉

解 A の箱を選ぶ事象を A，B の箱を選ぶ事象を B，白球を取り出す事象を W とすると

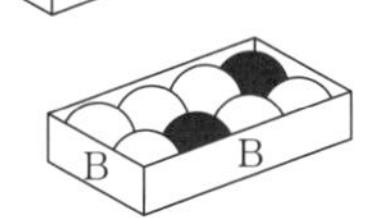

(1) $P(A)=\dfrac{1}{3}$，$P(B)=\dfrac{2}{3}$

$P(A)\cdot P_A(W)=\dfrac{1}{3}\times\dfrac{2}{8}=\dfrac{1}{12}$

$P(B)\cdot P_B(W)=\dfrac{2}{3}\times\dfrac{6}{8}=\dfrac{1}{2}$，$P(W)=\dfrac{1}{12}+\dfrac{1}{2}=\boldsymbol{\dfrac{7}{12}}$

(2) 求める確率は $P_W(A)$ である。　⬅ $P_W(A)$ （A の箱が選ばれる確率，W：白球が取り出された条件で）

$$P_W(A)=\frac{P(A\cap W)}{P(W)}=\frac{P(A)\cdot P_A(W)}{P(W)}=\frac{\frac{1}{12}}{\frac{7}{12}}=\boldsymbol{\frac{1}{7}}$$

⬅ $P(A)\cdot P_A(W)=P(A\cap W)$ は箱 A で白球が出る確率
$P(W)$ は全体で白球の出る確率

アドバイス

- 結果からその原因となる確率を求める問題で，事象 A と B のどちらかを原因として事象 W が起こるとき，W が起こった原因が A である確率は次の式で表される。

$$P_W(A)=\frac{P(W\cap A)}{P(W)}=\frac{P(A)\cdot P_A(W)}{P(A)\cdot P_A(W)+P(B)\cdot P_B(W)}\quad（ベイズの定理）$$

- すなわち，事象 W の起こった原因が A である確率は
　(A で W が起こる確率)：(全体で W が起こる確率)　の比の値である。

これで解決！

事象 W の起こった原因が A である確率 ➡

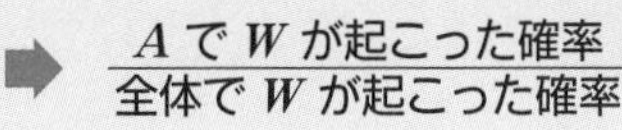

$\dfrac{A\text{ で }W\text{ が起こった確率}}{\text{全体で }W\text{ が起こった確率}}$

練習55　3つの箱 A, B, C があり，A には黒球 3 個と白球 2 個，B には黒球 1 個と白球 5 個，C には黒球 2 個と白球 2 個が入っている。3つの箱から1つの箱を選び，選んだ箱から球を 1 つ取り出す。取り出した球が黒球であるとき，選んだ箱が A である確率を求めよ。

〈東京女子大〉

56 期待値

さいころを投げることをくり返し，出た目の和が 4 以上になったら終わることにする。

(1) 1 回投げて終わる確率と 2 回投げて終わる確率を求めよ。

(2) 終わるまで投げる回数の期待値を求めよ。〈新潟大〉

解 n 回投げて終わる確率を p_n とする。

(1) 1 回で終わるのは，4，5，6 が出たときで $p_1=\frac{3}{6}=\mathbf{\frac{1}{2}}$

2 回で終わるのは，次の 15 通りだから

1 回目の目	1	2	3
2 回目の目	3～6	2～6	1～6
和が 4 以上	4 通り	5 通り	6 通り

$p_2=\frac{15}{6^2}=\mathbf{\frac{5}{12}}$

(2) 4 回で終わるのは，1，1，1 と 3 回続けば 4 回目で必ず終わるから

$p_4=\frac{1}{6^3}=\frac{1}{216}$ また，$p_1+p_2+p_3+p_4=1$ だから ⬅$p_3=1-(p_1+p_2+p_4)$ として求められる。

$p_3=1-\left(\frac{1}{2}+\frac{5}{12}+\frac{1}{216}\right)=\frac{17}{216}$

よって，期待値は右の表から

$1\times\frac{1}{2}+2\times\frac{5}{12}+3\times\frac{17}{216}+4\times\frac{1}{216}=\mathbf{\frac{343}{216}}$

回数	1	2	3	4	計
確率	$\frac{1}{2}$	$\frac{5}{12}$	$\frac{17}{216}$	$\frac{1}{216}$	1

アドバイス

- 期待値を求めるには，期待される X に対応する確率 P との対応表をつくるのがわかりやすい。X を確率変数，対応表を確率分布表といい，数学 B で学ぶ。
- X に対応する確率 p_1，p_2，p_3，……，p_n については，$p_1+p_2+p_3+\cdots\cdots+p_n=1$ が成り立つから確率の検算に利用できる。さらに，余事象の考えから求めにくい確率を求めるのにも使いたい。

これで解決！

期待値 ➡ $E=x_1p_1+x_2p_2+\cdots\cdots+x_np_n$

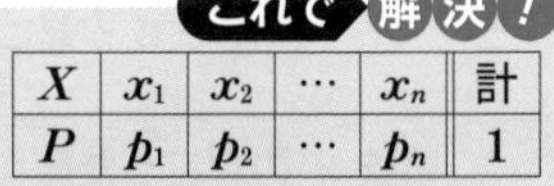

X	x_1	x_2	…	x_n	計
P	p_1	p_2	…	p_n	1

練習 56 赤球 5 個と白球 4 個が袋に入っている。この袋から 3 個の球を同時に取り出す。取り出された 3 個の球のうち白球の個数が k 個 ($k=0$，1，2，3) である事象の確率を p_k とする。

このとき，$p_0=$ ☐，$p_1=$ ☐，$p_2=$ ☐，$p_3=$ ☐ である。また，白球の個数の期待値は ☐ である。〈東京理科大〉

57 円周角，接弦定理，円に内接する四角形

下の図において，x と y の値を求めよ。ただし，l，l' は接線である。

(1)

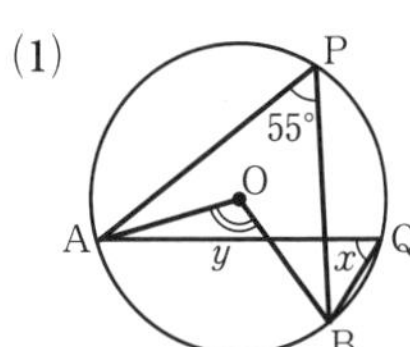

(2)

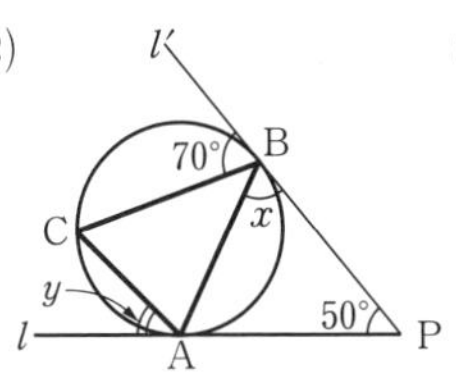

(3)

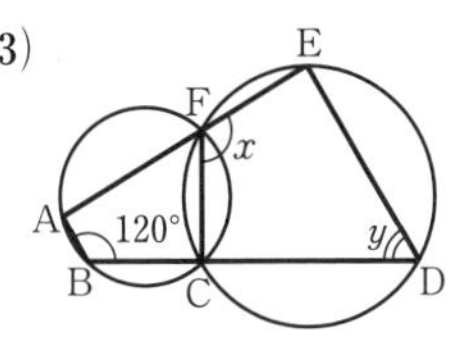

(1)　$\angle APB=\angle AQB$　だから　$\boldsymbol{x=55°}$　⬅弧 AB に対する円周角

$\angle AOB=2\angle APB$　だから　$\boldsymbol{y=110°}$　⬅中心角は円周角の 2 倍

(2)　$PA=PB$ だから，$\triangle PAB$ は二等辺三角形　⬅

よって，$\boldsymbol{x}=\frac{1}{2}(180°-50°)=\boldsymbol{65°}$

$\angle ABC=180°-(65°+70°)=45°$

接弦定理より

$\boldsymbol{y}=\angle ABC=\boldsymbol{45°}$

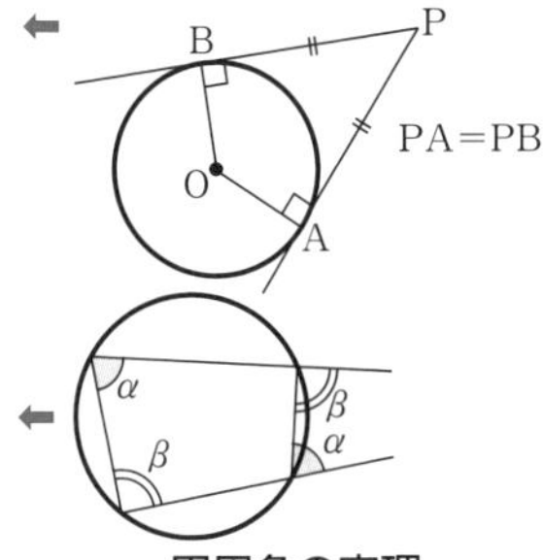

(3)　$\angle ABC=\angle CFE=\boldsymbol{x=120°}$　⬅

$x+y=180°$　より　$\boldsymbol{y=60°}$

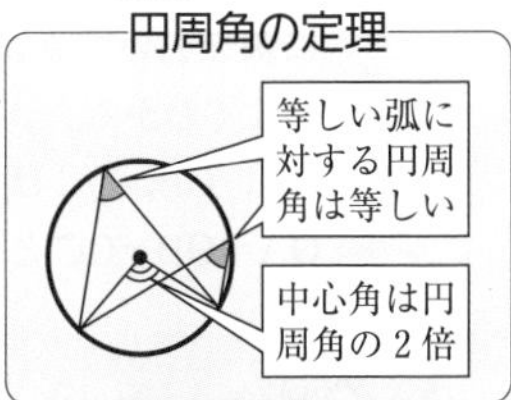

アドバイス

- 右の円周角の定理や，下の接弦定理，円に内接する四角形の性質，これらは，図形の問題の中で関連して出題されることが多い。これらの円に関する定理をしっかり理解しておこう。

円周角の定理

等しい弧に対する円周角は等しい

中心角は円周角の 2 倍

これで解決！

接弦定理

弦に対する円周角

等しい

接線と弦のつくる角

円に内接する四角形

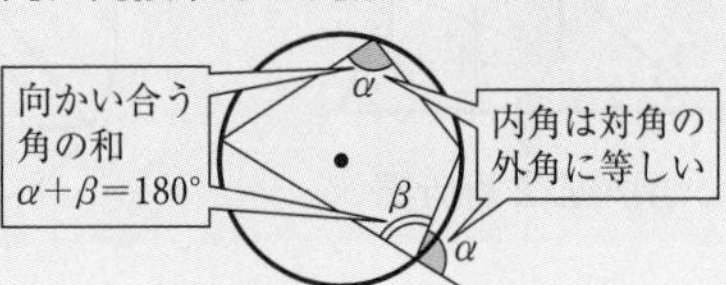

練習57　次の図において，x と y の値を求めよ。ただし，l は接線である。

(1)

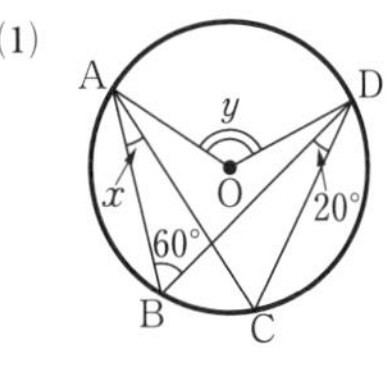

(2)

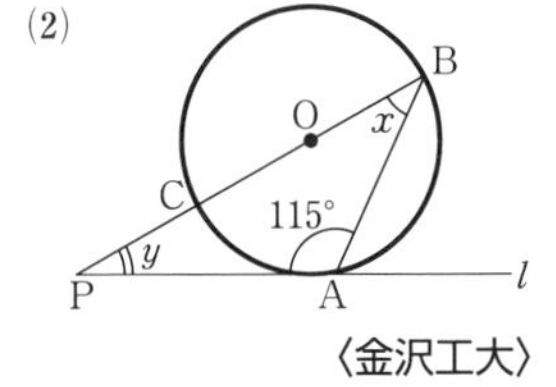

〈金沢工大〉

(3)

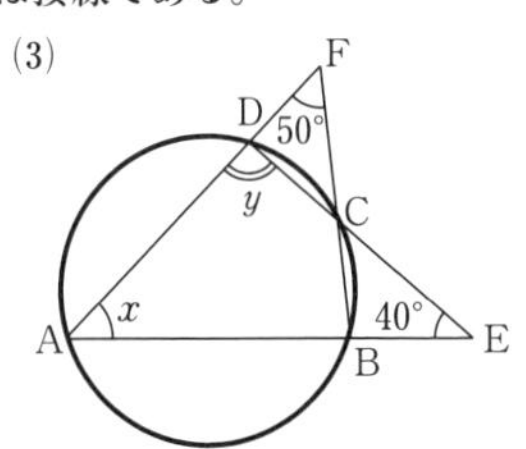

58 内心と外心

右の図において，x と y の値を求めよ。
ただし，I は内心，O は外心である。

(1)

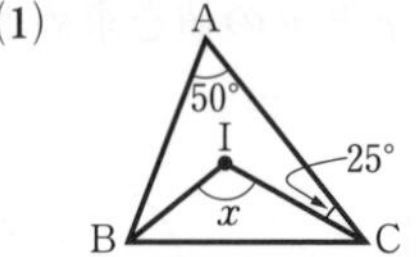

(2)

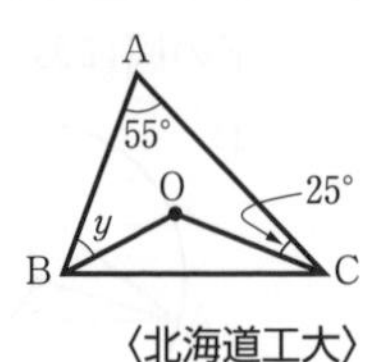

〈北海道工大〉

(1) ∠ICA＝∠ICB＝25° だから
∠ACB＝50°
∠ABC＝180°－(50°＋50°)＝80° だから
∠IBC＝80°÷2＝40°
よって，x＝180°－(25°＋40°)＝**115°**

⬅I が内心だから，IC は∠ACB の 2 等分線

⬅$\angle IBC=\frac{1}{2}\angle ABC$

(2) ∠OAC＝∠OCA＝25°
∠OAB＝55°－25°＝30°
よって，y＝∠OAB＝**30°**

⬅O が外心だから，△OAC，△OAB は二等辺三角形で，底角は等しい。

アドバイス

- 三角形の内心と外心で，頂角の 2 等分線なのか辺の垂直 2 等分線なのかで迷ったときは，鈍角三角形で実際に線を引いてみよう。外心は三角形の外に現れるからすぐわかる。
- OA，OB，OC は外接円の半径になるから，OA＝OB＝OC となることも忘れずに。

これで解決！

内心

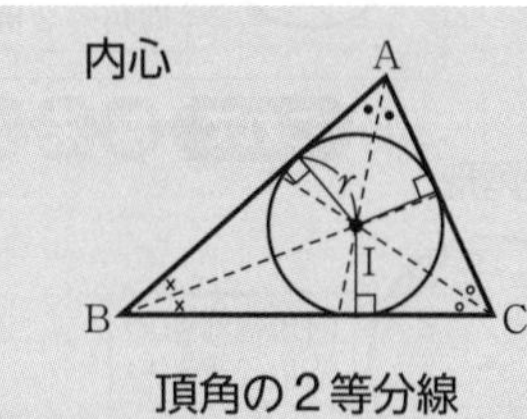

頂角の 2 等分線

外心

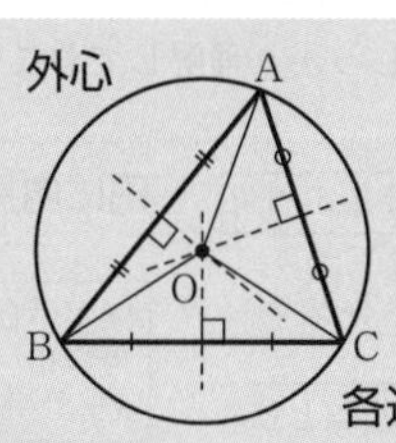

OA＝OB＝OC
(外接円の半径)

各辺の垂直 2 等分線

練習58 次の図において，x と y の値を求めよ。ただし，I は内心，O は外心とする。

(1)

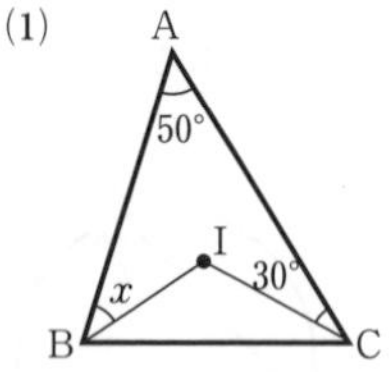

(2)

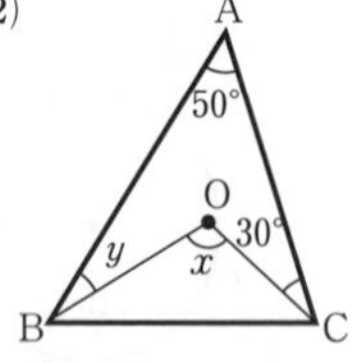

(3)

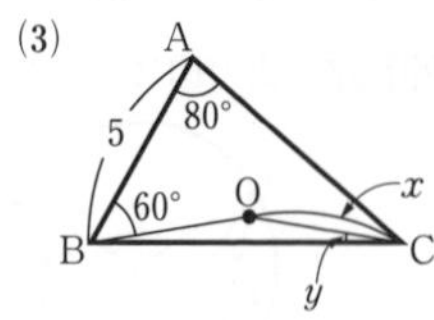

〈(1)，(2)明星大〉

59 方べきの定理

次の図において，x の値を求めよ。

(1)
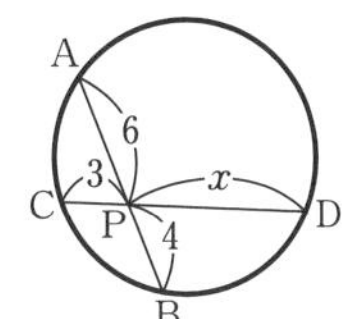

(2)
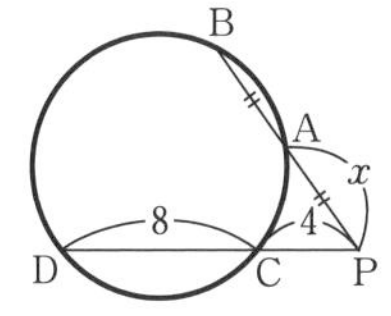

(3)
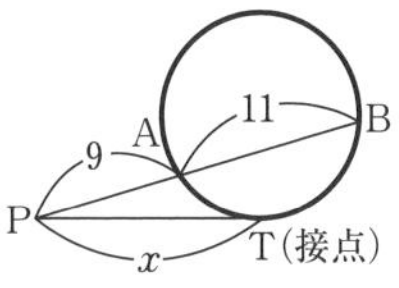

解 方べきの定理を利用する。

(1) $PA\cdot PB=PC\cdot PD$　より

$6\cdot 4=3\cdot x$

よって，$\boldsymbol{x=8}$

(2) $PB=2x$　だから

$PA\cdot PB=PC\cdot PD$　より

$x\cdot 2x=4\cdot 12$

$x^2=24$

よって，$\boldsymbol{x=2\sqrt{6}}$

(3) $PA\cdot PB=PT^2$　より

$9\cdot 20=x^2$

よって，$\boldsymbol{x=6\sqrt{5}}$

アドバイス

- 円と交わる 2 直線が出てきたら方べきの定理を考えよう。
- 方べきの定理は，図のように点 P が円の内部にあっても，外部にあっても

　　△PAC∽△PDB

　より $PA\cdot PB=PC\cdot PD$ となる。

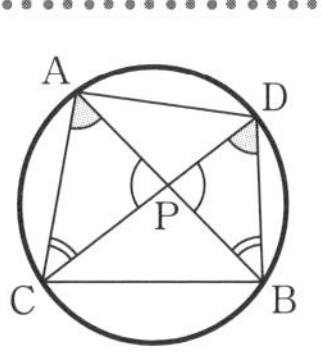

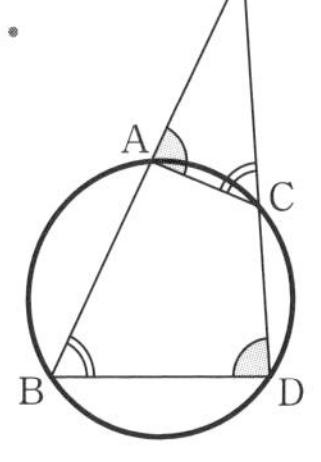

これで解決！

方べきの定理

$PA\cdot PB=PC\cdot PD$

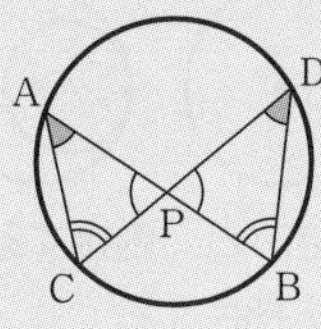

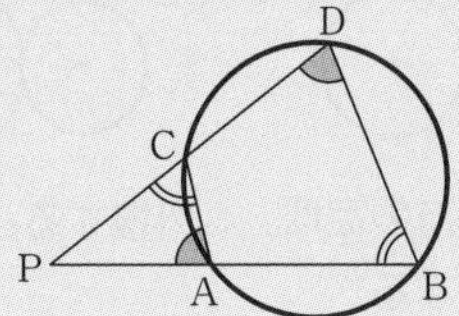

$PA\cdot PB=PT^2$

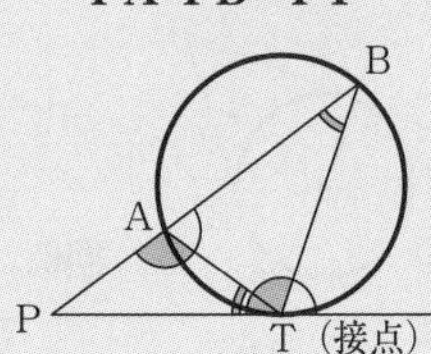

練習59 次の図において，x の値を求めよ。ただし，T は接点である。

(1)
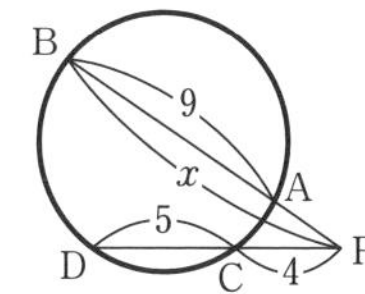

(2)
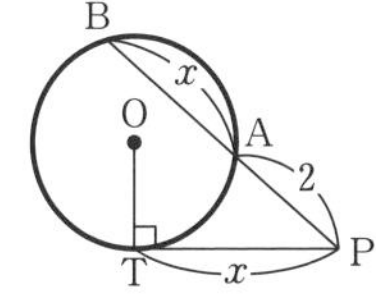

(3)
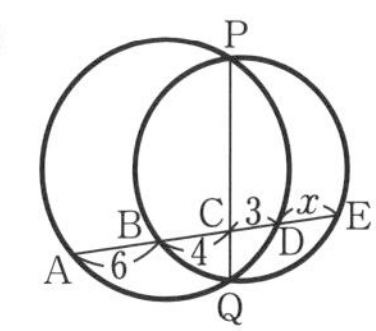

〈仏教大〉

60 円と接線・2円の関係

(1), (2)は x の値を，(3)は2円が交わるための d の値の範囲を求めよ。

(1)
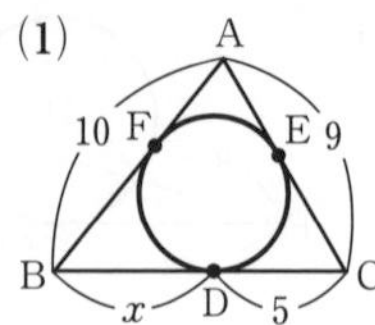

(2)
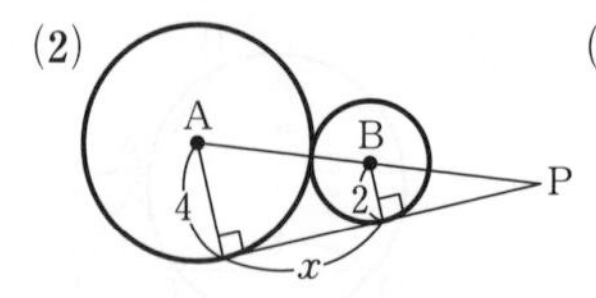

(3)
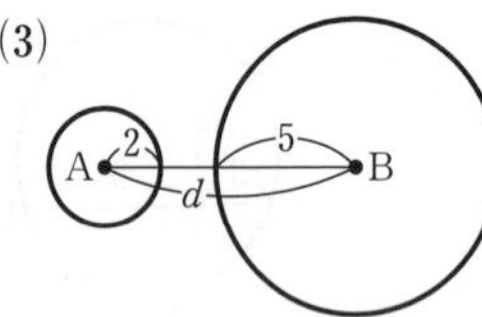

解 (1) CD＝CE＝5　だから

AE＝AF＝9−5＝4

よって，$\boldsymbol{x}$＝BF＝10−4＝**6**

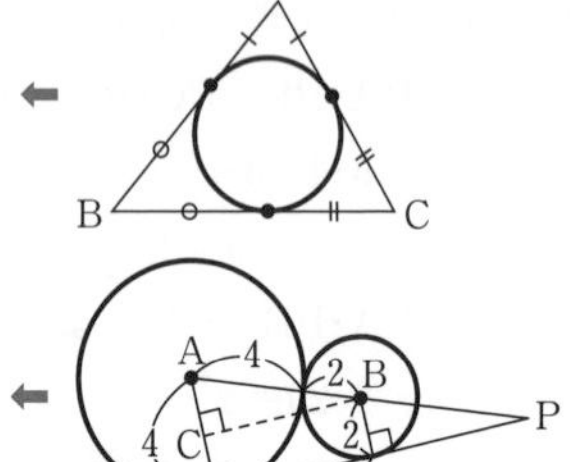

(2) 右図の △ABC において

AB＝4＋2＝6，AC＝4−2＝2

$x^2=BC^2=6^2-2^2=32$

よって，$\boldsymbol{x=4\sqrt{2}}$

(3) 2円が外接するとき　$d=2+5=7$

2円が内接するとき　$d=5-2=3$

よって，　$\boldsymbol{3<d<7}$

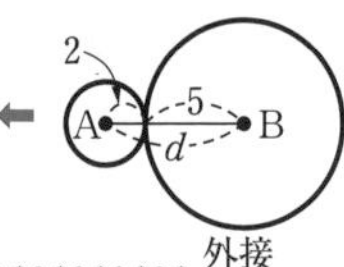
外接

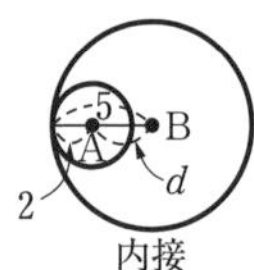
内接

アドバイス

- 円や円の接線の図形的な性質を理解するためには，定規とコンパスで正確な図をかいてみることだ。そうすれば，理屈抜きに次のような図形の性質が納得できる。

円と接線

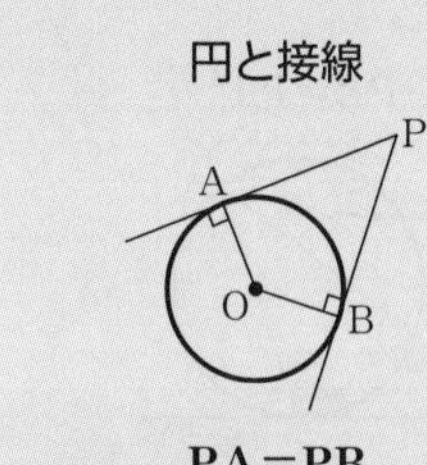

PA＝PB

2円の共通接線

相似，三平方の定理を活用する

2円の関係

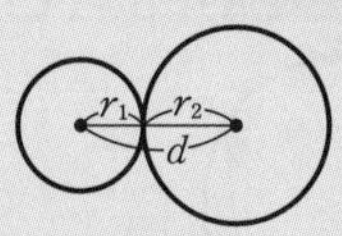

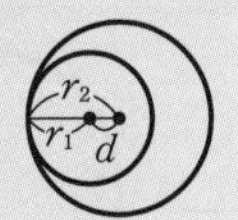

外接するとき　と　内接するとき を押さえる

練習60　(1), (2)の x の値を求めよ。また，(3)は2円の共有点の個数を d の値で分類せよ。

(1)
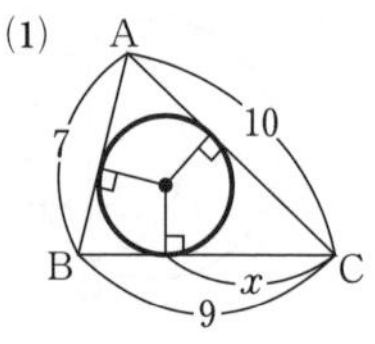

(2)
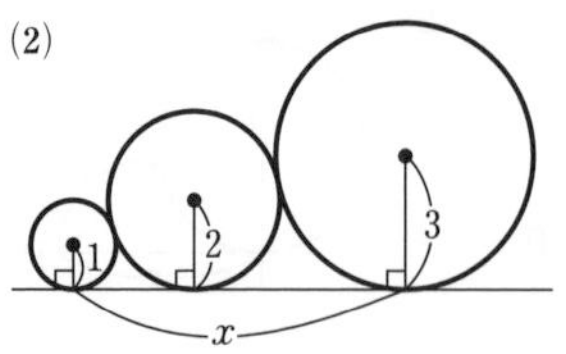

(3)
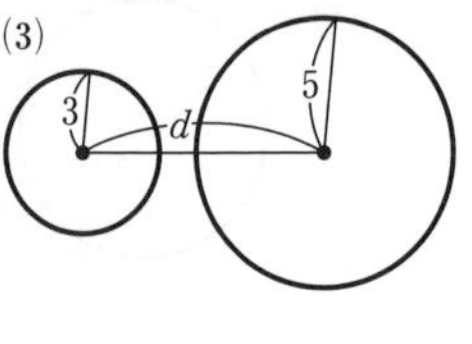

〈中部大〉

61 メネラウスの定理

右の図において，次の問いに答えよ。

(1)　x と y の関係式を求めよ。

(2)　4点B，C，E，Fが同一円周上にあるとき，x と y を求めよ。　〈類　宮崎大〉

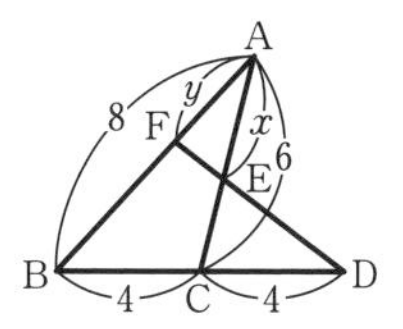

解　(1)　△ABCと直線FDに対して

メネラウスの定理を用いると

$\dfrac{BD}{DC}\cdot\dfrac{CE}{EA}\cdot\dfrac{AF}{FB}=1$　だから

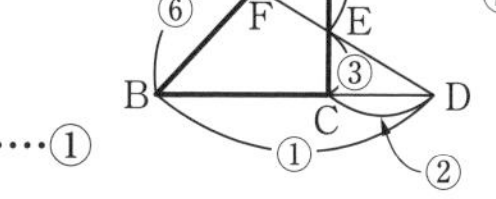

$\dfrac{8}{4}\cdot\dfrac{6-x}{x}\cdot\dfrac{y}{8-y}=1$

よって，$\boldsymbol{xy+8x-12y=0}$　……①

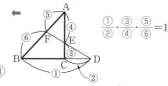

(2)　方べきの定理より

$AE\cdot AC=AF\cdot AB$

$x\cdot 6=y\cdot 8$　　よって，$3x=4y$ ……②

①，②より　$\boldsymbol{x=\dfrac{4}{3}}$，$\boldsymbol{y=1}$

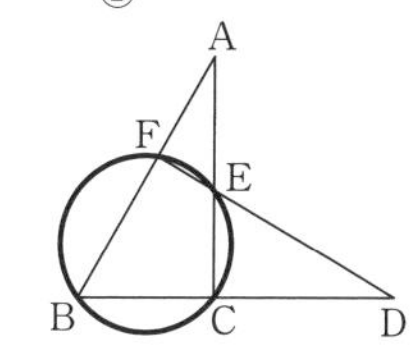

アドバイス

- メネラウスの定理は，△ABCをDFで切ったときの線分の比に関する定理である。
- 定理の出発は，重なった△ABCと△FBDの共通の頂点Bから出発すると覚えておくとよい。
- また，頂点から頂点に行く間に必ず線分の交点を通っていくことも忘れずに。

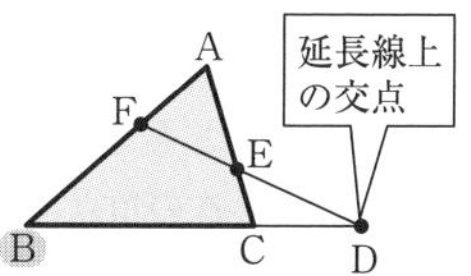

これで解決！

メネラウスの定理

$\boldsymbol{\dfrac{BD}{DC}\cdot\dfrac{CE}{EA}\cdot\dfrac{AF}{FB}=1}$

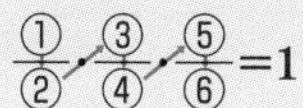

(番号は何番から始まってもよい。)

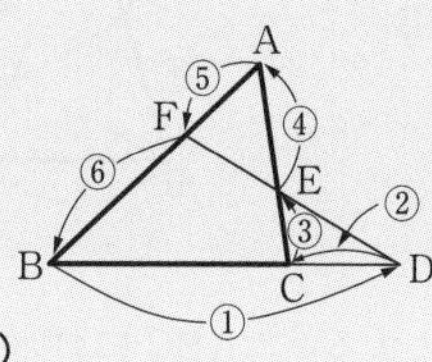

頂点から交点を経由して，次の頂点へ一回り。

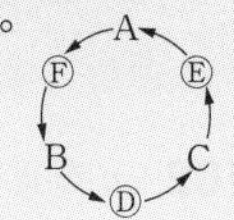

練習61　△OABにおいて辺OAを2：3に内分する点をC，線分BCの中点をM，直線OMと辺ABの交点をDとする。このとき，$\dfrac{AD}{DB}=$ ☐ である。また，△OCMの面積を S_1，△BDMの面積を S_2 とすると $\dfrac{S_1}{S_2}=$ ☐ である。　〈福岡大〉

62 チェバの定理

1辺の長さが9の正三角形 ABC がある。辺 AB 上に点 D を，AC 上に点 E を AD=4, AE=6 となるようにとる。BE と CD の交点を F とし，AF の延長と辺 BC の交点を G とするとき，CG=□ である。
〈明治大〉

解 チェバの定理より

$\dfrac{BG}{GC}\cdot\dfrac{CE}{EA}\cdot\dfrac{AD}{DB}=1$　だから

$\dfrac{BG}{GC}\cdot\dfrac{3}{6}\cdot\dfrac{4}{5}=1$　　よって，$\dfrac{BG}{GC}=\dfrac{5}{2}$

BG：GC=5：2　だから

$CG=9\times\dfrac{2}{7}=\mathbf{\dfrac{18}{7}}$

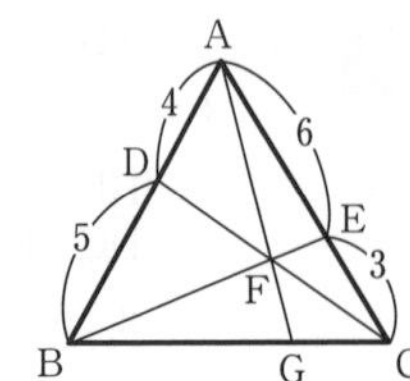

アドバイス

- チェバの定理は，△ABC の辺 BC，CA，AB 上に D，E，F があり直線 AD，BE，CF が1点 P で交わるときに成り立つ式である。
- 右の図(ii)は辺の延長上に D，E があるときで，P は △ABC の外部にくる。(i)，(ii)ともメネラウスの定理同様，頂点から次の頂点に，交点を経由して一回りと覚えよう。

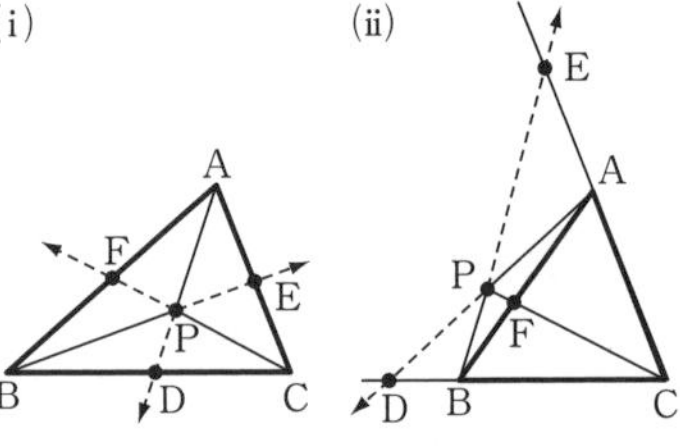

これで解決!

チェバの定理

$$\frac{\mathbf{BD}}{\mathbf{DC}}\cdot\frac{\mathbf{CE}}{\mathbf{EA}}\cdot\frac{\mathbf{AF}}{\mathbf{FB}}=\mathbf{1}$$

$$\frac{①}{②}\cdot\frac{③}{④}\cdot\frac{⑤}{⑥}=1$$

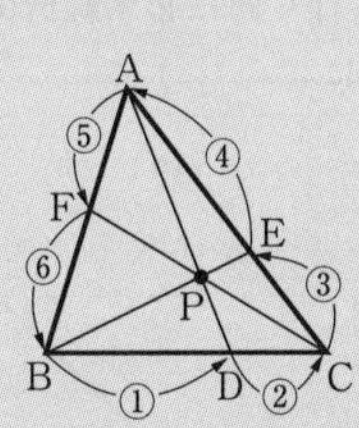

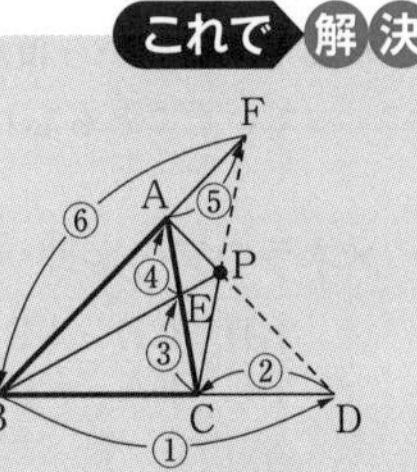

練習62 n を正の整数とする。△ABC において，辺 AB を $(n+1):n$ に内分する点を R，辺 AC を $(n+2):n$ に内分する点を Q とする。線分 BQ と線分 CR の交点を O，直線 AO と辺 BC の交点を P とする。このとき，BP：PC=□：□，AO：OP=□：□ である。よって，△ABC と △OBC の面積の比の値は $\dfrac{\triangle ABC}{\triangle OBC}=$□ である。
〈神奈川工科大〉

63 最大公約数・最小公倍数

2つの自然数 a, b $(a<b)$ の和が132，最小公倍数が336であるとき，最大公約数と a, b を求めよ。〈福岡大〉

解　a, b の最大公約数を G とすると

$a=Ga'$,　$b=Gb'$ (a', b' は互いに素) と表せる。

$a+b=132$　から　$Ga'+Gb'=132$　　⬅$132=2^2\times3\times11$

よって，$G(a'+b')=12\times11$

また，最小公倍数 $L=336$ から

$L=Ga'b'=336=12\times28$　　⬅$336=2^4\times3\times7$

11と28は互いに素だから　　⬅a' と b' が互いに素であるとき $a'+b'$ と $a'b'$ も互いに素である。

最大公約数は12

また，$a'+b'=11$, $a'b'=28$　だから

a', b' は $t^2-11t+28=0$ の解である。　　⬅$b'=11-a'$ を $a'b'=28$ に代入して解くと $a'(11-a')=28$　より $(a'-4)(a'-7)=0$ よって，$a'=4$, 7

$(t-4)(t-7)=0$　より　$t=4$, 7

$a<b$ より $a'=4$, $b'=7$

よって，$a=4\times12=\mathbf{48}$

$b=7\times12=\mathbf{84}$

アドバイス

- 2つの数12と18の最大公約数は6だから　$12=6\times2$, $18=6\times3$ と表せる。ここで，大切なのは最大公約数6に掛けられる2と3は互いに素であることだ。
- このように，2つの自然数 a, b について，最大公約数が G であるとき，$a=Ga'$, $b=Gb'$　と表せる。ただし，$\boldsymbol{a'}$, $\boldsymbol{b'}$ **は互いに素**である。
- このとき，最小公倍数は　$L=Ga'b'$,　a, b の積は　$ab=Ga'\times Gb'=LG$ と表せる。

これで解決！

2つの自然数 a, b の最大公約数と最小公倍数

G.C.D.$=G$（最大公約数）
L.C.M.$=L$（最小公倍数）
➡ $a=Ga'$, $b=Gb'$ 互いに素 ➡ $L=Ga'b'$, $ab=LG$

練習63 (1)　2つの自然数 a, b $(a<b)$ の積が588，最大公約数が7であるとき，この2つの自然数の組 (a, b) を求めよ。〈愛知工大〉

(2)　和が406で最小公倍数が2660であるような2つの正の整数を求めよ。〈弘前大〉

64 分数が整数になる条件

n を自然数とするとき，$\dfrac{4n+1}{2n-1}$ は整数値 a をとるものとする。
a の最大値を求めよ。〈自治医大〉

$a=\dfrac{4n+1}{2n-1}=2+\dfrac{3}{2n-1}$ と変形　⬅ $2n-1\,\overline{)\,4n+1}$ 商 2，$4n-2$，余り 3

a が整数となるのは $2n-1$ が 3 の約数のとき

$2n-1=\pm1,\ \pm3$　より　$n=1,\ 2$

よって，a の最大値は $n=1$ のとき　**5**

アドバイス

- 分数で表された数が整数になるためには，例題のように分子が整数になるように変形し，分母が分子の約数になるようにする。

$\dfrac{k}{m}$ が整数になる条件 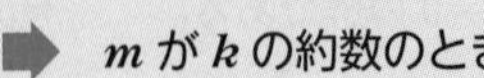 m が k の約数のとき

練習64　n を $n\neq-3$ である整数とする。このとき，$\dfrac{n^3+45}{n+3}$ の値が整数となるような整数は［　］個あり，そのうち最大の整数 n は［　］である。〈帝京大〉

65 約数の個数とその総和

360 の正の約数の個数は［　］個であり，それらの約数の和は［　］である。〈芝浦工大〉

解

$360=2^3\times3^2\times5$ だから　⬅360 を素因数に分解する。

約数の個数は　$(3+1)\times(2+1)\times(1+1)=4\times3\times2=$**24**（個）

約数の総和は　$(1+2+2^2+2^3)(1+3+3^2)(1+5)$　⬅すべての約数の和はこの形で表される。

$=15\times13\times6=$**1170**

アドバイス

- ある数 N の約数の個数と総和については，$N=a^xb^yc^z\cdots$ と素因数に分解し，次の公式で求める。

$N=a^xb^yc^z\cdots$ ➡ 約数の個数 $(x+1)(y+1)(z+1)\cdots\cdots$
約数の総和 $(1+a+\cdots+a^x)(1+b+\cdots+b^y)\cdots\cdots$

練習65　6400 の正の約数は［　］個である。このうち，正の約数で 5 の倍数であるもののすべての和は［　］である。〈大同大〉

66 整数の倍数の証明問題

整数 n に対して，$2n^3-3n^2+n$ が 6 の倍数であることを示せ。

〈北海道教育大〉

解　(その１)　$2n^3-3n^2+n$

$=n(2n^2-3n+1)=n(n-1)(2n-1)$

$=n(n-1)\{(n-2)+(n+1)\}$

$=n(n-1)(n-2)+(n-1)n(n+1)$

連続する 3 整数の積は 6 の倍数だから

与式は 6 の倍数である。

⬅$2n-1=(n-2)+(n+1)$ と分けて表した。

(その２)　$2n^3-3n^2+n=2(n^3-n)+2n-3n^2+n$

$=2(n-1)n(n+1)-3n(n-1)$

$n(n-1)$ は連続する 2 整数の積だから 2 の倍数。

ゆえに，$3n(n-1)$ は 6 の倍数。

$(n-1)n(n+1)$ は連続する 3 整数の積だから 6 の倍数。

よって，与式は 6 の倍数である。

⬅n^3-n を無理につくる。$n^3-n=(n-1)n(n+1)$ で，6 の倍数である。

(その３)　$2n^3-3n^2+n=n(n-1)(2n-1)$ と変形すると

$n(n-1)$ は連続する 2 整数の積だから 2 の倍数。

整数 n は k を整数として，$n=3k$，$3k+1$，$3k+2$ で表せる。

$n=3k$ のとき　　　n は 3 の倍数

$n=3k+1$ のとき　$n-1=3k$ となり 3 の倍数

$n=3k+2$ のとき　$2n-1=3(2k+1)$ となり 3 の倍数

よって，与式は 2 かつ 3 の倍数だから 6 の倍数。

アドバイス

- 整数の倍数に関する証明では，まず次のことは公式として覚えておく。
  - 連続する 2 整数の積 $n(n+1)$，$n(n-1)$，$3n(3n+1)$ など…2 の倍数
  - 連続する 3 整数の積 $n(n+1)(n+2)$，$(2n-1)2n(2n+1)$ など…6 の倍数
- 特に，6 の倍数に関する証明では，次のことを実行してみるとよい。

これで解決！

6 の倍数に関する証明問題では ➡
- 連続する 3 整数の積に変形　（思いつけば早いしカッコイイ）
- n^3-n を強引につくって変形　（不思議とうまくいく）
- $n=3k$，$3k+1$，$3k+2$ で表す（泥臭いが確実）

練習66　n が整数のとき，次の式で表される整数は 6 の倍数であることを示せ。

(1)　$n(n+1)(2n+1)$　〈大阪女子大〉　(2)　$n(n^2+5)$　〈岡山県立大〉

67 余りによる整数の分類（剰余類）

nを整数とする。n^2を5で割った余りは，0か1か4となって，2と3にはならないことを示せ。 〈岩手大〉

解 任意の整数nは，ある整数kを用いて

$n=5k$，$5k\pm1$，$5k\pm2$　と表せる。

⬅$5k-1=5(k-1)+4$
$5k-2=5(k-1)+3$
と表せるから，それぞれ"5で割ると余りは4と3"を表す。

(i) $n=5k$のとき

$n^2=(5k)^2=5\cdot5k^2=$(5の倍数)より　余りは0

(ii) $n=5k\pm1$のとき

$n^2=(5k\pm1)^2=25k^2\pm10k+1$
$=5(5k^2\pm2k)+1$
$=$(5の倍数)$+1$より　余りは1

(iii) $n=5k\pm2$のとき

$n^2=(5k\pm2)^2=25k^2\pm20k+4$
$=5(5k^2\pm4k)+4$
$=$(5の倍数)$+4$より　余りは4

よって，(i)，(ii)，(iii)より整数の2乗を5で割った余りは

0か1か4になる。

アドバイス

- 整数の問題は，漠然としていて考えづらいので，苦手としている人は多い。それは，他の分野のように式を見て具体的に考えるのとは違うからだろう。
- 整数の問題は，整数の表し方で決まるといっても過言ではない。例えば，下の表し方はよく使われるから知っておこう。
- 一般に，pの倍数に関する問題では，整数nを次のように表して戦おう。

$\boldsymbol{n=pk,\ pk+1,\ pk+2,\ \cdots\cdots,\ pk+(p-1)}$

これで解決！

倍数に関する整数の（証明）問題整数の表し方は ➡
2の倍数：$2k$，$2k+1$
3の倍数：$3k$，$3k\pm1$
4の倍数：$4k$，$4k\pm1$，$4k+2$
5の倍数：$5k$，$5k\pm1$，$5k\pm2$

注　5の倍数は，計算が少し面倒になるが，$5k$，$5k+1$，$5k+2$，$5k+3$，$5k+4$と表してもよい。

練習67　nを正の整数とする。次の命題を証明せよ。

(1) n^2が奇数ならば，nは奇数である。

(2) n^3が5で割り切れるなら，nは5で割り切れる。 〈奈良教育大〉

68 互除法

(1)　互除法を利用して，437 と 966 の最大公約数を求めよ。

(2)　互除法を利用して，等式 $42x+29y=1$ を満たす整数 x，y の組を1つ求めよ。　〈類　岡山理科大〉

解　(1)　右の計算より

$966=437\times2+92$ ◀--- 余り 92

$437=92\times4+69$ ◀--- 余り 69

$92=69\times1+23$ ◀--- 余り 23

$69=23\times3$ ◀--- 割り切れる

$$
\begin{array}{r|r|r|r}
3 & 1 & 4 & 2 \\
23\,)\,69 &)\,92 &)\,437 &)\,966 \\
69 & 69 & 368 & 874 \\
\hline
0 & 23 & 69 & 92
\end{array}
$$

よって，最大公約数は **23**

(2)　$42=29\times1+13$ ----▶ $13=42-29\times1$……①

$29=13\times2+3$ ----▶ $3=29-13\times2$……②

$13=3\times4+1$ ----▶ $1=13-3\times4$……③

③に，②，①を順々に代入すると

$1=13-(29-13\times2)\times4$　⬅③の 3 に②を代入

$=13-29\times4+13\times8$

$=13\times9+29\times(-4)$　⬅13 に①を代入

$=(42-29\times1)\times9+29\times(-4)$　⬅42 と 29 を残す。

$=42\times9+29\times(-13)$　より　$42\times9+29\times(-13)=1$

よって，x，y の組の1つは

$\boldsymbol{x=9,\ y=-13}$

アドバイス

- 互除法は，大きい方の数を小さい方の数で割り，余りが出たらその余りで割った数を割る。余りが出たらさらに割った数を割り，割り切れたときの値が最大公約数になる仕組みである。
- (2)は同様な方法で，42 と 29 が互いに素だから最後に余りが 1 になるようにする。

これで解決！

互除法 ➡ (大きい数)÷(小さい数) を計算。“余りで，割った方の数を割る” これを割り切れるまでくり返す。

練習68　(1)　互除法を利用して，次の最大公約数を求めよ。

(ア)　1254，4788　〈愛媛大〉　　(イ)　19343，4807　〈立教大〉

(2)　互除法を利用して，次の等式を満たす整数 x，y の組を1つ求めよ。

(ア)　$37x+32y=1$　〈鹿児島大〉　　(イ)　$41x+355y=1$　〈上智大〉

69 不定方程式 $ax+by=c$ の整数解

不定方程式 $7x-5y=12$ を満たす x，y の整数解をすべて求めよ。

〈関西学院大〉

解 $7x-5y=12$ の整数解の１つは

$x=1$，$y=-1$ だから　　⬅整数解を１つ見つける。

$7x-5y=12$ ……①

$7\cdot1-5\cdot(-1)=12$ ……②　とする。　　⬅$x=1$，$y=-1$ を代入した式をかく。

①−②より

$7(x-1)-5(y+1)=0$

$7(x-1)=5(y+1)$

７と５は互いに素だから k を整数として

$x-1=5k$，$y+1=7k$　と表せる。

よって，$\boldsymbol{x=5k+1}$，$\boldsymbol{y=7k-1}$（k は整数）

⬅$ax=by$ で a と b が互いに素であるとき $x=bk$，$y=ak$（k は整数）と表せる。

アドバイス

- $ax+by=c$ を満たす整数解を求めるには，まず，１組の整数解を求めて，もとの方程式に代入する。それから解答のように辺々を引けば，互いに素であることを利用して容易に求まる。
- １組の解は，直感的に求まればよいが，係数が大きくなるとなかなか求めにくいこともある。そんな時は，次のように x か y で解いて，割り切れる性質（整除性という）を利用するとよい。

$7x-5y=12$　より　$y=\dfrac{7x-12}{5}=x-2+\dfrac{2x-2}{5}$

割り切れるような x を求める。$x=1$，6，-4 など

$x=1$ のとき，割り切れて，このとき $y=-1$（x と y の組は何でもよい。）

これで解決！

$\boldsymbol{ax+by=c}$ ……①　を満たす整数解は

$\boldsymbol{ax_0+by_0=c}$ ……②　となる $(\boldsymbol{x_0}, \boldsymbol{y_0})$ を１組見つける

①−②より，$\boldsymbol{a(x-x_0)+b(y-y_0)=0}$　をつくる

解は，$\boldsymbol{x=bk+x_0}$，$\boldsymbol{y=-ak+y_0}$（$\boldsymbol{k}$ は整数）となる

練習69 (1)　不定方程式 $14x-11y=7$ を満たす x，y の整数解をすべて求めよ。

〈龍谷大〉

(2)　７で割ると２余り，11で割ると３余るような300以下の自然数をすべて求めよ。

〈山形大〉

70 不定方程式 $xy+px+qy=r$ の整数解

$xy+3x+2y+1=0$ を満たす整数の組 $(x,\ y)$ をすべて求めよ。

〈類　東京薬大〉

解 $xy+3x+2y+1=0$ を変形して

$(x+2)(y+3)-6+1=0$

$(x+2)(y+3)=5$

$x,\ y$ は整数だから

$(x+2)(y+3)=5$ となるのは，次の 4 組

$x+2$	1	5	-1	-5
$y+3$	5	1	-5	-1

これを満たす $(x,\ y)$ の組は

$(x,\ y)=(-1,\ 2),\ (3,\ -2),\ (-3,\ -8),\ (-7,\ -4)$

⬅$x,\ y$ の係数を考えて左辺を下の形にする。

$xy+3x+2y+1=0$

$3x$

$2y$

$(x+2)(y+3)-6+1=0$

6 ← 6 を引いて相殺

⬅表をつくって $(x,\ y)$ の組を求めるのがわかり易い。例えば

$\begin{cases} x+2=1 \\ y+3=5 \end{cases}$ のとき $\begin{matrix} x=-1 \\ y=2 \end{matrix}$

アドバイス

- 不定方程式を，適当な整数を代入して解く方法はよくない。このような不定方程式は与式を (整数)×(整数)=(整数) として，整数の組合せを考える。
- xy に係数がある場合は，次のように係数と同じ数を掛けて変形する。

$$2xy+x+y=1 \xrightarrow[\text{に掛けて}]{2\text{ を両辺}} 4xy+2x+2y=2 \longrightarrow (2x+1)(2y+1)=3$$

- 分数のときの変形は，分母を払って次のようにすればよい。

$$\frac{1}{x}+\frac{1}{y}=\frac{1}{4} \xrightarrow[\text{に掛けて}]{4xy\text{ を両辺}} 4x+4y=xy \longrightarrow (x-4)(y-4)=16$$

これで解決！

$xy+px+qy=r$ の整数解 ➡ $(x+q)(y+p)=c$ に変形

$\dfrac{1}{x}+\dfrac{1}{y}=\dfrac{1}{k}$ なら $xy-kx-ky=0$ ➡ $(x-k)(y-k)=k^2$

注意　正の整数（自然数）は 1, 2, 3, ……，整数は 0, ±1, ±2, ±3, ……である。

練習70 (1)　x と y を $xy+2x-4y=2$ を満たす正の整数とするとき，xy の最大値は □ である。〈早稲田大〉

(2)　$6x^2-5xy+y^2=3$ を満たす整数 $x,\ y$ の組のうち $x<y$ となるのは $(x,\ y)=($□, □$),\ ($□, □$)$ である。〈甲南大〉

(3)　$x\neq 0,\ y\neq 0$ のとき，$\dfrac{1}{x}-\dfrac{1}{y}+\dfrac{3}{xy}=1$ を満たす整数 $(x,\ y)$ の組をすべて求めよ。

〈獨協大〉

71 p 進法

(1) 10 進法で 2169 と表された数を何進法で表すと 999 になるか。

〈中央大〉

(2) ある自然数を 3 進法と 5 進法で表すと，どちらも 2 桁の数で各位の数の並びは逆になる。この数を 10 進法で表せ。 〈防衛医大〉

解

(1) 2169 を p 進法で表すと 999 だから

$9\times p^2+9\times p+9=2169$ が成り立つ。

$p^2+p+1=241$ より $p^2+p-240=0$

$(p-15)(p+16)=0$，$p\geqq 10$ なので $p=15$

よって，**15 進法**

←999 と表される数は 10 以上の進法なので，$p\geqq 10$ である。

(2) 3 進法で表した数を $a\times 3+b$ $(1\leqq a\leqq 2)$

5 進法で表した数を $b\times 5+a$ $(1\leqq b\leqq 4)$

と表すと，$1\leqq a\leqq 2$，$1\leqq b\leqq 2$ である。

$3a+b=5b+a$ より，$a=2b$

$1\leqq a\leqq 2$，$1\leqq b\leqq 4$ だから $a=2$，$b=1$

よって，10 進法で表すと $2\times 3+1=$**7** $(1\times 5+2=7)$

← 3 進法は 0，1，2 で表す。ただし，最高位は 0 でない。

アドバイス

進法の問題ではまず，10 進法での表記の意味を理解することだ。例えば

- 10 進法では $365.24=3\times 10^2+6\times 10+5\times 10^0+\dfrac{2}{10^1}+\dfrac{4}{10^2}$

  5 進法では $123.4_{(5)}=1\times 5^2+2\times 5^1+3\times 5^0+\dfrac{4}{5}$

  である。
- 逆に，10 進法で表された数を p 進法で表すには，右の 2 進法の表し方にならって，p で順次割って，余りをかき出せばよい。

〔2 進法の表し方〕

```
2) 13      余り
2)  6 …… 1 ↑
2)  3 …… 0
    1 …… 1
```

書く順序 $1101_{(2)}$

これで解決！

p 進法の数を 10 進法で表すと

$$\mathbf{123.45_{(p)}} \Rightarrow 1\times p^2+2\times p^1+3\times p^0+\frac{4}{p^1}+\frac{5}{p^2}$$

練習 71 (1) 10 進法で表した 15 を 3 進法で表すと □ であり，3 進法で表した 2102 を 10 進法で表すと □ である。さらに，5 進法で表した 0.12 を 10 進法で表すと □ となる。 〈類 日本女子大〉

(2) a，b，c は 1 以上 4 以下の整数とする。自然数 N を 5 進法で表すと $abc_{(5)}$ となり，7 進法で表すと $cab_{(7)}$ となるとき，N を 10 進法で表せ。 〈東京女子大〉

72 二項定理と多項定理

(1) $\left(2x^2-\dfrac{1}{2x}\right)^6$ の展開式における x^3 の係数を求めよ。〈南山大〉

(2) $(1+3x-x^2)^8$ の展開式における x^3 の係数を求めよ。〈明治大〉

解

(1) 一般項は ${}_6C_r(2x^2)^{6-r}\left(-\dfrac{1}{2x}\right)^r={}_6C_r2^{6-r}(x^2)^{6-r}\left(-\dfrac{1}{2}\right)^r\left(\dfrac{1}{x}\right)^r$

$={}_6C_r2^{6-r}\left(-\dfrac{1}{2}\right)^r x^{12-2r}x^{-r}={}_6C_r2^{6-2r}(-1)^r x^{12-3r}$ ⬅係数は x と分離するとよい。

x^3 は $12-3r=3$ より $r=3$ のとき。

よって，${}_6C_3 2^0(-1)^3=-\dfrac{6\cdot5\cdot4}{3\cdot2\cdot1}=\mathbf{-20}$

(2) 一般項は $\dfrac{8!}{p!q!r!}\cdot1^p(3x)^q(-x^2)^r=\dfrac{8!}{p!q!r!}\cdot3^q(-1)^r x^{q+2r}$

ただし，$p+q+r=8$，$p\geqq0$，$q\geqq0$，$r\geqq0$ の整数 ……①

x^3 は $q+2r=3$ ……②　のときで，①を満たす組合せは

$(p,\ q,\ r)=(6,\ 1,\ 1)$，$(5,\ 3,\ 0)$ ⬅p，q，r の組合せは，すべて求める。

よって，$\dfrac{8!}{6!1!1!}\cdot3^1(-1)^1+\dfrac{8!}{5!3!0!}\cdot3^3(-1)^0$

$=56\cdot(-3)+56\cdot27=\mathbf{1344}$

アドバイス

- 二項定理，多項定理とも公式を覚えていないとどうにもならないので，必ず一般項の式を暗記しておくこと。
- 多項定理の一般項は同じものを含む順列と同じ式である。ただし，p，q，r の組合せは1通りとは限らない。
- 計算で注意することは，$\left(-\dfrac{1}{2x}\right)^r=\left(-\dfrac{1}{2}\right)^r x^{-r}$ のように，x の係数は分離させた方がまちがいがない。

これで解決！

二項定理 ➡ $(a+b)^n$ の一般項は ${}_nC_r a^{n-r}b^r$

多項定理 ➡ $(a+b+c)^n$ の一般項は $\dfrac{n!}{p!q!r!}a^pb^qc^r$

ただし，$p+q+r=n$，$p\geqq0$，$q\geqq0$，$r\geqq0$

練習72 (1) $\left(ax^3+\dfrac{1}{x^2}\right)^5$ の展開式における x^5 の係数が 640 であるとき，実数 a の値を求めよ。〈福岡教育大〉

(2) $(x^2-2x+3)^5$ の展開式における x の係数は □ であり，x^3 の係数は □ である。〈名城大〉

73 整式の除法

$6x^4+3x^3+x^2-1$ を整式 B で割ると，商は $3x^2+2$，余りは $-2x+1$ である。B を求めよ。 〈福井工大〉

解 題意より

$$6x^4+3x^3+x^2-1=B(3x^2+2)-2x+1$$
$$B(3x^2+2)=6x^4+3x^3+x^2+2x-2$$
$$B=(6x^4+3x^3+x^2+2x-2)\div(3x^2+2)$$

右の割り算より

$B=\mathbf{2x^2+x-1}$

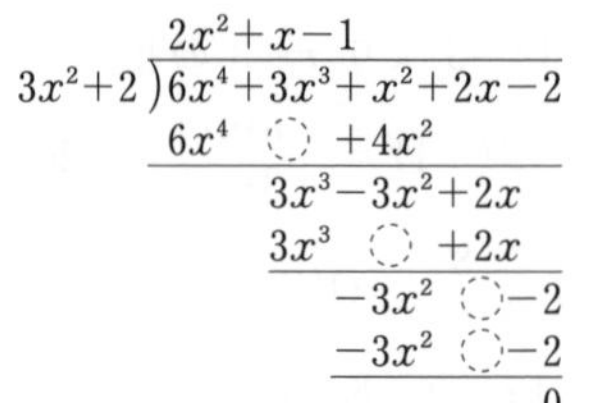

アドバイス

- 整式を整式で割ることは，いろいろな問題の中でよく使われる。余りを求めるだけならば，“剰余の定理”を利用できることもあるが，実際に割り算をしないと求められないこともよくある。
- この割り算は，計算の方法は難しくないが，ミスが出やすいのが特徴といえる。スペースを十分とって，確実に計算することが大切だ。なお，計算は余り R の次数が割る式 B の次数より低くなったところで止める。
- 整式 P を整式 B で割ったときの商を Q，余りを R とすると，次の除法の関係式が成り立つ。

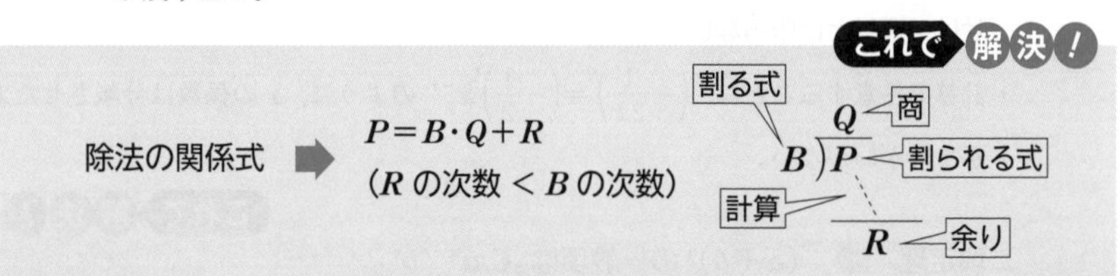

練習73 (1) x についての整式 P を $2x^2+5$ で割ると $7x-4$ 余り，さらに，その商を $3x^2+5x+2$ で割ると $3x+8$ 余る。このとき，P を $3x^2+5x+2$ で割った余りを求めよ。 〈近畿大〉

(2) x の多項式 x^4-px+q が $(x-1)^2$ で割り切れるとき，定数 p，q の値を求めよ。 〈愛媛大〉

(3) $x=2+\sqrt{3}$ のとき，$x^2-4x+1=$ ☐ であり，$x^4-3x^3+7x^2-3x+8$ の値は ☐ + ☐ $\sqrt{☐}$ である。 〈昭和薬大〉

74 分数式の計算

次の分数式を計算して簡単にせよ。

(1)　$\dfrac{2}{x-2}+\dfrac{1}{x+1}-\dfrac{x+4}{x^2-x-2}$　〈札幌大〉

(2)　$\dfrac{x+1+\dfrac{2}{x-2}}{x-1-\dfrac{2}{x-2}}$　〈北海学園大〉

解

(1)　$(\text{与式})=\dfrac{2(x+1)}{(x-2)(x+1)}+\dfrac{x-2}{(x-2)(x+1)}-\dfrac{x+4}{(x-2)(x+1)}$

$=\dfrac{2x+2+x-2-(x+4)}{(x-2)(x+1)}=\dfrac{2(x-2)}{(x-2)(x+1)}=\boldsymbol{\dfrac{2}{x+1}}$

⬅通分して分母を同じにする。

(2)　$(\text{与式})=\dfrac{\left(x+1+\dfrac{2}{x-2}\right)(x-2)}{\left(x-1-\dfrac{2}{x-2}\right)(x-2)}=\dfrac{(x+1)(x-2)+2}{(x-1)(x-2)-2}$

$=\dfrac{x^2-x-2+2}{x^2-3x+2-2}=\dfrac{x(x-1)}{x(x-3)}=\boldsymbol{\dfrac{x-1}{x-3}}$

⬅分母を払うため $x-2$ を分母と分子に掛けた。

アドバイス

- 分数式の加法，減法では，まず，通分してから分子の計算をする。通分するには，各分母の最小公倍数を分母にするとよい。
- (2)のような分数式（繁分数式）では，分母と分子を地道に計算してもできるが，解のように分母の因数を分母と分子に掛けて，分母を払う方が早い。
- 分数式では次のような変形が有効になることがあるので知っておきたい。

これで解決！

・分子の次数を分母の次数より低くする

$\dfrac{x+2}{x+1}=1+\dfrac{1}{x+1}$，　$\dfrac{x^2+x+1}{x+1}=x+\dfrac{1}{x+1}$　（分子を分母で割る）

・分数を分ける

$\dfrac{x+y}{xy}=\dfrac{1}{x}+\dfrac{1}{y}$　（分子を分ける）

・部分分数に分ける

$\dfrac{1}{x(x+1)}=\dfrac{1}{x}-\dfrac{1}{x+1}$

練習74　次の分数式を計算して簡単にせよ。

(1)　$\dfrac{x+2}{x}+\dfrac{x-2}{x-1}-2$　〈久留米工大〉

(2)　$\dfrac{x+11}{2x^2+7x+3}-\dfrac{x-10}{2x^2-3x-2}$　〈駒澤大〉

(3)　$\dfrac{a-b}{ab}+\dfrac{b-c}{bc}+\dfrac{c-d}{cd}+\dfrac{d-a}{da}$　〈創価大〉

(4)　$\dfrac{\dfrac{2}{x+1}+\dfrac{1}{x-1}}{3+\dfrac{2}{x-1}}$　〈獨協大〉

75 複素数の計算

$(3+i)z-5(1+5i)=0$ を満たすとき，$z=\square+\square i$ である。

〈千葉工大〉

解　$(3+i)z=5(1+5i)$ より

$$z=\frac{5(1+5i)}{3+i}=\frac{5(1+5i)(3-i)}{(3+i)(3-i)}=\frac{5(3+14i-5i^2)}{9-i^2}$$

$$=\frac{5(8+14i)}{10}=\mathbf{4+7i}$$

⬅分母の虚数は共役な複素数を分母と分子に掛けて実数にする。

アドバイス

- 複素数の計算では共役な複素数の積 $(a+bi)(a-bi)=a^2+b^2$ を使って分母を実数化する。i は普通の文字と同様に計算すればよいが，i^2 は -1 におきかえる。

これで解決！

複素数の計算 ➡ i は文字と同様に計算，$i^2=-1$

練習75　a は実数とする。$A=\dfrac{1-i}{1-2i}+\dfrac{a+i}{3-i}$ が実数であるとき，$a=\square$，$A=\square$ である。

〈東邦大〉

76 複素数の相等

次の等式を満たす実数 x，y を求めよ。

$(2+i)x+(3-2i)y=-9+20i$

〈上智大〉

解　$(2x+3y)+(x-2y)i=-9+20i$ と変形。　⬅$a+bi$ の形に変形。

$2x+3y$，$x-2y$ は実数だから

$2x+3y=-9$ ……①，　$x-2y=20$ ……②　⬅実部と虚部を比較。

①，②を解いて　$\mathbf{x=6,\ y=-7}$

アドバイス

- 複素数 $a+bi$ において，a を実部，b を虚部（i は含まれないから注意！）という。2つの複素数が等しいとは，それらの 実部 と 虚部 がともに等しいことである。

複素数の相等 ➡ $a+bi=c+di \iff a=c,\ b=d$
$a+bi=0 \iff a=0,\ b=0$

練習76　次の等式を満たす実数 x，y を求めよ。

(1)　$(1+2i)(x+i)=y+xi$　〈京都産大〉

(2)　$\dfrac{x}{1+2i}+\dfrac{y}{2-i}=\dfrac{3-i}{3+i}$　〈日本大〉

77 解と係数の関係

2次方程式 $x^2+ax+b=0$ の2つの解を α, β とする。2次方程式 $x^2+bx+a=0$ の解が $\alpha+1$, $\beta+1$ であるとき，a, b の値を求めよ。

〈東海大〉

解

$x^2+ax+b=0$　の解が α, β
だから解と係数の関係より

$\alpha+\beta=-a$, $\alpha\beta=b$ ……①

$x^2+bx+a=0$　の解が $\alpha+1$, $\beta+1$ だから

$$\begin{cases}(\alpha+1)+(\beta+1)=-b \\ (\alpha+1)(\beta+1)=a\end{cases} \quad \cdots\cdots②$$

②に①を代入して

$\alpha+\beta+2=-b$　より　　$a-b=2$　……③

$\alpha\beta+\alpha+\beta+1=a$　より　$2a-b=1$ ……④

③，④を解いて　$\boldsymbol{a=-1}$, $\boldsymbol{b=-3}$

解と係数の関係

$ax^2+bx+c=0$ $(a\neq0)$ の2つの解を α, β とすると

$\alpha+\beta=-\dfrac{b}{a}$, $\alpha\beta=\dfrac{c}{a}$

アドバイス

- 解と係数の関係は，次の考え方と関連して，高校数学で最もよく使われる最重要公式である。2次方程式 $ax^2+bx+c=0$ について
  解を求めなくても，2つの 解の和 $\alpha+\beta=-\dfrac{b}{a}$ と 解の積 $\alpha\beta=\dfrac{c}{a}$ が求められる。
- $\alpha+\beta$ と $\alpha\beta$ は基本対称式だから，対称式の式の値を求める問題と関連して，しばしば登場する。
  $\alpha^2+\beta^2=(\alpha+\beta)^2-2\alpha\beta$, $\alpha^3+\beta^3=(\alpha+\beta)^3-3\alpha\beta(\alpha+\beta)$
  解の差 $\beta-\alpha$ は $(\boldsymbol{\beta-\alpha})^2=(\boldsymbol{\alpha+\beta})^2-4\boldsymbol{\alpha\beta}$ と変形して利用する。

これで解決！

解と係数の関係 ➡ 2次方程式 $ax^2+bx+c=0$ の2つの解が α, β のとき

$$\alpha+\beta=-\frac{b}{a},\qquad \alpha\beta=\frac{c}{a}$$

練習77 (1)　実数 a, b を係数とする2次方程式 $x^2+ax+b=0$ の2つの解を α, β とする。$\dfrac{1}{\alpha}$, $\dfrac{1}{\beta}$ を解にもつ2次方程式が $x^2+bx+a=0$ のとき a, b の値を求めよ。

〈群馬大〉

(2)　k を正の定数とする。2次方程式 $x^2-(\sqrt{k^2+9})x+k=0$ の2つの解を α, β とすると $\dfrac{\beta}{\alpha}+\dfrac{\alpha}{\beta}$ は $k=$□ で最小値□をとる。　〈甲南大〉

78 解と係数の関係と2数を解とする2次方程式

方程式 $x^2-5x+3=0$ の2つの解を α, β とし，α^3, β^3 を解にもつ2次方程式の1つを求めよ。〈類　東洋大〉

解　解と係数の関係より　$\alpha+\beta=5$, $\alpha\beta=3$

$(\text{解の和})=\alpha^3+\beta^3=(\alpha+\beta)^3-3\alpha\beta(\alpha+\beta)$　⬅2つの解 α^3, β^3 の和と積を求める。

$=5^3-3\cdot3\cdot5=80$

$(\text{解の積})=\alpha^3\beta^3=(\alpha\beta)^3=3^3=27$

よって，$\boldsymbol{x^2-80x+27=0}$　⬅$x^2-(\text{解の和})x+(\text{解の積})=0$

アドバイス

- 2つの数を解とする2次方程式をつくるには，解の和と解の積を求めるのがよい。解と係数との関連でよく出題される。

●，■を解とする2次方程式 ➡ $x^2-(●+■)x+●\cdot■=0$

練習78　2次方程式 $2x^2-4x+1=0$ の2つの解を α, β とするとき，$\alpha-\dfrac{1}{\alpha}$, $\beta-\dfrac{1}{\beta}$ を解にもつ2次方程式は $2x^2+\boxed{}x-\boxed{}=0$ である。〈立命館大〉

79 解の条件と解と係数の関係

2次方程式 $x^2-12x+k=0$ の1つの解が他の解の2乗であるとき，k の値を求めよ。〈九州産大〉

解　2つの解を α, α^2 とおくと，解と係数の関係より

$\alpha+\alpha^2=12$ ……①，　$\alpha\cdot\alpha^2=k$ ……②

①を解いて，$\alpha=3$, -4　これを②に代入して

$\alpha=3$ のとき　$\boldsymbol{k=27}$，　$\alpha=-4$ のとき　$\boldsymbol{k=-64}$

アドバイス

- 2つの解の条件が与えられているとき，解のおき方が重要なpointになる。代表的な解のおき方には次のようなものがあるので覚えておこう。

これで解決!

2次方程式の2つの解のおき方 ➡
- 2解の比が $m:n$ ----▸ $m\alpha$, $n\alpha$
- 2解の差が d ----▸ α, $\alpha+d$

練習79　2次方程式 $x^2-px+p-1=0$ の2つの解の比が1：3であるとき，定数 p の値は $\boxed{}$ または $\boxed{}$ である。〈明治大〉

80 剰余の定理・因数定理

(1) $P(x)$ を x^2-x-2 で割ったときの商が $Q(x)$，余りが $2x+5$ のとき，$P(x)$ を $x+1$ で割った余りを求めよ。 〈静岡理工科大〉

(2) 整式 x^3+ax^2+bx-2 が x^2+x-2 で割り切れるとき，a，b の値を求めよ。 〈立教大〉

解 (1) $P(x)=(x^2-x-2)Q(x)+2x+5$　と表せる。

$=(x-2)(x+1)Q(x)+2x+5$

よって，$P(-1)=2\cdot(-1)+5=\mathbf{3}$

⬅$P(x)$ を $x-\alpha$ で割った余りは $P(\alpha)$

(2) $P(x)=x^3+ax^2+bx-2$　とおく。

$x^2+x-2=(x+2)(x-1)$

と因数分解できるから

$P(x)$ は $x+2$ かつ $x-1$ で割り切れる。

⬅6 で割り切れれば，2 でも 3 でも割り切れるのと同じこと。

よって，

$P(-2)=-8+4a-2b-2=0$ より

$2a-b=5$ ……①

$P(1)=1+a+b-2=0$ より

$a+b=1$ ……②

①，②を解いて，$\boldsymbol{a=2}$，$\boldsymbol{b=-1}$

割り切れる $\Longleftrightarrow$ 余り 0

アドバイス

- 剰余の定理：整式 $P(x)$ を $x-\alpha$ で割ったときの余りは（割り算しないでも）$P(x)$ に $x=\alpha$ を代入し，$P(\alpha)$ として求まる。
- 因数定理：$P(\alpha)=0$（余りが 0）のとき $P(x)$ は $x-\alpha$ で割り切れて $x-\alpha$ を因数にもつ。つまり，$P(x)=(x-\alpha)Q(x)$ と因数分解できる。
- 整式 $P(x)$ が $(x-\alpha)(x-\beta)$ で割り切れれば，$x-\alpha$，$x-\beta$ のどちらの因数でも割り切れる。6（$=2\times3$）で割り切れる数は 2 でも 3 でも割り切れるのと同じ考え。

これで解決！

$P(x)$ が $(x-\alpha)(x-\beta)$ で割り切れれば ➡ **$x-\alpha$ で割り切れ　$P(\alpha)=0$**
$x-\beta$ で割り切れ　$P(\beta)=0$

練習80 (1) 整式 $f(x)$ を x^2-6x-7 で割ると，余りは $2x+1$ である。このとき，$f(x)$ を $x+1$ で割った余りを求めよ。 〈愛知工大〉

(2) 多項式 $P(x)=4x^4+ax^3-11x^2+b$ が $2x^2-x-1$ で割り切れるように，a，b の値を定めよ。 〈龍谷大〉

81 剰余の定理（2次式で割ったときの余り）

整式 $P(x)$ を $(x-2)(x-3)$ で割ると余りは $4x$，$(x-3)(x-1)$ で割ると余りは $3x+3$ である。このとき，$P(x)$ を $(x-1)(x-2)$ で割ったときの余りを求めよ。 〈東洋大〉

解　$P(x)$ を $(x-2)(x-3)$ で割ったときの商を $Q_1(x)$，$(x-3)(x-1)$ で割ったときの商を $Q_2(x)$ とすると

$P(x)=(x-2)(x-3)Q_1(x)+4x$ ……①

$P(x)=(x-3)(x-1)Q_2(x)+3x+3$ ……②

⬅与えられた条件から $P(x)$ を除法の関係式で表す。

$P(x)$ を $(x-1)(x-2)$ で割ったときの商を $Q(x)$，余りを $ax+b$ とすると

$P(x)=(x-1)(x-2)Q(x)+ax+b$ ……③

⬅2次式 $(x-1)(x-2)$ で割った余りは1次式 $ax+b$ で表せる。

①に $x=2$，②に $x=1$ を代入して

$P(2)=8$，$P(1)=6$

⬅①，②の式から $P(x)$ を $x-2$ で割った余り $P(2)$ と $x-1$ で割った余り $P(1)$

③に $x=2$，1 を代入して

$P(2)=2a+b=8$ ……④

$P(1)=a+b=6$ ……⑤

④，⑤を解いて，$a=2$，$b=4$

よって，余りは　$\boldsymbol{2x+4}$

アドバイス

- 整式 $P(x)$ を 2 次式 $(x-\alpha)(x-\beta)$ で割ったときの余りは，1 次式以下なので $ax+b$ とおいて，$P(x)=(x-\alpha)(x-\beta)Q(x)+ax+b$ の関係式をつくる。なお，2 次式が因数分解されてない場合は，$(x-\alpha)(x-\beta)$ と因数分解する。
- あとは，剰余の定理で $x-\alpha$ で割った余り $P(\alpha)$ と $x-\beta$ で割った余り $P(\beta)$ を求めて a，b の連立方程式を解けばよい。
- この例題のように，$x-\alpha$，$x-\beta$ で割った余り $P(\alpha)$，$P(\beta)$ の値を，$P(x)$ の関係式①，②から求めることもある。

これで解決！

$P(x)$ を $(x-\alpha)(x-\beta)$ で割った余りは1次以下なので

➡ $P(x)=\underbrace{(x-\alpha)(x-\beta)}_{2次式}Q(x)+\underbrace{ax+b}_{1次式}$ とおく

練習81　(1)　整式 $P(x)$ を $x-1$ で割ると余りは 3 で，$x-2$ で割ると余りは 4 である。このとき，$P(x)$ を $(x-1)(x-2)$ で割った余りを求めよ。 〈成蹊大〉

(2)　整式 $P(x)$ を $(x-1)(x+2)$ で割ると余りが $2x-1$，$(x-2)(x-3)$ で割ると余りが $x+7$ であった。$P(x)$ を $(x+2)(x-3)$ で割ったときの余りを求めよ。 〈長崎大〉

82 剰余の定理（3次式で割ったときの余り）

整式 $P(x)$ を $(x+1)^2$ で割ったときの余りは $2x+3$，また，$x-1$ で割ったときの余りは 1 である。$P(x)$ を $(x+1)^2(x-1)$ で割ったときの余りを求めよ。〈同志社大〉

解　$P(x)$ を $(x+1)^2(x-1)$ で割ったときの商を $Q(x)$，余りを ax^2+bx+c とすると

$P(x)=\underline{(x+1)^2(x-1)Q(x)}+ax^2+bx+c$ ……Ⓐ　とおける。

Ⓐを $(x+1)^2$ で割ると〰〰の部分は $(x+1)^2$ で割り切れ，

ax^2+bx+c を $(x+1)^2$ で割ると，

右の計算より余りは $(b-2a)x+c-a$

$$\begin{array}{r} a \qquad\qquad\quad \\ x^2+2x+1\,\overline{)\,ax^2+bx\quad+c} \\ \underline{ax^2+2ax+a} \\ \underbrace{(b-2a)}_{2}x+\underbrace{c-a}_{3} \end{array}$$

$(b-2a)x+c-a=2x+3$ より

$b-2a=2$ ……①，　$c-a=3$ ……②

また，$P(x)$ を $x-1$ で割ったときの余りが 1 だから

Ⓐに $x=1$ を代入して，

$P(1)=a+b+c=1$ ……③

①，②，③を解いて，$a=-1$，$b=0$，$c=2$

よって，求める余りは　$\boldsymbol{-x^2+2}$

アドバイス

- 一般に，$P(x)$ を 2 次式で割った余りは 1 次式 $ax+b$，3 次式で割った余りは 2 次式 ax^2+bx+c とおいて考えるのが基本である。それから ax^2+bx+c の変形を考える方が理解しやすい。
- 右上の割り算の結果から解答のⒶの式は $ax^2+bx+c=a(x+1)^2+2x+3$ と表せることがわかれば，いきなり

  $P(x)=(x+1)^2(x-1)Q(x)+a(x+1)^2+2x+3$

  とおいて，それから $x=1$ を代入して次のように求まる。

  $P(1)=4a+5=1$　ゆえに　$a=-1$　より　余りは $-x^2+2$
- 多くの参考書や問題集では，この方法を採用しているが，理解できないという声をよく聞くので，それに至る process を示した。

これで解決！

$P(x)$ を（x の 3 次式）で割った余りは 2 次以下なので

➡ $P(x)=(x$ の 3 次式$)Q(x)+ax^2+bx+c$ とおく

練習82　整式 $P(x)$ を $x-2$ で割ったときの余りが 3，$(x-1)^2$ で割ったときの余りが $x+2$ である。$P(x)$ を $(x-1)^2(x-2)$ で割ったときの余りを求めよ。〈関西大〉

83 因数定理と高次方程式

(1) 3次方程式 $x^3-6x^2+9x-2=0$ を解け。 〈千葉工大〉

(2) a を定数とする。3次方程式 $x^3-ax^2-(a+3)x+6=0$ の1つの解が $x=1$ であるとき，a の値と残りの解を求めよ。 〈神奈川大〉

解 (1) $P(x)=x^3-6x^2+9x-2$ とおくと

$P(2)=8-24+18-2=0$ だから，$P(x)$ は

$x-2$ を因数にもつ。

$P(x)=(x-2)(x^2-4x+1)$

よって，$P(x)=0$ の解は

$x-2=0$，$x^2-4x+1=0$ より

$\boldsymbol{x=2,\ 2\pm\sqrt{3}}$

⬅$P(\alpha)=0$ となるのは，定数 -2 の約数 ±1，±2 のどれかである。

組立除法

2	1	−6	9	−2
	⋮	2	−8	2
	1	−4	1	0

(2) $P(x)=x^3-ax^2-(a+3)x+6$ とおくと

$x=1$ を解にもつから $P(1)=0$ である。

よって，$P(1)=1-a-(a+3)+6=0$ より $\boldsymbol{a=2}$

$P(x)=x^3-2x^2-5x+6$

$\quad=(x-1)(x^2-x-6)$

$\quad=(x-1)(x+2)(x-3)$

ゆえに，他の解は，$\boldsymbol{x=3,\ -2}$

組立除法

1	1	−2	−5	6
	⋮	1	−1	−6
	1	−1	−6	0

アドバイス

- 3次以上の高次方程式を解くには，次の因数定理を利用するのが主流である。
  因数定理：「$P(\alpha)=0 \iff$ 整式 $P(x)$ は $x-\alpha$ を因数にもつ」
- $P(\alpha)=0$ となる α は $P(x)$ の定数項の約数を代入して見つけるが，±1 から順番に調べるのがよい。また，$4x^3-3x+1=0$ のように最高次の係数が1以外の場合は，係数の約数を分母とする分数になることがある。(この場合は $x=\dfrac{1}{2}$)

高次方程式 $P(x)=0$ 
- 因数定理：$P(\alpha)=0 \iff P(x)=(x-\alpha)Q(x)$ を利用
- 因数の発見は，まず定数項の約数を代入

練習83 (1) 次の方程式を解け。

① $2x^3+15x^2+6x-7=0$ 〈中央大〉

② $2x^3+x^2+x-1=0$ 〈東京電機大〉

(2) 4次方程式 $x^4+ax^3+(a+3)x^2+16x+b=0$ の解のうち2つは1と2である。このとき，$a=$□，$b=$□ であり，他の解は□と□である。 〈神戸薬科大〉

84 高次方程式の解の個数

3次方程式 $x^3+(a+2)x^2-4a=0$ がちょうど2つの実数解をもつような実数 a をすべて求めよ。〈学習院大〉

解　$P(x)=x^3+(a+2)x^2-4a$ とおくと
$P(-2)=0$ だから $P(x)$ は $x+2$ を因数にもつ。
よって，$(x+2)(x^2+ax-2a)=0$ となる。

⬅$P(x)$ の定数項 $-4a$ の約数を代入して因数を見つける。

(i)　$x^2+ax-2a=0$ が重解をもつとき
　$D=a^2+8a=0$ より $a=0,\ -8$
　$a=0$ のとき　$x^2=0$ より重解は $x=0$
　$a=-8$ のとき　$(x-4)^2=0$ より重解は $x=4$

⬅$(x+2)(x-\alpha)^2=0$ $x=\alpha$ が重解。

⬅重解が $x=-2$ とならないことを確認する。

(ii)　$x^2+ax-2a=0$ が $x=-2$ を解にもつとき
　$4-2a-2a=0$ から $a=1$
　このとき，$(x+2)^2(x-1)=0$　となり
　$x=-2$（重解）と1を解にもつから適する。

⬅$a=1$ のときの解を実際に求めて確認する。

よって，(i)，(ii)より $\boldsymbol{a=0,\ 1,\ -8}$

アドバイス

- 3次以上の方程式では，重解や異なる解をもつ場合の考え方で注意しなくてはならないことがある。例えば，
  $(x-a)(x^2+bx+c)=0$ では $x-a=0$ と $x^2+bx+c=0$
  が同じ解をもつことがありうる。
  だから $x^2+bx+c=0$ が異なる2つの解をもっても，その中に $x=a$ があれば，隣りの $x-a=0$ の解と同じになり $x=a$ が重解になることがある。
- したがって，この種の問題ではそれぞれの場合について，実際に解を求めてしまうのが明快だ。

高次方程式の解の個数 ➡ 解が重なる場合を忘れるな（隣りの解に御用心）

練習84　a を実数の定数として，x の3次方程式

$$ax^3-(a+1)x^2-2x+3=0 \cdots\cdots ①$$

の実数解の個数を考える。ただし，重解は1個と考える。

(1)　方程式①の左辺を因数分解せよ。

(2)　$a=2$ のとき，方程式①の実数解を求めよ。

(3)　方程式①の実数解の個数が2個となるとき，a の値と解を求めよ。〈近畿大〉

85 1つの解が $p+qi$ のとき

方程式 $x^3+ax^2+bx+6=0$（a, b は実数）の1つの解が $1+i$ のとき，a, b の値と他の2つの解を求めよ。〈日本大〉

解 $x=1+i$ が解だから，方程式に代入すると

$$(1+i)^3+a(1+i)^2+b(1+i)+6=0$$
$$(-2+2i)+2ai+b+bi+6=0$$
$$(b+4)+(2a+b+2)i=0$$

⬅(実部)+(虚部)$i=0$ の形に変形する。

$b+4$, $2a+b+2$ は実数だから

$b+4=0$ ……①, $2a+b+2=0$ ……②

①，②を解いて，$\boldsymbol{a=1}$, $\boldsymbol{b=-4}$

このとき，$(x+3)(x^2-2x+2)=0$ より

$x=-3$, $1\pm i$

よって，他の解は $\boldsymbol{-3}$, $\boldsymbol{1-i}$

別解 係数が実数だから $1+i$ が解ならば $1-i$ も解である。3つの解を $1+i$, $1-i$, γ とすると解と係数の関係より

$$(1+i)+(1-i)+\gamma=-a \quad \cdots\cdots①$$
$$(1+i)(1-i)+(1-i)\gamma+\gamma(1+i)=b \quad \cdots\cdots②$$
$$(1+i)(1-i)\gamma=-6 \quad \cdots\cdots③$$

③より $2\gamma=-6$, $\gamma=-3$

①，②に代入して，$\boldsymbol{a=1}$, $\boldsymbol{b=-4}$

他の解は $\boldsymbol{-3}$ と $\boldsymbol{1-i}$

解と係数の関係

$x^3+ax^2+bx+c=0$ の3つの解が α, β, γ とすると

$\alpha+\beta+\gamma=-a$

$\alpha\beta+\beta\gamma+\gamma\alpha=b$

$\alpha\beta\gamma=-c$

アドバイス

- この問題のように，方程式の解が与えられたときは，まず，解を方程式に代入するのが基本である。
- 係数が実数である方程式では，$p+qi$ が解ならば，$p-qi$ も解であることは知っておきたい。解の公式 $x=\dfrac{-b\pm\sqrt{b^2-4ac}}{2a}$ からもわかるように，$\pm\sqrt{b^2-4ac}$ の部分がペアになってでてくるからだ。

これで解決！

係数が実数である方程式の虚数解 ➡ $p+qi$ と $p-qi$ いつもペアで解になる

練習85 a, b を実数とする。方程式 $x^3+ax^2+bx+a=0$ が $x=1+2i$ を解にもつとき，方程式は実数解 $\boxed{}$ をもち，$a=\boxed{}$, $b=\boxed{}$ である。〈慶応大〉

86 恒等式

次の恒等式が成り立つように，a，b，c の値を定めよ。

(1)　$2x^2-5x-1=a(x-1)(x-2)+b(x-2)(x-3)+c(x-3)(x-1)$

〈福岡工大〉

(2)　$x^3+2x^2-4=(x+3)^3+a(x+3)^2+b(x+3)+c$　〈東海大〉

解　(1)　$2x^2-5x-1=a(x^2-3x+2)+b(x^2-5x+6)+c(x^2-4x+3)$

$=(a+b+c)x^2-(3a+5b+4c)x+2a+6b+3c$

両辺の係数を比較して　⬅係数比較法

$a+b+c=2$ ……①，$3a+5b+4c=5$ ……②，$2a+6b+3c=-1$ ……③

①，②，③を解いて　$\boldsymbol{a=1,\ b=-2,\ c=3}$

別解　$x=1$，2，3 を代入して　⬅数値代入法

$-4=2b$，$-3=-c$，　$2=2a$

よって，$\boldsymbol{a=1,\ b=-2,\ c=3}$

逆に，$a=1$，$b=-2$，$c=3$ のとき与式は恒等式になっている。

(2)　$x+3=t$ とおいて，$x=t-3$ を代入。

(左辺)$=(t-3)^3+2(t-3)^2-4=t^3-7t^2+15t-13$

(右辺)$=t^3+at^2+bt+c$　　(左辺)＝(右辺) が t の恒等式だから

$\boldsymbol{a=-7,\ b=15,\ c=-13}$

アドバイス

- (1)の恒等式の問題では，展開して両辺の係数を比較する係数比較法が多く見られる。別解のように，数値を代入して求める数値代入法は，同じ因数が何度もでてくるときや，次数が高くて展開が困難なときに有効である。
  数値代入法は必要条件なので，“逆に，…”とかいておく。
- (2)は左辺の整式を $x+\alpha$ の整式で表すことである。その場合，$t=x+\alpha$ とおき，$x=t-\alpha$ として代入し，展開すると早い。
- 分数式の恒等式は，分母を払って，整式にして考えるとよい。

これで解決！

・恒等式 ➡ { 係数比較法……展開して左辺と右辺の係数を比較
　　　　　　数値代入法……未知数の数だけ値を代入して式をつくる

・$x+\alpha$ の多項式で表す ➡ $x+\alpha=t$ とおき，$x=t-\alpha$ として代入

練習86　次の恒等式が成り立つように a，b，c，d の値を定めよ。

(1)　$a(x+1)(x-1)+bx(x-1)+cx(x+1)=1$　〈東京電機大〉

(2)　$x^3-3=a(x-1)^3+b(x-1)^2+c(x-1)+d$　〈長崎総合科学大〉

(3)　$\dfrac{5x^2-2x+1}{x^3+x^2+3x+3}=\dfrac{a}{x+1}+\dfrac{bx+c}{x^2+3}$　〈東京電機大〉

87 条件があるときの式の値

$a+b+c=0$ のとき，$a\left(\dfrac{1}{b}+\dfrac{1}{c}\right)+b\left(\dfrac{1}{c}+\dfrac{1}{a}\right)+c\left(\dfrac{1}{a}+\dfrac{1}{b}\right)$ の値を求めよ。 〈松山大〉

解　$c=-a-b$ を代入すると　⬅c を消去する方針で計算。

$$(\text{与式})=a\left(\frac{1}{b}-\frac{1}{a+b}\right)+b\left(-\frac{1}{a+b}+\frac{1}{a}\right)-(a+b)\left(\frac{1}{a}+\frac{1}{b}\right)$$

$$=\frac{a}{b}-\frac{a}{a+b}-\frac{b}{a+b}+\frac{b}{a}-\frac{a+b}{a}-\frac{a+b}{b}$$

$$=\frac{a-a-b}{b}-\frac{a+b}{a+b}+\frac{b-a-b}{a}=\mathbf{-3}$$

別解

$$(\text{与式})=\frac{a}{b}+\frac{a}{c}+\frac{b}{c}+\frac{b}{a}+\frac{c}{a}+\frac{c}{b}$$

$$=\frac{b+c}{a}+\frac{c+a}{b}+\frac{a+b}{c}$$

⬅$\begin{cases} a+b=-c \\ b+c=-a \\ c+a=-b \end{cases}$ を代入。

$$=\frac{-a}{a}+\frac{-b}{b}+\frac{-c}{c}=\mathbf{-3}$$

アドバイス

- 条件式があるときの式の値や証明問題では，文字を消去する方針で計算を進めるのが基本である。とりあえず，1文字を消去するか，1つの文字に統一するかだ。これでうまくいかないとき，別の方法を考えればよい。
- 条件式が複雑なときは，計算したり因数分解したりして，条件式を簡単な形にしてから考える。
- この例題が  の穴うめ問題ならば，$a=2$，$b=-1$，$c=-1$ 等の $a+b+c=0$ を満たす具体的な値を代入して求まるからその方が早い。

条件式がある $\begin{Bmatrix} \text{式の値} \\ \text{式の証明} \end{Bmatrix}$ ➡ $\begin{cases} \left.\begin{matrix} \text{1文字消去} \\ \text{1つの文字に統一} \end{matrix}\right\} \text{して計算せよ} \\ \text{複雑な条件式はシンプルな形に} \end{cases}$

練習87　(1)　$a+b=c$ のとき，次の式の値を求めよ。ただし，$abc\neq 0$ とする。

$$\frac{a^2+b^2-c^2}{2ab}+\frac{b^2+c^2-a^2}{3bc}+\frac{c^2+a^2-b^2}{4ac}$$

〈青山学院大〉

(2)　$a+b+c=0$，$abc=1$ のとき，$(a+b)(b+c)(c+a)$，$a^3+b^3+c^3$ の値をそれぞれ求めよ。 〈名城大〉

(3)　$x+\dfrac{1}{y}=1$，$y+\dfrac{1}{z}=1$ のとき xyz の値は □ である。 〈日本女子大〉

88 (相加平均)≧(相乗平均) の利用

$a>0$, $b>0$ のとき，$\left(a+\dfrac{1}{b}\right)\left(b+\dfrac{4}{a}\right)$ の最小値は $\boxed{}$ である。
〈立教大〉

解　$\left(a+\dfrac{1}{b}\right)\left(b+\dfrac{4}{a}\right)=ab+4+1+\dfrac{4}{ab}=ab+\dfrac{4}{ab}+5$　⬅左辺を一度展開して式を整理する。

ここで，$ab>0$, $\dfrac{4}{ab}>0$ だから (相加平均)≧(相乗平均) より

$ab+\dfrac{4}{ab}\geqq 2\sqrt{ab\cdot\dfrac{4}{ab}}=4$ （等号は $ab=\dfrac{4}{ab}$ より $ab=2$ のとき）

よって　$\left(a+\dfrac{1}{b}\right)\left(b+\dfrac{4}{a}\right)\geqq 4+5=9$　より，**最小値は 9**

アドバイス

- $x>0$, $y>0$ のとき，$\dfrac{x+y}{2}$ を相加平均，$\sqrt{xy}$ を相乗平均といい，いつでも $\dfrac{x+y}{2}\geqq\sqrt{xy}$ または $x+y\geqq 2\sqrt{xy}$ （等号は $x=y$ のとき）の関係が成り立つ。
- この関係は覚えているだけではだめで，大切なのは，どんな形のとき，どんな使われ方をしているかである。最大値，最小値を求める問題で使われることが多い。

◤(相加平均)≧(相乗平均) の主な使われ方◢

- $2x+\dfrac{1}{x}\geqq 2\sqrt{2x\cdot\dfrac{1}{x}}=2\sqrt{2}$ より
  $2x+\dfrac{1}{x}$ の最小値は $2\sqrt{2}$
- $xy=k$ のとき，$x+y\geqq 2\sqrt{xy}=2\sqrt{k}$ より
  $x+y$ の最小値は $2\sqrt{k}$
- $x+y=k$ のとき，$k=x+y\geqq 2\sqrt{xy}$
  $\dfrac{k}{2}\geqq\sqrt{xy}$ なので $\dfrac{k^2}{4}\geqq xy$ より，xy の最大値は $\dfrac{k^2}{4}$

(相加)≧(相乗) の使える形

$● + \dfrac{k}{●} \geqq 2\sqrt{● \cdot \dfrac{k}{●}}$

変数が約分できて消える形

これで解決！

(相加平均)≧(相乗平均) ➡ $x+y\geqq 2\sqrt{xy}$ （等号は $x=y$ のとき）
$(x>0,\ y>0)$

$X+\dfrac{A}{X}$ $(X>0)$ の最小値 ➡ $X+\dfrac{A}{X}\geqq 2\sqrt{X\cdot\dfrac{A}{X}}=2\sqrt{A}$

練習88　(1)　$x>0$ のとき，$\left(x+\dfrac{1}{x}\right)\left(2x+\dfrac{1}{2x}\right)$ の最小値を求めよ。　〈慶応大〉

(2)　$x>1$ のとき，$4x^2+\dfrac{1}{(x+1)(x-1)}$ の最小値とそのときの x の値を求めよ。
〈慶応大〉

(3)　正の実数 x と y が $9x^2+16y^2=144$ を満たしているとき，xy の最大値を求めよ。
〈慶応大〉

89 座標軸上の点

2 点 $(-1,\ 1)$, $(1,\ 5)$ から等距離にある x 軸上の点の x 座標は □ である。 〈昭和薬大〉

解 x 軸上の点を $(x,\ 0)$ とおくと

$\sqrt{(x+1)^2+1^2}=\sqrt{(x-1)^2+5^2}$

両辺を 2 乗して

$x^2+2x+2=x^2-2x+26$

$4x=24$ よって，$x=\mathbf{6}$

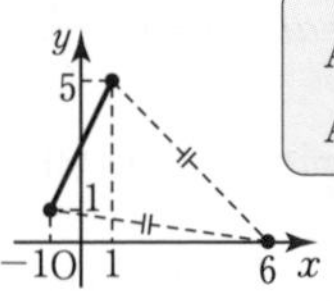

2 点間の距離
$\mathrm{A}(x_1,\ y_1)$, $\mathrm{B}(x_2,\ y_2)$
$\mathrm{AB}=\sqrt{(x_2-x_1)^2+(y_2-y_1)^2}$

アドバイス

- 座標平面上の点 P のおき方は，一般的には $\mathrm{P}(x,\ y)$ とおくが，とくに座標軸上の点については次のようにおく。

これで解決！

x 軸上の点は $\mathrm{P}(x,\ 0)$，y 軸上の点は $\mathrm{P}(0,\ y)$ とおく

練習89 2 点 $(-1,\ 2)$, $(3,\ 4)$ から等距離にある x 軸上の点を求めよ。 〈早稲田大〉

90 平行な直線，垂直な直線

点 $(-2,\ 1)$ を通り，直線 $3x-y+4=0$ に平行な直線と垂直な直線の方程式を求めよ。 〈類　日本大〉

解 直線の式は $y=3x+4$ だから傾きは 3

よって，平行な直線は $y-1=3(x+2)$ より

$\mathbf{3x-y+7=0}$

垂直条件から傾きは $m\cdot3=-1$ より $m=-\dfrac{1}{3}$

よって，垂直な直線は $y-1=-\dfrac{1}{3}(x+2)$ より

$\mathbf{x+3y-1=0}$

直線の方程式（Ⅰ）
点 $(x_1,\ y_1)$ を通り傾き m
$y-y_1=m(x-x_1)$

アドバイス

- 2 直線の平行・垂直条件は図形と式の基本だ。忘れたとはいえないぞ。

これで解決！

2 直線 $\begin{cases} y=mx+n \\ y=m'x+n' \end{cases}$ ➡ 平行条件　$m=m'$
垂直条件　$m\cdot m'=-1$

練習90 2 直線 $2x+3y=1$, $3x+y=5$ の交点を通り，直線 $3x+2y=6$ に平行な直線の方程式は □，垂直な直線の方程式は □ である。 〈広島工大〉

91　3点が同一直線上にある

3点 A(3, 4), B(−2, 5), C(6−a, 3) が，同一直線上にあるなら a の値は □ である。〈明治大〉

解　2点 A, B を通る直線の方程式は

$$y-4=\frac{5-4}{-2-3}(x-3) \text{ より } x+5y=23$$

これが点 C を通るから

$6-a+5\cdot3=23$　よって，$\boldsymbol{a=-2}$

直線の方程式(Ⅱ)
2点 $(x_1,\ y_1)$, $(x_2,\ y_2)$ を通る
$$y-y_1=\frac{y_2-y_1}{x_2-x_1}(x-x_1)$$

アドバイス

- 3点が同一直線上にある条件は，2点を通る直線の式に，第3の点を代入すれば求められる。

3点が同一直線上にある ➡ 2点を通る直線が残りの点を通る

練習91　同一直線上に，それぞれ異なる3つの点，A(k+2, 5), B(6, 5−2k), C(5, 3) が存在するとき，k の値を求めよ。〈自治医大〉

92　三角形をつくらない条件

3直線 $y=-x+1$, $y=2x-8$, $y=ax-5$ が三角形をつくらないように，定数 a の値を定めよ。〈類　愛知大〉

解　3直線の傾きは −1, 2, a であり，平行なとき三角形はできないから $a=-1$, 2

また，3直線が1点で交わるとき三角形はできない。

直線 $y=-x+1$ と $y=2x-8$ の交点は (3, −2)

これを $y=ax-5$ に代入して $-2=3a-5$, $a=1$

よって，$\boldsymbol{a=1,\ 2,\ -1}$

⬅2直線の交点を第3の直線が通る。

アドバイス

- 3直線が三角形をつくらないのは，直線が平行なときと，3直線が1点で交わるときである。

3直線が三角形をつくらない ➡ 平行になるときと1点で交わるとき

練習92　3直線 $y=kx+2k+1$, $x+y-4=0$, $2x-y+1=0$ によって三角形ができないように定数 k の値を定めよ。〈崇城大〉

93 点と直線の距離

(1) 点 $(2,\ 3)$ と直線 $3x-4y=4$ との距離を求めよ。 〈日本大〉

(2) 放物線 $y=x^2-4x+5$ 上の点Pと直線 $2x+y+3=0$ との距離の最小値および，そのときのPの座標を求めよ。 〈類 神戸大〉

解 (1) 点 $(2,\ 3)$ と直線 $3x-4y-4=0$ との距離は
点と直線の距離の公式より

$$\frac{|3\cdot2-4\cdot3-4|}{\sqrt{3^2+(-4)^2}}=\frac{|-10|}{\sqrt{25}}=\mathbf{2}$$

(2) 放物線上の点Pを $\mathrm{P}(t,\ t^2-4t+5)$,
点Pと直線 $2x+y+3=0$ との距離を d
とすると

$$d=\frac{|2\cdot t+t^2-4t+5+3|}{\sqrt{2^2+1^2}}$$

$$=\frac{|t^2-2t+8|}{\sqrt{5}}=\frac{|(t-1)^2+7|}{\sqrt{5}}$$

よって，$t=1$ のとき d の最小値は $\mathbf{\frac{7}{\sqrt{5}}}$ $\left(\frac{7\sqrt{5}}{5}\right)$

また，Pの座標は $\mathbf{P(1,\ 2)}$

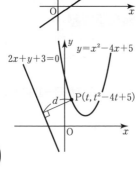

アドバイス

- 図形と方程式では，点と直線の距離の公式がいろいろな場面で使われる。公式を知らないと大変な計算をすることになるから必ず覚えておく。
- 右のように，$|\ \ |$ の中は直線の式，$\sqrt{\ \ }$ の中は直線の係数の２乗と覚えるとよい。

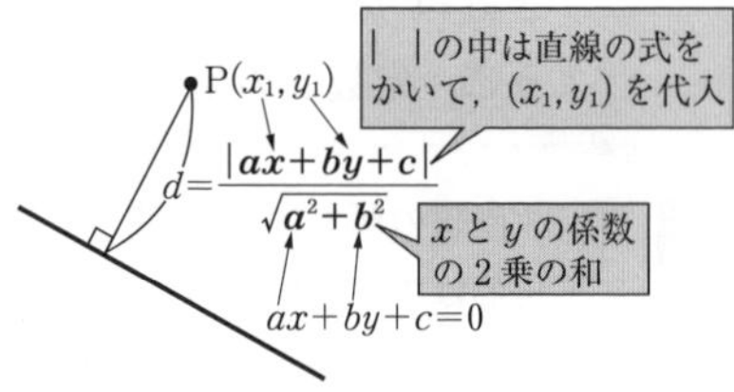

これで解決！

点 $(x_1,\ y_1)$ と直線 $ax+by+c=0$ の距離は ➡ $\dfrac{|ax_1+by_1+c|}{\sqrt{a^2+b^2}}$

練習93 (1) ２直線 $x+y-3=0$, $3x-y+7=0$ の交点と直線 $4x-3y+6=0$ との距離を求めよ。 〈日本福祉大〉

(2) k を定数とする。点 $(2,\ 1)$ から直線 $kx+y+1=0$ へ下ろした垂線の長さが $\sqrt{3}$ となるように，k の値を求めよ。 〈中央大〉

(3) 点Pが放物線 $y=x^2+1$ 上を動くとき，点Pと直線 $y=x$ との距離の最小値を求めよ。また，そのときの点Pの座標を求めよ。 〈甲南大〉

94 直線に関して対称な点

直線 $l: y=2x-1$ に関して，点 A(0, 4) と対称な点 B の座標を求めよ。〈鹿児島大〉

解　点 A と対称な点を B$(p,\ q)$ とする。

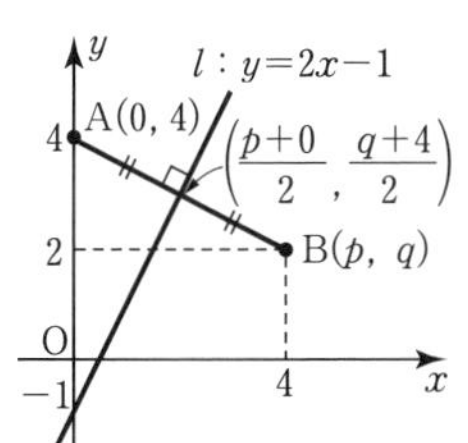

直線 AB の傾きは $\dfrac{q-4}{p-0}$ であり

直線 $y=2x-1$ に垂直だから

$\dfrac{q-4}{p-0}\cdot 2=-1$　より

$p+2q-8=0$ ……①

垂直条件
$m\cdot m'=-1$

線分 AB の中点 $\left(\dfrac{p+0}{2},\ \dfrac{q+4}{2}\right)$ が

直線 $y=2x-1$ 上にあるから

$\dfrac{q+4}{2}=2\cdot\dfrac{p}{2}-1$　より

$2p-q-6=0$ ……②

①，②を解いて　$p=4,\ q=2$

よって，**B(4, 2)**

中点の座標
$\mathbf{A(x_1,\ y_1),\ B(x_2,\ y_2)}$
の中点は
$\left(\dfrac{x_1+x_2}{2},\ \dfrac{y_1+y_2}{2}\right)$

アドバイス

- 点 A$(a,\ b)$ と直線 $y=mx+n$ に関して対称な点 B$(p,\ q)$ を求めるには，次の(i)，(ii)から求める。
  (i)　AB の傾き $\dfrac{q-b}{p-a}$ が対称軸に垂直である。
  (ii)　AB の中点 $\left(\dfrac{p+a}{2},\ \dfrac{q+b}{2}\right)$ が対称軸上にある。
  (i)，(ii)からつくられる関係式を連立させて解く。
- ここでのキーワードは“垂直と中点”だ！

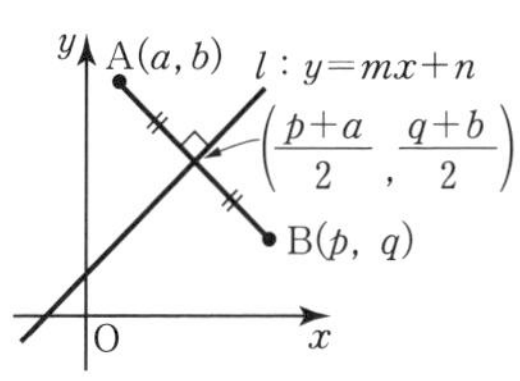

これで解決！

直線に関して対称な点
（点 A$(a,\ b)$ と直線 $y=mx+n$ に関して対称な点 B$(p,\ q)$ の求め方）
➡
(i)　**AB は直線 $y=mx+n$ に垂直**
$\dfrac{q-b}{p-a}\cdot m=-1$
(ii)　**AB の中点が直線 $y=mx+n$ 上にある**
$\dfrac{q+b}{2}=m\cdot\dfrac{p+a}{2}+n$

練習94　直線 $l: 2x+y=16$ に関して点 P(4, 3) と対称な点の座標を求めよ。〈中央大〉

95 kの値にかかわらず定点を通る

直線 $(2k+1)x+(k+4)y-k+3=0$ はkの値にかかわらず定点 [ ] を通る。 〈立教大〉

解　$(2x+y-1)k+(x+4y+3)=0$ と変形

kについての恒等式とみて

$$\begin{cases} 2x+y-1=0 \cdots\cdots① \\ x+4y+3=0 \cdots\cdots② \end{cases}$$

①，②を解いて $x=1$，$y=-1$　よって　**(1，−1)**

⬅kがどんな値をとっても成り立つから，kの恒等式とみる。

アドバイス

- このようなkを含む直線や円の式は $f(x, y)+kg(x, y)=0$ と変形して $\begin{cases} f(x, y)=0 \\ g(x, y)=0 \end{cases}$ の連立方程式を解くと，その解が定点となる。

これで解決！

kの値にかかわらず定点を通る ➡ kについての恒等式とみる

練習95　直線 $l:(k+1)x+(k-1)y-2k=0$ がkの値にかかわらず通る定点を求めよ。 〈名城大〉

96 2直線の交角の2等分線

2直線 $8x-y=0$ と $4x+7y-2=0$ の交角の2等分線の方程式は [ ] と [ ] である。 〈東京薬大〉

解　交角の2等分線上の点をP(x, y)とすると，

Pから2直線までの距離は等しいから

$$\frac{|8x-y|}{\sqrt{8^2+(-1)^2}}=\frac{|4x+7y-2|}{\sqrt{4^2+7^2}}$$

⬅ $|a|=|b|$ ⇕ $a=\pm b$

よって，$(8x-y)=\pm(4x+7y-2)$

$8x-y=4x+7y-2$ より　$\boldsymbol{2x-4y+1=0}$

$8x-y=-(4x+7y-2)$ より　$\boldsymbol{6x+3y-1=0}$

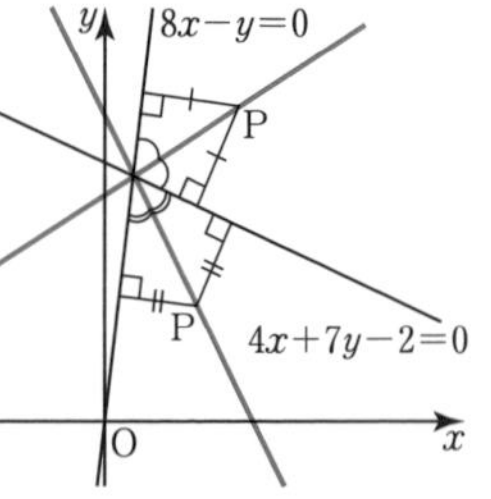

アドバイス

- 2直線の交角の2等分線を求めるのに，角にとらわれるとハマッテしまう。
2直線からの距離が等しい点の軌跡と考えるのが賢い。

これで解決！

2直線の交角の2等分線 ➡ 角でいかずに距離でいく

練習96　2直線 $2x+y-3=0$，$x-2y+1=0$ のなす角の2等分線の方程式を求めよ。 〈学習院大〉

97 円の方程式と円の中心

　2点 A(2, −4), B(5, −3) を通り，中心が直線 $y=x-1$ 上にある円の方程式は ☐ である。〈青山学院大〉

解　円の中心を $(t,\ t-1)$ とおくと円の方程式は
$(x-t)^2+(y-t+1)^2=r^2$
と表せる。
2点 (2, −4), (5, −3) を通るから
$(2-t)^2+(-3-t)^2=r^2$ ……①
$(5-t)^2+(-2-t)^2=r^2$ ……②
①，②より $t=2$, $r^2=25$
　よって，$\boldsymbol{(x-2)^2+(y-1)^2=25}$

⬅直線 $y=x-1$ 上の任意の点は $(t,\ t-1)$ と表せる。

⬅$2t^2+2t+13=2t^2-6t+29$
$8t=16$ より $t=2$

別解　円の中心は，線分 AB の垂直2等分線と，直線 $y=x-1$ ……①との交点である。線分 AB の傾きは $\dfrac{-3-(-4)}{5-2}=\dfrac{1}{3}$，中点は $\left(\dfrac{7}{2},\ -\dfrac{7}{2}\right)$
よって，AB の垂直2等分線の方程式は
$y-\left(-\dfrac{7}{2}\right)=-3\left(x-\dfrac{7}{2}\right)$ より
$y=-3x+7$ ……②
①と②の交点（円の中心）は (2, 1)
半径は $\sqrt{(2-2)^2+\{1-(-4)\}^2}=5$
　ゆえに，$\boldsymbol{(x-2)^2+(y-1)^2=25}$

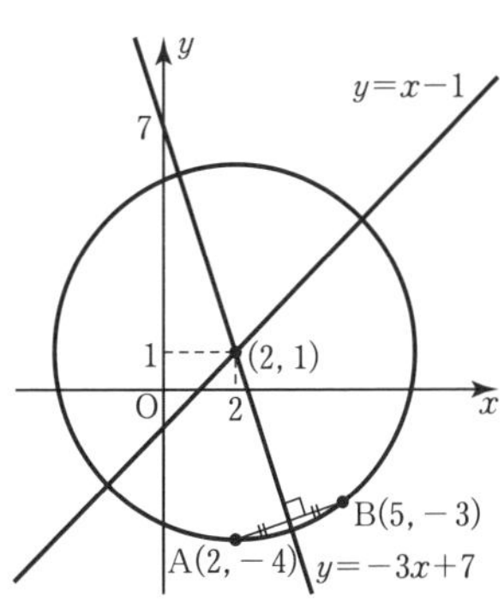

アドバイス

- 一般に，曲線 $y=f(x)$ 上にある点は $(t,\ f(t))$ と表して考えるのがよい。この問題でも円の中心が $y=x-1$ 上にあるので中心を $(t,\ t-1)$ とおいた。
- 円が2点 A，B を通るとき，円の中心は線分 AB（弦 AB）の垂直2等分線上にあることも大切な性質だ。別解はこの性質を使っている。

これで解決！

円の方程式と円の中心
中心が $y=f(x)$ 上にあるとき ➡ 中心は $(t,\ f(t))$ とおける
円が2点 A，B を通るとき ➡ 中心は線分 AB の垂直2等分線上

練習97　2点 A(4, −2), B(1, −3) を通り，中心が直線 $y=3x-1$ 上にある円の方程式は x^2+y^2-☐$x-$☐$y-$☐$=0$ である。〈九州産大〉

98 円の接線の求め方——３つのパターン

点 $(3,\ 1)$ を通り，円 $x^2+y^2=5$ に接する直線の方程式は［　　］または［　　］である。 〈関西学院大〉

解

パターンⅠ：接点を $(x_1,\ y_1)$ とおく方法

円の接線
円 $x^2+y^2=r^2$ 上の点 $(x_1,\ y_1)$ における接線
$x_1x+y_1y=r^2$

接点を $(x_1,\ y_1)$ とおくと

$x_1{}^2+y_1{}^2=5$ ……①　⬅接点 $(x_1,\ y_1)$ は円 $x^2+y^2=5$ 上の点だから①が成り立つ。

接線の方程式は

$x_1x+y_1y=5$ ……②

②が点 $(3,\ 1)$ を通るから

$3x_1+y_1=5$ ……③

③を $y_1=5-3x_1$ として①に代入すると

$x_1{}^2+(5-3x_1)^2=5$　これより

$x_1{}^2-3x_1+2=0$

$(x_1-1)(x_1-2)=0$

$x_1=1,\ 2$

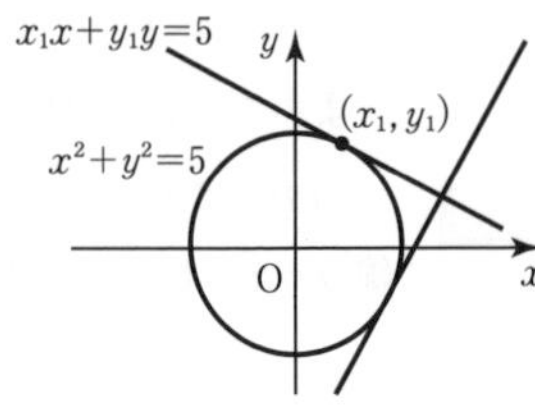

③に代入して

$x_1=1$ のとき $y_1=2$，$x_1=2$ のとき $y_1=-1$

よって，$\boldsymbol{x+2y=5,\ 2x-y=5}$　⬅$x_1,\ y_1$ の値を②に代入する。

パターンⅡ：傾きを m とおいて，判別式の利用

点 $(3,\ 1)$ を通る傾き m の直線は

$y=m(x-3)+1$

$x^2+y^2=5$ に代入して

$x^2+(mx-3m+1)^2=5$　⬅$(a+b+c)^2=a^2+b^2+c^2+2ab+2bc+2ca$

$x^2+m^2x^2+9m^2+1-6m^2x-6m+2mx=5$

$(m^2+1)x^2-(6m^2-2m)x+9m^2-6m-4=0$

接する条件は判別式 $D=0$　だから

$D/4=(3m^2-m)^2-(m^2+1)(9m^2-6m-4)=0$

$9m^4-6m^3+m^2-(9m^4-6m^3+5m^2-6m-4)=0$

これより　$2m^2-3m-2=0$

$(2m+1)(m-2)=0$，$m=-\dfrac{1}{2},\ 2$

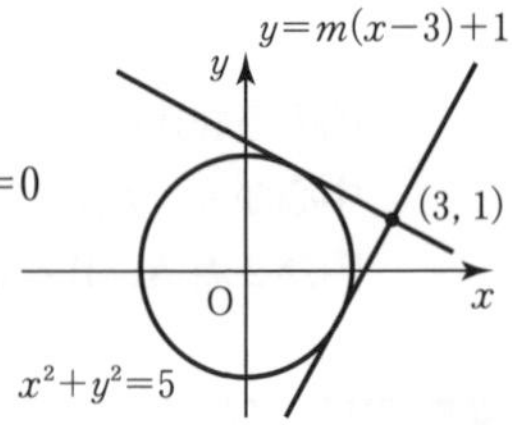

よって，$\boldsymbol{y=-\dfrac{1}{2}x+\dfrac{5}{2},\ y=2x-5}$

パターンⅢ：半径＝中心から接点までの距離 を利用

点 $(3,\ 1)$ を通り傾き m の直線の方程式は

$$y=m(x-3)+1$$

$$mx-y-3m+1=0 \cdots\cdots①$$

⬅点と直線の距離の公式を使うときは，$ax+by+c=0$ の形にして使う。

円の半径は，中心 $(0,\ 0)$ から直線①までの距離だから

$$\frac{|m\cdot 0-0-3m+1|}{\sqrt{m^2+(-1)^2}}=\sqrt{5}$$

$$|-3m+1|=\sqrt{5}\sqrt{m^2+1}$$

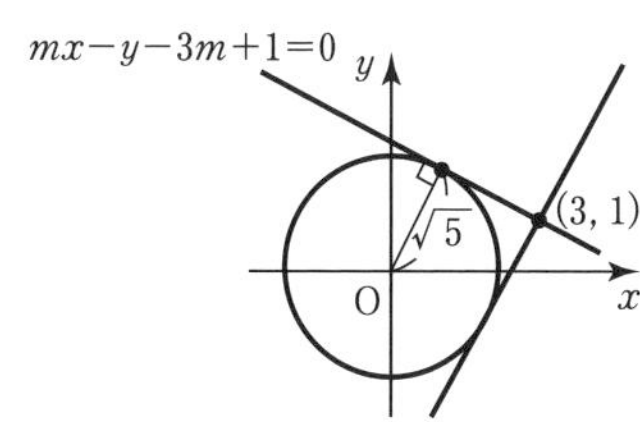

両辺を 2 乗して

$$9m^2-6m+1=5(m^2+1)$$

$$2m^2-3m-2=0$$

$$(2m+1)(m-2)=0$$

$$m=-\frac{1}{2},\ 2$$

よって，$\boldsymbol{y=-\frac{1}{2}x+\frac{5}{2}}$，$\boldsymbol{y=2x-5}$

⬅m の値を①に代入する。

アドバイス

- パターンⅠ：接点を $(x_1,\ y_1)$ とおいて解く方法で，接線だけでなく，接点も求めるときに適する。ただし，中心が原点以外にある円では $x_1x+y_1y=r^2$ の公式は使えない。
- パターンⅡ：判別式を利用した解き方で，放物線など，円以外の 2 次曲線にも広く使える。やや計算が面倒なのが難点だが，利用範囲は広い。
- パターンⅢ：接線の傾きを m で表し，点と直線の距離の公式を使った鮮やかな解法で，原点以外に中心をもつ円のときは，とくに有効な手段である。この方法がイチオシだ！

これで解決！

円の接線の方程式 ➡ 点と直線の距離で $\dfrac{|ax_1+by_1+c|}{\sqrt{a^2+b^2}}=r$

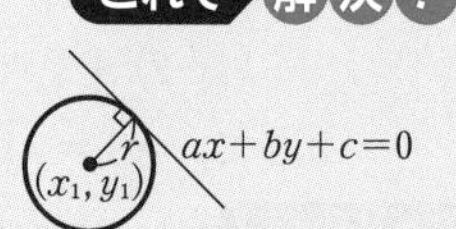

練習98 (1)　直線 $y=2x+n$ が円 $x^2+y^2=5$ に接するとき，接線の方程式を求めよ。

〈日本大〉

(2)　点 $(7,\ 1)$ を通り，円 $x^2+y^2=25$ に接する直線の方程式は $\boxed{}$ と $\boxed{}$ である。

〈立命館大〉

(3)　円 $x^2-2x+y^2+6y=0$ に接し，点 $(3,\ 1)$ を通る直線の方程式は $\boxed{}$ と $\boxed{}$ である。

〈東海大〉

99 円を表す式の条件

$x^2+y^2-6x+8y+k=0$ が円を表すとき，k のとりうる値の範囲は，$k<$［　］である。 〈拓殖大〉

解　$(x-3)^2+(y+4)^2=25-k$ より　　⬅円の標準形にする。

円を表すためには半径は正だから

$25-k>0$　　⬅円の半径を r とすると $r>0$ である。

よって，$k<\mathbf{25}$

アドバイス

• 円の式のような形をしていても，文字を含むときは円を表さないことがある。円を表すために，次のことを確認したい。

これで解決！

$(x-a)^2+(y-b)^2=c$ が円を表す ➡ $c>0$（半径は正）

練習99　方程式 $x^2+y^2-6x-2y+a=0$ は $a<$［　］のとき円を表す。 〈千葉工大〉

100 点から円に引いた接線の長さ

円 $x^2-4x+y^2+1=0$ と点 A(4, 3) があるとき，A から円に引いた接線の長さを求めよ。 〈類　昭和薬大〉

解　与式は $(x-2)^2+y^2=3$ だから，

円の中心は C(2, 0)，半径は $\sqrt{3}$

右図より △CAT は直角三角形になるから

$CA^2=AT^2+CT^2$

$(4-2)^2+3^2=AT^2+3$

よって，$AT=\sqrt{\mathbf{10}}$ $(AT>0)$

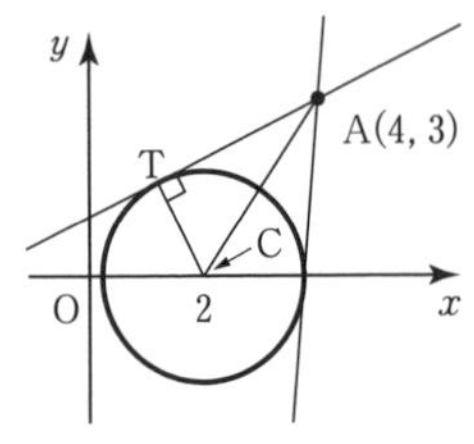

アドバイス

• 円外の点から円に引いた接線の長さは，円の中心と接点を結び直角三角形をつくり，それから三平方の定理を使って，図形的に求める。

これで解決！

点から円に引いた接線の長さは ➡ 三平方の定理で

練習100　円 $C：x^2+y^2-10x+6y+20=0$ の半径は ア［　］であり，原点 O から C に引いた接線の接点を T とすると，OT= イ［　］である。 〈千葉工大〉

101 定点や直線と最短距離となる円周上の点

円 $x^2+y^2=4$ の円周上の点Pと直線 $x+2y=10$ との距離の最小値を求めよ。また，そのときのPの座標を求めよ。〈類　東京工科大〉

解　円の中心 $(0,\ 0)$ と直線 $x+2y=10$ との距離は

$$\frac{|-10|}{\sqrt{1^2+2^2}}=\frac{10}{\sqrt{5}}=2\sqrt{5}$$

⬅点と直線の距離 $\dfrac{|ax_1+by_1+c|}{\sqrt{a^2+b^2}}$

よって，距離の最小値は $\boldsymbol{2\sqrt{5}-2}$

このとき，Pは円の中心を通り，直線 $x+2y=10$ に垂直な直線と円との交点である。

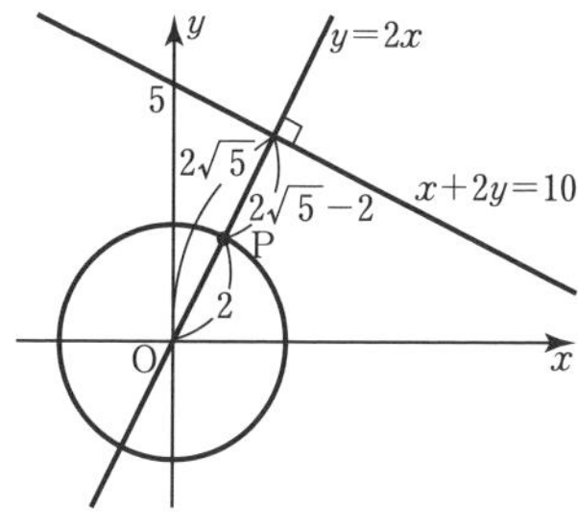

直線OPは $y=2x$ だから，$x^2+y^2=4$ と連立させて解くと，

$$x^2+(2x)^2=4 \text{ より } \quad 5x^2=4$$

$x>0$ だから $x=\dfrac{2}{\sqrt{5}}=\dfrac{2\sqrt{5}}{5}$，$y=\dfrac{4\sqrt{5}}{5}$

よって，$\mathbf{P}\left(\boldsymbol{\dfrac{2\sqrt{5}}{5}},\ \boldsymbol{\dfrac{4\sqrt{5}}{5}}\right)$

アドバイス

- 円周上の点と定点や直線までの最短距離を求める問題では，円周上の点にとらわれず，円の中心からの最短距離を求めて，半径の長さを引けばよい。
- 最短となる円周上の点Pの座標は，直線に垂直で，円の中心を通る直線との交点を求めればよい。
  なお，定点からの最短距離の問題も，同様に考えよう。

これで解決！

円周上の点Pと定点，直線までの最短距離
➡ 円の中心からの距離で考える
最短となる円周上の点Pの座標は
➡ 円の中心を通る直線で考える

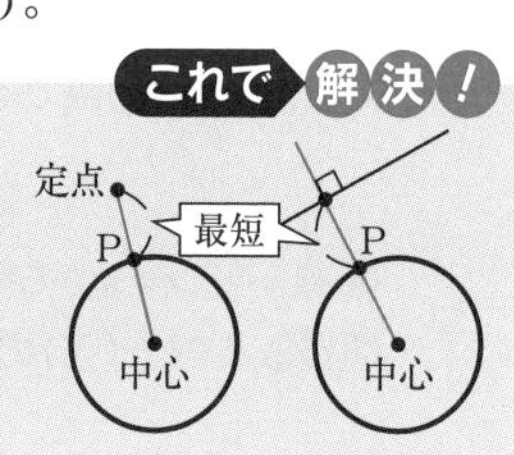

練習101　(1)　点Pが円 $x^2-2x+y^2-2y-18=0$ 上を動くとき，点 $\mathrm{A}(4,\ 1)$ との距離APの最小値は□であり，最大値は□である。〈成蹊大〉

(2)　円 $x^2+y^2-6x-4y+11=0$ 上の点Pについて，直線 $y=x-5$ との距離の最小値を求めよ。また，そのときのPの座標を求めよ。〈大阪工大〉

102 切り取る線分(弦)の長さ

円 C：$x^2+y^2=10$ と直線 l：$x-y=2$ がある。

(1) 円 C と直線 l との交点の x 座標を求めよ。

(2) 円 C が直線 l から切り取る線分の長さを求めよ。〈類　神奈川大〉

解 (1) $x^2+y^2=10$ に $y=x-2$ を代入して

$x^2-2x-3=0$

$(x-3)(x+1)=0$

よって，$\boldsymbol{x=3,\ -1}$

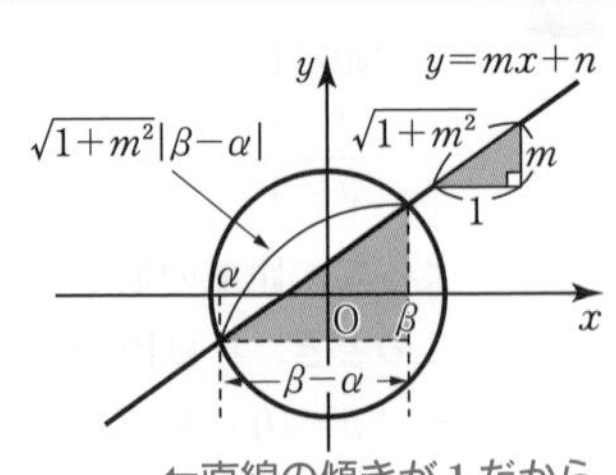

⬅直線の傾きが1だから x 座標の差の $\sqrt{2}$ 倍

(2) 線分の長さは，右図のように相似比を利用して，$m=1$ だから

$\sqrt{1+1^2}\,|3-(-1)|=\boldsymbol{4\sqrt{2}}$

別解 右図のように，直角三角形 OPH を考える。

$\mathrm{OH}=\dfrac{|-2|}{\sqrt{1^2+(-1)^2}}=\sqrt{2}$　だから

$\mathrm{OP}^2=\mathrm{OH}^2+\mathrm{PH}^2$　より

$\mathrm{PH}^2=10-2=8$　　よって　$\mathrm{PH}=2\sqrt{2}$

よって，$\mathrm{PQ}=2\mathrm{PH}=\boldsymbol{4\sqrt{2}}$

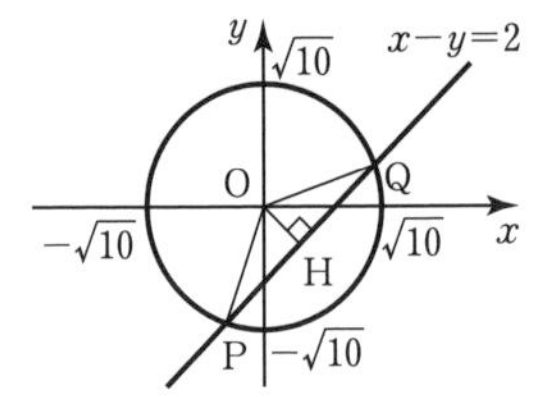

アドバイス

- 円や放物線が直線を切り取るとき，その線分(弦)の長さは，上図のように相似比を使って求められる。交点を $(x_1,\ y_1)$，$(x_2,\ y_2)$ として $\sqrt{(x_2-x_1)^2+(y_2-y_1)^2}$ を使っても求められるが，計算が面倒である。
- 円の中心と半径が求まれば，別解のように三平方の定理を利用するのも有効だ。しかし，放物線では使えないから注意する。

これで解決！

(直線 $y=mx+n$ から円，放物線が)
切り取る線分(弦)の長さは ➡ $\sqrt{1+m^2}\,|\beta-\alpha|$ (α，β は交点の x 座標)
円は三平方の定理が有効

練習102 (1) 直線 $y=x+2k$ が放物線 $y=x^2$ によって切り取られる線分の長さが2以上4以下であるとき，k の値の範囲は［　　］である。〈昭和薬大〉

(2) 円 $x^2+y^2-2y=0$ と直線 $ax-y+2a=0$ が異なる2点P，Qで交わる。

① 定数 a のとりうる値の範囲を求めよ。

② PQの長さが $\sqrt{2}$ となる a の値を求めよ。〈関西大〉

103　直線と直線，円と円の交点を通る（直線・円）

(1)　次の 2 直線の交点と点 $(2,\ 0)$ を通る直線の方程式を求めよ。

$3x-2y-4=0,\qquad 4x+3y-10=0$　〈専修大〉

(2)　2 つの円 $C_1:x^2+y^2-6x-4y=0$，$C_2:x^2+y^2=6$ の 2 交点と点 $(1,\ 1)$ を通る円の方程式を求めよ。　〈摂南大〉

解　(1)　直線と直線の交点を通る直線の方程式は

$(3x-2y-4)+k(4x+3y-10)=0$ ……① とおける。

点 $(2,\ 0)$ を通るから

$(3\cdot2-2\cdot0-4)+k(4\cdot2+3\cdot0-10)=0$

$2-2k=0$ より　$k=1$

①に代入して　$\boldsymbol{7x+y-14=0}$

(2)　円と円の交点を通る円の方程式は

$(x^2+y^2-6x-4y)+k(x^2+y^2-6)=0$ ……② とおける。

点 $(1,\ 1)$ を通るから

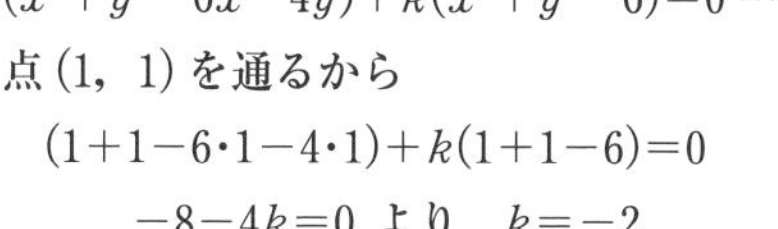

$(1+1-6\cdot1-4\cdot1)+k(1+1-6)=0$

$-8-4k=0$ より　$k=-2$

②に代入して

$(x^2+y^2-6x-4y)-2(x^2+y^2-6)=0$

よって，$\boldsymbol{x^2+y^2+6x+4y-12=0}$

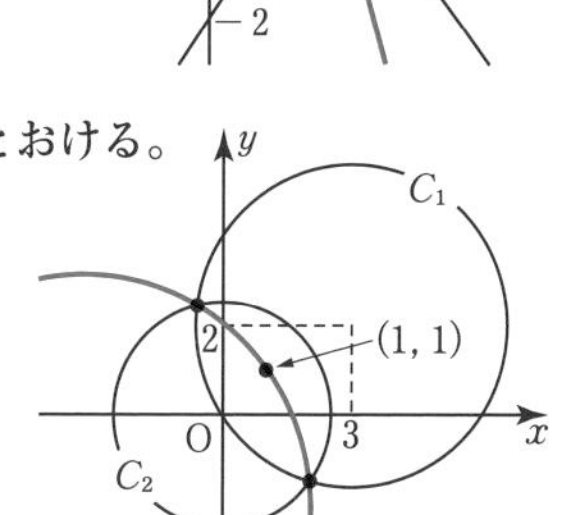

アドバイス

- この問題のように，直線と直線，円と円（直線と円でもよい）の交点を通る図形の方程式を求めるのに，いちいち交点を求めていたら大変だ。
- ここで，公式の背景を説明する余裕はないが，次のようにおいて求めることができることを知っておいてほしい。

これで解決！

直線と直線，円と円の交点を通る直線，円 ➡ 直線と直線の交点を通る直線
$(ax+by+c)+k(a'x+b'y+c')=0$ とおく
円と円の交点を通る円
$(x^2+y^2+\cdots\cdots)+k(x^2+y^2+\cdots\cdots)=0$ とおく
（$k=-1$ のときは直線になる）

練習103　(1)　2 直線 $2x-y-1=0$，$3x+2y-3=0$ の交点と点 $(-1,\ 1)$ を通る直線の方程式を求めよ。　〈近畿大〉

(2)　2 つの円 $C_1:x^2+y^2+3x-y-5=0$，$C_2:x^2+y^2+x+y-3=0$ の交点と点 $(-3,\ 1)$ を通る円の中心と半径を求めよ。　〈名城大〉

104 平行移動

直線 $5x+3y=10$ を x 軸方向に -2，y 軸方向に 1 だけ平行移動した直線の方程式は □ である。　〈類　工学院大〉

解　直線上の点を $(s,\ t)$ とすると $5s+3t=10$ ……①

移された点を $(x,\ y)$ とすると

$\begin{cases} x=s-2 \\ y=t+1 \end{cases}$ より $\begin{cases} s=x+2 \\ t=y-1 \end{cases}$ として①に代入すると

$5(x+2)+3(y-1)=10$　よって　$\boldsymbol{5x+3y=3}$

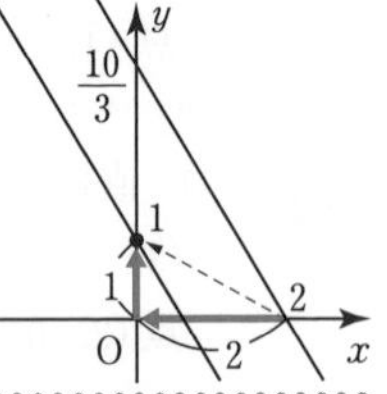

アドバイス

- 平行移動では，この解法のように，軌跡の考えから得られる次の公式を使うのが有効である。どんな曲線にも使える。

これで解決！

$\begin{cases} x \text{ 軸方向に } a \\ y \text{ 軸方向に } b \end{cases}$ の平行移動は ➡ $\begin{cases} x \to x-a \\ y \to y-b \end{cases}$ として代入

練習104　関数 $y=x^2+ax+3$ の表すグラフを x 軸方向に 1，y 軸方向に 2 だけ平行移動すると点 $(2,\ 5)$ を通るとき，$a=$ □ である。　〈日本大〉

105 放物線の頂点や円の中心の軌跡

a が正の値をとって変化するとき，放物線 $y=x^2-2ax+1$ の頂点はどんな曲線を描くか。　〈類　広島電機大〉

解　$y=(x-a)^2-a^2+1$　と変形。　⬅a は x，y の媒介変数。

頂点を $(x,\ y)$ とすると　$x=a$，$y=-a^2+1$　⬅x，y を a で表す。

a を消去して　$y=-x^2+1$　⬅a を消去し，x，y だけの式にする。

$a>0$ だから　$x>0$

よって，放物線 $\boldsymbol{y=-x^2+1}$ の $\boldsymbol{x>0}$ の部分。

アドバイス

- これは動点が媒介変数で表されるもので，軌跡の問題の基本といえるものだ。

これで解決！

放物線の頂点・円の中心 の軌跡 ➡ 頂点や中心を $(x,\ y)$ とする $\xrightarrow[\text{を消去して}]{\text{媒介変数}}$ x，y の式に

練習105　放物線 $y=x^2-2(m-1)x+2m^2-m$ の m にいろいろな値を与えたとき，放物線の頂点が描くグラフの方程式を求めよ。　〈釧路公立大〉

106 分点，重心の軌跡

(1)　点Pが放物線 $y=x^2+1$ 上を動くとき，原点Oと点Pを結ぶ線分の中点Qの軌跡の方程式を求めよ。〈北海学院大〉

(2)　2点 A(0, 3), B(0, 1) と円 $(x-2)^2+(y-2)^2=1$ がある。点Pが円周上を動くとき，△ABPの重心Gの軌跡を求めよ。〈高崎経大〉

(1)　P$(s,\ t)$, Q$(x,\ y)$ とすると

Pが放物線上にあるから $t=s^2+1$ ……①

QはOPの中点だから

$x=\dfrac{s}{2}$, $y=\dfrac{t}{2}$　より $s=2x$, $t=2y$ として

①に代入すると，$2y=(2x)^2+1$

よって，$\boldsymbol{y=2x^2+\dfrac{1}{2}}$

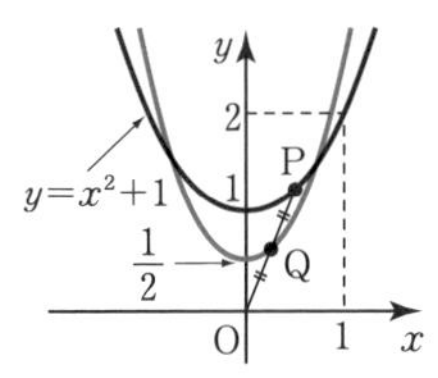

(2)　P$(s,\ t)$, G$(x,\ y)$ とすると

P$(s,\ t)$ が円周上にあるから

$(s-2)^2+(t-2)^2=1$ ……①

△ABPの重心Gの座標は

$x=\dfrac{0+0+s}{3}$　$y=\dfrac{3+1+t}{3}$

$s=3x$, $t=3y-4$　として

①に代入すると $(3x-2)^2+(3y-6)^2=1$

よって，円 $\boldsymbol{\left(x-\dfrac{2}{3}\right)^2+(y-2)^2=\dfrac{1}{9}}$

⬅両辺を9で割るとき，( )² の中は3で割る。

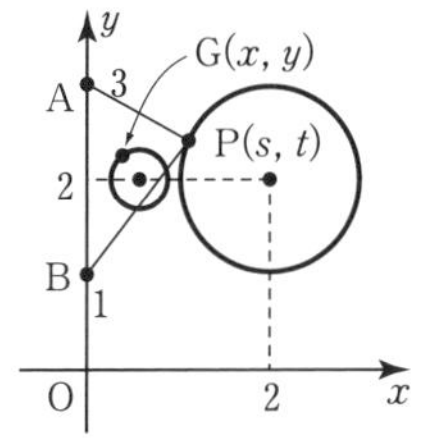

アドバイス

◤軌跡を求める手順◢

- 軌跡を求めるには，はじめに動く曲線上の点を $(s,\ t)$ とおく。
- 次に，軌跡上の点を $(x,\ y)$ とおき，$(s,\ t)$ と $(x,\ y)$ の関係式をつくる。
- $s=(x,\ y$ の式$)$, $t=(x,\ y$ の式$)$ とし，s, t の式に代入して x, y の式にする。

これで解決！

分点(内分，外分)／三角形の重心 } の軌跡 ➡ **P$(s,\ t)$**（動点）と**$(x,\ y)$**（軌跡）の関係式をつくる $\xrightarrow[\text{消去して}]{s,\ t\text{ を}}$ **x, y の式に**

練習106　(1)　定点 A(2, -3) と放物線 $y=x^2-2x$ 上の動点Pを結ぶ線分APを1：2に内分する点Qの軌跡の方程式は $\boxed{}$ である。〈東京薬大〉

(2)　定点 A(6, 0), B(3, 3) と円 $C:x^2+y^2=9$ がある。点Pが円 C 上を一周するとき，△ABPの重心Gの軌跡の方程式を求めよ。〈秋田大〉

107 領域における最大・最小

(1) x, y が3つの不等式 $y \geqq x$, $y \leqq 2x$, $x+y \leqq 2$ を満たすとき，$2x+y$ の最大値を求めよ。〈山梨大〉

(2) x, y が次の不等式を満たすとき，x^2+y^2 の最大値と最小値を求めよ。 $x-3y \geqq -6$, $x+2y \geqq 4$, $3x+y \leqq 12$ 〈類 横浜国大〉

解 (1) 領域は右図の境界を含む斜線部分。

$2x+y=k$ とおいて，$y=-2x+k$ に変形。

これは，傾き -2 で，k の値によって上，下に平行移動する直線を表す。

k の最大値は点 $(1,\ 1)$ を通るとき。

よって，$k=2\cdot1+1=\mathbf{3}$（最大値）

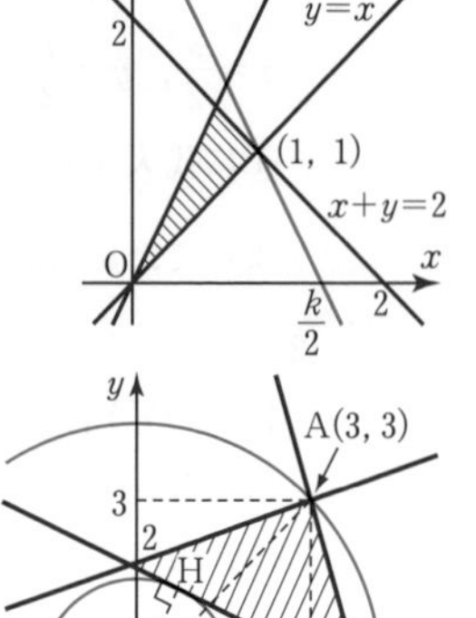

(2) 領域は右図の境界を含む斜線部分。

$x^2+y^2=k$ とおくと，これは原点を中心とする半径 $\sqrt{k}$ の円を表す。

$$\mathrm{OH}=\frac{|0+2\cdot0-4|}{\sqrt{1^2+2^2}}=\frac{4\sqrt{5}}{5}$$

$\mathrm{OA}=\sqrt{3^2+3^2}=3\sqrt{2}$ より $\dfrac{16}{5} \leqq k \leqq 18$

よって，**最大値 18，最小値 $\dfrac{16}{5}$**

アドバイス

◤領域における最大・最小の問題の3つのポイント◢

- 与えられた領域を正確にかくこと。ここで間違っては元も子もない。
- 与えられた式を $f(x,\ y)=k$ とおき，(1)のように直線ならば切片を，(2)のように円ならば半径を考える。
- 示された領域の端点，頂点，接点（円などの場合）の $(x,\ y)$ で最大値や最小値となる。

これで解決！

領域における最大・最小  $f(x,\ y)=k$ とおき {直線なら切片／円なら半径}，領域の端点，円や放物線なら接点 で考える

練習107 座標平面上の点 $\mathrm{P}(x,\ y)$ が $4x+y \leqq 9$, $x+2y \geqq 4$, $2x-3y \geqq -6$ の範囲を動くとき，$2x+y$, x^2+y^2 のそれぞれの最大値と最小値を求めよ。〈京都大〉

108 加法定理

α は第1象限の角，β は第3象限の角で，

$\sin\alpha=\dfrac{2}{3}$，$\cos\beta=-\dfrac{5}{13}$ のとき，$\cos\alpha$，$\sin\beta$，$\cos(\alpha+\beta)$ の値を求めよ。　〈弘前大〉

解　$\cos\alpha>0$，$\sin\beta<0$ だから　⬅α，β の条件から $\cos\alpha$，$\sin\beta$ の正，負を押さえる。

$$\cos\alpha=\sqrt{1-\sin^2\alpha}=\sqrt{1-\left(\frac{2}{3}\right)^2}=\frac{\sqrt{5}}{3}$$

$$\sin\beta=-\sqrt{1-\cos^2\beta}=-\sqrt{1-\left(-\frac{5}{13}\right)^2}=-\frac{12}{13}$$

⬅$\sin^2\theta+\cos^2\theta=1$ の利用。

$$\cos(\alpha+\beta)=\cos\alpha\cos\beta-\sin\alpha\sin\beta$$

⬅加法定理。

$$=\frac{\sqrt{5}}{3}\cdot\left(-\frac{5}{13}\right)-\frac{2}{3}\cdot\left(-\frac{12}{13}\right)=\frac{24-5\sqrt{5}}{39}$$

アドバイス

- 三角関数の公式で，加法定理と合成だけは覚えておかないとどうにもならない。特に，加法定理からは2倍角や半角の公式が導かれるから確認しておく。

加法定理（複号同順）（これを知らずに三角は戦えない）➡

$$\sin(\alpha\pm\beta)=\sin\alpha\cos\beta\pm\cos\alpha\sin\beta$$
$$\cos(\alpha\pm\beta)=\cos\alpha\cos\beta\mp\sin\alpha\sin\beta$$
$$\tan(\alpha\pm\beta)=\frac{\tan\alpha\pm\tan\beta}{1\mp\tan\alpha\tan\beta}$$
（イチマイナスタンタン ブンノ タンプラスタン）

- 上の加法定理で α と β を θ にすると2倍角の公式に，さらに，θ を $\dfrac{\theta}{2}$ として半角の公式になる

2倍角の公式

$$\cos2\theta=\cos^2\theta-\sin^2\theta=2\cos^2\theta-1=1-2\sin^2\theta$$
$$\sin2\theta=2\sin\theta\cos\theta\qquad \tan2\theta=\frac{2\tan\theta}{1-\tan^2\theta}$$

半角の公式

$$\cos^2\frac{\theta}{2}=\frac{1+\cos\theta}{2}\qquad \sin^2\frac{\theta}{2}=\frac{1-\cos\theta}{2}$$

練習108　(1)　$\cos\theta=\dfrac{1}{5}$ $(\pi<\theta<2\pi)$ のとき，$\sin2\theta=$□，$\cos\dfrac{\theta}{2}=$□ である。　〈福井工大〉

(2)　角 α，β が $0^\circ<\alpha<90^\circ$，$0^\circ<\beta<90^\circ$ の範囲にあり，かつ $\sin2\alpha=\dfrac{1}{3}\sin\alpha$，$\cos2\beta=\dfrac{1}{6}\cos\beta$ を満たすとき，$\cos\alpha=$□，$\cos\beta=$□，$\cos(\alpha+\beta)=$□ である。　〈青山学院大〉

(3)　2つの直線 $y=\dfrac{1}{3}x+1$ と $y=2x-3$ のなす角 θ の大きさを求めよ。ただし，$0\leqq\theta\leqq\dfrac{\pi}{2}$ とする。　〈公立千歳科学技術大〉

109 三角関数の合成

(1) $\sqrt{3}\sin\theta+\cos\theta=r\sin(\theta+\alpha)$ を満たす定数 r，α を求めよ。ただし，$r>0$，$-\pi<\alpha<\pi$ とする。 〈北見工大〉

(2) $0\leqq\theta\leqq\dfrac{\pi}{2}$ のとき，$y=3\sin\theta+4\cos\theta$ の最大値と最小値を求めよ。 〈福岡大〉

解 (1) $\sqrt{3}\sin\theta+\cos\theta$

$=\sqrt{(\sqrt{3})^2+1^2}\sin\left(\theta+\dfrac{\pi}{6}\right)=2\sin\left(\theta+\dfrac{\pi}{6}\right)$

よって，$\boldsymbol{r=2}$，$\boldsymbol{\alpha=\dfrac{\pi}{6}}$

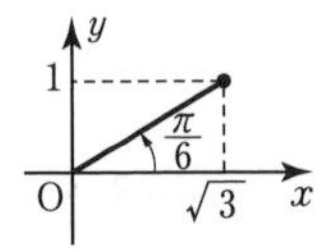

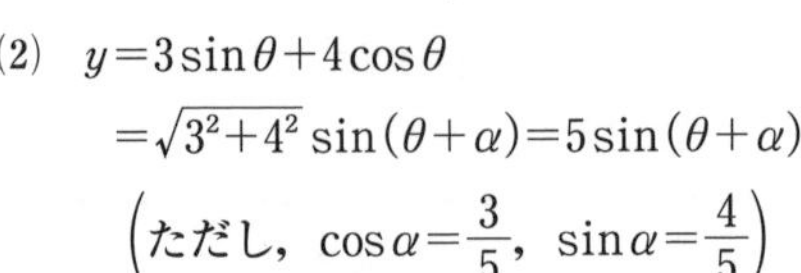

(2) $y=3\sin\theta+4\cos\theta$

$=\sqrt{3^2+4^2}\sin(\theta+\alpha)=5\sin(\theta+\alpha)$

$\left(ただし，\cos\alpha=\dfrac{3}{5}，\sin\alpha=\dfrac{4}{5}\right)$

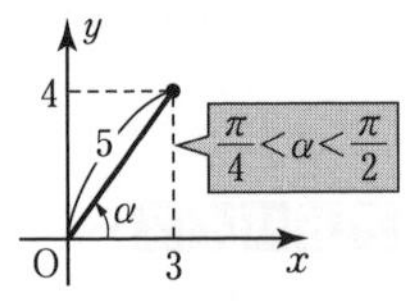

$0\leqq\theta\leqq\dfrac{\pi}{2}$ より $\alpha\leqq\theta+\alpha\leqq\dfrac{\pi}{2}+\alpha$

⬅$\theta+\alpha$ のとりうる範囲を押えることが重要。

最大値は $\theta+\alpha=\dfrac{\pi}{2}$ のとき $5\sin\dfrac{\pi}{2}=\boldsymbol{5}$

最小値は $\theta+\alpha=\dfrac{\pi}{2}+\alpha$ のとき

$5\sin\left(\dfrac{\pi}{2}+\alpha\right)=5\cos\alpha=5\cdot\dfrac{3}{5}=\boldsymbol{3}$

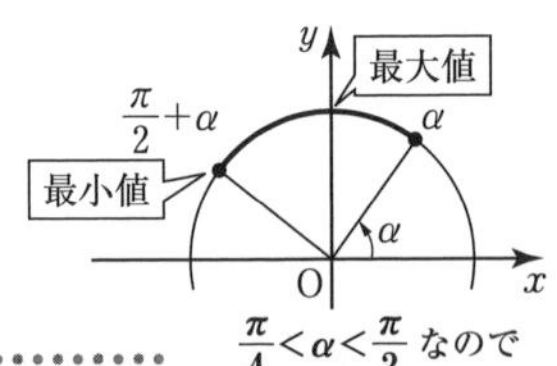

$\dfrac{\pi}{4}<\alpha<\dfrac{\pi}{2}$ なので

$\sin\left(\dfrac{\pi}{2}+\alpha\right)<\sin\alpha$

アドバイス

- 三角関数の合成の公式ほど，覚えてないとどうにもならない公式も少ない。この公式は角 α の求め方が point になる。α は下図のように，a を x 座標，b を y 座標にとってできる角だ。

これで解決！

三角関数の合成（角 α の決め方）

$$a\sin\theta+b\cos\theta=\sqrt{a^2+b^2}\sin(\theta+\alpha)$$

もし，α が求められない角のときは，

$\left(\cos\alpha=\dfrac{a}{\sqrt{a^2+b^2}}，\sin\alpha=\dfrac{b}{\sqrt{a^2+b^2}}\right)$ とかいておく

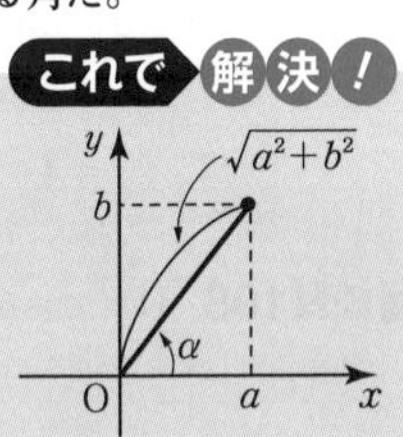

練習109 (1) 関数 $y=-2\sin2\theta+2\cos2\theta+3$ の最大値と最小値を求めよ。ただし，$0\leqq\theta\leqq\dfrac{\pi}{2}$ とする。 〈岩手大〉

(2) 関数 $y=12\sin\theta+5\cos\theta$ $\left(0\leqq\theta\leqq\dfrac{\pi}{2}\right)$ について，y のとりうる値の範囲は $\boxed{}\leqq y\leqq\boxed{}$ である。 〈昭和薬大〉

110 $\sin^2 x$，$\cos^2 x$，$\sin x\cos x$ がある式

関数 $f(x)=\sin^2 x+4\sin x\cos x-3\cos^2 x$ の最大値と最小値を求めよ。また，そのときの x の値を求めよ。ただし，$0\leqq x<\pi$ とする。

〈中央大〉

解

$$f(x)=\frac{1-\cos 2x}{2}+2\sin 2x-3\cdot\frac{1+\cos 2x}{2}$$

$$=2\sin 2x-2\cos 2x-1$$

$$=\sqrt{2^2+(-2)^2}\sin\left(2x-\frac{\pi}{4}\right)-1$$

$$=2\sqrt{2}\sin\left(2x-\frac{\pi}{4}\right)-1$$

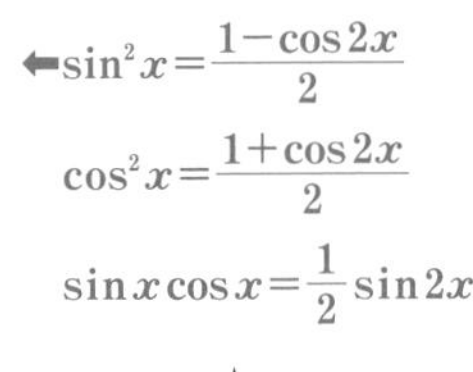

$0\leqq x<\pi$ より $-\dfrac{\pi}{4}\leqq 2x-\dfrac{\pi}{4}<\dfrac{7}{4}\pi$ だから

$-1\leqq\sin\left(2x-\dfrac{\pi}{4}\right)\leqq 1$

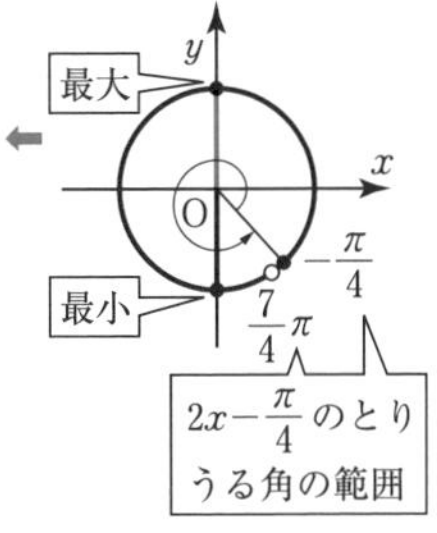

よって，$\sin\left(2x-\dfrac{\pi}{4}\right)=1$ すなわち $2x-\dfrac{\pi}{4}=\dfrac{\pi}{2}$ より

$x=\dfrac{3}{8}\pi$ のとき，最大値 $2\sqrt{2}-1$

$\sin\left(2x-\dfrac{\pi}{4}\right)=-1$ すなわち $2x-\dfrac{\pi}{4}=\dfrac{3}{2}\pi$ より

$x=\dfrac{7}{8}\pi$ のとき，最小値 $-2\sqrt{2}-1$

アドバイス

- $\sin^2 x$，$\cos^2 x$，$\sin x\cos x$ が1つの式の中にある場合，たいてい半角の公式を用いて $2x$ に統一し，$\sin 2x$ と $\cos 2x$ を合成して処理するものが多い。
- ここで，半角の公式は次のように2倍角の公式から導けることを確認しておくとよい。

$\sin 2x=2\sin x\cos x$ ----▸ $\sin x\cos x=\dfrac{1}{2}\sin 2x$

$\cos 2x=\begin{cases}2\cos^2 x-1 & \text{----▸ } 2\cos^2 x=1+\cos 2x \text{ ----▸ } \cos^2 x=\dfrac{1+\cos 2x}{2}\\ 1-2\sin^2 x & \text{----▸ } 2\sin^2 x=1-\cos 2x \text{ ----▸ } \sin^2 x=\dfrac{1-\cos 2x}{2}\end{cases}$

これで解決！

$\sin^2 x$，$\cos^2 x$，$\sin x\cos x$ が1つの式にある ➡ 半角の公式で $\sin 2x$，$\cos 2x$ に

練習110　$0\leqq\theta<\pi$ の範囲で，$\cos^2\theta+2\sqrt{3}\sin\theta\cos\theta-\sin^2\theta$ の最小値は［　　］であり，そのときの θ の値は［　　］である。

〈立教大〉

111 $\cos 2x$ と $\sin x$, $\cos x$ がある式

(1) $\cos 2x=\sin x$ $(0\leqq x<2\pi)$ を満たす x の値をすべて求めよ。
〈東邦大〉

(2) $0\leqq x<2\pi$ のとき，関数 $y=\cos 2x-2\cos x+4$ の最大値と最小値を求めよ。
〈福井工大〉

解 (1) $1-2\sin^2 x=\sin x$ より

⬅$\cos 2x=1-2\sin^2 x$ として，$\sin x$ に統一

$2\sin^2 x+\sin x-1=0$

$(2\sin x-1)(\sin x+1)=0$

$\sin x=\frac{1}{2}$, -1

$0\leqq x<2\pi$ だから $\boldsymbol{x=\frac{\pi}{6},\ \frac{5}{6}\pi,\ \frac{3}{2}\pi}$

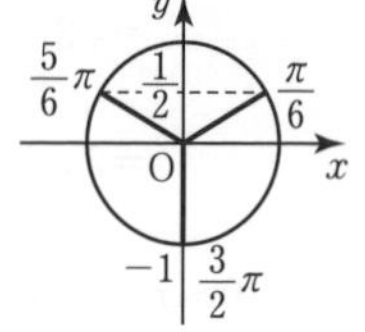

(2) $y=2\cos^2 x-1-2\cos x+4$

⬅$\cos 2x=2\cos^2 x-1$ として，$\cos x$ に統一

$\cos x=t$ とおくと $0\leqq x<2\pi$ より $-1\leqq t\leqq 1$

$y=2t^2-2t+3=2\left(t-\frac{1}{2}\right)^2+\frac{5}{2}$

右のグラフより

$t=-1$，すなわち $\cos x=-1$ より

$x=\pi$ のとき，最大値 7

$t=\frac{1}{2}$，すなわち $\cos x=\frac{1}{2}$ より

$x=\frac{\pi}{3}$, $\frac{5}{3}\pi$ のとき，最小値 $\frac{5}{2}$

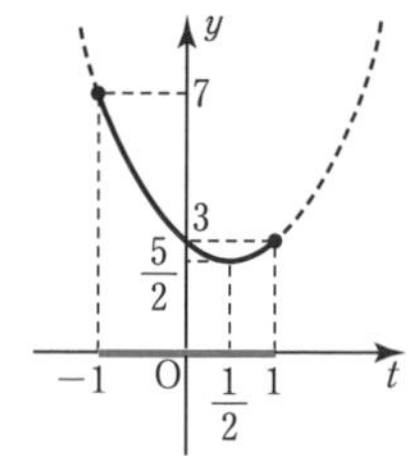

アドバイス

- 1つの式の中に，$\cos 2x$ と $\sin x$ または $\cos x$ が一緒にあるときは，$\cos 2x$ を2倍角の公式で $\sin x$ か $\cos x$ に統一して考えよう。
- $\sin 2x$ があるときは，$\sin 2x=2\sin x\cos x$ の積の形なので $\sin x$ か $\cos x$ だけに統一できない。この場合は例題 110 のパターンになる。

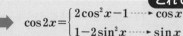

これで解決!

$\cos 2x$ と $\sin x$, $\cos x$ が1つの式の中にある ➡ $\cos 2x=\begin{cases}2\cos^2 x-1 \dashrightarrow \cos x\\ 1-2\sin^2 x \dashrightarrow \sin x\end{cases}$ に統一

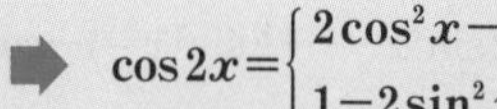

練習111 (1) $0\leqq x<2\pi$ とする。$1+3\sin x=-\cos 2x$ を解くと $x=$ ☐，☐ である。
〈北九州大〉

(2) 関数 $y=\cos 2\theta-a\sin\theta+2$ $(0\leqq\theta<2\pi)$ について，最大値 M を a を用いて表せ。ただし，a は定数とする。
〈類　鹿児島大〉

112 $\sin x+\cos x=t$ の関数で表す

$y=\sin^3 x+\cos^3 x-3\sin x\cos x(\sin x+\cos x)+1$ $(0\leqq x\leqq \pi)$ について

(1) $\sin x+\cos x=t$ とおき，y を t の関数として表せ。

(2) t の値域を求めよ。

(3) y の最大値と，そのときの x の値を求めよ。　〈成蹊大〉

解

(1) $y=(\sin x+\cos x)^3-6\sin x\cos x(\sin x+\cos x)+1$

$=t^3-6\cdot\dfrac{t^2-1}{2}\cdot t+1=\boldsymbol{-2t^3+3t+1}$

$\sin x+\cos x=t$ の両辺を2乗して ⬅$\sin x\cos x=\dfrac{t^2-1}{2}$

(2) $t=\sqrt{2}\sin\left(x+\dfrac{\pi}{4}\right)$ で，$\dfrac{\pi}{4}\leqq x+\dfrac{\pi}{4}\leqq\dfrac{5}{4}\pi$ だから

⬅$a\sin\theta+b\cos\theta=\sqrt{a^2+b^2}\sin(\theta+\alpha)$

$-\dfrac{\sqrt{2}}{2}\leqq\sin\left(x+\dfrac{\pi}{4}\right)\leqq 1$　よって，$\boldsymbol{-1\leqq t\leqq\sqrt{2}}$

(3) $y'=-6t^2+3$

$=-3(\sqrt{2}t-1)(\sqrt{2}t+1)$

右の増減表より，最大値は

$\boldsymbol{1+\sqrt{2}}$

また，そのときの x の値は

$\sqrt{2}\sin\left(x+\dfrac{\pi}{4}\right)=\dfrac{\sqrt{2}}{2}$　から

t	-1	$\cdots$	$-\dfrac{\sqrt{2}}{2}$	$\cdots$	$\dfrac{\sqrt{2}}{2}$	$\cdots$	$\sqrt{2}$
y'		$-$	0	$+$	0	$-$	
y	0	↘	$1-\sqrt{2}$	↗	$1+\sqrt{2}$	↘	$1-\sqrt{2}$

$x+\dfrac{\pi}{4}=\dfrac{5}{6}\pi$　よって，$\boldsymbol{x=\dfrac{7}{12}\pi}$

アドバイス

- この種の問題では，与式を t の関数で表すことができれば見た目ほど難しくない。t の単なる関数の問題に変わるから，微分して最大値，最小値を求めるおきまりのパターンになる。
- ただし，大切なのは t の範囲だ。$\sin\theta+\cos\theta=\sqrt{2}\sin\left(\theta+\dfrac{\pi}{4}\right)$ と合成し，与えられた x の定義域を考えて求めるので要注意。

これで解決！

$\sin x+\cos x=t$ のとき，（t の範囲は 合成して）➡ $t=\sqrt{2}\sin\left(x+\dfrac{\pi}{4}\right)$ として考える

練習112　関数 $y=(\cos x-\sin x+1)\sin 2x$ $(0\leqq x\leqq\pi)$ を考える。次の問いに答えよ。

(1) $t=\cos x-\sin x$ とおくとき，t がとり得る値の範囲を求めよ。

(2) y を t を用いて表せ。

(3) y の最大値・最小値と，そのときの t の値をそれぞれ求めよ。　〈愛知教育大〉

113 $a^{3x} \pm a^{-3x}$ のときの変形

$a^{2x}=5$ のとき $\dfrac{a^{3x}-a^{-3x}}{a^{x}-a^{-x}}$ の値を求めよ。 〈茨城大〉

解 $(\text{与式})=\dfrac{(a^{x})^{3}-(a^{-x})^{3}}{a^{x}-a^{-x}}=\dfrac{(a^{x}-a^{-x})(a^{2x}+a^{x}\cdot a^{-x}+a^{-2x})}{a^{x}-a^{-x}}$ ⬅$a^{3}-b^{3}=(a-b)(a^{2}+ab+b^{2})$

$=a^{2x}+1+\dfrac{1}{a^{2x}}=5+1+\dfrac{1}{5}=\mathbf{\dfrac{31}{5}}$ ⬅$a^{x}\cdot a^{-x}=a^{0}=1$

アドバイス

- 直接代入しても求められるが，やはり因数分解をして求める方がよい。このとき，$a^{3x}-a^{-3x}=(a^{x})^{3}-(a^{-x})^{3}$ という見方ができないと困る。
  $a+a^{-1}=(a^{\frac{1}{3}})^{3}+(a^{-\frac{1}{3}})^{3}=(a^{\frac{1}{3}}+a^{-\frac{1}{3}})(a^{\frac{2}{3}}-1+a^{-\frac{2}{3}})$ の変形もある。

これで解決！

$\boldsymbol{a^{3x}\pm a^{-3x}=(a^{x})^{3}\pm(a^{-x})^{3}=(a^{x}\pm a^{-x})(a^{2x}\mp 1+a^{-2x})}$ **（複号同順）**

練習113 $2^{2x}=3$ のとき，$\dfrac{2^{3x}+2^{-3x}}{2^{x}+2^{-x}}$ の値を求めよ。 〈早稲田大〉

114 $2^{x}\pm 2^{-x}=k$ のとき

$2^{x}+2^{-x}=4$ のとき，$2^{2x}+2^{-2x}=\boxed{}$，$2^{x}=\boxed{}$ 〈類　東海大〉

解 $2^{2x}+2^{-2x}=(2^{x}+2^{-x})^{2}-2\cdot 2^{x}\cdot 2^{-x}$

$=4^{2}-2=\mathbf{14}$ ⬅$x^{2}+y^{2}=(x+y)^{2}-2xy$

$2^{x}=X$ $(X>0)$ とおくと $X+\dfrac{1}{X}=4$ ⬅$2^{-x}=\dfrac{1}{2^{x}}=\dfrac{1}{X}$

$X^{2}-4X+1=0$ より $X=2\pm\sqrt{3}$ （$X>0$ を満たす。）

よって，$2^{x}=\mathbf{2\pm\sqrt{3}}$

アドバイス

- 指数の計算でも，$\boldsymbol{a^{2x}+a^{-2x}=\begin{cases}(a^{x}+a^{-x})^{2}-2\\(a^{x}-a^{-x})^{2}+2\end{cases}}$ の変形はよく使われる。
- $a^{x}\pm a^{-x}=k$ のときの a^{x} の値は，次のように2次方程式をつくって求めよう。

これで解決！

$\boldsymbol{a^{x}\pm a^{-x}=k}$ のときの $\boldsymbol{a^{x}}$ の値は ➡ $\boldsymbol{a^{x}=X}$ $(\boldsymbol{X>0})$ とおいて $\boldsymbol{X^{2}-kX\pm 1=0}$ を解く

練習114 $2^{2x}+2^{-2x}=7$ のとき，$2^{x}+2^{-x}=\boxed{}$，$2^{x}=\boxed{}$ である。

〈類　武庫川女子大〉

115 累乗，累乗根の大小

$\sqrt[3]{5}$，$\sqrt{3}$，$\sqrt[4]{8}$ を大きい順に並べよ。 〈埼玉医大〉

解 3 数を 12 乗すると

$(\sqrt[3]{5})^{12}=5^4=625$　　$(\sqrt{3})^{12}=3^6=729$

$(\sqrt[4]{8})^{12}=8^3=512$

$729>625>512$ より $\sqrt{3}$，$\sqrt[3]{5}$，$\sqrt[4]{8}$

⬅累乗根をなくすために12 乗した。

アドバイス

- 底が異なる累乗や累乗根の形で表された数の大小関係は，何乗かして自然数にするのがわかりやすい。

これで解決！

$\sqrt[m]{a}$，$\sqrt[n]{b}$，($a^{\frac{1}{m}}$，$a^{\frac{1}{n}}$) の大小は ➡ mn 乗して累乗根をはずす

練習115 4，$\sqrt[3]{3^4}$，$2^{\sqrt{3}}$，$3^{\sqrt{2}}$ の大小を比べ，小さい順に並べよ。 〈県立広島大〉

116 指数関数の最大・最小

関数 $y=4^x-2^{x+2}$ ($x\leqq2$) は $x=$☐ のとき，最大値☐をとる。 〈類　大阪産大〉

解 $2^x=t$ とおくと $0<t\leqq4$

$y=4^x-2^{x+2}=(2^x)^2-2^2\cdot2^x$

$=t^2-4t=(t-2)^2-4$

$t=4$ のとき，

すなわち $2^x=4$ より

$x=2$ のとき，最大値 0

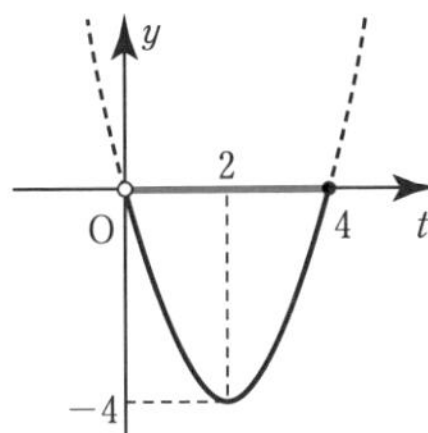

⬅$2^x>0$ より $0<t\leqq4$

⬅$4^x=2^{2x}=(2^x)^2$

$2^{x+2}=2^2\cdot2^x=4\cdot2^x$

アドバイス

- 指数関数の最大・最小では $a^x=t$ とおいて，$y=f(t)$ の関数で考えることが多い。t のとりうる値の範囲を押えるのは当然であるが，x がすべての実数をとるとき，$t=a^x>0$ であることはウッカリしそうなので注意しよう。

これで解決！

指数関数の最大・最小 ➡ $a^x=t$ とおいて，$y=f(t)$ で t のとりうる範囲にも注意する

練習116 関数 $f(x)=2^{2x-1}-2^{x+2}+3$ は，$-2\leqq x\leqq3$ の範囲で，$x=$☐ のとき，最大値☐，$x=$☐ のとき，最小値☐をとる。 〈青山学院大〉

117 指数方程式・不等式

(1) 方程式 $3^{2x+1}+2\cdot 3^x-1=0$ を解け。〈星薬大〉

(2) 不等式 $a^{2x}-a^{x+2}-a^{x-2}+1<0$ ($a\neq 1$, $a>0$) を解け。〈類 東京理科大〉

解 (1) $3^{2x+1}=3\cdot 3^{2x}=3\cdot(3^x)^2$ だから

$3^x=t$ ($t>0$) とおくと

$3t^2+2t-1=0$, $(3t-1)(t+1)=0$

$t>0$ だから，$t=\dfrac{1}{3}$，$3^x=\dfrac{1}{3}=3^{-1}$

よって，$\boldsymbol{x=-1}$

指数法則
$a^m\times a^n=a^{m+n}$
$a^{mn}=(a^m)^n=(a^n)^m$
$a^{-n}=\dfrac{1}{a^n}$

(2) $(a^x)^2-a^2\cdot a^x-a^{-2}\cdot a^x+1<0$

$a^x=t$ ($t>0$) とおくと

$t^2-(a^2+a^{-2})t+1<0$, $(t-a^2)(t-a^{-2})<0$

(i) $a>1$ のとき，$a^2>a^{-2}$ だから

$a^{-2}<t<a^2$ より $a^{-2}<a^x<a^2$

よって，$-2<x<2$

(ii) $0<a<1$ のとき，$a^2<a^{-2}$ だから

$a^2<t<a^{-2}$ より $a^2<a^x<a^{-2}$

$0<a<1$ だから $-2<x<2$ ⬅底が1より小さいから不等号の向きが変わる。

よって，(i)，(ii)より $\boldsymbol{-2<x<2}$

アドバイス

- 指数方程式，不等式を解くには与えられた式を因数分解することになる。その場合，次の変形は知らないと困る。例えば

$4^x=(2^2)^x=(2^x)^2$, $2^{x+3}=2^3\cdot 2^x=8\cdot 2^x$, $2^{x-1}=\dfrac{1}{2}\cdot 2^x$

- それから，不等式では，底が1より大きいか，小さいかにより不等号の向きが変わる。これは重要すぎて忘れたくても忘れられないだろう。

これで解決！

指数方程式 ➡ $a^x=a^y \dashrightarrow x=y$

指数不等式 ➡ $a^x>a^y$ ⇢ $a>1$ のとき，$x>y$ ／ $0<a<1$ のとき，$x<y$

練習117 次の方程式，不等式を解け。

(1) $8^x-4^x-2^{x+1}+2=0$ 〈福岡大〉

(2) $9^x+1\leqq 3^{x+1}+3^{x-1}$ 〈慶応大〉

(3) $a^{2x-2}-a^{x+3}-a^{x-4}+a\leqq 0$ ($0<a<1$) 〈東京薬大〉

118 対数の計算

(1) $\log_{10}8+\log_{10}400-5\log_{10}2=\square$ 〈東北薬大〉

(2) $(\log_3 4)(\log_4 2)(\log_2 3)=\square$ 〈信州大〉

(3) $(\log_2 3+\log_4 9)(\log_3 4+\log_9 2)=\square$ 〈青山学院大〉

解

(1) $(\text{与式})=\log_{10}8+\log_{10}400-\log_{10}2^5$ ⬅$r\log_a M=\log_a M^r$

$=\log_{10}\dfrac{8\cdot 400}{32}=\log_{10}100$ ⬅$\log_a \bigcirc$ 真数を1つにまとめる。

$=\log_{10}10^2=\mathbf{2}$

(2) $(\text{与式})=\dfrac{\log_2 4}{\log_2 3}\cdot\dfrac{\log_2 2}{\log_2 4}\cdot\log_2 3=\mathbf{1}$ ⬅底を2にした計算。

別解 $(\text{与式})=\dfrac{\log_{10}4}{\log_{10}3}\cdot\dfrac{\log_{10}2}{\log_{10}4}\cdot\dfrac{\log_{10}3}{\log_{10}2}=\mathbf{1}$ ⬅底を10にした計算。

(3) $(\text{与式})=\left(\log_2 3+\dfrac{\log_2 9}{\log_2 4}\right)\left(\dfrac{\log_2 4}{\log_2 3}+\dfrac{\log_2 2}{\log_2 9}\right)$ ⬅底を2にそろえた。(底は問題中の一番小さな底にそろえるとよい。)

$=\left(\log_2 3+\dfrac{2\log_2 3}{2}\right)\left(\dfrac{2}{\log_2 3}+\dfrac{1}{2\log_2 3}\right)$

$=2\log_2 3\cdot\dfrac{5}{2\log_2 3}=\mathbf{5}$

アドバイス

• log の計算では次の規則が使われる。

$\log_a M+\log_a N=\log_a MN$, $\log_a M-\log_a N=\log_a\dfrac{M}{N}$, $\log_a M^r=r\log_a M$

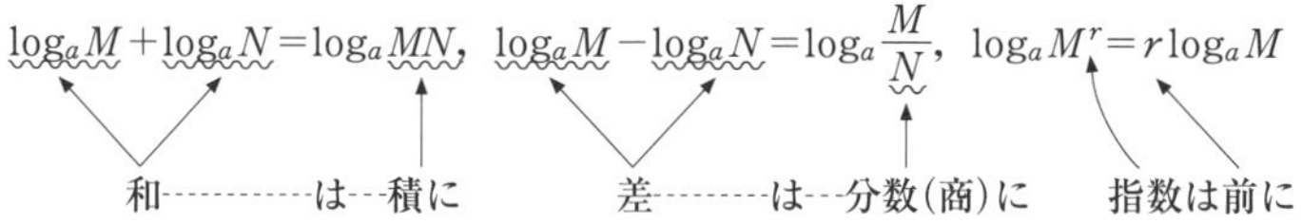

• また，整数 n は，$n=\log_a a^n$ と表せる。さらに，対数の計算では底が異なっていては前に進めないので，底の変換公式でまず，底をそろえよう。

これで解決！

底の異なる log の計算 ➡ 底の変換公式で底をそろえる $\log_a b=\dfrac{\log_m b}{\log_m a}$

練習118 次の値を求めよ。

(1) $\log_3\sqrt{5}-\dfrac{1}{2}\log_3 10+\log_3\sqrt{18}$ 〈東北工大〉

(2) $\log_2 6\cdot\log_3 6-\log_2 3-\log_3 2$ 〈明治大〉

(3) $(\log_8 27)(\log_9 4+\log_3 16)$ 〈南山大〉

(4) $(\log_2 125+\log_8 25)(\log_5 4+\log_{25} 2)$ 〈関東学院大〉

119 $\log_2 3=a$，$\log_3 5=b$ のとき

$\log_2 3=a$，$\log_3 5=b$ とするとき，$\log_{60}135$ を a，b で表せ。〈東邦大〉

解　$\log_{60}135=\dfrac{\log_2 135}{\log_2 60}=\dfrac{\log_2(3^3\cdot 5)}{\log_2(2^2\cdot 3\cdot 5)}=\dfrac{3\log_2 3+\log_2 5}{2+\log_2 3+\log_2 5}$

ここで，$b=\log_3 5=\dfrac{\log_2 5}{\log_2 3}=\dfrac{\log_2 5}{a}$　より　$\log_2 5=ab$　⬅底を 2 にそろえる。

よって，$\boldsymbol{\log_{60}135=\dfrac{3a+ab}{2+a+ab}}$

アドバイス

- $a=\log_2 3$，$b=\log_3 5$ のとき，$\log_2 5=ab$ と表せる。この種の問題では底をそろえて a と b の積をつくることを試みるのがよい。

これで解決！

$\log_m$ ●$=a$，$\log$ ● $M=b$ のとき（●は同じ値）　➡　底をそろえて，積 ab をつくる

練習119　$\log_2 3=a$，$\log_3 5=b$ とするとき，次の対数を a および b で表せ。
(1) $\log_2 5$　(2) $\log_3 10$　(3) $\log_6 5$　(4) $\log_{10}36$　〈明治大〉

120 $\log_a b$ と $\log_b a$

$1<a<b$ とする。$\log_a b=2\log_b a+1$ のとき，$\log_a b$ の値を求めよ。
〈日本工大〉

解

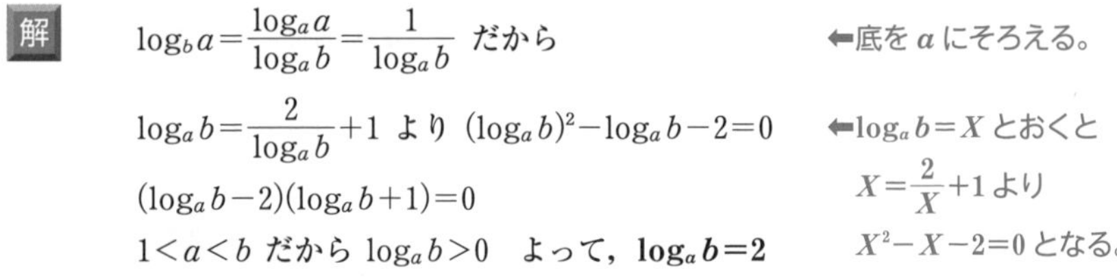

$\log_b a=\dfrac{\log_a a}{\log_a b}=\dfrac{1}{\log_a b}$ だから　⬅底を a にそろえる。

$\log_a b=\dfrac{2}{\log_a b}+1$ より $(\log_a b)^2-\log_a b-2=0$　⬅$\log_a b=X$ とおくと $X=\dfrac{2}{X}+1$ より $X^2-X-2=0$ となる。

$(\log_a b-2)(\log_a b+1)=0$

$1<a<b$ だから $\log_a b>0$　よって，$\boldsymbol{\log_a b=2}$

アドバイス

- $\log_a b$ と $\log_b a$ や $\log_2 x$ と $\log_x 2$ などは底を変換してそろえれば逆数の関係にあることがわかる。“異なる底はそろえる”を怠らなければすぐわかる。

これで解決！

$\log_a b$ と $\log_b a$　➡　$\log_a b=\dfrac{1}{\log_b a}$（逆数関係にある）

練習120　$\log_2 a$ と $\log_a 2$ が x の 2 次方程式 $2x^2-5x+b=0$ の 2 つの解であるとき，a と b を求めよ。〈東京女子大〉

121 対数の大小

$a=\log_2 3$, $b=\log_3 2$, $c=\log_4 8$ の大小を調べ，小さいものから順に並べよ。　〈立教大〉

解

$a=\log_2 3>\log_2 2=1$, $b=\log_3 2<\log_3 3=1$　⬅$\log_a a=1$

$c=\dfrac{\log_2 8}{\log_2 4}=\dfrac{3\log_2 2}{2\log_2 2}=\dfrac{3}{2}=\log_2 2^{\frac{3}{2}}=\log_2\sqrt{8}$　⬅$n=\log_a a^n$

$\sqrt{8}<3$ より　$\log_2\sqrt{8}<\log_2 3$

よって，$\log_3 2<\log_4 8<\log_2 3$　より　$\boldsymbol{b,\ c,\ a}$

アドバイス

- 対数の大小を比べる場合，比べる対数の底をそろえるのは当然である。それから，真数の大小を比較する。ただし，真数を単純に比較できないこともある。そんなときは，求めやすい近くの値で比較することを考える。

対数の大小は ➡ 同じ底の対数で表し，真数を比較

練習121　$4^{\frac{5}{6}}$, $\log_2 3$, $\log_4 7$, $2^{\frac{4}{3}}$ を小さい順に並べよ。　〈駒澤大〉

122 $a^x=b^y=c^z$ の式の値

$2^x=3^y=6^{\frac{3}{2}}$ が成り立つとき，$\dfrac{1}{x}+\dfrac{1}{y}$ を計算せよ。　〈芝浦工大〉

解

6を底とする対数をとると

⬅2，3，6のどれを底にしてもよいが，底の中で一番大きな6を底にすると計算が楽。

$\log_6 2^x=\log_6 3^y=\log_6 6^{\frac{3}{2}}$ より　$x\log_6 2=y\log_6 3=\dfrac{3}{2}$

$x=\dfrac{3}{2\log_6 2}$, $y=\dfrac{3}{2\log_6 3}$　として与式に代入して

$\dfrac{1}{x}+\dfrac{1}{y}=\dfrac{2\log_6 2}{3}+\dfrac{2\log_6 3}{3}=\dfrac{2\log_6 6}{3}=\boldsymbol{\dfrac{2}{3}}$

アドバイス

- 一般に，$a^x=b^y=c^z$ のような条件は対数をとって考える。底は，a, b, c のどれでもできるが，まず，一番大きな値を底にしてみよう。

これで解決！

指数の条件式 $a^x=b^y=c^z$ ➡ 対数をとって1つの文字で表す　$\log_c a^x=\log_c b^y=z$ ➡ $x=\dfrac{z}{\log_c a}$, $y=\dfrac{z}{\log_c b}$

練習122　$5^x=7^y=35^4$ のとき，$\dfrac{1}{x}+\dfrac{1}{y}$ の値を求めよ。　〈明治大〉

123 対数方程式・不等式

次の方程式，不等式を解け。

(1)　$\log_2(x-2)+\log_2(7-x)=2$　〈京都産大〉

(2)　$\log_{\frac{1}{2}}(5-x)<2\log_{\frac{1}{2}}(x-3)$　〈立教大〉

解

(1)　(真数)>0 より　$x-2>0$，$7-x>0$

よって，$2<x<7$ ……①

$\log_2(x-2)(7-x)=\log_2 2^2$　より

$(x-2)(7-x)=4$

$(x-3)(x-6)=0$

ゆえに，$x=3$，6（①を満たす）

これは誤り

$\log_2(x-2)+\log_2(7-x)=2$

$(x-2)+(7-x)=2$

と log をはずしてはいけない。

真数の比較

左辺，右辺の真数を１つにまとめて比較する。

$\log_a \bigcirc=\log_a \square$
$\bigcirc=\square$

(2)　(真数)>0 より　$5-x>0$，$x-3>0$

よって，$3<x<5$ ……①

$\log_{\frac{1}{2}}(5-x)<\log_{\frac{1}{2}}(x-3)^2$　より

(底)$=\dfrac{1}{2}<1$ だから

$5-x>(x-3)^2$，$x^2-5x+4<0$

$(x-1)(x-4)<0$　より

$1<x<4$ ……②

ゆえに，①，②より $3<x<4$

⬅底が $\dfrac{1}{2}$ だから log をはずすとき，不等号の向きが変わる。

⬅①，②の共通範囲が解。

アドバイス

◤対数方程式，不等式を解くときの注意◢

- はじめに (真数)>0 の条件を求める。しかも，与えられた式のままで。
- 不等式では，指数のときと同様に底の大，小により不等号の向きが変わる。log の計算に気を取られて忘れないように。
- 底が異なる場合，底の変換をして底を統一するのはいうまでもない。

これで解決！

対数方程式　$\log_a x=\log_a y$ → $x=y$

対数不等式　$\log_a x>\log_a y$ → $a>1$ のとき，$x>y$ ／ $0<a<1$ のとき，$x<y$

練習123　次の方程式，不等式を解け。

(1)　$\log_3(x-2)+\log_3(2x-7)=2$　〈同志社大〉

(2)　$\log_2(x-1)+\log_4(x+4)=1$　〈津田塾大〉

(3)　$-1+\log_3(x-1)<2\log_3 2-\log_3(6x-7)$　〈関東学院大〉

(4)　$\log_a(x-1)\geqq\log_{a^2}(x+11)$　$(0<a<1)$　〈琉球大〉

124 対数関数の最大・最小

(1) 関数 $y=\log_2(x-1)+\log_2(5-x)$ は $x=$□ のとき，最大値□をとる。〈東海大〉

(2) $1\leqq x\leqq 2$ における $y=2\log_2 x+(\log_2 x)^2$ の最大値と最小値を求めよ。〈群馬大〉

解 (1) (真数)>0 より $x-1>0$，$5-x>0$

よって，$1<x<5$ ……①

(与式)$=\log_2(x-1)(5-x)=\log_2(-x^2+6x-5)$

(真数)$=f(x)=-x^2+6x-5=-(x-3)^2+4$

(底)$=2>1$ だから $f(x)$ が最大になるとき，y は最大になる。

①を考えて，$x=3$ のとき，最大値 $\log_2 4=2$

←(真数)>0 の条件をはじめに押さえる。

←真数部分だけで考える。

←底が1より大きいか小さいかを確認する。

(2) $\log_2 x=t$ とおくと，$1\leqq x\leqq 2$ より　$0\leqq t\leqq 1$

$y=2t+t^2=(t+1)^2-1$

右のグラフより

$t=1$ $(x=2)$ のとき，**最大値 3**

$t=0$ $(x=1)$ のとき，**最小値 0**

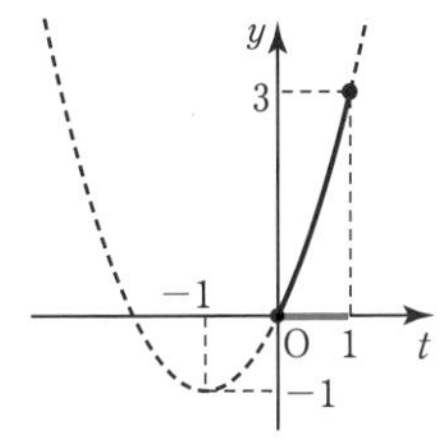

アドバイス

- (1) $y=\log_a f(x)$ の最大，最小は真数 $f(x)$ だけに目をつけて，最大，最小を調べればよい。ただし，$\log_a f(x)$ は底の a の値によって次のようになる。
  $a>1$ のとき増加関数（真数が大きいほど $\log_a f(x)$ の値も大きい。）
  $0<a<1$ のとき減少関数（真数が大きいほど $\log_a f(x)$ の値は小さい。）
- (2) $\log_a x=t$ とおいて，t におきかえた関数 $y=f(t)$ で考える。このとき，t のとりうる範囲をしっかり押えておくのは当然のことだ。

対数関数の最大・最小 ➡
- (真数)>0 はまず押える
- $y=\log_a f(x)$……真数 $f(x)$ の最大・最小で
- $\log_a x$ の関数……$\log_a x=t$ におきかえる

練習124 (1) 関数 $y=\log_8(x+1)+\log_8(7-x)$ は $x=$□ のとき，最大値□をとる。〈大同工大〉

(2) $x>0$，$y>0$ で $2x+3y=12$ のとき，$\log_6 x+\log_6 y$ の最大値を求めよ。〈群馬大〉

(3) 関数 $f(x)=\left(\log_2\dfrac{x}{4}\right)^2-\log_2 x^2+6$ の $2\leqq x\leqq 16$ における最大値と最小値，およびそのときの x の値を求めよ。〈山口大〉

125 桁数の計算・最高位の数・1の位の数

2^{124} の桁数は □ で，最高位の数は □ ，1の位の数は □ である。ただし，$\log_{10}2=0.3010$，$\log_{10}3=0.4771$ とする。

〈類　東洋大〉

解

$\log_{10}2^{124}=124\log_{10}2$

$=124\times0.3010=37.324$ より

$10^{37}<2^{124}<10^{38}$

よって，2^{124} は **38 桁**

←2^{124} の常用対数をとる。

次に，$2^{124}=10^{37.324}=10^{0.324}\times10^{37}$，ここで

←$\log_{10}2^{124}=37.324$ より $2^{124}=10^{37.324}$

$\log_{10}2=0.3010$ より $2=10^{0.3010}$

$\log_{10}3=0.4771$ より $10^{0.4771}=3$ だから

$10^{0.3010}<10^{0.324}<10^{0.4771}$ より $2<10^{0.324}<3$

よって，最高位の数は **2**

←$10^{0.324}$ を自然数 $10^{0.3010}=2$，$10^{0.4771}=3$ で挟む。

また，1位の数は

2^1，2^2，2^3，2^4，2^5，……

↓　↓　↓　↓　↓

2　4　8　6　2，……

これより，1の位の数は 2，4，8，6 と，この順でくり返されるから

←1の位の数は，2，4，8，6 がくり返しでてくる。

$124=4\times31$ より 1の位の数は **6**

←31 回くり返された最後の数

アドバイス

- 自然数 N の桁数は，常用対数をとって，N を 10 の累乗で挟む。$10^{n-1}\leqq N<10^n$ ならば N は n 桁の数だ。わからなければ $10^1\leqq N<10^2$ が 2 桁の数だからそこから類推すればよい。
- 最高位の数は，解答のように $10^{30.10}=\mathbf{10^{0.10}}\times\mathbf{10^{30}}$ と表し，$10^{0.10}$ を自然数で挟む。このとき，

  $\log_{10}2=0.3010\Longleftrightarrow2=10^{0.3010}$，$\log_{10}3=0.4771\Longleftrightarrow3=10^{0.4771}$

  のような自然数の表し方が point になる。
- 一の位の数は，何回か掛けて，一の位の数のサイクルを発見することだ。

これで解決！

桁数の問題 ➡	常用対数をとり，$10^{n-1}\leqq N<10^n$ ならば N は n 桁の数
最高位の数 ➡	$N=\underset{最高位の数}{10^{\alpha}}\times\underset{桁数}{10^n}$ $(0<\alpha<1)$ と分解。10^{α} を自然数で挟む
1の位の数 ➡	何回か掛けてサイクルを見つける

練習125 $N=3^{100}$ のとき，N は □ 桁の数で，N の最高位の数は □ ，N の1の位の数は □ である。ただし，$\log_{10}2=0.3010$，$\log_{10}3=0.4771$

〈類　名城大〉

126 接線：曲線上の点における

(1)　曲線 $y=x^3+x^2-3x+4$ 上の点 $(-1,\ 7)$ における接線の方程式は $y=$ ☐ である。〈千葉工大〉

(2)　曲線 $y=x^3+1$ の接線で傾きが 3 であるものは $y=$ ☐，および $y=$ ☐ である。〈工学院大〉

解　(1)　$y=f(x)$　とおくと　$f'(x)=3x^2+2x-3$

$f'(-1)=-2$ だから，$y-7=-2(x+1)$

よって，$y=\boldsymbol{-2x+5}$

接線の方程式
傾き
$y-f(a)=f'(a)(x-a)$
接点の座標

(2)　$y=f(x)$ とおくと　$f'(x)=3x^2$

傾きが 3 だから，$f'(x)=3$ となる x の値は

$3x^2=3$　より　$x=\pm1$

⬅傾きがわかれば，接点もわかる。

$f(1)=2$　より接点が $(1,\ 2)$ のとき

$y-2=3(x-1)$　よって，$y=\boldsymbol{3x-1}$

⬅接点の y 座標は x の値を $f(x)$ に代入する。

$f(-1)=0$　より接点が $(-1,\ 0)$ のとき

$y-0=3(x+1)$　よって，$y=\boldsymbol{3x+3}$

アドバイス

- 曲線 $y=f(x)$ において，$f'(x)$ は曲線上の点 $(x,\ f(x))$ における接線の傾きを表す。そして **接点 $(x,\ f(x))$……$f'(x)$……傾き** は互いに結ばれていて，**接点がわかれば傾きが，傾きがわかれば接点が，$f'(x)$ を用いて求められる。**
- また，接点を通り，接線に垂直な直線を **法線** といい，次の式で表される。

$(a,\ f(a))$ における法線の方程式は　$y-f(a)=-\dfrac{1}{f'(a)}(x-a)$

これで解決！

$y=f(x)$ 上の点 $(a,\ f(a))$ の接線 ➡ 傾き　$y-f(a)=f'(a)(x-a)$　接点の座標

練習126　(1)　関数 $f(x)=-x^3+x^2+x+3$ について，曲線 $y=f(x)$ 上の点 $(2,\ f(2))$ における接線の方程式を求めよ。〈金沢工大〉

(2)　放物線 $y=x^2-4x+7$ を C とする。C の接線で傾きが 2 である直線を l_1 とし，l_1 と直交する C の接線を l_2 とするとき，l_1 と l_2 の方程式を求めよ。〈群馬大〉

(3)　曲線 $C_1：y=x^3$ と曲線 $C_2：y=x^2+ax-12$ とがある点Pで接している。すなわち，点Pにおける 2 つの曲線の接線が一致している。このとき，定数 a と点Pにおける共通な接線 l の方程式を求めよ。〈静岡大〉

127 接線：曲線外の点を通る接線と本数

(1) 点 $(0,\ -12)$ から曲線 $y=x^3+4$ に引いた接線の方程式を求めよ。

〈青山学院大〉

(2) 点 $(2,\ a)$ を通って，曲線 $y=x^3$ に 3 本の接線が引けるような a の値の範囲を求めよ。

〈大阪教育大〉

(1) 接点を $(t,\ t^3+4)$ とおくと，

$y'=3x^2$ だから接線の方程式は

$y-(t^3+4)=3t^2(x-t)$

$y=3t^2x-2t^3+4$　点 $(0,\ -12)$ を通るから

$-12=-2t^3+4$　より　$(t-2)(t^2+2t+4)=0$

t は実数だから　$t=2$　よって，$\boldsymbol{y=12x-12}$

←接点がわからないから接点を $(t,\ f(t))$ とおく。

←傾きは y' に $x=t$ を代入して，$y'=3t^2$

(2) 接点を $(t,\ t^3)$ とおくと

$y'=3x^2$ だから接線の方程式は

$y-t^3=3t^2(x-t)$

$y=3t^2x-2t^3$　点 $(2,\ a)$ を通るから

$a=6t^2-2t^3$　より　$2t^3-6t^2+a=0$

これが異なる 3 個の実数解をもてばよいから

$f(t)=2t^3-6t^2+a$ として，$f'(t)=6t(t-2)$

$f(t)$ は $t=0,\ 2$ で極値をもつので

$f(0)\cdot f(2)=a(a-8)<0$　より

$\boldsymbol{0<a<8}$

←傾きは $y'=3x^2$ に $x=t$ を代入して，$y'=3t^2$

←t の実数解の個数だけ接点があり接線が引ける。

←3次方程式が異なる3つの実数解をもつ条件(89 参照)
(極大値)・(極小値)<0

アドバイス

- 曲線外の点 $(p,\ q)$ を通る接線を求める手順
  接点を $(t,\ f(t))$ とおく ⟶ 接線の方程式を求める ⟶ $(p,\ q)$ を代入して t の方程式をつくり，t の値を求める。異なる t の値の数だけ接線が引ける。
- 接線が何本引けるかの考え方
  (接線の本数)=(接点の個数) ⟶ 接点 t についての方程式の実数解の個数を調べる。

これで解決！

曲線外の点を通る接線 ➡ 接点 $(t,\ f(t))$ とおく／接線の本数は接点の個数を調べよ

練習 127　関数 $y=-x^3+6x^2-9x+4$ のグラフについて，以下の問いに答えよ。

(1) 点 $(0,\ -4)$ からこのグラフに引いた接線の方程式と接点をすべて求めよ。

(2) 点 $(0,\ k)$ からこのグラフに 3 本の接線が引けるとき，実数 k の範囲を求めよ。

〈愛知教育大〉

128 $f(x)$ が $x=\alpha$, β で極値をとる

$f(x)=ax^3+bx^2+cx+d$ が $x=-2$ で極大値 11，$x=1$ で極小値 -16 をとるように a，b，c，d の値を定めよ。〈日本医大〉

解　$f'(x)=3ax^2+2bx+c$

$x=-2$，1 で極値をとるから

$f'(-2)=12a-4b+c=0$ ……①

$f'(1)=3a+2b+c=0$ ……②

⬅極値をとる x の値で $f'(x)=0$ となる。

$x=-2$ で極大値 11 だから

$f(-2)=-8a+4b-2c+d=11$ ……③

$x=1$ で極小値 -16 だから

$f(1)=a+b+c+d=-16$ ……④

①，②，③，④の連立方程式を解いて

$\boldsymbol{a=2,\ b=3,\ c=-12,\ d=-9}$

(このとき条件を満たす。)

⬅①～④の連立方程式は まず，③－④ で d を消去して
$-3a+b-c=9$ …⑤
①－②で　$9a-6b=0$
①＋⑤で　$9a-3b=9$
これより　$a=2$，$b=3$

別解　$x=-2$，1 で極値をもつから

$f'(x)=3ax^2+2bx+c=3a(x+2)(x-1)$ とおける。

$3ax^2+2bx+c=3ax^2+3ax-6a$ より

$2b=3a$ ……①′，$c=-6a$ ……②′

⬅x の恒等式とみて係数比較

として①′，②′，③，④の連立方程式を解いてもよい。

アドバイス

- 3次関数 $f(x)$ が $x=\alpha$，β で極値をとれば $f'(\alpha)=0$，$f'(\beta)=0$ である。すなわち $f'(x)=0$ の 2 つの実数解が α，β ということで，これは $f'(x)=k(x-\alpha)(x-\beta)$ の形にも表せる。(k は x^2 の係数)
- また，「$f'(x)$ は $x=\alpha$ で極値 p をとる……」　この条件の中には $f'(\alpha)=0$ と $f(\alpha)=p$ の 2 つの条件を含んでいるから注意する。

これで解決！

$f(x)$ が $x=\alpha$，β で極値をとる ➡ $f'(\alpha)=0$，$f'(\beta)=0$

$f(x)$ は $x=\alpha$ で極値 p をとる ➡ $f'(\alpha)=0$ かつ $f(\alpha)=p$

練習128　3次関数 $f(x)$ は $x=1$，$x=3$ で極値をとるという。また，その極大値は 2 で，極小値は -2 であるという。このとき，この条件を満たす関数 $f(x)$ をすべて求めよ。〈埼玉大〉

129 増減表と極大値・極小値

関数 $f(x)=x^3-3ax^2+4a$ $(a>0)$ が極小値 0 をとるとき，a の値を求めよ。 〈類　東洋大〉

解 $f'(x)=3x^2-6ax=3x(x-2a)$

$a>0$ だから，増減表をかくと右のようになる。

x	$\cdots$	0	$\cdots$	$2a$	$\cdots$
$f'(x)$	$+$	0	$-$	0	$+$
$f(x)$	↗	極大	↘	極小	↗

極小値は $f(2a)=8a^3-12a^3+4a=-4a^3+4a$

$-4a^3+4a=0$　より　$4a(a+1)(a-1)=0$

$a>0$ だから　$\boldsymbol{a=1}$

アドバイス

- 関数 $f(x)$ は $f'(x)=0$ となる x（しかもそこで符号が変わる）で極値をとる。しかし，それが極大値か極小値かは増減表をかいて調べよう。

これで解決！

関数の極大値・極小値 ➡ $f'(x)=0$ となる x ……増減表をかく

練習129 関数 $f(x)=2x^3-3(a+2)x^2+12a$ について，$f(x)$ が極値をとるとき，極大値を a を用いて表せ。 〈静岡大〉

130 3次関数が極値をもつ条件・もたない条件

3 次関数 $f(x)=x^3-3ax^2+3ax$（a は定数）が極値をもつとき，a の値の範囲を求めよ。 〈北海学園大〉

解 $f'(x)=3x^2-6ax+3a$

$f'(x)=0$ が異なる 2 つの実数解をもてばよいから

$D/4=(-3a)^2-3\cdot3a=9a(a-1)>0$

よって，$\boldsymbol{a<0,\ 1<a}$

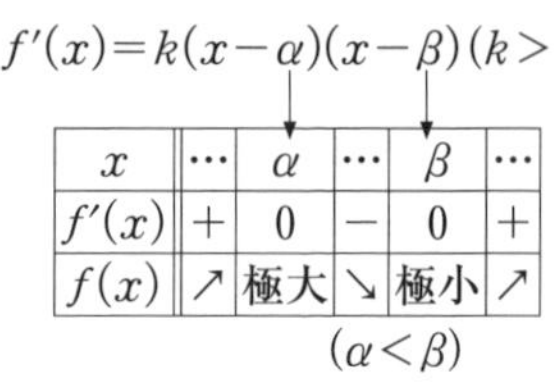

$f'(x)=k(x-\alpha)(x-\beta)\ (k>0)$

x	$\cdots$	α	$\cdots$	β	$\cdots$
$f'(x)$	$+$	0	$-$	0	$+$
$f(x)$	↗	極大	↘	極小	↗

$(\alpha<\beta)$

アドバイス

- 上の表のように，$f'(x)=0$ が異なる 2 つの実数解をもつとき，極値が存在する。重解や異なる 2 つの実数解をもたないときは極値は存在しない。

これで解決！

3 次関数 $f(x)$ が
- 極値をもつ ➡ $f'(x)=0$ が異なる 2 つの実数解をもつ
- 極値をもたない ➡ $f'(x)=0$ が異なる 2 つの実数解をもたない

練習130 関数 $f(x)=\dfrac{1}{3}x^3+ax^2+(3a+4)x$ が極値をもたないように定数 a の値の範囲を定めよ。 〈愛知工大〉

131 区間 $\alpha \leqq x \leqq \beta$ で $f(x)$ が増加する条件

関数 $f(x)=x^3-3ax^2+3x+1$ の値が区間 $0 \leqq x \leqq 1$ において増加するための a の条件を求めよ。〈日本福祉大〉

解

$f'(x)=3x^2-6ax+3$

$f(x)$ が区間 $0 \leqq x \leqq 1$ で増加するためには

$0 \leqq x \leqq 1$ で $f'(x) \geqq 0$ であればよい。

$f'(x)=3(x-a)^2-3a^2+3$ と変形。

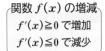

> **関数 $f(x)$ の増減**
> $f'(x) \geqq 0$ で増加
> $f'(x) \leqq 0$ で減少

(i)　$a<0$ のとき

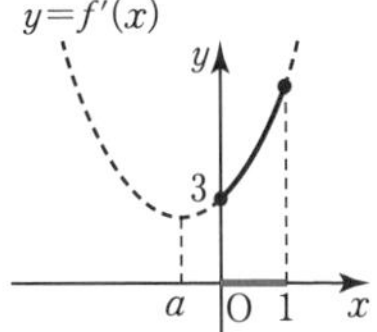
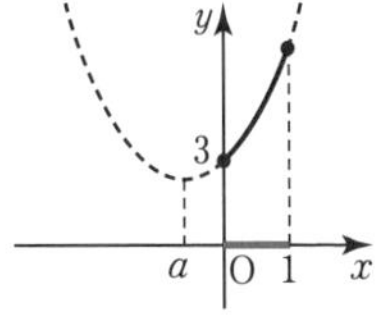

最小値は $f'(0)=3>0$
だから　$a<0$ のとき
つねに $f'(x)>0$ だから
$f(x)$ は増加する。
よって，$a<0$

(ii)　$0 \leqq a \leqq 1$ のとき

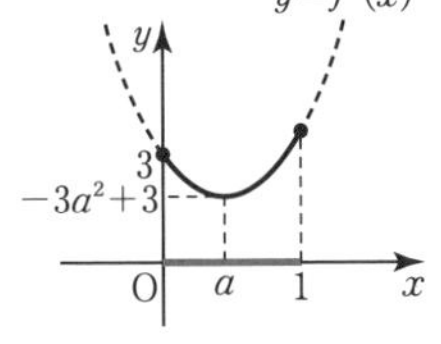

最小値は $f'(a)=-3a^2+3$
$-3a^2+3 \geqq 0$　より
$-1 \leqq a \leqq 1$
$0 \leqq a \leqq 1$ のときだから
$0 \leqq a \leqq 1$

(iii)　$1<a$ のとき

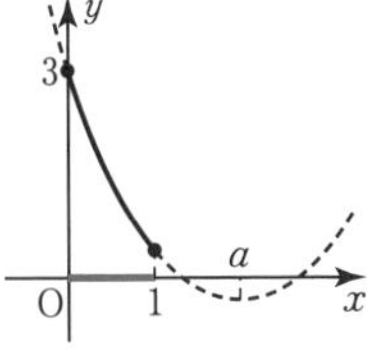

最小値は $f'(1)=6-6a$
$6-6a \geqq 0$ より $a \leqq 1$
$1<a$ のときだから
これを満たす a の
値はない。

ゆえに，(i)，(ii)，(iii)より　$\boldsymbol{a \leqq 1}$

アドバイス

- 3 次関数 $f(x)$ が x のすべての範囲において，増加または減少する条件は $f(x)$ が極値をもたなければよいから，$f'(x)=0$ の判別式 $D \leqq 0$ だけでよかった。
- しかし，区間 $\alpha \leqq x \leqq \beta$ で $f(x)$ が増加する条件が，この $\alpha \leqq x \leqq \beta$ の範囲に限って $f'(x) \geqq 0$ ならばよい。
- したがって，この問題では，「2 次関数 $y=f'(x)$ の定義域 $0 \leqq x \leqq 1$ における最小値が 0 以上になる条件を求めよ。」という問題になる。
  題材は微分であるが，内容は 2 次関数の最小値（数Ⅰ）の問題だ。

区間 $\alpha \leqq x \leqq \beta$ において $f(x)$ が増加する条件 ➡ **$\alpha \leqq x \leqq \beta$ における（$f'(x)$ の最小値）$\geqq 0$** ➡ **2 次関数の最小値の問題に帰着する**

練習131　関数 $f(x)=x^3-3ax^2+3bx-2$ について，次の問いに答えよ。

(1)　区間 $0 \leqq x \leqq 1$ において増加するための a，b の条件を求めよ。

(2)　$(a,\ b)$ の存在範囲を図示せよ。〈類　徳島文理大〉

132 関数の最大・最小（定義域が決まっているとき）

関数 $f(x)=ax^3-3ax^2+b$ $(a>0)$ の区間 $-2\leqq x\leqq 3$ における最大値が 9，最小値が -11 のとき，a，b の値を求めよ。〈日本大〉

解

$f'(x)=3ax^2-6ax=3ax(x-2)$

⬅$f'(x)$ を求める。

$-2\leqq x\leqq 3$ の範囲で増減表をかくと，$a>0$ より

⬅問題の条件より $a>0$ であることに注意して増減表をかく。

x	-2	$\cdots$	0	$\cdots$	2	$\cdots$	3
$f'(x)$		$+$	0	$-$	0	$+$	
$f(x)$	$-20a+b$	↗	b	↘	$-4a+b$	↗	b

⬅極大値，極小値，区間の両端の値を求める。

$f(-2)=-8a-12a+b$
$=-20a+b$

$f(0)=b$

$f(2)=8a-12a+b$
$=-4a+b$

$f(3)=27a-27a+b$
$=b$

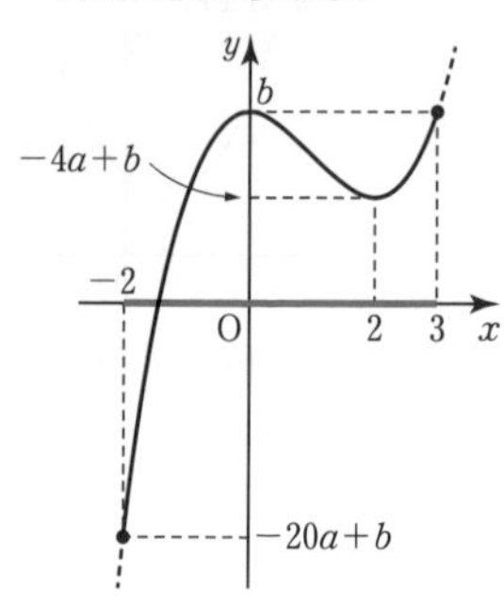

増減表より

最大値は b だから $b=9$

$a>0$ より $-20a+b<-4a+b$ だから

⬅$f(2)$ と $f(-2)$ のどちらが小さいか調べる。

最小値は $-20a+b$

$-20a+9=-11$ より $a=1$

よって，$\boldsymbol{a=1}$，$\boldsymbol{b=9}$

アドバイス

◤定義域が与えられた関数の最大・最小の考え方◢

- まず，定義域の範囲で増減表をかく。
- 極値と区間の両端の値が最大値，最小値の候補になる。
- 増減表から最大値や最小値を決定するが，文字を含む場合は大小関係が明らかでない場合がある。そのときは引き算をして，場合分けをする。

これで解決！

関数の最大・最小 ➡ 増減表がかけなければ戦えない
極値，区間の両端は最大値，最小値の候補

練習132 関数 $f(x)=ax^3-12ax+b$ $(a>0)$ の $-1\leqq x\leqq 3$ における最大値が 27，最小値が -81 のとき，定数 a，b の値を求めよ。〈類　法政大〉

133 $f(x)=a$ の解の個数と解の正負

方程式 $x^3-12x+a=0$ が異なる2個の正の解と1個の負の解をもつような定数 a の値の範囲を求めよ。　〈東京電機大〉

解 方程式を $-x^3+12x=a$ として，

$y=-x^3+12x$ ……① と

$y=a$ ……②

のグラフで考える。

⬅ $f(x)=a$ の形に変形する。（変数）（定数）

⬅ $y=f(x)$ と $y=a$ のグラフの交点で考える。

$y'=-3x^2+12$

$=-3(x+2)(x-2)$

x	…	-2	…	2	…
y'	$-$	0	$+$	0	$-$
y	↘	-16	↗	16	↘

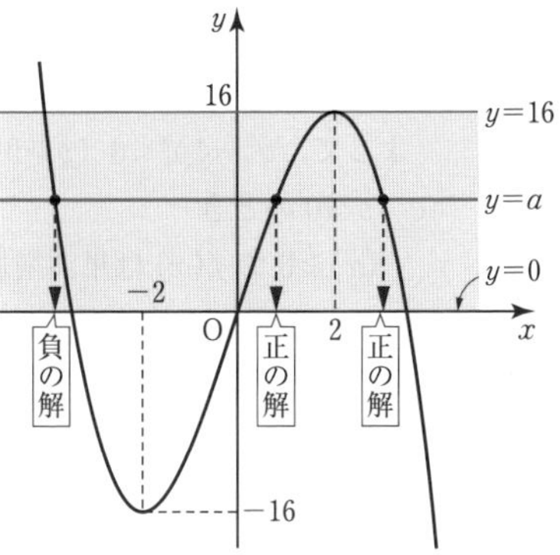

グラフより $y=a$ のグラフが右の灰色部分にあるとき，正の解を2個，負の解を1個もつ。

よって，$\mathbf{0<a<16}$

アドバイス

- 方程式が $f(x)-a=0$ と定数項だけに文字を含む場合は $f(x)=a$ と変形して $y=f(x)$ と $y=a$ のグラフの共有点で考えるのがわかりやすい。
- 解の個数だけでなく，グラフとグラフの交点から，x 軸に垂線を下ろすことによって解の正，負も明らかになる。
- なお，$x^3-3ax+2=0$ のように $f(x)=a$ と変形できない場合は，例題90 のように，$y=x^3-3ax+2$ のグラフで考える。
  いずれにしても，解の個数や解の正負は，グラフをかいて視覚的にとらえるのが明快だ！

これで解決！

$f(x)=a$ の実数解の個数  $y=f(x)$ と $y=a$ のグラフの共有点の個数
解の正，負は x 軸上に現れる

練習133 実数 p に対して3次方程式 $4x^3-12x^2+9x-p=0$ ……①を考える。

(1) 関数 $f(x)=4x^3-12x^2+9x$ の極値を求めて，$y=f(x)$ のグラフをかけ。

(2) 方程式①の実数解の中で $0\leqq x\leqq 1$ の範囲にあるものがただ1つであるための p の条件を求めよ。　〈北海道大〉

134 $f(x)=0$ の解の個数（極値を考えて）

方程式 $x^3-3px+q=0$（ただし，p，q は実数）が，異なる3個の実数解をもつための条件を求めよ。〈類　慶応大〉

解　$f(x)=x^3-3px+q$ とおくと，$f'(x)=3x^2-3p$

(i)　$p>0$ のとき

$$f'(x)=3(x+\sqrt{p})(x-\sqrt{p})$$

$x=-\sqrt{p}$，$\sqrt{p}$ で極値をもつから

$f(-\sqrt{p})\cdot f(\sqrt{p})<0$ ならばよい。

$$(2p\sqrt{p}+q)(-2p\sqrt{p}+q)<0$$

よって，$q^2-4p^3<0$（$p>0$ を満たす。）

(極大値)・(極小値)<0

(ii)　$p\leqq 0$ のとき

$f'(x)\geqq 0$ で $f(x)$ は単調増加であるから x 軸との共有点は1個。

よって，(i)，(ii)より　$\boldsymbol{q^2-4p^3<0}$

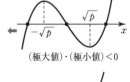

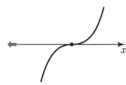

アドバイス

- 3次関数 $y=f(x)$ のグラフと x 軸の共有点は，極値との関係で次のように分類できる。（x^3 の係数は正）

・3点で交わる　　・交点と接点が1つ　　・1点で交わる

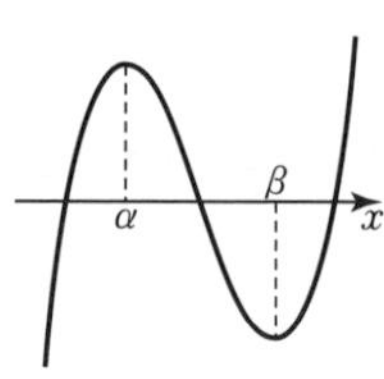

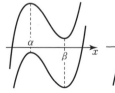

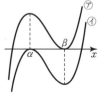

(極大値)・(極小値)<0
α，β どちらが極大，極小であっても関係ない。

㋐ $\begin{cases}(極大値)>0\\(極小値)=0\end{cases}$
㋑ $\begin{cases}(極大値)=0\\(極小値)<0\end{cases}$

(極大値)・(極小値)>0

極値がない。（単調増加）

これで解決！

3次関数 $y=f(x)$ のグラフと x 軸との共有点

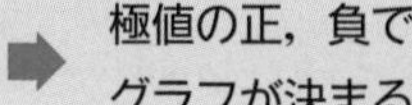

➡ 極値の正，負でグラフが決まる ➡ (極大値)・(極小値)<0 なら異なる共有点は3個

練習134　3次方程式 $x^3-6ax^2+9a^2x-4a=0$ が相異なる3つの実数解をもつような a の値の範囲を求めよ。〈奈良県立医大〉

135 絶対値を含む関数の定積分

次の定積分を求めよ。

(1) $\int_0^2(|x-1|-x)\,dx$　〈北陸大〉　(2) $\int_0^3|x(x-2)|\,dx$　〈鳥取大〉

解

(1) $|x-1|=\begin{cases}x-1 & (x\geqq 1)\\ -x+1 & (x\leqq 1)\end{cases}$ だから

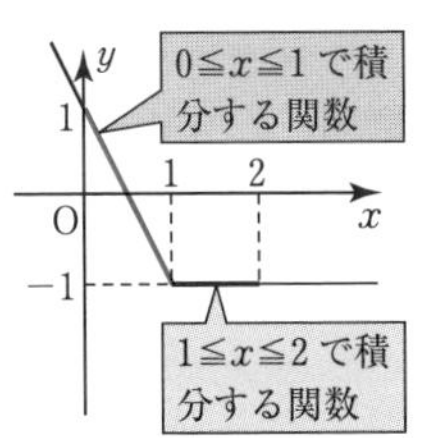

$$(\text{与式})=\int_0^1(-x+1-x)\,dx+\int_1^2(x-1-x)\,dx$$

$$=\Big[-x^2+x\Big]_0^1-\Big[x\Big]_1^2=\mathbf{-1}$$

(2) $|x(x-2)|=\begin{cases}x(x-2) & (x\leqq 0,\ 2\leqq x)\\ -x(x-2) & (0\leqq x\leqq 2)\end{cases}$ だから

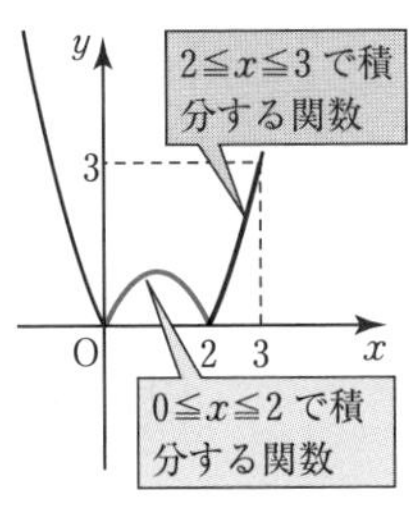

$$(\text{与式})=\int_0^2(-x^2+2x)\,dx+\int_2^3(x^2-2x)\,dx$$

$$=\left[-\frac{1}{3}x^3+x^2\right]_0^2+\left[\frac{1}{3}x^3-x^2\right]_2^3$$

$$=\left(-\frac{8}{3}+4\right)+\left\{(9-9)-\left(\frac{8}{3}-4\right)\right\}$$

$$=\boldsymbol{\frac{8}{3}}$$

アドバイス

- 絶対値を含む関数の定積分では，積分区間で被積分関数が変わることが多い。どこからどこまでがどの関数であるかをしっかり見極めることがすべてといっていい。
- それには場合分けをして絶対値をはずし，積分区間と被積分関数との対応を調べなければならない。フリーハンドでいいから被積分関数のグラフの概形をかければ OK だ。

$\int_a^b|\text{絶対値を含む}|\,dx$ ➡
- ・絶対値をはずせば関数が変わる
- ・積分区間と積分する関数を一致させる
- ・積分する関数のグラフをかくと一目瞭然

練習135　次の定積分を求めよ。

(1) $\int_{-2}^2|x-1|(3x+1)\,dx$　〈東京電機大〉　(2) $\int_0^4|x^2-4|\,dx$　〈明治大〉

(3) $\int_0^2|x^3-3x|\,dx$　〈中部大〉

136 絶対値と文字を含む関数の定積分

積分 $I=\int_{-1}^{1}|x-a|dx$ の値は $a \geqq$ ☐ のとき $I=$ ☐，☐ $\leqq a \leqq$ ☐ のとき $I=$ ☐，$a \leqq$ ☐ のとき $I=$ ☐ である。　〈関西学院大〉

解　a の値によってグラフが動くから，積分区間 $-1 \leqq x \leqq 1$ に対して次の3通りの場合分けが考えられる。

$a \leqq -1$ のとき　　**$-1 \leqq a \leqq 1$ のとき**　　**$1 \leqq a$ のとき**

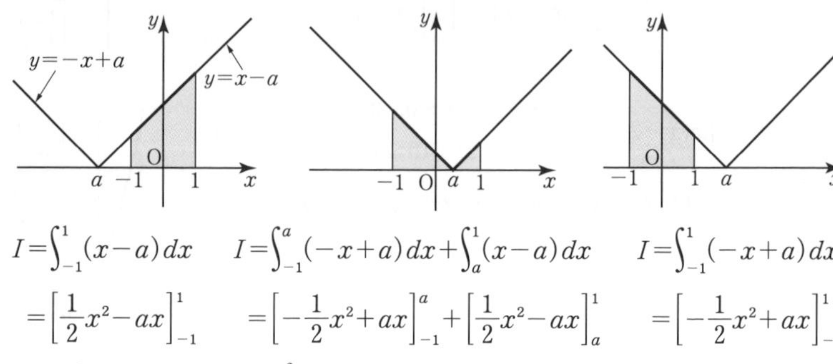

$a \leqq -1$ のとき
$$I=\int_{-1}^{1}(x-a)dx=\left[\frac{1}{2}x^2-ax\right]_{-1}^{1}=\boldsymbol{-2a}$$

$-1 \leqq a \leqq 1$ のとき
$$I=\int_{-1}^{a}(-x+a)dx+\int_{a}^{1}(x-a)dx=\left[-\frac{1}{2}x^2+ax\right]_{-1}^{a}+\left[\frac{1}{2}x^2-ax\right]_{a}^{1}=\boldsymbol{a^2+1}$$

$1 \leqq a$ のとき
$$I=\int_{-1}^{1}(-x+a)dx=\left[-\frac{1}{2}x^2+ax\right]_{-1}^{1}=\boldsymbol{2a}$$

アドバイス

◤場合分けが必要な定積分◢

- 上の3通りの場合分けをみてもわかるように，積分区間を定義域とみれば，その区間でどの関数を積分するかを考えることに集約される。
- x 軸上に積分区間をかきグラフを左から動かしていけば積分区間と被積分関数との関係が明らかになる。グラフの動きがわからないときは，a に具体的な値（例えば $a=0$，1，2）を代入して調べるのがよい。

文字を含む関数の定積分（グラフが動く）

・積分区間を定義域と考える
・被積分関数のグラフを動かす
・積分区間とグラフとの関係をつかむ

練習136　x の関数 $f(x)$ を $f(x)=\int_{1}^{2}|t-x|dt$ とするとき，次の問いに答えよ。

(1)　$f(x)$ を求めよ。

(2)　$y=f(x)$ のグラフをかき，$f(x)$ の最小値を求めよ。　〈名城大〉

137 $\int_a^b f(t)\,dt=A$（定数）とおく

$f(x)=1-\int_0^1(2x-t)f(t)\,dt$ のとき，関数 $f(x)$ を求めよ。〈小樽商大〉

解 $f(x)=1-2x\int_0^1 f(t)\,dt+\int_0^1 tf(t)\,dt$

⬅$\int_0^1(2x-t)f(t)\,dt$ は t の関数の定積分だから，x は係数扱いになる。

ここで

$$\int_0^1 f(t)\,dt=A,\ \int_0^1 tf(t)\,dt=B$$

⬅定積分は必ずある値になるから，それを定数 A，B でおく。

とおくと

$f(x)=1-2Ax+B$ ……①　と表せる。

$$A=\int_0^1(1-2At+B)\,dt=\Big[(1+B)t-At^2\Big]_0^1=1+B-A$$

$$B=\int_0^1 t(1-2At+B)\,dt=\left[\frac{1}{2}(1+B)t^2-\frac{2}{3}At^3\right]_0^1=\frac{1}{2}(1+B)-\frac{2}{3}A$$

⬅$f(t)=1-2At+B$ として代入した。

よって，$2A-B=1$ ……②　よって，$4A+3B=3$ ……③

②，③を解いて　$A=\frac{3}{5}$，$B=\frac{1}{5}$

①に代入して　$\boldsymbol{f(x)=-\frac{6}{5}x+\frac{6}{5}}$

アドバイス

- $\int_a^b f(t)\,dt$ を含む $f(x)$ の等式では，$\int_a^b f(t)\,dt$ が定積分なので，ある値になるから，それを A や k の定数とおいて考える。
- 例題のように被積分関数が $f(t)$ と $tf(t)$ で異なる場合は，A，B 別々の定数で表さなくてはならない。
- この例題で注意したいのは $\int_0^1(2x-t)f(t)\,dt=k$ とおくと $\int_0^1(2x-t)f(t)\,dt$ を計算したときに x が残るので，定数 k とはおけないことである。

これで解決！

$$f(x)=g(x)+\int_a^b f(t)\,dt \Rightarrow \int_a^b f(t)\,dt=A\ \text{（定数）とおく}$$

練習137　次の等式を満たす関数 $f(x)$ を求めよ。

(1)　$f(x)=x^2-4x-\int_0^1 f(t)\,dt$　〈立教大〉

(2)　等式 $f(x)=1+2\int_0^1(xt+1)f(t)\,dt$ を満たす関数 $f(x)$ を求めよ。　〈島根大〉

138 放物線と直線で囲まれた部分の面積

放物線 $C:y=x^2$ と直線 $l:y=x+2$ とは2点 □ および □ で交わる。また C と l とで囲まれた部分の面積は □ である。

〈関西学院大〉

解 $x^2=x+2$, $(x-2)(x+1)=0$

$x=2,\ -1$

よって，2点 $\mathbf{(2,\ 4)}$，$\mathbf{(-1,\ 1)}$ で交わる。

$$S=\int_{-1}^{2}(x+2-x^2)\,dx=\left[-\frac{1}{3}x^3+\frac{1}{2}x^2+2x\right]_{-1}^{2}$$

$$=\left(-\frac{8}{3}+2+4\right)-\left(\frac{1}{3}+\frac{1}{2}-2\right)=\boldsymbol{\frac{9}{2}}$$

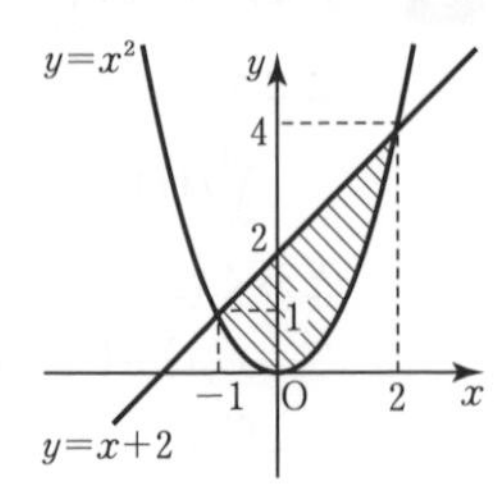

別解 $S=\int_{-1}^{2}(x+2-x^2)\,dx=-\int_{-1}^{2}(x+1)(x-2)\,dx$ ⬅この式をかいて公式を使う。

$$=\frac{\{2-(-1)\}^3}{6}=\boldsymbol{\frac{9}{2}}$$

⬅$S=\dfrac{|a|(\beta-\alpha)^3}{6}$ を利用。

アドバイス

- 放物線と直線で囲まれた部分の面積を求めるには，普通に計算してもよいが，ここでは別解の方をすすめる。交点を求めさえすれば積分する必要がないから便利だ。
  これは $-\int_{\alpha}^{\beta}(x-\alpha)(x-\beta)\,dx=\dfrac{(\beta-\alpha)^3}{6}$ から導かれる。
- さらに，放物線と放物線で囲まれた部分の面積を求める場合にも使える。
  これは利用価値が高いから積極的に使いたい。

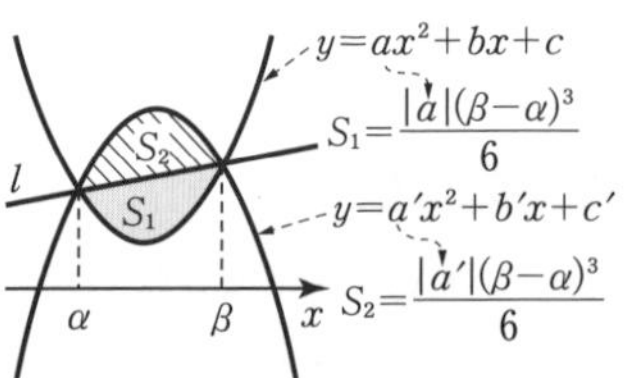

これで解決！

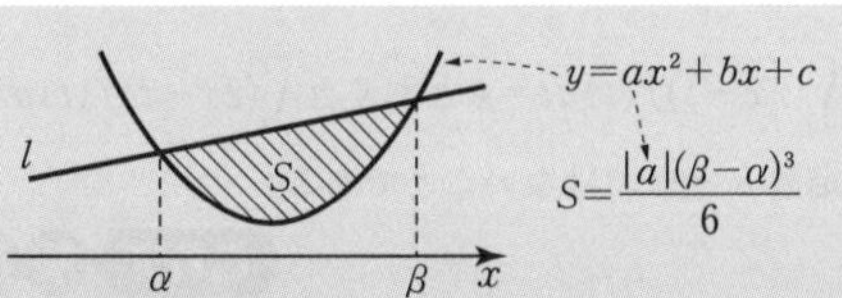

$S=\dfrac{|a|(\beta-\alpha)^3}{6}$ （α，β は放物線と直線の交点）

練習138 (1) 次の曲線や直線で囲まれた図形の面積を求めよ。

(ア) $y=-(x-2)^2+4$, $y=x$ 〈中央大〉

(イ) $y=x^2$, $y=-x^2+2x+1$ 〈愛媛大〉

(2) 放物線 $y=x^2$ 上の点 $(a,\ a^2)$ における接線を l とする。l と放物線 $y=x^2-1$ との交点の x 座標を a を用いて表せ。また，l と $y=x^2-1$ で囲まれた図形の面積を求めよ。〈東京女子大〉

139 面積の最小値・最大値

点 $(1,\ 2)$ を通り，傾き m の直線と放物線 $y=x^2$ とで囲まれた部分の面積 S の最小値を求めよ。　〈類　慶応大〉

解　直線の方程式は $y-2=m(x-1)$　より

$y=mx-m+2$

放物線 $y=x^2$ との交点の x 座標を $\alpha,\ \beta\ (\alpha<\beta)$ とすると，

$\alpha,\ \beta$ は，$x^2-mx+m-2=0$ ……①

の解だから　$x=\dfrac{m\pm\sqrt{m^2-4m+8}}{2}$　より

$\beta-\alpha=\sqrt{m^2-4m+8}$

$S=\displaystyle\int_\alpha^\beta(mx-m+2-x^2)\,dx$

$=-\displaystyle\int_\alpha^\beta(x-\alpha)(x-\beta)\,dx$

$=\dfrac{(\beta-\alpha)^3}{6}=\dfrac{1}{6}(\sqrt{m^2-4m+8})^3$

ここで，$m^2-4m+8=(m-2)^2+4$　より

$m=2$ のとき，最小値 4 をとる。

よって，最小値は　$S=\dfrac{(\sqrt{4})^3}{6}=\mathbf{\dfrac{4}{3}}$

⬅放物線と直線で囲まれた部分の面積（例題 98 参照）

⬅$\alpha=\dfrac{m-\sqrt{m^2-4m+8}}{2}$

$\beta=\dfrac{m+\sqrt{m^2-4m+8}}{2}$

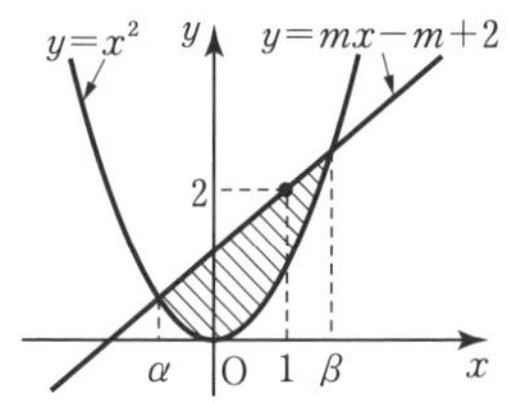

別解　◤解と係数の関係を利用した $\beta-\alpha$ の求め方◢

①の式に解と係数の関係をあてはめて

$\alpha+\beta=m,\ \alpha\beta=m-2$

$(\beta-\alpha)^2=(\alpha+\beta)^2-4\alpha\beta=m^2-4m+8$

$S=\dfrac{1}{6}(\beta-\alpha)^3=\dfrac{1}{6}(m^2-4m+8)^{\frac{3}{2}}$

アドバイス

- 直線や放物線の方程式に文字が含まれている場合，囲まれた部分の面積はその文字の関数として表される。この例では面積 S は m の関数になっていて，根号 $\sqrt{\ }$ があるが，最小値は根号の中だけを取り出した関数で考えればよい。

これで解決！

$\sqrt{f(m)}$ の最大値，最小値 ➡ $f(m)$ だけ取り出す

練習 139　2 つの放物線 $y=x^2-ax+1,\ y=-x^2+(a+4)x-3a+1$ について

(1)　2 つの放物線は異なる 2 点で交わることを示せ。

(2)　2 つの放物線で囲まれた部分の面積 $S(a)$ を求めよ。また，$S(a)$ の最小値とそのときの a の値を求めよ。　〈類　関西大〉

140 面積を分ける直線，放物線

放物線 $y=-x^2+2x$ と x 軸で囲まれる部分の面積を，直線 $y=ax$ が 2 等分するように a の値を定めよ。〈大阪薬大〉

解 $2x-x^2=0$ より $x=0,\ 2$

右図のように，面積を S_1，S_2 とおくと

$$S_1+S_2=\int_0^2(2x-x^2)\,dx=-\int_0^2 x(x-2)\,dx$$

$$=\frac{(2-0)^3}{6}=\frac{4}{3}$$

⬅ $-\int_\alpha^\beta(x-\alpha)(x-\beta)\,dx=\frac{(\beta-\alpha)^3}{6}$

放物線と直線の交点は

$2x-x^2=ax$,　$x(x+a-2)=0$ より

$x=0,\ 2-a$

$$S_1=\int_0^{2-a}(-x^2+2x-ax)\,dx$$

$$=-\int_0^{2-a}x(x-2+a)\,dx=\frac{(2-a)^3}{6}$$

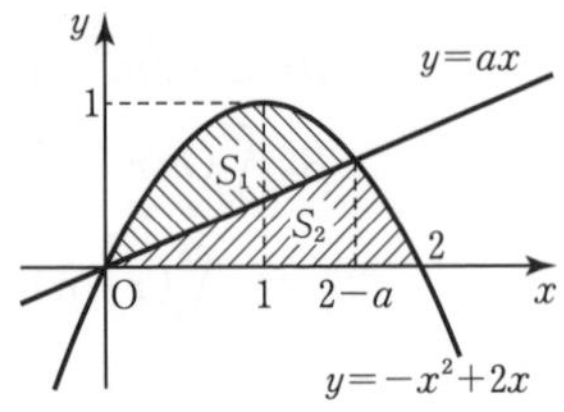

$S_1=S_2$ だから $\frac{2}{3}=\frac{(2-a)^3}{6}$

$(2-a)^3=4$ より $2-a=\sqrt[3]{4}$

よって，$\boldsymbol{a=2-\sqrt[3]{4}}$

⬅ $(2-a)^3$ は展開しないで 3 乗根で表す。

⬅ $x^3=k$ のとき $x=\sqrt[3]{k}$

アドバイス

- 放物線と x 軸（直線）で囲まれた部分の面積を直線や放物線で分ける問題はよくある。定積分の計算では $S=\frac{|a|(\beta-\alpha)^3}{6}$（例題 138 参照）を活用したい。
- また，3 乗根の解を求める計算もしばしば見られるが，**展開しないで求めるのがコツだ。**

これで解決！

面積を分ける直線，放物線 ➡ $S=\frac{|a|(\beta-\alpha)^3}{6}$ **は full 出場**

$(\beta-\alpha)^3=k$ **は** $\xrightarrow{\text{展開しないで}}$ $\beta-\alpha=\sqrt[3]{k}$ **とする**

練習 140 放物線 $y=x^2-4x$ と x 軸で囲まれた部分を D とする。

(1) D の面積は ☐ である。

(2) 直線 $y=ax$ が D の面積を 2 等分するとき，定数 a の値は ☐ である。

(3) 放物線 $y=bx^2$ が D の面積を 2 等分するとき，定数 b の値は ☐ である。

〈日本大〉

141 等差数列

(1) 第 5 項が 22，第 10 項が 47 である等差数列 $\{a_n\}$ の一般項を求めよ。また，初項から第 15 項までの和を求めよ。 〈九州産大〉

(2) 初項から第 6 項までの和が 72，初項から第 12 項までの和が 360 である等差数列 $\{a_n\}$ の初項から第 20 項までの和を求めよ。〈大阪産大〉

解 初項を a，公差を d とする。

等差数列の一般項
初項 a，公差 d
$a_n=a+(n-1)d$

(1) $a_5=a+4d=22$ ……①

$a_{10}=a+9d=47$ ……②

①，②を解いて，$a=2$，$d=5$

よって，$a_n=2+(n-1)\cdot 5=\mathbf{5n-3}$

$S_{15}=\dfrac{1}{2}\cdot 15\{2\cdot 2+(15-1)\cdot 5\}=\mathbf{555}$ ⬅$S_n=\dfrac{1}{2}n\{2a+(n-1)d\}$ に代入

別解 $a_{15}=2+14\cdot 5=72$ より $S_{15}=\dfrac{1}{2}\cdot 15(2+72)=\mathbf{555}$ ⬅$S_n=\dfrac{1}{2}n(a+l)$ に代入

(2) $S_6=\dfrac{1}{2}\cdot 6\{2a+(6-1)d\}=72$ より

$2a+5d=24$ ……①

$S_{12}=\dfrac{1}{2}\cdot 12\cdot\{2a+(12-1)d\}=360$ より

$2a+11d=60$ ……②

①，②を解いて $a=-3$，$d=6$

よって，$S_{20}=\dfrac{1}{2}\cdot 20\cdot\{2\cdot(-3)+(20-1)\cdot 6\}=\mathbf{1080}$

等差数列の和
$S_n=\dfrac{1}{2}n\{2a+(n-1)d\}$
$=\dfrac{1}{2}n(a+l)$ （l は末項）

アドバイス

- 等差数列は初項 a，公差 d，第 n 項（または項数）の 3 つの要素から成り立っている。問題中の条件を一般項や和の公式を使って式化すると，多くは連立方程式や不等式が出てくるからそれを解くことになる。

これで解決！

	一般項	和
等差数列 ➡	$a_n=a+(n-1)d$	$S_n=\dfrac{1}{2}n\{2a+(n-1)d\}$

練習 141 (1) 第 20 項が -1，第 50 項が 5 である等差数列の第 n 項は $a_n=$［　　］である。また，$a_n>2$ となる最小の n は［　　］である。 〈法政大〉

(2) 初項から 5 項までの和が 20，第 6 項から第 10 項までの和が 30 である等差数列の一般項を求めよ。 〈駒澤大〉

(3) 等差数列 $\{a_n\}$ が次の(i)，(ii)を満たすとき，初項と公差（自然数）を求めよ。

(i) $a_4+a_6+a_8=84$　　(ii) $a_n>50$ となる最小の n は 11 である。

〈愛知大〉

142 等比数列

(1) 第 4 項が 24，第 7 項が 192 である等比数列の初項と公比，第 n 項までの和を求めよ。 〈近畿大〉

(2) はじめの 3 項の和が 3，次の 3 項の和が -24 である等比数列の初項と公比を求めよ。 〈愛知工大〉

解 初項を a，公比を r とする。

(1) $ar^3=24$ ……①，$ar^6=192$ ……②

②÷①より $\dfrac{ar^{6}}{ar^3}=\dfrac{192}{24}$，$r^3=8$

よって，$r=2$　①に代入して　$a=3$

$S_n=\dfrac{3(2^n-1)}{2-1}=3\cdot2^n-3$

(2) $a+ar+ar^2=3$ ……①

$ar^3+ar^4+ar^5=-24$ ……②

②÷①より $\dfrac{r^3(a+ar+ar^2)}{a+ar+ar^2}=\dfrac{-24}{3}$，$r^3=-8$

よって，$r=-2$　①に代入して　$a=1$

別解 $\dfrac{a(r^3-1)}{r-1}=3$……①，$\dfrac{a(r^6-1)}{r-1}=-24+3=-21$……②

②÷①より $\dfrac{a(r^6-1)}{r-1}\times\dfrac{r-1}{a(r^3-1)}=\dfrac{(r^3+1)(r^3-1)}{r^3-1}=-7$

$r^3=-8$　よって，$r=-2$

等比数列の一般項
初項 a，公比 r
$a_n=ar^{n-1}$

⬅②÷①のように左辺どうし，右辺どうしで辺々割る計算は等比数列ではよく使う。

等比数列の和
$r\neq1$ のとき
$S_n=\dfrac{a(r^n-1)}{r-1}$
$r=1$ のとき
$S_n=na$

アドバイス

- 等比数列は初項 a，公比 r，第 n 項（または項数）の 3 つの要素から成り立っている。
- 計算の中に累乗が出てくることが多いので，次の指数法則は知っておきたい。

$$a^m\times a^n=a^{m+n},\quad a^m\div a^n=a^{m-n},\quad (a^m)^n=a^{mn},\quad a^{-n}=\frac{1}{a^n}$$

これで解決！

等比数列 ➡ 一般項 $a_n=ar^{n-1}$　和 $S_n=\dfrac{a(r^n-1)}{r-1}=\dfrac{a(1-r^n)}{1-r}$ $(r\neq1)$

練習 142 (1) 第 3 項が 36，第 5 項が 324 である等比数列がある。この数列の初項と公比を求めよ。また，初項から第 5 項までの和を求めよ。 〈福井工大〉

(2) 公比が正の数である等比数列について，はじめの 3 項の和が 21 であり，次の 6 項の和が 1512 であるという。この数列の初項を求めよ。また，はじめの 5 項の和を求めよ。 〈成蹊大〉

143 等差数列の和の最大値

初項 50，公差 -3 の等差数列の初項から第 n 項までの和の最大値は ☐ である。〈工学院大〉

解 $a_n=50+(n-1)(-3)=-3n+53$

$a_n\geqq 0$ となるのは $-3n+53\geqq 0$ から　$n\leqq 17.6\cdots\cdots$

よって，第 17 項までは正であるから，最大値は

$$S_{17}=\frac{1}{2}\cdot 17\{2\cdot 50+(17-1)\cdot(-3)\}=\mathbf{442}$$

⬅ 0 以上の項が第何項目までか調べる。

⬅初項から第 17 項までの和が最大

アドバイス

- 等差数列の和の最大値を求めるには，負になる前までの項を加えればよいから $a_n\geqq 0$ を満たす最大の n をみつければよい。

これで解決！

等差数列の和の最大値 ➡ $a_n\geqq 0$ となる最大の n をさがせ！

練習 143 第 10 項が 39，第 30 項が -41 である等差数列 $\{a_n\}$ の一般項は $a_n=$ ☐ で，初項から第 n 項までの和を S_n とすると，S_n の最大値は ☐ である。〈福岡大〉

144 a，b，c が等差・等比数列をなすとき

3 つの数 2，a，b はこの順に等差数列をなし，3 つの数 a，b，9 はこの順に等比数列をなすとき，a，b を求めよ。〈摂南大〉

解 2，a，b が等差数列より　$2a=2+b$ ……①

a，b，9 が等比数列より　$b^2=9a$ ……②

①，②を解いて，

$$a=\frac{1}{4},\ b=-\frac{3}{2}\quad \text{または}\quad a=4,\ b=6$$

⬅ $b=2a-2$ を②に代入
$(2a-2)^2=9a$
$(4a-1)(a-4)=0$
$a=\frac{1}{4}$，4

アドバイス

- a，b，c がこの順で等差数列をなすとき，公差 $b-a=c-b$ だから $2b=a+c$
  また，等比数列をなすとき，公比 $\frac{b}{a}=\frac{c}{b}$ から $b^2=ac$ の関係が導ける。

これで解決！

a，b，c がこの順に ➡ 等差数列をなす ⇢ $2b=a+c$ ／ 等比数列をなす ⇢ $b^2=ac$ を使う

練習 144 相異なる 3 つの実数 a，b，c が a，b，c の順に等比数列，c，a，b の順に等差数列となっていて，a，b，c の和が 6 である。a，b，c を求めよ。〈埼玉大〉

145 p で割って r_1 余り，q で割って r_2 余る数列

1000 以下の自然数のうちで 4 で割っても，6 で割っても 1 余るものはいくつあるか。 〈北見工大〉

解 4 で割って 1 余る数は 1，5，9，13，17，21，25，……

6 で割って 1 余る数は 1，7，13，19，25，31，……

問題の数列は，初項が 1，公差は 4 と 6 の最小公倍数 12 であるから

$a_n=1+(n-1)\cdot 12=12n-11,\quad 1\leqq 12n-11\leqq 1000$

$1\leqq n\leqq 84.2$ …… から $n=\mathbf{84}$（個）

アドバイス

- p で割って r_1 余り，q で割って r_2 余る数でつくられる数列の公差は，p と q の最小公倍数になっている。初項は少し並べてかけばわかるだろう。

p で割って r_1，q で割って r_2 余る数列 ➡ 等差数列で，公差は p と q の最小公倍数

練習 145 1 から 200 までの自然数のうち，4 で割ると 3 余り，5 で割ると 4 余る数の和 S を求めよ。 〈北海学園大〉

146 S_n-rS_n で和を求める

$S_n=1+2\cdot 2+3\cdot 2^2+\cdots\cdots+n\cdot 2^{n-1}=$ □ である。 〈青山学院大〉

解

$$\begin{array}{rl} S_n= & 1+2\cdot 2+3\cdot 2^2+\cdots\cdots+n\cdot 2^{n-1} \\ -)\ 2S_n= & \quad 2+2\cdot 2^2+3\cdot 2^3+\cdots\cdots+(n-1)\cdot 2^{n-1}+n\cdot 2^n \\ \hline (1-2)S_n= & \underbrace{1+2+2^2+2^3+\cdots\cdots+2^{n-1}}-n\cdot 2^n \end{array}$$

（初項 1，公比 2，項数 n の等比数列の和）　⬅ S_n-rS_n をつくった。

$-S_n=\dfrac{1\cdot(1-2^n)}{1-2}-n\cdot 2^n$ 　よって，$\boldsymbol{S_n=(n-1)\cdot 2^n+1}$

アドバイス

$a_n=n\cdot r^{n-1}$（n：等差数列，r^{n-1}：等比数列）の形の数列の和は S_n-rS_n をつくって求める。（r：公比）

この計算では各項の指数をそろえて引く。特に，最後の項の計算に注意する。

これで解決！

一般項 $a_n=$(等差)・(等比) の和 ➡ S_n-rS_n をつくれ！

練習 146 $x\neq 1$ のとき，$S_n=1+2x+3x^2+\cdots\cdots+nx^{n-1}=$ □ である。〈関西学院大〉

147 Σの計算

次の数列の和を求めよ。

(1) $1^2+3^2+5^2+7^2+\cdots\cdots+(2n-1)^2$ 〈日本医大〉

(2) $2\cdot(2n-1)+4\cdot(2n-3)+6\cdot(2n-5)+\cdots\cdots+2n\cdot1$ 〈東海大〉

解 (1) 第 k 項は $a_k=(2k-1)^2$

$$S_n=\sum_{k=1}^{n}(2k-1)^2=4\sum_{k=1}^{n}k^2-4\sum_{k=1}^{n}k+\sum_{k=1}^{n}1$$

$$=4\cdot\frac{1}{6}n(n+1)(2n+1)-4\cdot\frac{1}{2}n(n+1)+n$$

$$=\frac{1}{3}n\{2(n+1)(2n+1)-6(n+1)+3\}$$

$$=\frac{1}{3}n(4n^2-1)=\boldsymbol{\frac{1}{3}n(2n+1)(2n-1)}$$

⬅$\sum_{k=1}^{n}a_k$ の計算では第 k 項にして表す。

⬅共通因数 n でくくる。同時に $\frac{1}{3}$ も前に出す。

(2) 第 k 項は $a_k=2k\cdot\{2n-(2k-1)\}$

⬅マイナスは $1,\ 3,\ 5,\ \cdots,\ (2k-1)$

$$S_n=\sum_{k=1}^{n}\{-4k^2+(4n+2)k\}$$

$$=-4\sum_{k=1}^{n}k^2+(4n+2)\sum_{k=1}^{n}k$$

$$=-4\cdot\frac{1}{6}n(n+1)(2n+1)+(4n+2)\cdot\frac{1}{2}n(n+1)$$

$$=-\frac{1}{3}n(n+1)\{2(2n+1)-3(2n+1)\}$$

$$=\boldsymbol{\frac{1}{3}n(n+1)(2n+1)}$$

⬅k 以外は Σ の外に出す。

⬅共通因数 $n(n+1)$ でくくる。同時に $-\frac{1}{3}$ も前に出す。

アドバイス

- Σの計算では，一般項を k を使って，第 k 項 $a_k=(k$ の式$)$ と表す。
- (2)のように一般項に n を含んでいる場合もある。この場合，n はΣの影響を受けないからただの定数として $\sum_{k=1}^{n}nk=n\sum_{k=1}^{n}k$ のようにΣの外に出す。

これで解決！

$1+2+3+\cdots+n$	$1^2+2^2+3^2+\cdots+n^2$	$1^3+2^3+3^3+\cdots+n^3$
$\sum_{k=1}^{n}k=\frac{1}{2}n(n+1)$	$\sum_{k=1}^{n}k^2=\frac{1}{6}n(n+1)(2n+1)$	$\sum_{k=1}^{n}k^3=\left\{\frac{1}{2}n(n+1)\right\}^2$

上の公式に当てはまらないときは，$k=1,\ 2,\ 3,\ \cdots$と代入して，どんな数列の和なのかを確かめることが大切だ！

練習147 次の数列の和を求めよ。

(1) $1\cdot1^2+2\cdot3^2+3\cdot5^2+\cdots\cdots+n\cdot(2n-1)^2$ 〈獨協大〉

(2) $1^2\cdot n+2^2\cdot(n-1)+3^2\cdot(n-2)+\cdots\cdots+n^2\cdot1$ 〈東北学院大〉

148 分数で表された数列の和

次の計算をせよ。

(1) $\displaystyle\sum_{k=1}^{n}\frac{1}{k^2+2k}$ 〈明治大〉 (2) $\displaystyle\sum_{k=1}^{500}\frac{1}{\sqrt{k}+\sqrt{k-1}}$ 〈大阪薬大〉

解

(1) $\dfrac{1}{k^2+2k}=\dfrac{1}{k(k+2)}=\dfrac{1}{2}\left(\dfrac{1}{k}-\dfrac{1}{k+2}\right)$ と変形 ⬅$\square\left(\dfrac{1}{k}-\dfrac{1}{k+2}\right)$

これを計算して分子が1になるように□で合わせる。

$$\sum_{k=1}^{n}\frac{1}{k^2+2k}=\frac{1}{2}\sum_{k=1}^{n}\left(\frac{1}{k}-\frac{1}{k+2}\right)$$

$$=\frac{1}{2}\left\{\left(\mathbf{1}-\frac{1}{3}\right)+\left(\frac{\mathbf{1}}{\mathbf{2}}-\frac{1}{4}\right)+\left(\frac{1}{3}-\frac{1}{5}\right)+\cdots+\left(\frac{1}{n-1}-\frac{\mathbf{1}}{\boldsymbol{n+1}}\right)+\left(\frac{1}{n}-\frac{\mathbf{1}}{\boldsymbol{n+2}}\right)\right\}$$

前が2項残れば後も2項残る。

$$=\frac{1}{2}\left(1+\frac{1}{2}-\frac{1}{n+1}-\frac{1}{n+2}\right)=\boldsymbol{\frac{n(3n+5)}{4(n+1)(n+2)}}$$

(2) $\dfrac{1}{\sqrt{k}+\sqrt{k-1}}=\dfrac{\sqrt{k}-\sqrt{k-1}}{(\sqrt{k}+\sqrt{k-1})(\sqrt{k}-\sqrt{k-1})}$

$=\sqrt{k}-\sqrt{k-1}$ ⬅分母の $\sqrt{\ }$ は有理化してみる。

$$\sum_{k=1}^{500}\frac{1}{\sqrt{k}+\sqrt{k-1}}=\sum_{k=1}^{500}(\sqrt{k}-\sqrt{k-1})$$

$$=(\sqrt{1}-\sqrt{0})+(\sqrt{2}-\sqrt{1})+(\sqrt{3}-\sqrt{2})+\cdots+(\sqrt{500}-\sqrt{499})$$

前が1項残れば後も1項残る。

$$=\sqrt{500}=\mathbf{10}\sqrt{\mathbf{5}}$$

アドバイス

◤分数の数列の和の求め方◢

- 部分分数に分けると前後の項が相殺され，はじめの項と後の項が同じ数だけ残る。
- 分母に $\sqrt{\ }$ がある場合は，とりあえず有理化してみる。
- 数列では，前後が消えるように，分子は必ず1にすると覚えておく。
- 代表的な部分分数（右辺を計算すると左辺になる。）

$$\frac{1}{n(n+1)}=\frac{1}{n}-\frac{1}{n+1},\quad \frac{1}{n(n+1)(n+2)}=\frac{1}{2}\left\{\frac{1}{n(n+1)}-\frac{1}{(n+1)(n+2)}\right\}$$

これで解決！

分数の数列の和 ➡ 部分分数に変形して，規則的に消える！消える！

$$\left(\frac{\mathbf{1}}{\boldsymbol{a_1}}-\frac{\mathbf{1}}{\boldsymbol{a_2}}\right)+\left(\frac{\mathbf{1}}{\boldsymbol{a_2}}-\frac{\mathbf{1}}{\boldsymbol{a_3}}\right)+\cdots+\left(\frac{\mathbf{1}}{\boldsymbol{a_{n-1}}}-\frac{\mathbf{1}}{\boldsymbol{a_n}}\right)$$

練習148 次の計算をせよ。

(1) $\displaystyle\sum_{k=1}^{n}\frac{1}{(2k-1)(2k+1)}$ 〈星薬大〉 (2) $\displaystyle\sum_{k=1}^{48}\frac{1}{\sqrt{k+2}+\sqrt{k}}$ 〈日本大〉

149 特定の項を取り出してできる数列

(1)　等差数列 $a_n=4n-1$ に対して，数列 $\{b_n\}$ を $b_n=a_{3n-1}$ で定める。$\{b_n\}$ の一般項と初項から第 n 項までの和 S_n を求めよ。

(2)　等比数列 $\{a_n\}$ の初項が3，公比が2であるとき，次の和を求めよ。

$S_n=(a_2-a_1)+(a_4-a_3)+\cdots\cdots+(a_{2n}-a_{2n-1})$　〈類　東北学院大〉

解　(1)　$\{b_n\}$ の一般項は

$b_n=a_{3n-1}=4(3n-1)-1$

$=\mathbf{12n-5}$

⬅$a_n=4n-1$ の n に $3n-1$ を代入したもの。

$S_n=\sum_{k=1}^{n}b_k=\sum_{k=1}^{n}(12k-5)$

$=12\cdot\frac{1}{2}n(n+1)-5n$

$=\mathbf{6n^2+n}$

⬅$a=7$，$d=12$，項数 n の等差数列の和

$S_n=\frac{1}{2}n\{2\cdot7+(n-1)\cdot12\}$

$=6n^2+n$

でも求まる。

(2)　$a_n=3\cdot2^{n-1}$　だから

$a_{2n}=3\cdot2^{2n-1}=3\cdot2\cdot2^{2n-2}$

$=6\cdot2^{2(n-1)}=6\cdot4^{n-1}$

⬅等比数列の一般項　ar^{n-1} の形をつくるための変形は重要。

$a_{2n-1}=3\cdot2^{(2n-1)-1}=3\cdot2^{2(n-1)}=3\cdot4^{n-1}$

$S_n=\sum_{k=1}^{n}(a_{2k}-a_{2k-1})=\sum_{k=1}^{n}(6\cdot4^{k-1}-3\cdot4^{k-1})$

$=\sum_{k=1}^{n}3\cdot4^{k-1}=\frac{3(4^n-1)}{4-1}=\mathbf{4^n-1}$　⬅$(6-3)\cdot4^{k-1}=3\cdot4^{k-1}$

等比数列の和

$$\sum_{k=1}^{n}ar^{k-1}=\frac{a(1-r^n)}{1-r}$$

アドバイス

- 数列では，並んでいる数列の偶数番目や奇数番目あるいは，(1)のように3つおきに，特定の項を取り出してできる数列を問題にすることがよくある。
- その場合，取り出した項の一般項は，n を取り出す項の順番を表す式に置きかえればよいことを知っておこう。例えば

これで解決！

数列 $a_n=f(n)$ の $\begin{cases}\text{偶数番目の数列は } n\longrightarrow 2n\\ \text{奇数番目の数列は } n\longrightarrow 2n-1\end{cases}$ に置きかえればOK

練習149　数列 $\{a_n\}$ を初項が1で公比が $\frac{1}{3}$ の等比数列とする。$\{a_n\}$ の偶数番目の項を取り出して，数列 $\{b_n\}$ を $b_n=a_{2n}$ で定める。

(1)　$\{b_n\}$ の一般項と $\sum_{k=1}^{n}b_k$ を求めよ。

(2)　b_1 から b_n までの積 $b_1b_2\cdots\cdots b_n$ を求めよ。　〈類　センター試験〉

150 a_n と S_n の関係

(1) 初項から第 n 項までの和が $S_n=n(2n+3)$ で与えられるとき，数列 $\{a_n\}$ の一般項を求めよ。〈東京都市大〉

(2) 数列 $\{a_n\}$ が $2a_n=S_n+3$ を満たすとき，a_n を求めよ。〈福岡工大〉

解 (1) $a_1=S_1=1\cdot(2\cdot1+3)=5$

$a_n=S_n-S_{n-1}$ $(n\geqq2)$ より

$=2n^2+3n-\{2(n-1)^2+3(n-1)\}$

$=4n+1$ ……①

←S_{n-1} は $n=1$ のとき S_0 となって使えないので，$n\geqq2$ のときを考える。

①に $n=1$ を代入すると $4\cdot1+1=5$

これは $a_1=5$ を満たす。よって，$\boldsymbol{a_n=4n+1}$

←①は $n\geqq2$ のときの式なので，$n=1$ のときにも成り立つか調べる。

(2) $2a_n=S_n+3$ ……①

$2a_{n+1}=S_{n+1}+3$ ……② として

←n を $n+1$ に置きかえて１つ前の関係式をかき②−①で $S_{n+1}-S_n$ をつくる。

②−①より

$2a_{n+1}-2a_n=S_{n+1}-S_n=a_{n+1}$

よって，$a_{n+1}=2a_n$　←これは公比 2 の等比数列を表す。

初項 a_1 は①に $n=1$ を代入して

$2a_1=S_1+3=a_1+3$ より $a_1=3$　←$S_1=a_1$ である。

よって，$\boldsymbol{a_n=3\cdot2^{n-1}}$

アドバイス

◤a_n と S_n の関係◢

- S_n と S_{n-1} $(n\geqq2)$ の式を縦に並べて引くと

$$S_n=a_1+a_2+a_3+\cdots\cdots+a_{n-1}+a_n$$
←── (これは $S_n=\sum_{k=1}^{n}a_k$ とも表せる。)
$$-)\ S_{n-1}=a_1+a_2+a_3+\cdots\cdots+a_{n-1}$$
$$S_n-S_{n-1}=a_n$$
(a_n だけが残る。)

- (1)のように $S_n=f(n)$ の形や，(2)のように a_n と S_n の関係式が出てきたらまず S_n-S_{n-1} をつくって a_n に置きかえることを考える。
- また，初項 a_1 がどこにもかいてないときは，$n=1$ を代入して S_1 を a_1 にして a_1 を求めることを忘れずに。なお，$\boldsymbol{a_{n+1}=S_{n+1}-S_n}$ のときもある。

これで解決！

a_n と S_n $\left(=\sum_{k=1}^{n}a_k\right)$ を結ぶ式 ➡ $a_n=S_n-S_{n-1}$ $(n\geqq2)$ これしかない

練習150 (1) 数列 $\{a_n\}$ の初項から第 n 項までの和が $S_n=2^n-n$ であるとき，a_n を n の式で表せ。〈杏林大〉

(2) 数列 $\{a_n\}$ について $\sum_{k=1}^{n}a_k=\frac{1}{2}(1-a_n)$ であるとき，a_n を n の式で表せ。〈成蹊大〉

151 群数列

正の偶数を次のように組み分けるとき

2 | 4, 6 | 8, 10, 12 | 14, 16, 18, 20 | 22, 24, ……

(1) 第 n 群の初項を求めよ。

(2) 第 n 群に含まれる数の総和を求めよ。 〈釧路公立大〉

解 (1) 第 n 群の中にある項の数は n 個だから

第 $(n-1)$ 群までの項の総数は

$$1+2+3+\cdots\cdots+(n-1)=\frac{1}{2}n(n-1)$$

⬅ $1+2+3+\cdots\cdots+n=\frac{1}{2}n(n+1)$ の公式で，$n\to n-1$ として代入する。

群をとり払った数列の一般項を a_N とすると

$a_N=2N$ ……①

第 n 群の初項は①で $\frac{1}{2}n(n-1)+1$ 番目だから

⬅ $N=\frac{1}{2}n(n-1)+1$ を $a_N=2N$ に代入

$$2\left\{\frac{1}{2}n(n-1)+1\right\}=\boldsymbol{n^2-n+2}$$

(2) 第 n 群の数列は初項 n^2-n+2，公差 2，項数 n の等差数列の和だから

⬅ $S_n=\frac{1}{2}n\{2a+(n-1)d\}$（項数，初項，公差）

$$\frac{1}{2}n\{2(n^2-n+2)+(n-1)\cdot 2\}=\boldsymbol{n^3+n}$$

アドバイス

- 群数列を考えるには，まず，第 $(n-1)$ 群，または第 n 群の終わりまでの項の総数を知る必要がある。それには，各群に含まれる項の数を数列として並べてみる。

第1群	第2群	第3群	……	第 $(n-1)$ 群	第 n 群
| 2 |	| 4, 6 |	| 8, 10, 12 |	……	| ○, ○, ……, ○ |	| ●, ○, ○, ……, ○ |
1個 +	2個 +	3個	+ ……+	$n-1$ 個→ $\frac{n(n-1)}{2}+1$ 番目	n 個

これで解決！

（1群），（2群），（3群），……，（$n-1$ 群），（n 群）

群数列の基本的考え ➡
- 第 $(n-1)$ 群までの項の総数を求める
- 群をとり払った数列の一般項 a_N を求める

練習151 奇数の数列 1, 3, 5, ……を，第 n 群が n 個の奇数を含むように分ける。

{1}, {3, 5}, {7, 9, 11}, {13, 15, 17, 19}, ……

(1) 第10群の最初の数は ＿＿ である。

(2) 第8群の数の和は ＿＿ である。

(3) 999 は第 ＿＿ 群の第 ＿＿ 番目の数である。 〈青山学院大〉

152 階差数列の漸化式 $a_{n+1}-a_n=f(n)$ 型

次の漸化式で定義される数列 $\{a_n\}$ の一般項を求めよ。

(1) $a_1=1,\ a_{n+1}=a_n+2n-1$ 〈広島工大〉

(2) $a_1=1,\ a_{n+1}=\dfrac{a_n}{3a_n+1}$ 〈同志社大〉

(1) $a_{n+1}-a_n=2n-1$ だから ⬅$a_{n+1}-a_n$ を階差という。

$n\geqq2$ のとき

$$a_n=a_1+\sum_{k=1}^{n-1}(2k-1)=1+2\sum_{k=1}^{n-1}k-\sum_{k=1}^{n-1}1$$

$$=1+n(n-1)-(n-1)=\boldsymbol{n^2-2n+2}$$ ($n=1$ でも成り立つ。)

(2) 両辺の逆数をとる。 ⬅分数で表された漸化式は逆数にして考えてみる。

$$\frac{1}{a_{n+1}}=\frac{3a_n+1}{a_n}=\frac{1}{a_n}+3$$

$b_n=\dfrac{1}{a_n}$ とおくと $b_{n+1}-b_n=3,\ b_1=\dfrac{1}{a_1}=1$ ⬅$b_{n+1}=b_n+3$ より $b_{n+1}-b_n=3$ となる。

$n\geqq2$ のとき

$$b_n=b_1+\sum_{k=1}^{n-1}3=1+3(n-1)=3n-2$$ ⬅初項1，公差3の等差数列

よって，$a_n=\dfrac{1}{b_n}=\boldsymbol{\dfrac{1}{3n-2}}$ ($n=1$ でも成り立つ。)

アドバイス

- $a_{n+1}-a_n=f(n)$ は階差数列を漸化式で表したもので，漸化式の中では最もシンプルな形である。しかし，出題されると，意外と公式に結びつけられない人が多い。
- この漸化式の公式は右のように数列をかき並べて辺々加えて導かれるから確認しておこう。
- 例えば $a_n-a_{n-1}=n^2$ の形の場合，このまま公式にあてはめるのは誤り。必ず $a_{n+1}-a_n=f(n)$，すなわち $a_{n+1}-a_n=(n+1)^2$ の形に直して公式を適用する。

$$\begin{aligned}
a_2-a_1&=f(1)\\
a_3-a_2&=f(2)\\
a_4-a_3&=f(3)\\
&\vdots\\
+)\ a_n-a_{n-1}&=f(n-1)\\
\hline
a_n-a_1&=\sum_{k=1}^{n-1}f(k)
\end{aligned}$$

漸化式 $\underbrace{a_{n+1}-a_n}_{\text{階差}}=f(n)$ ➡ $a_n=a_1+\displaystyle\sum_{k=1}^{n-1}f(k)$ ($n\geqq2$)

練習152 次の漸化式で定義される数列 $\{a_n\}$ の一般項を求めよ。

(1) $a_1=0,\ a_{n+1}=a_n+2^n-2n$ ($n=1,\ 2,\ 3,\ \cdots\cdots$) 〈法政大〉

(2) $a_1=1,\ a_{n+1}=\dfrac{3a_n}{a_n+3}$ 〈東京工芸大〉

(3) $a_1=1,\ a_{n+1}-2a_n=n\cdot2^{n+1}$ 〈日本獣医大〉

153 漸化式 $a_{n+1}=pa_n+q$ ($p \neq 1$) の型（基本型）

次の条件によって定められる数列 $\{a_n\}$ の一般項は $a_n=$ $\boxed{}$ である。

$a_1=1$，$a_{n+1}=3a_n+2$ $(n=1, 2, 3, \cdots\cdots)$ 〈慶応大〉

解

◤等比型◢

$a_{n+1}+1=3(a_n+1)$ と変形すると

数列 $\{a_n+1\}$ は，

初項 $a_1+1=2$，公比 3 の等比数列だから

$$a_n+1=2\cdot 3^{n-1}$$

よって，$\boldsymbol{a_n=2\cdot 3^{n-1}-1}$

⬅$a_{n+1}-\alpha=p(a_n-\alpha)$
α は $a_{n+1}=a_n=\alpha$ として
$\alpha=p\alpha+q$ を解く。
この問題では
$\alpha=3\alpha+2$ より $\alpha=-1$

◤階差型◢

$a_{n+1}-a_n=3(a_n-a_{n-1})$ $(n \geqq 2)$ と変形すると

階差数列 $\{a_{n+1}-a_n\}$ は，

初項 $a_2-a_1=5-1=4$，公比 3 の等比数列だから

$$a_{n+1}-a_n=4\cdot 3^{n-1}$$

$n \geqq 2$ のとき

$$a_n=a_1+\sum_{k=1}^{n-1} 4\cdot 3^{k-1}=1+4\cdot\frac{3^{n-1}-1}{3-1}$$

よって，$\boldsymbol{a_n=2\cdot 3^{n-1}-1}$ ($n=1$ でも成り立つ。)

⬅
$$\begin{array}{rl} & a_{n+1}=3a_n\quad +2 \\ -) & a_n=3a_{n-1}+2 \\ \hline & a_{n+1}-a_n=3(a_n-a_{n-1}) \end{array}$$

⬅$a_2=3a_1+2=5$

⬅$a_{n+1}-a_n=f(n)$ のとき
$a_n=a_1+\sum_{k=1}^{n-1} f(k)$ $(n \geqq 2)$

アドバイス

- 漸化式の中で最も基本的な形である。16，17など，その他のいろいろな形の漸化式も，置きかえにより，この型に帰着させることを考えると最重要である。
- まず，$a_{n+1}=pa_n+q \rightarrow \alpha=p\alpha+q$ として，特性解 α を求める。
  それから，$a_{n+1}-\alpha=p(a_n-\alpha)$ と変形すると，$\{a_n-\alpha\}$ を 1 つの項に見たとき，公比が p の等比数列になる。

これで解決！

漸化式 $a_{n+1}=pa_n+q$ （基本型）	➡	$a_{n+1}-\alpha=p(a_n-\alpha)$ と変形 数列 $\{a_n-\alpha\}$ は初項 $a_1-\alpha$，公比 p $a_n-\alpha=(a_1-\alpha)p^{n-1}$ より $a_n=(a_1-\alpha)p^{n-1}+\alpha$

なお，$a_{n+1}=pa_n+q$ ($p \neq 1$) と $a_{n+1}-a_n=f(n)$ (14参照) と混同しがちなので，しっかり区別しておこう。

解法は，“等比型”と“階差型”があるが，明らかに等比型のほうが simple で，この型の漸化式を階差型で解くのは見かけなくなった。

練習 153 次の漸化式で定義される数列 $\{a_n\}$ の一般項を求めよ。

(1) $a_1=1$，$a_{n+1}=2a_n+3$ $(n=1, 2, 3, \cdots\cdots)$ 〈お茶の水女子大〉

(2) $a_1=1$，$3a_{n+1}-a_n-6=0$ $(n=1, 2, 3, \cdots\cdots)$ 〈山形大〉

154 確率変数の期待値（平均）

1のカードが1枚，2のカードが2枚，3のカードが3枚の計6枚のカードがある。このカードから2枚取り出し，カードにかかれている数の和をXとするとき，次の問いに答えよ。

(1) Xの確率分布を求めよ。

(2) Xの期待値（平均）$E(X)$を求めよ。 〈類　北海学園大〉

(1) 6枚から2枚を取り出す総数は ${}_6C_2=15$（通り）

Xのとりうる値は3，4，5，6

$X=3$となるのは1，2のときで $1\times{}_2C_1=2$（通り）

$X=4$となるのは1，3と2，2のときで

$1\times{}_3C_1+{}_2C_2=4$（通り）

$X=5$となるのは2，3のときで ${}_2C_1\times{}_3C_1=6$（通り）

$X=6$となるのは3，3のときで ${}_3C_2=3$（通り）

よって，確率分布は次のようになる。

X	3	4	5	6	計
P	$\frac{2}{15}$	$\frac{4}{15}$	$\frac{6}{15}$	$\frac{3}{15}$	1

⬅xのとりうる値をすべて求める。

⬅確率の和が1になることを確認。（分母は約分しない）

(2) $E(X)=3\times\frac{2}{15}+4\times\frac{4}{15}+5\times\frac{6}{15}+6\times\frac{3}{15}$

$=\frac{70}{15}=\mathbf{\frac{14}{3}}$

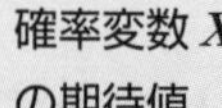

アドバイス

• 確率変数Xの期待値を求めるには，まず確率変数Xのとりうる値をすべて求める。次に，そのXに対して，それぞれの確率を求める。このとき，Xに対応するすべての確率の和は1になるので覚えておくとよい。

これで解決！

確率変数Xの期待値 ➡

X	x_1	x_2	…	x_n	計
P	p_1	p_2	…	p_n	1

$E(X)=x_1p_1+x_2p_2+\cdots\cdots+x_np_n$

練習154 (1) 1個のさいころを投げ，出た目の数を4で割った余りをXとするとき，Xの期待値は［　　］である。 〈千葉工大〉

(2) 白球3個と赤球2個が入った袋から1球ずつ取り出し，赤球が出たら取り出すのをやめる。ただし，取り出した球はもとに戻さない。取り出された白球の個数の期待値（平均）を求めよ。 〈類　学習院大〉

155 確率変数の分散と標準偏差

3 枚の硬貨を同時に投げ，表の出る枚数を X とするとき，X の分散 $V(X)$ と標準偏差 $\sigma(X)$ を求めよ。〈日本福祉大〉

解　X のとりうる値は 0，1，2，3 で，そのときの確率を $P(X)$ とすると

$P(X=0)=\left(\frac{1}{2}\right)^3=\frac{1}{8}$，$P(X=1)={}_3C_1\left(\frac{1}{2}\right)^1\left(\frac{1}{2}\right)^2=\frac{3}{8}$

$P(X=2)={}_3C_2\left(\frac{1}{2}\right)^2\left(\frac{1}{2}\right)=\frac{3}{8}$，$P(X=3)=\left(\frac{1}{2}\right)^3=\frac{1}{8}$

X	0	1	2	3	計
P	$\frac{1}{8}$	$\frac{3}{8}$	$\frac{3}{8}$	$\frac{1}{8}$	1

確率分布は右上のようになる。

期待値 $E(X)$ と分散 $V(X)$ は

$$E(X)=0\times\frac{1}{8}+1\times\frac{3}{8}+2\times\frac{3}{8}+3\times\frac{1}{8}=\frac{3}{2}$$

$$V(X)=\left(0-\frac{3}{2}\right)^2\times\frac{1}{8}+\left(1-\frac{3}{2}\right)^2\times\frac{3}{8}+\left(2-\frac{3}{2}\right)^2\times\frac{3}{8}+\left(3-\frac{3}{2}\right)^2\times\frac{1}{8}$$

$$=\frac{24}{32}=\mathbf{\frac{3}{4}}$$

確率変数 X の期待値と分散

$$E(X)=\sum_{k=1}^{n}x_kp_k=m$$

$$V(X)=\sum_{k=1}^{n}(x_k-m)^2\cdot p_k$$

別解　$V(X)=0^2\times\frac{1}{8}+1^2\times\frac{3}{8}+2^2\times\frac{3}{8}+3^2\times\frac{1}{8}-\left(\frac{3}{2}\right)^2$　⬅$V(X)=E(X^2)-\{E(X)\}^2$

$$=\frac{12}{4}-\frac{9}{4}=\mathbf{\frac{3}{4}}$$

標準偏差は $\sigma(X)=\sqrt{\frac{3}{4}}=\mathbf{\frac{\sqrt{3}}{2}}$

標準偏差 $\sigma(X)$

$\sigma(X)=\sqrt{\text{分散}}=\sqrt{V(X)}$

アドバイス

- 確率変数の分散を求めるには，確率分布表をかき，まず期待値 $E(X)=m$ を求める。それから，次の分散の公式にあてはめればよい。分散の公式は，解 と 別解 の 2 つあり計算しやすいほうを使えばよい。(期待値が分数のときは別解がよい。)

これで解決！

確率変数の分散の公式 ➡ $V(X)=(x_1-m)^2p_1+(x_2-m)^2p_2+\cdots\cdots+(x_n-m)^2p_n$

$=E(X^2)-\{E(X)\}^2$　(2 乗の期待値)−(期待値の 2 乗)

練習 155 (1)　1 から 8 までの各整数をかいた 8 枚のカードから 1 枚引く。かいてある数を X とするとき，X の期待値と分散を求めよ。〈類　センター試験〉

(2)　さいころを 2 回続けて投げるとき，出た目の数の差の絶対値を X とする。X の期待値と標準偏差を求めよ。〈関西学院大〉

156 確率変数 $aX+b$ の期待値と分散

確率変数 X は 4 個の値 1，2，3，6 をとるものとする。X がそれぞれの値を等しい確率でとるとき，$2X+3$ の期待値は ☐，分散は ☐ である。 〈日本大〉

解 確率分布は次のようになる。

X	1	2	3	6	計
$P(X)$	$\frac{1}{4}$	$\frac{1}{4}$	$\frac{1}{4}$	$\frac{1}{4}$	1

確率変数 X の期待値と分散

$$E(X)=\sum_{k=1}^{n} x_k p_k = m$$

$$V(X)=\sum_{k=1}^{n} (x_k - m)^2 \cdot p_k$$

$$E(X)=1\times\frac{1}{4}+2\times\frac{1}{4}+3\times\frac{1}{4}+6\times\frac{1}{4}$$

$$=\frac{1}{4}(1+2+3+6)=3$$

$$E(2X+3)=2E(X)+3=2\times3+3=\mathbf{9}$$ ⬅$E(aX+b)=aE(X)+b$

$$V(X)=(1-3)^2\times\frac{1}{4}+(2-3)^2\times\frac{1}{4}+(3-3)^2\times\frac{1}{4}+(3-6)^2\times\frac{1}{4}$$

$$=\frac{1}{4}(4+1+9)=\frac{7}{2}$$

$$V(2X+3)=2^2\cdot V(X)=4\times\frac{7}{2}=\mathbf{14}$$ ⬅$V(aX+b)=a^2V(X)$

アドバイス

- 確率変数が $aX+b$ で表されているとき，期待値と分散は次のようになる。

$$E(aX+b)=\sum_{k=1}^{n}(ax_k+b)p_k=a\sum_{k=1}^{n}x_kp_k+b\sum_{k=1}^{n}p_k=aE(X)+b$$

$$V(aX+b)=\sum_{k=1}^{n}\{(ax_k+b)-(am+b)\}^2p_k$$

$$=a^2\sum_{k=1}^{n}(x_k-m)^2p_k=a^2V(X)$$

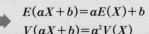

これで解決！

確率変数 $aX+b$ の期待値と分散

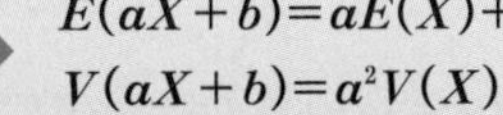

$E(aX+b)=aE(X)+b$

$V(aX+b)=a^2V(X)$

練習 156 1 から 5 までの数字を 1 つずつかいた 5 枚のカードがある。この中から同時に 2 枚のカードを取り出すとき，取り出したカードのかかれている数字の大きいほうから小さいほうを引いた値を X とする。このとき，次の問いに答えよ。

(1) $E(2X+3)$，$V(3X+1)$ の値を求めよ。

(2) $E(5X^2+3)$ の値を求めよ。 〈青山学院大〉

157 正規分布と標準化

ある高校の生徒 300 人の身長は，平均 170 cm，標準偏差 5 cm の正規分布に従うという。このとき，165 cm 以上 175 cm 以下の人は全体のおよそ何%か。また，175 cm 以上の生徒はおよそ何人いるか。

解　身長を X cm とすると，X は正規分布 $N(170,\ 5^2)$ に従うから

$Z=\dfrac{X-170}{5}$ とおくと Z は $N(0,\ 1)$ に従う。　⬅標準化する。

$X=165$ のとき，$Z=\dfrac{165-170}{5}=-1$

$X=175$ のとき，$Z=\dfrac{175-170}{5}=1$　だから

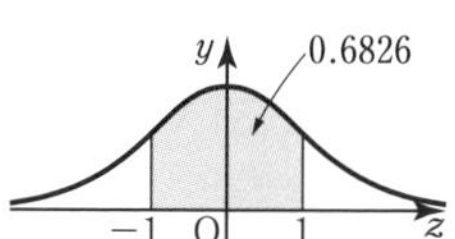

$P(165\leqq X\leqq 175)=P(-1\leqq Z\leqq 1)=0.6826$

よって，およそ **68 %**

また，$P(X\geqq 175)=P(Z\geqq 1)$

$=0.5-P(0\leqq Z\leqq 1)$

$=0.5-0.3413=0.1587$

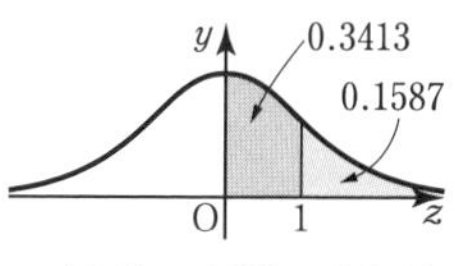

175 cm 以上の生徒数は　$300\times 0.1587=47.61$　⬅(全体の人数)×(確率)

よって，およそ **48 人**

アドバイス

- 確率変数 X が正規分布 $N(\mu,\ \sigma^2)$ に従うとき，$Z=\dfrac{X-\mu}{\sigma}$ とおいて標準化する。
- 標準化された確率変数 X は $N(0,\ 1)$ に従い，このときの確率は正規分布表から求まる。なお，よく使われる代表的な確率は次のようになる。

これで解決！

正規分布 $N(\mu,\ \sigma^2)$ に従う確率変数の標準化 ➡ $Z=\dfrac{X-\mu}{\sigma}$ とおく

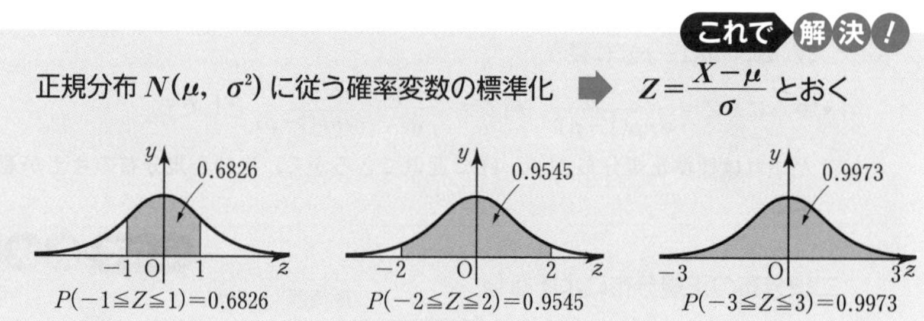

注　確率変数 X が正規分布曲線のどの範囲にあるかを確認して求めることが大切である。

練習 157　(1)　ある工場で製造される 1000 個の缶詰の重さは，平均 200 g，標準偏差 3 g の正規分布に従うという。194 g 以上 209 g 以下を規格品とするとき，規格品はおよそ何個あるか。

(2)　500 人が 100 点満点の試験を受験した結果が，平均 62 点，標準偏差 16 点の正規分布に従うという。30 点以下を不合格とすると，不合格者はおよそ何人いるか。

158 二項分布の正規分布による近似

2 枚の硬貨を同時に 48 回投げるとき，2 枚とも表の出る回数が 15 回以下となる確率を求めよ。

解 2 枚の硬貨を同時に投げるとき，2 枚とも表の出る確率は $\frac{1}{4}$ である。

2 枚とも表の出る回数を X とすると X は二項分布 $B\left(48,\ \frac{1}{4}\right)$ に従う。

二項分布
X が二項分布 $B(n,\ p)$ に従うとき
$E(X)=np$（期待値）
$V(X)=np(1-p)$（分散）
$\sigma(X)=\sqrt{np(1-p)}$（標準偏差）

$$E(X)=48\times\frac{1}{4}=12$$

$$\sigma(X)=\sqrt{48\times\frac{1}{4}\times\frac{3}{4}}=3$$

$n=48$ は十分大きな値だから

$Z=\frac{X-12}{3}$ とおくと　⬅$Z=\frac{X-\mu}{\sigma}$ で標準化

Z は近似的に正規分布 $N(0,\ 1)$ に従う。

$X=15$ のとき，$Z=\frac{15-12}{3}=1$ だから

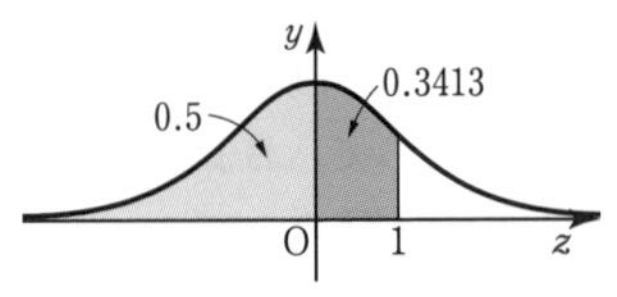

$$P(X\leqq 15)=P(Z\leqq 1)$$
$$=0.5+P(0\leqq Z\leqq 1)$$
$$=0.5+0.3413=\mathbf{0.8413}$$

アドバイス

- 確率変数 X が二項分布 $B(n,\ p)$ に従うとき，n が十分大きければ正規分布 $N(np,\ np(1-p))$ に従う。
- さらに，$Z=\frac{X-np}{\sqrt{np(1-p)}}$　⬅$Z=\frac{X-\mu}{\sigma}$ （$\mu\leftarrow np$，$\sigma\leftarrow\sqrt{np(1-p)}$）とした式

  とすれば標準正規分布 $N(0,\ 1)$ で近似できるから，次の正規分布の考えが適用できる。

これで解決！

二項分布の正規分布による近似

二項分布 $B(n,\ p)$（n が十分大きいとき） ➡ 正規分布 $N(np,\ np(1-p))$（期待値 np，分散 $np(1-p)$）

$Z=\frac{X-np}{\sqrt{np(1-p)}}$ は $N(0,\ 1)$ に従う。

練習 158　1 個のさいころを 450 回投げるとき，1 の目または 6 の目が出る回数について，次のようになる確率を求めよ。

(1)　140 回以下となる。　　(2)　160 回以上 180 回以下となる。

159 標本平均の期待値と分散

母平均 50，母標準偏差 30 の母集団から大きさ 100 の標本を無作為抽出するとき，標本平均 $\overline{X}$ が 44 以上 53 以下となる確率を求めよ。また，56 以上となる確率を求めよ。

解　$n=100$，$\mu=50$，$\sigma=30$ だから

$\overline{X}$ は正規分布 $N\left(50,\ \dfrac{30^2}{100}\right)$，すなわち $N(50,\ 3^2)$ で近似できるので

$Z=\dfrac{\overline{X}-50}{3}$ とおくと，Z は $N(0,\ 1)$ に従う。⬅$\overline{X}$ を標準化 $N(0,\ 1)$ とする。

$\overline{X}=44$ のとき，$Z=\dfrac{44-50}{3}=-2$

$\overline{X}=53$ のとき，$Z=\dfrac{53-50}{3}=1$ だから

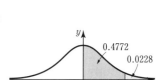

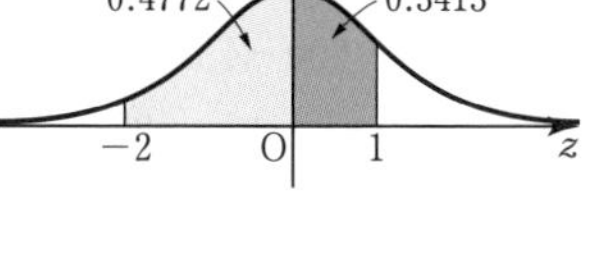

44 以上 53 以下となる確率は

$$P(44\leqq\overline{X}\leqq53)=P(-2\leqq Z\leqq1)$$
$$=P(0\leqq Z\leqq1)+P(0\leqq Z\leqq2)$$
$$=0.3413+0.4772=\mathbf{0.8185}$$

56 以上となる確率は

$$P(\overline{X}\geqq56)=P\left(Z\geqq\frac{56-50}{3}\right)=P(Z\geqq2)$$
$$=0.5-P(0\leqq Z\leqq2)=0.5-0.4772=\mathbf{0.0228}$$

アドバイス

- 母平均 μ，母標準偏差 σ の母集団から大きさ n の標本を抽出するとき，標本平均 $\overline{X}$ の期待値と標準偏差は

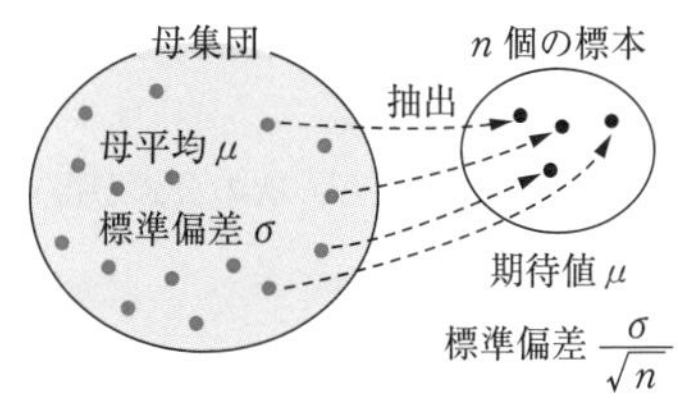

期待値：$E(\overline{X})=\mu$

標準偏差：$\sigma(\overline{X})=\dfrac{\sigma}{\sqrt{n}}$

- このことから，標本平均 $\overline{X}$ の分布は次のように標準化できる。

これで解決！

母集団				
母平均：μ 標準偏差：σ	標本平均 $\overline{X}$ の分布は →	正規分布 $N\left(\mu,\ \dfrac{\sigma^2}{n}\right)$ で近似	標準化 →	$Z=\dfrac{\overline{X}-\mu}{\dfrac{\sigma}{\sqrt{n}}}$

練習 159　母平均 120，母標準偏差 150 の母集団から大きさ 100 の標本を抽出するとき，標本平均 $\overline{X}$ が次のようになる確率を求めよ。

(1)　105 以上 135 以下となる。　　(2)　150 以上または 90 以下となる。

160 母平均の推定

A 社で製造されるピザ 100 枚を無作為に抽出して重さを測ったら，平均値 600 g，標準偏差 25 g であった。

(1) このピザの平均 μ に対する信頼度 95 %の信頼区間を求めよ。

(2) 母平均 μ に対する信頼区間の幅を 10 g 以下にするには，標本の大きさ n はどのようにすればよいか。

解 (1) 標本平均は $\overline{X}=600$，標本の大きさは $n=100$，標準偏差は $\sigma=25$ だから

$$600-\frac{1.96\times 25}{\sqrt{100}}\leqq\mu\leqq 600+\frac{1.96\times 25}{\sqrt{100}}$$

$$600-4.9\leqq\mu\leqq 600+4.9$$

よって，$\boldsymbol{595.1\leqq\mu\leqq 604.9}$

信頼度 95 %

$$\overline{X}-\frac{1.96\sigma}{\sqrt{n}}\leqq\mu\leqq\overline{X}+\frac{1.96\sigma}{\sqrt{n}}$$

(2) 信頼度 95 %の信頼区間の幅は

$2\times\dfrac{1.96\sigma}{\sqrt{n}}$ だから　$2\times\dfrac{1.96\times 25}{\sqrt{n}}\leqq 10$

$10\sqrt{n}\geqq 98$　より　$n\geqq 96.04$

よって，標本の大きさを **97 枚以上**とすればよい。

信頼度 95 %の信頼区間の幅

$$2\times\frac{1.96\sigma}{\sqrt{n}}$$

アドバイス

- 母平均 μ，母標準偏差 σ の母集団から大きさ n の標本を抽出したとき，n の大きさが十分大きければ，標本平均 $\overline{X}$ は正規分布 $N\left(\mu,\ \dfrac{\sigma^2}{n}\right)$ に従うと考えてよい。
- $Z=\dfrac{\overline{X}-\mu}{\frac{\sigma}{\sqrt{n}}}$ とおくと，$P\left(-1.96\leqq\dfrac{\overline{X}-\mu}{\frac{\sigma}{\sqrt{n}}}\leqq 1.96\right)=0.95$ となり，この式を μ について解くと，次の公式が得られる。

これで解決！

母平均 μ の推定 ➡

信頼度 95 %　$\overline{X}-\dfrac{1.96\sigma}{\sqrt{n}}\leqq\mu\leqq\overline{X}+\dfrac{1.96\sigma}{\sqrt{n}}$

信頼度 99 %　$\overline{X}-\dfrac{2.58\sigma}{\sqrt{n}}\leqq\mu\leqq\overline{X}+\dfrac{2.58\sigma}{\sqrt{n}}$

練習 160 (1) C 社で製造される缶詰 400 個を無作為に抽出して重さを測ったら，平均値 300 g，標準偏差 50 g であった。この缶詰の平均 μ に対する信頼度 95 %の信頼区間を求めよ。

(2) ある工場でつくられるパンの重さの母標準偏差 σ は 12.5 g であるという。パンの重さの平均 μ を信頼度 95 %で推定するとき，信頼区間の幅を 5 g 以下にするには，標本の大きさ n はどのようにすればよいか。

161 母比率の検定

ある植物の種子は，これまでの経験から 20 %が発芽することがわかっている。この種子を無作為に 400 個選んで発芽させたところ，60 個発芽した。今年は例年の種子と異なると考えられるか。有意水準 5 %で検定せよ。

解　帰無仮説は「発芽する数の母比率は 0.2 である」

有意水準 5 %なので $|z|>1.96$ を棄却域とする。

母比率は　$p=0.2$

標本比率は $p_0=\dfrac{60}{400}=0.15$ だから

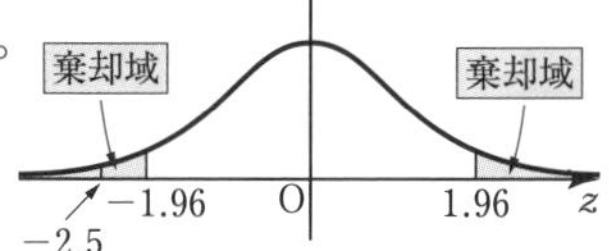

$$z=\frac{0.15-0.2}{\sqrt{\dfrac{0.2\times0.8}{400}}}=-\frac{0.05\times20}{0.4}=-2.5 \quad \Leftarrow z=\frac{p_0-p}{\sqrt{\dfrac{p(1-p)}{n}}}$$

$|z|=2.5>1.96$

z は棄却域に含まれるので仮説は棄却される。

よって，今年は例年の種子と異なると考えられる。

別解　$z=\dfrac{60-80}{\sqrt{400\times0.2\times0.8}}=-2.5$　　⬅ $\dfrac{X-np}{\sqrt{np(1-p)}}$ の式に代入

アドバイス

- 母集団の中で，ある性質をもつものの割合を p とする。この母集団から大きさ n の標本を抽出するとき，その中に含まれる性質 A をもつものの個数を X とすると，標本比率は $p_0=\dfrac{X}{n}$ である。これをもとにして母比率の検定には次の式を使う。

これで解決！

仮説 H：「母比率は p である」（帰無仮説）

母比率の検定
有意水準 5 %
➡ 母集団から大きさ n の標本を抽出。標本比率　$p_0=\dfrac{X}{n}$

$$z=\frac{p_0-p}{\sqrt{\dfrac{p(1-p)}{n}}} \cdots\cdots p_0=\frac{X}{n} \cdots\cdots\to z=\frac{X-np}{\sqrt{np(1-p)}}$$

$|z|>1.96$ のとき，仮説 H を棄却する。

$|z|\leqq1.96$ のとき，仮説 H を棄却しない。

練習161　ある病気の予防のためのワクチン A は接種した人の 75 %に効果があるといわれている。最近新しいワクチン B が開発され，それを 100 人に接種したところ 80 人に効果があった。2 つのワクチン A と B には効果の違いはあるといえるか。有意水準 5 %で検定せよ。

162 ベクトルの加法と減法

正六角形ABCDEFにおいて，ベクトル $\overrightarrow{AB}=\vec{a}$，$\overrightarrow{BC}=\vec{b}$ とするとき，次のベクトルは

$\overrightarrow{CD}=\square\vec{a}+\square\vec{b}$

$\overrightarrow{BD}=\square\vec{a}+\square\vec{b}$

$\overrightarrow{EC}=\square\vec{a}+\square\vec{b}$ となる。〈立教大〉

解 右図のように正六角形の中心をOとすると

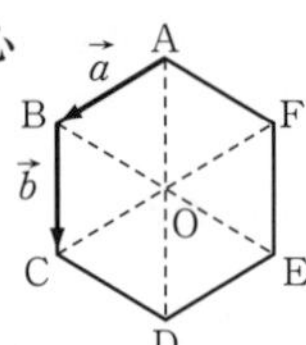

$\overrightarrow{CD}=\overrightarrow{BO}$
$=\overrightarrow{BA}+\overrightarrow{AO}$
$=\boldsymbol{-\vec{a}+\vec{b}}$

$\overrightarrow{BD}=\overrightarrow{BC}+\overrightarrow{CD}$
$=\vec{b}+(\vec{b}-\vec{a})$
$=\boldsymbol{-\vec{a}+2\vec{b}}$

$\overrightarrow{EC}=\overrightarrow{ED}+\overrightarrow{DC}$
$=\overrightarrow{ED}-\overrightarrow{CD}$
$=\vec{a}-(\vec{b}-\vec{a})$
$=\boldsymbol{2\vec{a}-\vec{b}}$

別解

$\overrightarrow{CD}=\overrightarrow{AD}-\overrightarrow{AC}$
$=2\vec{b}-(\vec{a}+\vec{b})$
$=\boldsymbol{-\vec{a}+\vec{b}}$

$\overrightarrow{BD}=\overrightarrow{AD}-\overrightarrow{AB}$
$=\boldsymbol{-\vec{a}+2\vec{b}}$

←正六角形の図形的性質を利用する。

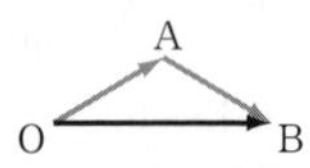

解は $\overrightarrow{OB}=\overrightarrow{OA}+\overrightarrow{AB}$ の考え方（ベクトルの和）

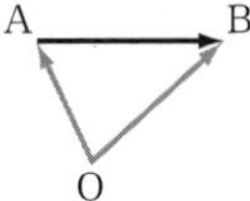

別解は $\overrightarrow{AB}=\overrightarrow{OB}-\overrightarrow{OA}$ の考え方（ベクトルの差）

アドバイス

- ベクトルの和と差は，次のような考え方が中心になっているから，自由に使えるように。また，正多角形などでは図形の性質を最大限に利用すること。

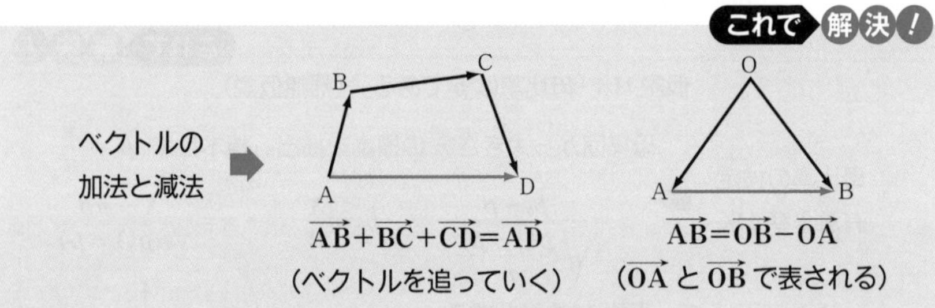

練習162 右の正六角形ABCDEFにおいて，$\overrightarrow{AB}=\vec{a}$，$\overrightarrow{AF}=\vec{b}$ とする。辺OCの中点をG，辺EFの中点をHとするとき，次のベクトルを $\vec{a}$，$\vec{b}$ で表せ。

(1) $\overrightarrow{BC}$　(2) $\overrightarrow{AH}$　(3) $\overrightarrow{CH}$　(4) $\overrightarrow{HG}$

〈類　京都産大〉

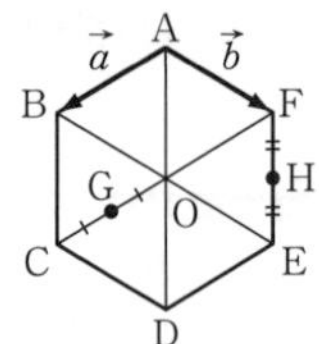

163 内分点の位置ベクトル

△OAB の辺 OB を 2：1 に内分する点を C，辺 AB を 1：3 に外分する点を D とする。$\overrightarrow{OA}=\vec{a}$，$\overrightarrow{OB}=\vec{b}$ として，次の問いに答えよ。

(1) $\overrightarrow{OC}$，$\overrightarrow{OD}$ を $\vec{a}$，$\vec{b}$ で表せ。

(2) 辺 CD を 2：3 に内分する点を P，OP の延長線と辺 AB の交点を Q とするとき，AQ：QB，OP：PQ を求めよ。〈類　東京電機大〉

解

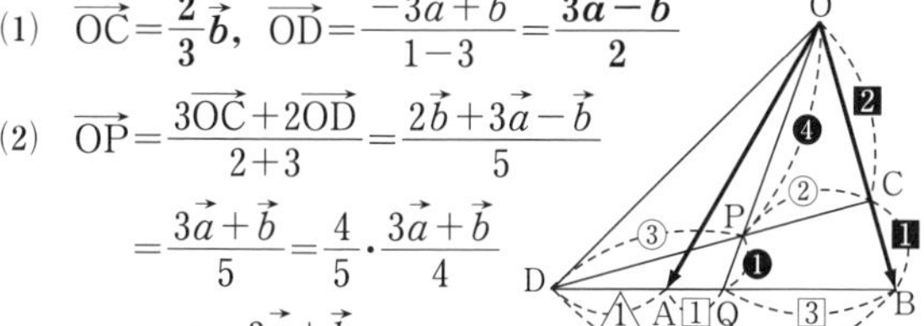

(1) $\overrightarrow{OC}=\dfrac{\mathbf{2}}{\mathbf{3}}\vec{\boldsymbol{b}}$，$\overrightarrow{OD}=\dfrac{-3\vec{a}+\vec{b}}{1-3}=\dfrac{\mathbf{3\vec{a}-\vec{b}}}{\mathbf{2}}$

(2) $\overrightarrow{OP}=\dfrac{3\overrightarrow{OC}+2\overrightarrow{OD}}{2+3}=\dfrac{2\vec{b}+3\vec{a}-\vec{b}}{5}$

$=\dfrac{3\vec{a}+\vec{b}}{5}=\dfrac{4}{5}\cdot\dfrac{3\vec{a}+\vec{b}}{4}$

より　$\overrightarrow{OQ}=\dfrac{3\vec{a}+\vec{b}}{4}$ で，

Q は AB を 1：3 に内分する点である。

よって，**AQ：QB=1：3，OP：PQ=4：1**

内分点の公式

$\vec{p}=\dfrac{n\vec{a}+m\vec{b}}{m+n}$

外分点の公式

$\vec{q}=\dfrac{-n\vec{a}+m\vec{b}}{m-n}$

アドバイス

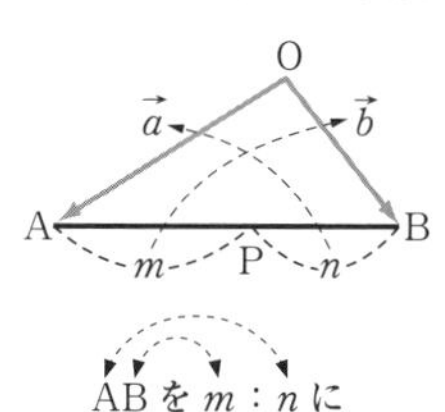

• 内分点，外分点の公式は逆の見方ができないと困る。
$\overrightarrow{OA}=\vec{a}$，$\overrightarrow{OB}=\vec{b}$ とすると
$\dfrac{2\vec{a}+\vec{b}}{3}$ は $\dfrac{2\vec{a}+\vec{b}}{1+2}$ だから，AB を 1：2 に内分した点，
$\dfrac{-2\vec{a}+5\vec{b}}{3}$ は $\dfrac{-2\vec{a}+5\vec{b}}{5-2}$ だから AB を 5：2 に外分した点である。

• 公式の覚え方は上の図のようにタスキにかけるのがふつうであるが，図によってはやりにくいこともある。そこで式だけで考える場合，分子は“中と中，外と外”を掛けると覚えておくとよい。

これで解決！

内分点 $\vec{p}=\dfrac{n\vec{a}+m\vec{b}}{m+n}$

(外分点は n を $-n$ にする)

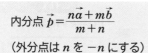

練習163　△OAB において，辺 OA を 2：3 に内分する点を C，辺 OB を 2：1 に内分する点を D，CD の中点を E とする。$\overrightarrow{OA}=\vec{a}$，$\overrightarrow{OB}=\vec{b}$ として，次の問いに答えよ。

(1) $\overrightarrow{OE}$ を $\vec{a}$，$\vec{b}$ で表せ。

(2) OE の延長線と辺 AB の交点を F とするとき，OE：EF，AF：FB を求めよ。

(3) CD を 9：5 に外分する点を G とするとき，AB：BG を求めよ。

〈類　青山学院大〉

164 3点が同一直線上にある条件

平行四辺形ABCDの辺ABの延長上に点Pを $\overrightarrow{BP}=2\overrightarrow{AB}$ となるようにとる。対角線ACを3：1に内分する点をQとするとき，P，Q，Dは同一直線上にあることを示せ。 〈中央大〉

解 $\overrightarrow{AB}=\vec{a}$，$\overrightarrow{AD}=\vec{b}$ とすると

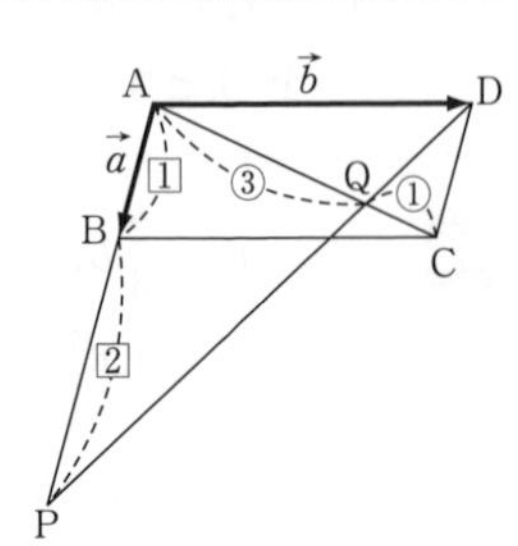

$\overrightarrow{AP}=3\vec{a}$，$\overrightarrow{AQ}=\dfrac{3}{4}(\vec{a}+\vec{b})$

$$\overrightarrow{PQ}=\overrightarrow{AQ}-\overrightarrow{AP}=\frac{3}{4}(\vec{a}+\vec{b})-3\vec{a}=-\frac{3}{4}(3\vec{a}-\vec{b})$$

$$\overrightarrow{PD}=\overrightarrow{AD}-\overrightarrow{AP}=\vec{b}-3\vec{a}=-(3\vec{a}-\vec{b})$$

よって，$\overrightarrow{PQ}=\dfrac{3}{4}\overrightarrow{PD}$ が成り立つから

P，Q，Dは同一直線上にある。

アドバイス

- 図形の問題をベクトルで考える場合，平面なら平行でない基本となる2つのベクトルが設定される。次に考えることは，この2つのベクトルで，問題の中のすべてのベクトルを表すことだ。
  この考え方は，すべてのベクトルの問題にいえる重要な方針になる。
- 2つのベクトルは，たいていは問題の中で，設定されているが，自分で設定する場合は図形上の1点を始点にとって，右図のように設定するとよい。

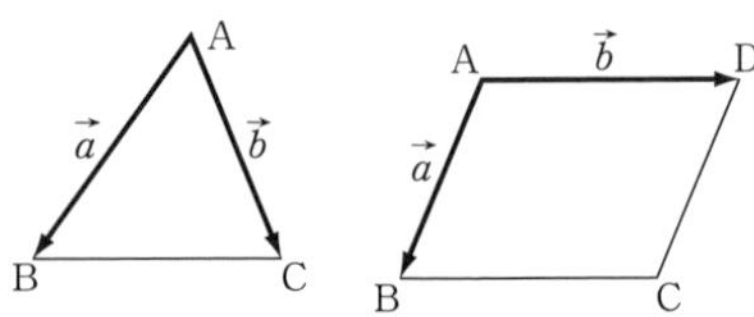

- この例題でも，$\overrightarrow{PQ}$ と $\overrightarrow{PD}$ を設定された $\vec{a}$，$\vec{b}$ で表せば同一直線上にある条件 $\overrightarrow{PQ}=k\overrightarrow{PD}$ が自然に示せる。

これで解決！

3点P，Q，Rが同一直線上にある条件
$\overrightarrow{PQ}$，$\overrightarrow{PR}$ を設定した2つのベクトルで表し ➡ $\overrightarrow{PQ}=k\overrightarrow{PR}$ を示す。

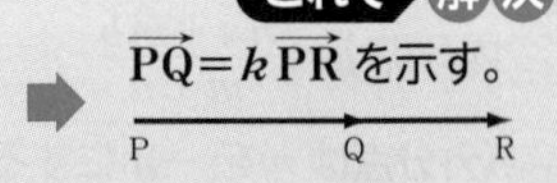

練習164 △ABCにおいて，辺ABを2：3に内分する点をP，辺BCを2：1に内分する点をQ，さらに，線分AQを2：1に内分する点をRとする。このとき，3点P，R，Cは同一直線上にあることを示し，比PR：RCを最も簡単な整数比で表せ。 〈長崎総合科学大〉

165 座標とベクトルの成分

4点 A(1, 0), B(−1, 2), C(−3, −1), P(a, b) が $\overrightarrow{PA}=\overrightarrow{PB}+\overrightarrow{PC}$ を満たすとき，$a=$□，$b=$□。　〈千葉工大〉

解　$\overrightarrow{PA}=(1-a,\ -b)$，$\overrightarrow{PB}=(-1-a,\ 2-b)$，$\overrightarrow{PC}=(-3-a,\ -1-b)$

$\overrightarrow{PA}=\overrightarrow{PB}+\overrightarrow{PC}$ だから

$(1-a,\ -b)=(-1-a,\ 2-b)+(-3-a,\ -1-b)$

$\qquad=(-4-2a,\ 1-2b)$

$1-a=-4-2a$ ……①，　$-b=1-2b$ ……②　　⬅x 成分，y 成分どうしを等しくおく。

①，②より　$\boldsymbol{a=-5,\ b=1}$

アドバイス

- 2点 A，B の座標が与えられたとき，座標を成分とみると，$\overrightarrow{AB}$ は x 成分の差と y 成分の差で表され，図形をベクトルで考える上で基本となるものだ。

A(x_1, y_1), B(x_2, y_2) のとき ➡ $\overrightarrow{AB}=(x_2-x_1,\ y_2-y_1)$
（x_2-x_1：x 成分の差，y_2-y_1：y 成分の差）

練習165　4点 A(−2, 1), B(a, 4), C(4, b), D(−1, 3) を頂点とする四角形 ABCD が平行四辺形となるようにベクトルを用いて，a，b の値を定めよ。　〈類　工学院大〉

166 $\vec{c}=m\vec{a}+n\vec{b}$ を満たす m，n

$\vec{a}=(1,\ 2)$，$\vec{b}=(3,\ 1)$，$\vec{c}=(1,\ -3)$ に対して $m\vec{a}+n\vec{b}=\vec{c}$ となる実数 m，n の値を求めよ。　〈追手門学院大〉

解　$m(1,\ 2)+n(3,\ 1)=(1,\ -3)$　　⬅$m\vec{a}+n\vec{b}=\vec{c}$ に成分をあてはめる。

$(m+3n,\ 2m+n)=(1,\ -3)$

x 成分，y 成分を等しくおいて

$m+3n=1$ ……①，　$2m+n=-3$ ……②　　⬅①，②の連立方程式を解く。

①，②を解いて，$\boldsymbol{m=-2,\ n=1}$

アドバイス

- 平面上の任意のベクトル $\vec{c}$ は2つのベクトル $\vec{a}$，$\vec{b}$ ($\vec{a}\neq\vec{0}$, $\vec{b}\neq\vec{0}$, $\vec{a}\not\parallel\vec{b}$) を使って，$\vec{c}=m\vec{a}+n\vec{b}$ の形で表される。

これで解決！

$\vec{c}=m\vec{a}+n\vec{b}$ ➡ x 成分，y 成分を比較，m，n の連立方程式に

練習166　ベクトル $\vec{a}=(-1,\ 2)$，$\vec{b}=(2,\ 1)$ について，ベクトル $\vec{p}=(-7,\ 4)$ を $\vec{a}$，$\vec{b}$ を用いて表せ。　〈福井工大〉

167 ベクトルの内積・なす角・大きさ

$|\vec{a}|=2$, $|\vec{b}|=\sqrt{3}$, $|\vec{a}-\vec{b}|=1$ であるとき，次の問いに答えよ。

(1) $\vec{a}$, $\vec{b}$ のなす角 θ を求めよ。

(2) $|2\vec{a}-3\vec{b}|$ の値を求めよ。　　〈岡山理科大〉

解 (1) $|\vec{a}-\vec{b}|^2=|\vec{a}|^2-2\vec{a}\cdot\vec{b}+|\vec{b}|^2$

$=4-2\vec{a}\cdot\vec{b}+3=1$　　よって，$\vec{a}\cdot\vec{b}=3$

これは誤り
$|\vec{a}-\vec{b}|^2=|\vec{a}|^2+|\vec{b}|^2$

$$\cos\theta=\frac{\vec{a}\cdot\vec{b}}{|\vec{a}||\vec{b}|}=\frac{3}{2\cdot\sqrt{3}}=\frac{\sqrt{3}}{2}$$

$0°\leqq\theta\leqq180°$　より　$\boldsymbol{\theta=30°}$

⬅ベクトルのなす角は $0°\leqq\theta\leqq180°$ である。

(2) $|2\vec{a}-3\vec{b}|^2=4|\vec{a}|^2-12\vec{a}\cdot\vec{b}+9|\vec{b}|^2$

$=4\cdot4-12\cdot3+9\cdot3=7$

よって，$\boldsymbol{|2\vec{a}-3\vec{b}|=\sqrt{7}}$

アドバイス

- ベクトルの内積の定義は

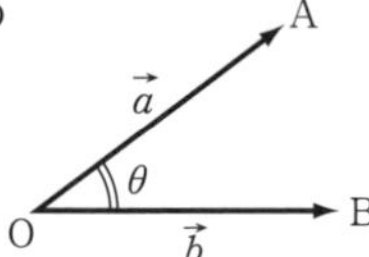

$$\vec{a}\cdot\vec{b}=|\vec{a}||\vec{b}|\cos\theta$$

であるが，この定義をみてもわかるように， 内　積 大きさ なす角 は密接な関係がある。そしてこの関係がからんだ問題はきわめて多い。

- $\vec{a}+k\vec{b}$ の大きさを求めるには絶対値をつけて平方する。このとき，$|\vec{a}+k\vec{b}|^2=|\vec{a}|^2+2k\boldsymbol{\vec{a}\cdot\vec{b}}+k^2|\vec{b}|^2$ となり，$\vec{a}\cdot\vec{b}$ の内積が出てくることに注意する必要がある。なお，$|\vec{a}+k\vec{b}|^2=|\vec{a}|^2+2k|\vec{a}||\vec{b}|+k^2|\vec{b}|^2$ の誤りも見かける。

これで解決！

ベクトルの内積と なす角・大きさ

$\vec{a}\cdot\vec{b}=|\vec{a}||\vec{b}|\cos\theta \Longleftrightarrow \cos\theta=\dfrac{\vec{a}\cdot\vec{b}}{|\vec{a}||\vec{b}|}$

$|\vec{a}+k\vec{b}|^2=|\vec{a}|^2+2k\vec{a}\cdot\vec{b}+k^2|\vec{b}|^2$ として

$|\vec{a}|$, $|\vec{b}|$, $\vec{a}\cdot\vec{b}$ はもうベクトルでない。

練習167 (1) $|\vec{a}|=4$, $|\vec{b}|=5$, $(2\vec{a}+\vec{b})\cdot(\vec{a}-2\vec{b})=12$ であるとき，$\vec{a}\cdot\vec{b}=$ □，$\vec{a}$ と $\vec{b}$ のなす角は □，$|2\vec{a}+\vec{b}|=$ □ である。　　〈千葉工大〉

(2) 平面上の 3 点 A，B，C に対して $|\overrightarrow{AB}|=1$, $|\overrightarrow{AC}|=5$, $\overrightarrow{AB}\cdot\overrightarrow{AC}=3$ である。$|\overrightarrow{BC}|$ を求めよ。　　〈福岡教育大〉

(3) 平面上の 2 つのベクトル $\vec{p}$, $\vec{q}$ が $|\vec{p}+\vec{q}|=\sqrt{13}$, $|\vec{p}-\vec{q}|=1$, $|\vec{p}|=\sqrt{3}$ を満たしている。このとき，内積 $\vec{p}\cdot\vec{q}$ は □ であり，$\vec{p}$ と $\vec{q}$ のなす角 θ は □° である。　　〈慶応大〉

168 成分による大きさ・なす角・垂直・平行

$\vec{a}=(1,\ 2)$, $\vec{b}=(3,\ 1)$, $\vec{c}=(x,\ -1)$ のとき，次の問いに答えよ。

(1) $2\vec{a}-\vec{b}$ の大きさを求めよ。　〈類　北海道工大〉

(2) $\vec{a}$ と $\vec{b}$ のなす角 θ を求めよ。

(3) $\vec{a}$ と $2\vec{b}-\vec{c}$ が垂直になるように x の値を求めよ。

(4) $\vec{a}+2\vec{b}$ と $\vec{a}-2\vec{c}$ が平行になるように x の値を求めよ。

解

(1) $2\vec{a}-\vec{b}=2(1,\ 2)-(3,\ 1)=(-1,\ 3)$

よって，$|2\vec{a}-\vec{b}|=\sqrt{(-1)^2+3^2}=\mathbf{\sqrt{10}}$

(2) $\cos\theta=\dfrac{1\times3+2\times1}{\sqrt{1^2+2^2}\sqrt{3^2+1^2}}=\dfrac{1}{\sqrt{2}}$

$0^\circ\leqq\theta\leqq180^\circ$ より　$\boldsymbol{\theta=45^\circ}$

(3) $2\vec{b}-\vec{c}=(6-x,\ 3)$

$\vec{a}\cdot(2\vec{b}-\vec{c})=1\times(6-x)+2\times3=0$　⬅垂直条件 $\Longleftrightarrow$ 内積$=0$

$-x+12=0$

よって，$\boldsymbol{x=12}$

(4) $\vec{a}+2\vec{b}=(7,\ 4)$,　$\vec{a}-2\vec{c}=(1-2x,\ 4)$　⬅平行条件 $\vec{a}+2\vec{b}=k(\vec{a}-2\vec{c})$

$(1-2x,\ 4)=k(7,\ 4)$ となればよい。

$1-2x=7k$,　$4=4k$　より　$k=1$

よって，$\boldsymbol{x=-3}$

アドバイス

◤成分で表されたベクトルの演算公式◢

• ベクトルが成分で表されている場合，ベクトルの計算は当然成分での計算になる。その場合に使われる公式は，次の式だから確実に使えるようにしよう。

これで解決！

$\vec{a}=(a_1,\ a_2)$, $\vec{b}=(b_1,\ b_2)$ のとき

大きさ　$|\vec{a}|=\sqrt{a_1^2+a_2^2}$

内　積　$\vec{a}\cdot\vec{b}=a_1b_1+a_2b_2$

垂　直　$\vec{a}\perp\vec{b}\Longleftrightarrow\vec{a}\cdot\vec{b}=0$

平　行　$\vec{a}\parallel\vec{b}\Longleftrightarrow(a_1,\ a_2)=k(b_1,\ b_2)$

なす角

$\cos\theta=\dfrac{a_1b_1+a_2b_2}{\sqrt{a_1^2+a_2^2}\sqrt{b_1^2+b_2^2}}$

練習168　2つのベクトル $\vec{a}=(1,\ x)$, $\vec{b}=(2,\ -1)$ について，次の問いに答えよ。

(1) $\vec{a}+\vec{b}$ と $2\vec{a}-3\vec{b}$ が垂直であるとき，x の値を求めよ。

(2) $\vec{a}+\vec{b}$ と $2\vec{a}-3\vec{b}$ が平行であるとき，x の値を求めよ。

(3) $\vec{a}$ と $\vec{b}$ のなす角が 60° であるとき，x の値を求めよ。　〈静岡大〉

169 三角形の面積の公式

△ABC において，$\overrightarrow{AB}=\vec{a}$，$\overrightarrow{AC}=\vec{b}$，∠BAC$=\theta$ とするとき，次の問いに答えよ。

(1) $\sin\theta$ を $\vec{a}$，$\vec{b}$ で表せ。

(2) △ABC の面積 S を $\vec{a}$，$\vec{b}$ で表せ。　〈類　熊本女子大〉

解 (1) ベクトル $\vec{a}$，$\vec{b}$ のなす角の公式より

$\cos\theta=\dfrac{\vec{a}\cdot\vec{b}}{|\vec{a}||\vec{b}|}$，　$\sin^2\theta+\cos^2\theta=1$　だから

$$\sin\theta=\sqrt{1-\cos^2\theta}=\sqrt{1-\left(\frac{\vec{a}\cdot\vec{b}}{|\vec{a}||\vec{b}|}\right)^2}$$

$$=\boldsymbol{\frac{\sqrt{|\vec{a}|^2|\vec{b}|^2-(\vec{a}\cdot\vec{b})^2}}{|\vec{a}||\vec{b}|}}$$

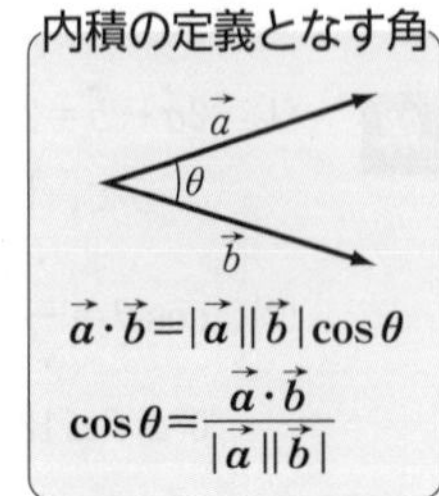

内積の定義となす角
$\vec{a}$
θ
$\vec{b}$
$\vec{a}\cdot\vec{b}=|\vec{a}||\vec{b}|\cos\theta$
$\cos\theta=\dfrac{\vec{a}\cdot\vec{b}}{|\vec{a}||\vec{b}|}$

(2) $S=\dfrac{1}{2}|\vec{a}||\vec{b}|\sin\theta=\dfrac{1}{2}|\vec{a}||\vec{b}|\dfrac{\sqrt{|\vec{a}|^2|\vec{b}|^2-(\vec{a}\cdot\vec{b})^2}}{|\vec{a}||\vec{b}|}$　⬅$S=\dfrac{1}{2}\mathrm{AB}\cdot\mathrm{AC}\cdot\sin\theta$

$$=\boldsymbol{\frac{1}{2}\sqrt{|\vec{a}|^2|\vec{b}|^2-(\vec{a}\cdot\vec{b})^2}}$$

アドバイス

- これは三角形の面積を求める公式として大変重要である。平面ベクトルでも，空間ベクトルでも使えるから必ず覚えておくこと。
- $\vec{a}=(a_1,\ a_2)$，$\vec{b}=(b_1,\ b_2)$ の成分で示されているとき，

$$S=\frac{1}{2}\sqrt{(a_1{}^2+a_2{}^2)(b_1{}^2+b_2{}^2)-(a_1b_1+a_2b_2)^2}$$

$$=\frac{1}{2}\sqrt{a_1{}^2b_2{}^2-2a_1a_2b_1b_2+a_2{}^2b_1{}^2}=\frac{1}{2}\sqrt{(a_1b_2-a_2b_1)^2}=\boldsymbol{\frac{1}{2}|a_1b_2-a_2b_1|}$$

としても表せる。これも利用価値のある式だ。

これで解決！

三角形の面積 ➡ $S=\dfrac{1}{2}|\vec{a}||\vec{b}|\sin\theta$

$S=\dfrac{1}{2}\sqrt{|\vec{a}|^2|\vec{b}|^2-(\vec{a}\cdot\vec{b})^2}$

$S=\dfrac{1}{2}|a_1b_2-a_2b_1|$

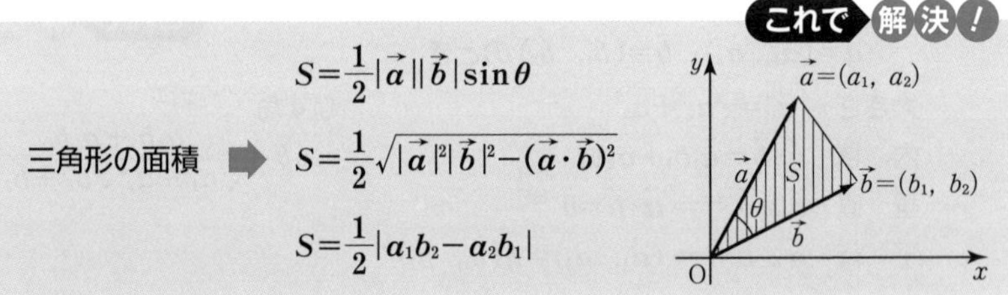

練習169　△OAB において，辺 AB を 2：1 に内分する点を C とし，OA=7，OB=6，OC=5 とする。$\overrightarrow{OA}=\vec{a}$，$\overrightarrow{OB}=\vec{b}$，$\overrightarrow{OC}=\vec{c}$ とするとき，次の問いに答えよ。

(1) $\vec{a}$，$\vec{b}$ を用いて $\vec{c}$ を表せ。　(2) 内積 $\vec{a}\cdot\vec{b}$ の値を求めよ。

(3) △OAB の面積を求めよ。　〈山口大〉

170 △ABC：$a\overrightarrow{\mathrm{PA}}+b\overrightarrow{\mathrm{PB}}+c\overrightarrow{\mathrm{PC}}=\vec{0}$ の点 P の位置と面積比

△ABC の内部の点 P が $3\overrightarrow{\mathrm{PA}}+2\overrightarrow{\mathrm{PB}}+\overrightarrow{\mathrm{PC}}=\vec{0}$ を満たしている。次の問いに答えよ。

(1) 直線 AP と辺 BC の交点を D とするとき，BD：DC を求めよ。

(2) △PBC：△PCA：△PAB の面積比を求めよ。〈信州大〉

解 (1) $-3\overrightarrow{\mathrm{AP}}+2(\overrightarrow{\mathrm{AB}}-\overrightarrow{\mathrm{AP}})+(\overrightarrow{\mathrm{AC}}-\overrightarrow{\mathrm{AP}})=\vec{0}$　⬅すべて A を始点とするベクトル $\overrightarrow{\mathrm{AB}}$，$\overrightarrow{\mathrm{AC}}$ で表す。

$6\overrightarrow{\mathrm{AP}}=2\overrightarrow{\mathrm{AB}}+\overrightarrow{\mathrm{AC}}$

$\overrightarrow{\mathrm{AP}}=\dfrac{2\overrightarrow{\mathrm{AB}}+\overrightarrow{\mathrm{AC}}}{6}=\dfrac{1}{2}\cdot\dfrac{2\overrightarrow{\mathrm{AB}}+\overrightarrow{\mathrm{AC}}}{3}$　⬅内分点を表すように変形する。

$\dfrac{2\overrightarrow{\mathrm{AB}}+\overrightarrow{\mathrm{AC}}}{3}$ は BC を 1：2 に内分する点を表すから

交点 D は BC を 1：2 に内分する点である。

よって，BD：DC＝**1：2**

面積比
高さが同じなら ↓ 底辺の比
底辺が同じなら ↓ 高さの比

(2) (1)より $\overrightarrow{\mathrm{AP}}=\dfrac{1}{2}\overrightarrow{\mathrm{AD}}$ と表せるから，

P は AD の中点である。

△PAB＝S とすると，

右図より

△PBC＝$3S$，△PCA＝$2S$

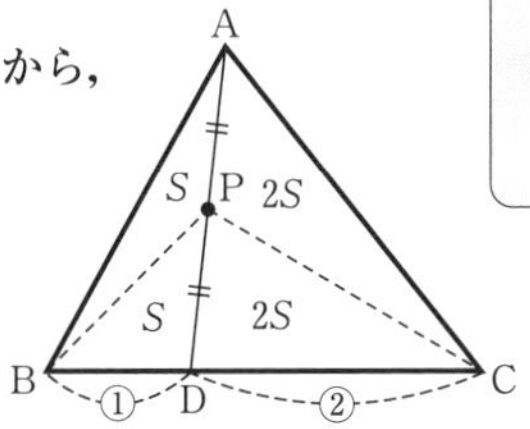

よって，△PBC：△PCA：△PAB＝**3：2：1**

A
S　P　2S
S　2S
B　①　D　②　C

アドバイス

- △ABC に関するベクトルの問題では，ほとんどの問題が始点を A にそろえて，2 つのベクトル $\overrightarrow{\mathrm{AB}}$，$\overrightarrow{\mathrm{AC}}$ で表すことで解決できる，といっても過言ではない。
- $\dfrac{n\overrightarrow{\mathrm{AB}}+m\overrightarrow{\mathrm{AC}}}{k}$ の式を $\overrightarrow{\mathrm{AB}}$ と $\overrightarrow{\mathrm{AC}}$ の係数 n と m の和 $m+n$ を分母にして

$\dfrac{n\overrightarrow{\mathrm{AB}}+m\overrightarrow{\mathrm{AC}}}{k}=\dfrac{m+n}{k}\cdot\dfrac{n\overrightarrow{\mathrm{AB}}+m\overrightarrow{\mathrm{AC}}}{m+n}$ ←（m：n に内分する点）の形に変形するのがポイント

これで解決！

$a\overrightarrow{\mathrm{PA}}+b\overrightarrow{\mathrm{PB}}+c\overrightarrow{\mathrm{PC}}=\vec{0}$ のとき

点 P の位置 ➡ 始点を A にそろえ $\overrightarrow{\mathrm{AB}}$，$\overrightarrow{\mathrm{AC}}$ で内分点の式にすれば点 P の位置が見えてくる

面　積　比 ➡ 三角形の一番小さい面積を S とおくとわかりやすい

練習 170　△ABC 内に点 P があり，$3\overrightarrow{\mathrm{PA}}+5\overrightarrow{\mathrm{PB}}+7\overrightarrow{\mathrm{PC}}=\vec{0}$ のとき，

$\overrightarrow{\mathrm{AP}}=\dfrac{\square\overrightarrow{\mathrm{AB}}+\square\overrightarrow{\mathrm{AC}}}{\square}$，直線 AP と直線 BC の交点を D とすると，

BD：DC＝□：□ であり，三角形の面積について，

△PAB：△PBC：△PCA＝□：□：□ である。〈明治大〉

171 角の２等分線と三角形の内心のベクトル

AB=4, BC=3, AC=2 の三角形 ABC について，∠A の２等分線が辺 BC と交わる点を D，∠B の２等分線と AD の交点を I とする。

(1) ベクトル $\overrightarrow{AD}$ を $\overrightarrow{AB}$, $\overrightarrow{AC}$ で表せ。

(2) ベクトル $\overrightarrow{AI}$ を $\overrightarrow{AB}$, $\overrightarrow{AC}$ で表せ。〈岡山理科大〉

解 (1) AD が ∠A の２等分線だから

←内心は３つの頂角の２等分線の交点

BD : DC = AB : AC = 2 : 1

よって，$\overrightarrow{AD}=\dfrac{1\cdot\overrightarrow{AB}+2\cdot\overrightarrow{AC}}{2+1}=\boldsymbol{\dfrac{1}{3}\overrightarrow{AB}+\dfrac{2}{3}\overrightarrow{AC}}$

(2) $BD=3\times\dfrac{2}{3}=2$ だから

AI : ID = BA : BD = 4 : 2 = 2 : 1

よって，$\overrightarrow{AI}=\dfrac{2}{3}\overrightarrow{AD}=\dfrac{2}{3}\left(\dfrac{1}{3}\overrightarrow{AB}+\dfrac{2}{3}\overrightarrow{AC}\right)$

$=\boldsymbol{\dfrac{2}{9}\overrightarrow{AB}+\dfrac{4}{9}\overrightarrow{AC}}$

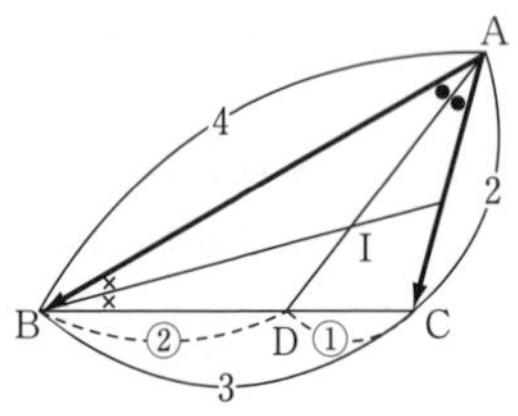

アドバイス

- ここで求めた点 I は，三角形の内心であり，内心は３つの内角の２等分線の交点である。
- ベクトルで内心を求めるには，ベクトル方程式を使うより，角の２等分線の性質を使って右図のように線分の比から求めるのがよい。
- このとき，次のように角を２等分するベクトルを内分点の公式を使って表すことを知らないと終わってしまう。この式は頻出最重要！

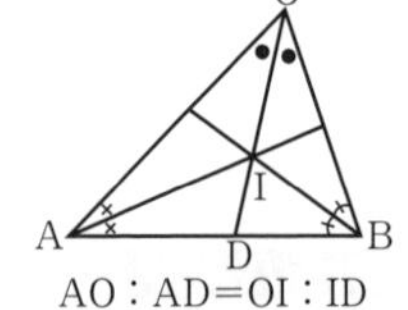

AO : AD = OI : ID

これで解決！

△OAB について

角の２等分線 ➡ $\overrightarrow{OC}=\dfrac{b\overrightarrow{OA}+a\overrightarrow{OB}}{a+b}$

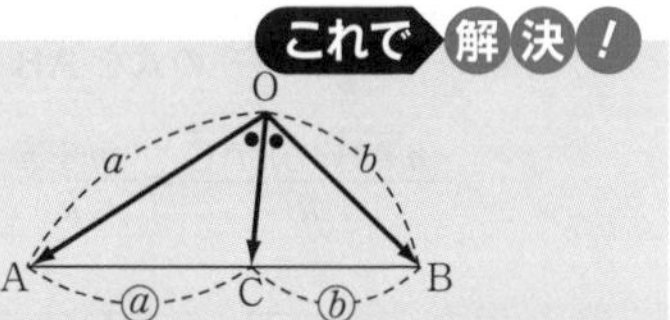

練習171 OA=4, OB=5, $\overrightarrow{OA}\cdot\overrightarrow{OB}=\dfrac{5}{2}$ である三角形 OAB に対し，次の問いに答えよ。

(1) AB の長さを求めよ。

(2) ∠AOB の２等分線と辺 AB の交点を P，∠OAB の２等分線と辺 OB の交点を Q とする。$\overrightarrow{OP}$, $\overrightarrow{OQ}$ を $\overrightarrow{OA}$, $\overrightarrow{OB}$ で表せ。

(3) 三角形 OAB の内心を I とする。$\overrightarrow{OI}$ を $\overrightarrow{OA}$, $\overrightarrow{OB}$ で表せ。〈大阪府立大〉

172 線分，直線 AB 上の点の表し方

$\triangle$OAB において，OA=1，OB=2，$\angle$AOB=120° である。点 O から辺 AB に下ろした垂線を OH とする。$\overrightarrow{OA}=\vec{a}$，$\overrightarrow{OB}=\vec{b}$ とするとき，$\overrightarrow{OH}$ を $\vec{a}$，$\vec{b}$ で表せ。〈類　東京電機大〉

点 H は辺 AB 上の点だから

$\overrightarrow{OH}=(1-t)\vec{a}+t\vec{b}$

と表せる。

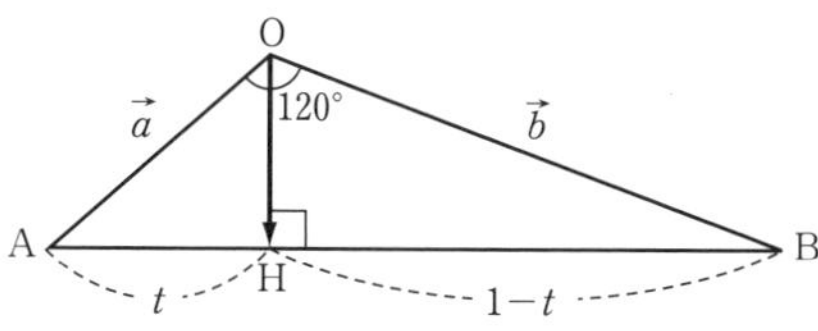

$\overrightarrow{OH}\perp\overrightarrow{AB}$ より $\overrightarrow{OH}\cdot\overrightarrow{AB}=0$

$\{(1-t)\vec{a}+t\vec{b}\}\cdot(\vec{b}-\vec{a})=0$

$(t-1)|\vec{a}|^2+(1-2t)\vec{a}\cdot\vec{b}+t|\vec{b}|^2=0$

$|\vec{a}|=1$，$|\vec{b}|=2$，

$\vec{a}\cdot\vec{b}=1\cdot2\cdot\cos120°=-1$ だから

⬅$|\vec{a}|$，$|\vec{b}|$，$\vec{a}\cdot\vec{b}$ の値を必ず確認する。

$t-1-(1-2t)+4t=0$

$7t=2$ より $t=\dfrac{2}{7}$

よって，$\overrightarrow{OH}=\dfrac{5}{7}\vec{a}+\dfrac{2}{7}\vec{b}$

アドバイス

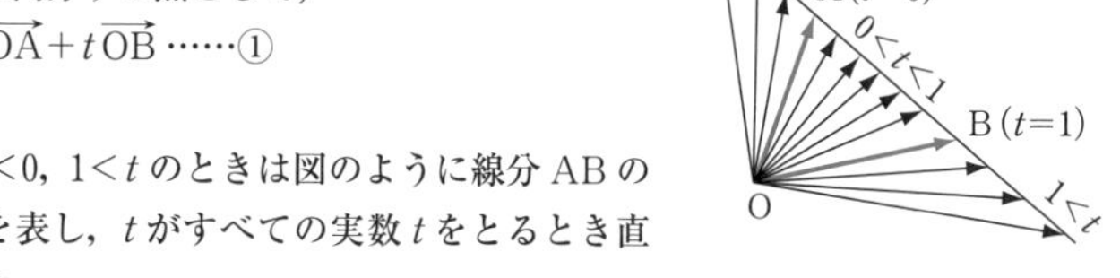

- 線分 AB 上の任意の点 P は，AP：PB$=t:(1-t)$ $(0<t<1)$ に内分する点として，
  $\overrightarrow{OP}=(1-t)\overrightarrow{OA}+t\overrightarrow{OB}$ ……①
  と表した。
- この式は，$t<0$，$1<t$ のときは図のように線分 AB の延長上の点を表し，t がすべての実数 t をとるとき直線 AB を表す。
- 線分や直線上の任意の点は，ベクトルを使うと①の式で表せるから，条件を満たす未知の点を求めるには，この式からスタートする。

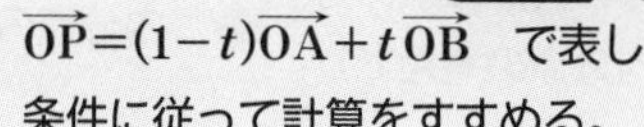

これで解決！

線分や直線 AB 上の点 P は ➡ $\overrightarrow{OP}=(1-t)\overrightarrow{OA}+t\overrightarrow{OB}$ で表し条件に従って計算をすすめる。

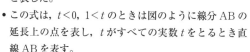

練習 172　O を原点とする平面上に 2 点 A，B があり，$|\overrightarrow{OA}|=4$，$|\overrightarrow{OB}|=6$，$\angle$AOB=60° である。原点 O から直線 AB に下ろした垂線を OH とするとき，ベクトル $\overrightarrow{OH}$ を $\overrightarrow{OA}$，$\overrightarrow{OB}$ で表せ。〈鳥取大〉

173 線分の交点の求め方（内分点の考えで）

△ABC の辺 AB を 3：2 に内分する点を M，辺 AC を 2：1 に内分する点を N，CM と BN の交点を P とするとき，$\overrightarrow{AP}$ を $\overrightarrow{AB}$，$\overrightarrow{AC}$ を用いて表せ。 〈東京薬大〉

解 (1) BP：PN$=s:(1-s)$,

CP：PM$=t:(1-t)$ とおく。

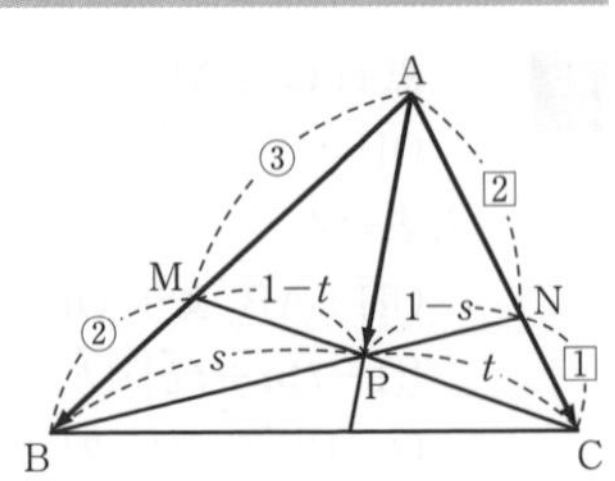

$\overrightarrow{AP}=(1-s)\overrightarrow{AB}+s\overrightarrow{AN}$

$=(1-s)\overrightarrow{AB}+\dfrac{2}{3}s\overrightarrow{AC}$ ……①

$\overrightarrow{AP}=(1-t)\overrightarrow{AC}+t\overrightarrow{AM}$

$=\dfrac{3}{5}t\overrightarrow{AB}+(1-t)\overrightarrow{AC}$ ……②

$\overrightarrow{AB}$，$\overrightarrow{AC}$ は 1 次独立だから①＝② より

$1-s=\dfrac{3}{5}t$ ……③，$\dfrac{2}{3}s=1-t$ ……④　⬅$\overrightarrow{AB}$ と $\overrightarrow{AC}$ の係数を等しくおく。

③，④を解いて，$s=\dfrac{2}{3}$，$t=\dfrac{5}{9}$

よって，$\boldsymbol{\overrightarrow{AP}=\dfrac{1}{3}\overrightarrow{AB}+\dfrac{4}{9}\overrightarrow{AC}}$

アドバイス

◤$s:(1-s)$，$t:(1-t)$ とおく交点の求め方◢

- ベクトルによって線分（直線）の交点を求める代表的なもの。これは，xy 座標平面で，2 直線の交点を求めることと同じで，次の考え方に従って解く。
- 内分点の考えから，一方の線分を $\boldsymbol{s:(1-s)}$，もう一方を $\boldsymbol{t:(1-t)}$ で表す。
- 線分と線分の交点は 2 通りで表したベクトルの一致した点だから，1 次独立の考えで係数を比較し s と t の連立方程式を解く。
- 求めた s か t どちらかの値をもとの式に代入する。

これで解決！

線分の交点の求め方（内分点の考えで） ➡ 内分点の比 $\begin{cases} \boldsymbol{s:(1-s)} \\ \boldsymbol{t:(1-t)} \end{cases}$ の2通りで表せ

注意　内分点の式は，直線のベクトル方程式 $\vec{p}=(1-s)\vec{a}+s\vec{b}$ で $0<s<1$ の場合である。

練習 173　平行四辺形 ABCD において，辺 AB を 2：1 に内分する点を E，辺 BC の中点を F，辺 CD の中点を G とする。線分 CE と線分 FG の交点を H とすると，$\overrightarrow{AH}=$［　　］$\overrightarrow{AB}+$［　　］$\overrightarrow{AD}$ となる。 〈立教大〉

174 直線の方程式 $\overrightarrow{\mathrm{OP}}=s\overrightarrow{\mathrm{OA}}+t\overrightarrow{\mathrm{OB}}$ $(s+t=1)$

平面上に△OABと点Pがあり，$\overrightarrow{\mathrm{OP}}=s\overrightarrow{\mathrm{OA}}+t\overrightarrow{\mathrm{OB}}$ と表す。s，t が次の条件を満たすとき，Pはどんな図形上にあるか。

(1)　$s+t=1$　　　　(2)　$3s+4t=2$　　〈類　東北学院大〉

(1)　**2点A，Bを通る直線上。**

(2)　$3s+4t=2$ の両辺を2で割って

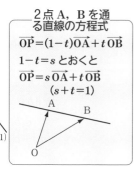

$$\frac{3}{2}s+2t=1$$

$$\overrightarrow{\mathrm{OP}}=\frac{3}{2}s\cdot\frac{2}{3}\overrightarrow{\mathrm{OA}}+2t\cdot\frac{1}{2}\overrightarrow{\mathrm{OB}}$$

と変形できるから

Pは $\frac{2}{3}\overrightarrow{\mathrm{OA}}$ と $\frac{1}{2}\overrightarrow{\mathrm{OB}}$ の

終点を通る直線上にある。

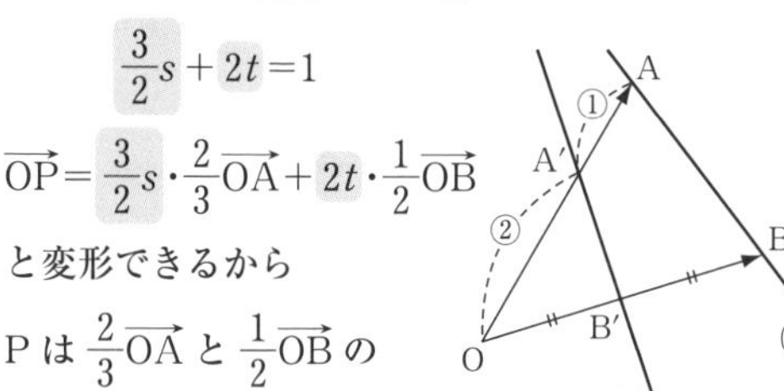

$\frac{2}{3}\overrightarrow{\mathrm{OA}}=\overrightarrow{\mathrm{OA'}}$，$\frac{1}{2}\overrightarrow{\mathrm{OB}}=\overrightarrow{\mathrm{OB'}}$ となる点をとると，

上図の直線A′B′上である。

2点A，Bを通る直線の方程式

$\overrightarrow{\mathrm{OP}}=(1-t)\overrightarrow{\mathrm{OA}}+t\overrightarrow{\mathrm{OB}}$

$1-t=s$ とおくと

$\overrightarrow{\mathrm{OP}}=s\overrightarrow{\mathrm{OA}}+t\overrightarrow{\mathrm{OB}}$

$(s+t=1)$

A　B　O

アドバイス

- $\overrightarrow{\mathrm{OP}}=s\overrightarrow{\mathrm{OA}}+t\overrightarrow{\mathrm{OB}}$ で表される式で，$s+t=1$ 以外について考えてみよう。例えば，$3s+2t=6$ のような場合は，両辺を6で割って　$\frac{s}{2}+\frac{t}{3}=1$　とする。そこで

$\frac{s}{2}+\frac{t}{3}=1$ となるように $s\overrightarrow{\mathrm{OA}}\to\frac{s}{2}\cdot 2\overrightarrow{\mathrm{OA}}$，$t\overrightarrow{\mathrm{OB}}\to\frac{t}{3}\cdot 3\overrightarrow{\mathrm{OB}}$ として

$\overrightarrow{\mathrm{OP}}=\underbrace{\frac{s}{2}\cdot 2\overrightarrow{\mathrm{OA}}}_{s\overrightarrow{\mathrm{OA}}}+\underbrace{\frac{t}{3}\cdot 3\overrightarrow{\mathrm{OB}}}_{t\overrightarrow{\mathrm{OB}}}$　と変形する。そうすれば，点Pは $2\overrightarrow{\mathrm{OA}}$ と $3\overrightarrow{\mathrm{OB}}$ の終点を通る直線上にあることがわかる。

$\overrightarrow{\mathrm{OP}}=○m\overrightarrow{\mathrm{OA}}+●n\overrightarrow{\mathrm{OB}}$ $(○+●=1)$ のとき ➡ 点Pは $m\overrightarrow{\mathrm{OA}}$ と $n\overrightarrow{\mathrm{OB}}$ の終点を通る直線上にある

練習174　平面上に△OABと点Pがあり，$\overrightarrow{\mathrm{OP}}=s\overrightarrow{\mathrm{OA}}+t\overrightarrow{\mathrm{OB}}$ と表す。s，t が次の条件を満たすとき，Pはどんな図形上にあるか。

(1)　$s+t=2$　〈類　佐賀大〉　(2)　$s-2t=1$　〈類　愛知教育大〉

(3)　$3s+2t=3$，$s\geqq 0$，$t\geqq 0$　〈類　京都府立大〉

175 平面ベクトルと空間ベクトルの公式の比較

	平面ベクトル		空間ベクトル
	$\vec{a}=(a_1,\ a_2),\ \vec{b}=(b_1,\ b_2)$		$\vec{a}=(a_1,\ a_2,\ a_3),\ \vec{b}=(b_1,\ b_2,\ b_3)$
	$\lvert\vec{a}\rvert=\sqrt{a_1{}^2+a_2{}^2}$	大きさ	$\lvert\vec{a}\rvert=\sqrt{a_1{}^2+a_2{}^2+a_3{}^2}$
	$\vec{a}\cdot\vec{b}=a_1b_1+a_2b_2$	内　積	$\vec{a}\cdot\vec{b}=a_1b_1+a_2b_2+a_3b_3$
	$\cos\theta=\dfrac{\vec{a}\cdot\vec{b}}{\lvert\vec{a}\rvert\lvert\vec{b}\rvert}=\dfrac{a_1b_1+a_2b_2}{\sqrt{a_1{}^2+a_2{}^2}\sqrt{b_1{}^2+b_2{}^2}}$	なす角	$\cos\theta=\dfrac{\vec{a}\cdot\vec{b}}{\lvert\vec{a}\rvert\lvert\vec{b}\rvert}=\dfrac{a_1b_1+a_2b_2+a_3b_3}{\sqrt{a_1{}^2+a_2{}^2+a_3{}^2}\sqrt{b_1{}^2+b_2{}^2+b_3{}^2}}$
	$S=\dfrac{1}{2}\sqrt{\lvert\vec{a}\rvert^2\lvert\vec{b}\rvert^2-(\vec{a}\cdot\vec{b})^2}$	面　積	$S=\dfrac{1}{2}\sqrt{\lvert\vec{a}\rvert^2\lvert\vec{b}\rvert^2-(\vec{a}\cdot\vec{b})^2}$

アドバイス

- ここにあげたのは平面ベクトルと空間ベクトルの主な公式である。式を見てわかる通り，空間ベクトルの式では，平面ベクトルの式に z 成分が加わっただけである。
- その他さまざまな条件に関しても共通であり，平面が空間の一部分であることを考えれば，空間ベクトルでは平面ベクトルの考え方がいつでも生きている。
- ただし，計算は平面の場合より z 成分が加わった分タフになるから負けないようにがんばってほしい。

これで解決！

空間ベクトル ➡
- ・公式は平面ベクトルと同じ形
  平面ベクトルに z 成分が加わっただけ
- ・平面の考え方がすべて使える

練習175 (1)　3点 A$(a,\ 3,\ 11)$，B$(-1,\ b,\ 5)$，C$(3,\ -5,\ -1)$ が一直線上にあるとき，a，b の値と AB の長さを求めよ。〈北里大〉

(2)　原点と点 A$(2,\ 3,\ 1)$ を結ぶ直線上の点で，定点 B$(5,\ 9,\ 5)$ との距離が最小になる点 P の座標は (□, □, □) である。〈金沢医大〉

(3)　2つのベクトル $\vec{a}=(2,\ -1,\ 1)$，$\vec{b}=(x-2,\ -x,\ 4)$ のなす角が $30°$ のとき，x の値を求めよ。〈立教大〉

(4)　$\vec{a}=(3,\ 1,\ 2)$，$\vec{b}=(4,\ 2,\ 3)$ とするとき，$\vec{a}$ と $\vec{b}$ の両方に垂直な単位ベクトルを求めよ。〈福岡教育大〉

176 正四面体の問題

正四面体 OABC において $\overrightarrow{OA}=\vec{a}$，$\overrightarrow{OB}=\vec{b}$，$\overrightarrow{OC}=\vec{c}$ とおく。また，辺 OA，AB，BC，CO の中点を，それぞれ P，Q，R，S とする。

(1)　$\overrightarrow{PR}$ と $\overrightarrow{QS}$ を $\vec{a}$，$\vec{b}$，$\vec{c}$ で表せ。

(2)　$\overrightarrow{PR}$ と $\overrightarrow{QS}$ のなす角を求めよ。　〈中央大〉

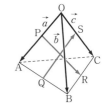

(1)　$\overrightarrow{PR}=\overrightarrow{OR}-\overrightarrow{OP}$

$$=\frac{1}{2}(\vec{b}+\vec{c})-\frac{1}{2}\vec{a}=\boldsymbol{\frac{1}{2}(-\vec{a}+\vec{b}+\vec{c})}$$

$\overrightarrow{QS}=\overrightarrow{OS}-\overrightarrow{OQ}$

$$=\frac{1}{2}\vec{c}-\frac{1}{2}(\vec{a}+\vec{b})=\boldsymbol{\frac{1}{2}(-\vec{a}-\vec{b}+\vec{c})}$$

(2)　$\overrightarrow{PR}\cdot\overrightarrow{QS}=\frac{1}{2}(-\vec{a}+\vec{b}+\vec{c})\cdot\frac{1}{2}(-\vec{a}-\vec{b}+\vec{c})$

$$=\frac{1}{4}(|\vec{a}|^2-|\vec{b}|^2+|\vec{c}|^2-2\vec{a}\cdot\vec{c})$$

⬅$\cos\theta=\dfrac{\overrightarrow{PR}\cdot\overrightarrow{QS}}{|\overrightarrow{PR}||\overrightarrow{QS}|}$ の分子の計算

ここで，正四面体だから

$|\vec{a}|=|\vec{b}|=|\vec{c}|$，$2\vec{a}\cdot\vec{c}=2|\vec{a}||\vec{c}|\cos 60^\circ=|\vec{a}|^2$

⬅正四面体の各面は，正三角形である。

よって，$\overrightarrow{PR}\cdot\overrightarrow{QS}=0$ よりなす角は **90°**

アドバイス

- 正四面体の各面は正三角形だから，各辺の長さは等しく，辺と辺のなす角はすべて 60° である。
- このことは問題にはかかれてないが，正四面体の問題では大きさと内積について次のことは必ず使われるので覚えておく。

これで解決！

4つの面はすべて正三角形

正四面体の性質 ➡ $|\vec{a}|=|\vec{b}|=|\vec{c}|$

$$\vec{a}\cdot\vec{b}=\vec{b}\cdot\vec{c}=\vec{c}\cdot\vec{a}=\frac{1}{2}|\vec{a}|^2$$

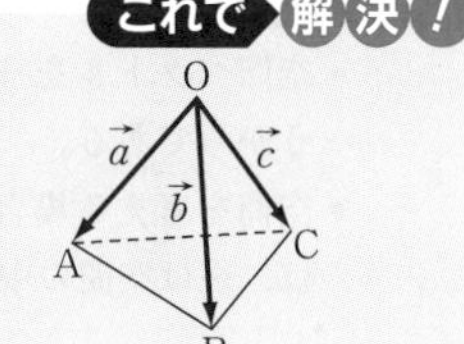

練習176　1辺の長さが1の正四面体 OABC がある。辺 OA の中点を P，辺 OB を 2：1 に内分する点を Q，辺 OC を 1：3 に内分する点を R とする。以下の問いに答えよ。

(1)　線分 PQ の長さと線分 PR の長さを求めよ。

(2)　$\overrightarrow{PQ}$ と $\overrightarrow{PR}$ の内積 $\overrightarrow{PQ}\cdot\overrightarrow{PR}$ の値を求めよ。

(3)　三角形 PQR の面積を求めよ。　〈九州大〉

177 空間の中の平面

四面体 OABC において，$\angle AOB=60^\circ$，$\angle AOC=45^\circ$，$\angle BOC=90^\circ$，$OA=1$，$OB=2$，$OC=\sqrt{2}$ とする。三角形 ABC の重心を G とし，線分 OG を $t:1-t$ $(0<t<1)$ の比に内分する点を P とする。

(1) $\overrightarrow{OA}=\vec{a}$，$\overrightarrow{OB}=\vec{b}$，$\overrightarrow{OC}=\vec{c}$ として，$\overrightarrow{AP}$ を $\vec{a}$，$\vec{b}$，$\vec{c}$ で表せ。

(2) $OP\perp AP$ となるような t の値を求めよ。〈徳島大〉

(1) $\overrightarrow{AP}=\overrightarrow{OP}-\overrightarrow{OA}=t\overrightarrow{OG}-\overrightarrow{OA}$ ⬅平面 OAG で考える。

$=\dfrac{t}{3}(\vec{a}+\vec{b}+\vec{c})-\vec{a}=\boldsymbol{\left(\dfrac{t}{3}-1\right)\vec{a}+\dfrac{t}{3}\vec{b}+\dfrac{t}{3}\vec{c}}$

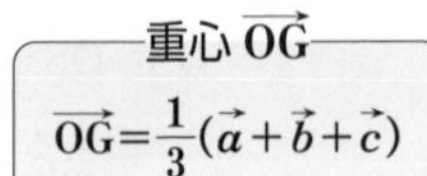

(2) $\overrightarrow{OP}\cdot\overrightarrow{AP}$

$=\dfrac{t}{3}(\vec{a}+\vec{b}+\vec{c})\cdot\left\{\left(\dfrac{t}{3}-1\right)\vec{a}+\dfrac{t}{3}\vec{b}+\dfrac{t}{3}\vec{c}\right\}$

$=\dfrac{t}{3}(\vec{a}+\vec{b}+\vec{c})\cdot\left\{\dfrac{t}{3}(\vec{a}+\vec{b}+\vec{c})-\vec{a}\right\}$

$=\dfrac{t^2}{9}(|\vec{a}|^2+|\vec{b}|^2+|\vec{c}|^2+2\vec{a}\cdot\vec{b}+2\vec{b}\cdot\vec{c}$

$+2\vec{c}\cdot\vec{a})-\dfrac{t}{3}(|\vec{a}|^2+\vec{a}\cdot\vec{b}+\vec{a}\cdot\vec{c})$

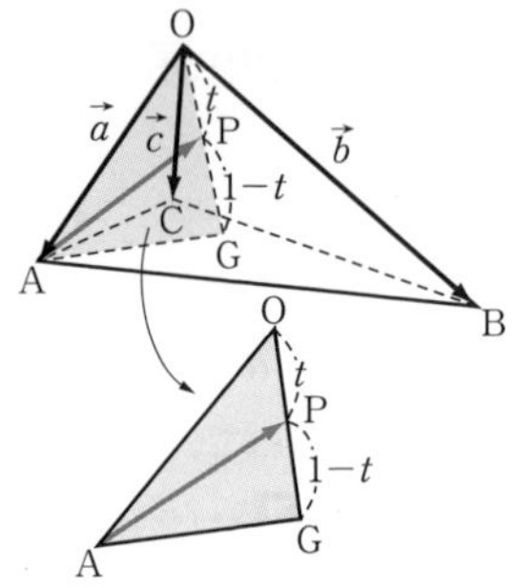

ここで，条件より

$|\vec{a}|=1$，$|\vec{b}|=2$，$|\vec{c}|=\sqrt{2}$，$\vec{a}\cdot\vec{b}=1$，

$\vec{b}\cdot\vec{c}=0$，$\vec{c}\cdot\vec{a}=1$ を代入して整理すると $\overrightarrow{OP}\cdot\overrightarrow{AP}=0$

だから　$\dfrac{11}{9}t^2-t=0$　よって，$\boldsymbol{t=\dfrac{9}{11}}$　$(0<t<1)$

アドバイス

- 空間ベクトルをうまく考えられないという人は多い。それは一度に全部見てしまうからである。
- 空間を考える場合も部分的に平面を取り出して考えているということを理解すれば，後は空間の中にある平面をよく見て問題の条件をあてはめていけばよい。

これで解決！

空間ベクトルの問題 ➡ 空間の中にある平面を見よ！

練習177 四面体 OABC があり，$\cos\angle AOB=\dfrac{1}{4}$，$\angle BOC=\angle AOC=90^\circ$，$OA=3$，$OB=OC=2$ とする。$\overrightarrow{OA}=\vec{a}$，$\overrightarrow{OB}=\vec{b}$，$\overrightarrow{OC}=\vec{c}$ として次の問いに答えよ。

(1) 辺 OA 上に点 P をとり，$\overrightarrow{OP}\cdot\overrightarrow{OB}=\dfrac{1}{2}$ とする。$\overrightarrow{OP}$ を $\vec{a}$ を用いて表せ。

(2) (1)で求めた点 P に対して，辺 PC 上に $PC\perp BQ$ となる点 Q をとる。このとき，$PQ:QC$ を求めよ。〈類　山口大〉

178 平面と直線の交点

四面体OABCがあり，辺ACを2：1に内分する点をD，線分ODの中点をM，線分BMの中点をNとする。

(1) $\overrightarrow{OA}=\vec{a}$，$\overrightarrow{OB}=\vec{b}$，$\overrightarrow{OC}=\vec{c}$ として $\overrightarrow{OM}$ を $\vec{a}$，$\vec{c}$ で表せ。

(2) 直線CNと平面OABの交点Pを $\vec{a}$，$\vec{b}$ で表せ。　〈類　東京薬大〉

解

(1) $\overrightarrow{OD}=\dfrac{\vec{a}+2\vec{c}}{2+1}=\dfrac{1}{3}\vec{a}+\dfrac{2}{3}\vec{c}$　よって，$\overrightarrow{OM}=\dfrac{1}{2}\overrightarrow{OD}=\boldsymbol{\dfrac{1}{6}\vec{a}+\dfrac{1}{3}\vec{c}}$

(2) Pは直線CN上の点で

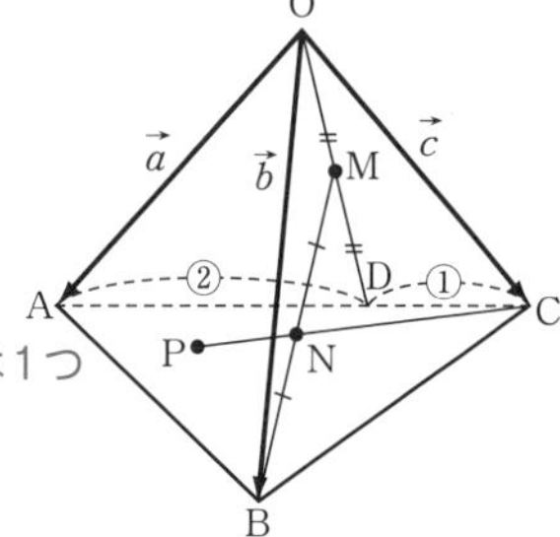

$\overrightarrow{ON}=\dfrac{1}{2}(\overrightarrow{OM}+\overrightarrow{OB})=\dfrac{1}{12}\vec{a}+\dfrac{1}{2}\vec{b}+\dfrac{1}{6}\vec{c}$ だから

$\overrightarrow{OP}=\overrightarrow{OC}+t\overrightarrow{CN}=\vec{c}+t\left(\dfrac{1}{12}\vec{a}+\dfrac{1}{2}\vec{b}+\dfrac{1}{6}\vec{c}-\vec{c}\right)$

$=\dfrac{t}{12}\vec{a}+\dfrac{t}{2}\vec{b}+\left(1-\dfrac{5}{6}t\right)\vec{c}$ ……①　⬅変数は1つ

また，Pは平面OAB上の点だから

$\overrightarrow{OP}=l\vec{a}+m\vec{b}$ ……②と表せる　⬅変数は2つ

$\vec{a}$，$\vec{b}$，$\vec{c}$ は1次独立だから①＝②より

$l=\dfrac{t}{12}$，$m=\dfrac{t}{2}$，$1-\dfrac{5}{6}t=0$

これより　$t=\dfrac{6}{5}$，$\left(l=\dfrac{1}{10},\ m=\dfrac{3}{5}\right)$

よって，$\boldsymbol{\overrightarrow{OP}=\dfrac{1}{10}\vec{a}+\dfrac{3}{5}\vec{b}}$

別解

①の式で，Pが平面OAB上にあるから $\vec{c}$ の係数は0である。よって，$1-\dfrac{5}{6}t=0$ より $t=\dfrac{6}{5}$ としてもよい。

アドバイス

- ベクトルで平面と直線の交点を求めるには，何といっても平面上の任意の点と直線上の任意の点，すなわち平面と直線の方程式が表せないと話にならない。
- 直線は1つの変数で表されるが，平面は2つの変数で表すことを覚えよう。

これで解決！

空間ベクトル：平面と直線の交点は

$\overrightarrow{OP}=\bigcirc\vec{a}+\square\vec{b}+\triangle\vec{c}$　$\Longleftrightarrow$　$\overrightarrow{OP}=\bullet\vec{a}+\blacksquare\vec{b}+\blacktriangle\vec{c}$

（平面）変数は2つ　　（直線）変数は1つ

$\vec{a}$，$\vec{b}$，$\vec{c}$ の係数 ○＝●，□＝■，△＝▲ から変数を求める。

練習178 四面体OABCにおいて，辺ABを1:3に内分する点をD，線分CDを2:1に内分する点をE，線分OEの中点をFとする。$\overrightarrow{OA}=\vec{a}$，$\overrightarrow{OB}=\vec{b}$，$\overrightarrow{OC}=\vec{c}$ として

(1) $\overrightarrow{AF}$ を $\vec{a}$，$\vec{b}$，$\vec{c}$ で表せ。

(2) 直線AFと平面OBCの交点をGとするとき，$\overrightarrow{OG}$ を $\vec{b}$，$\vec{c}$ で表せ。

〈類　福岡教育大〉

179 空間座標と空間における直線

空間内に3点A(5, 0, 2), B(3, 3, 3), C(−4, 2, 6)があり，2点A，Bを通る直線をlとする。このとき，次の座標を求めよ。

(1) lとxy平面との交点D

(2) 点Cからlに引いた垂線とlとの交点H 〈類　宇都宮大〉

(1) 直線l上の任意の点をPとすると

$\overrightarrow{OP}=\overrightarrow{OA}+t\overrightarrow{AB}$ ⬅$\vec{p}=(1-t)\overrightarrow{OA}+t\overrightarrow{OB}$ でもよい

$\overrightarrow{AB}=(-2,\ 3,\ 1)$ だから ⬅成分を代入

$\overrightarrow{OP}=(5,\ 0,\ 2)+t(-2,\ 3,\ 1)$ ⬅媒介変数表示

$=(5-2t,\ 3t,\ 2+t)$

xy平面との交点は $z=0$ だから

$2+t=0$　より　$t=-2$

よって，**D(9, −6, 0)**

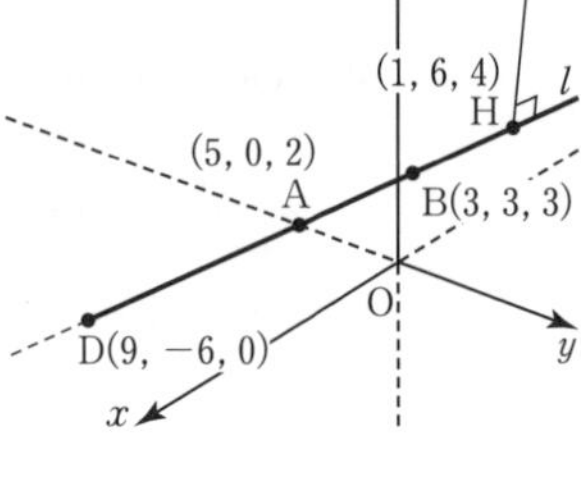

(2) $\overrightarrow{OH}=(5-2t,\ 3t,\ 2+t)$ とおくと

$\overrightarrow{CH}=\overrightarrow{OH}-\overrightarrow{OC}=(9-2t,\ -2+3t,\ -4+t)$

$\overrightarrow{AB}=(3,\ 3,\ 3)-(5,\ 0,\ 2)=(-2,\ 3,\ 1)$

$\overrightarrow{AB}\perp\overrightarrow{CH}$ だから

$\overrightarrow{AB}\cdot\overrightarrow{CH}=-2\times(9-2t)+3\times(-2+3t)+1\times(-4+t)$ ⬅垂直 ⟺ 内積=0

$=14t-28=0$　より　$t=2$

よって，**H(1, 6, 4)**

アドバイス

- 空間での直線は，どう扱っていいのか手こずることが多い。空間座標で与えられた2点を通る直線は，t（媒介変数）を使って，ベクトルの成分表示で処理する。
- 大きさや垂直条件，1次独立などのベクトルの性質を利用してtの値を求めることになる。成分表示ができれば，それほど難しくないが，意外に計算ミスが多い。

これで解決！

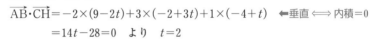

空間における直線の扱い
$A(a_1,\ a_2,\ a_3)$，$B(b_1,\ b_2,\ b_3)$
（2点A，Bを通る直線）
➡
$\vec{p}=\overrightarrow{OA}+t\overrightarrow{AB}$ or $\vec{p}=(1-t)\overrightarrow{OA}+t\overrightarrow{OB}$
成分を代入して
$\vec{p}=(\bigcirc t+●,\ \square t+■,\ \triangle t+▲)$ の形に

練習179　空間内に3点A(5, −1, 6), B(2, 3, 3), C(−4, −5, 4)があり，2点A，Bを通る直線をlとする。このとき，次の点の座標を求めよ。

(1) lとxy平面との交点D

(2) 点Cからlに引いた垂線とlとの交点H 〈類　埼玉大〉

180 平面に下ろした垂線と平面の交点

空間内に3点 A(1, 0, 0), B(0, 2, 0), C(0, 0, 3) がある。原点 O から三角形 ABC へ下ろした垂線の足を H とするとき，H の座標は $\dfrac{6}{\boxed{}}(\boxed{},\ \boxed{},\ \boxed{})$ となる。　〈早稲田大〉

解　$\overrightarrow{OH}=\overrightarrow{OA}+s\overrightarrow{AB}+t\overrightarrow{AC}$　とおく。　⬅平面のベクトル方程式

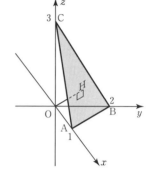

$\overrightarrow{AB}=(-1,\ 2,\ 0)$, $\overrightarrow{AC}=(-1,\ 0,\ 3)$

$\overrightarrow{OH}=(1,\ 0,\ 0)+s(-1,\ 2,\ 0)+t(-1,\ 0,\ 3)$

$\quad=(1-s-t,\ 2s,\ 3t)$

OH が平面 ABC に垂直のとき

OH⊥AB, OH⊥AC　だから

$\overrightarrow{OH}\cdot\overrightarrow{AB}=-1\times(1-s-t)+2\times2s+0\times3t$

$\qquad=5s+t-1=0$　……①

$\overrightarrow{OH}\cdot\overrightarrow{AC}=-1\times(1-s-t)+0\times2s+3\times3t$

$\qquad=s+10t-1=0$　……②

①, ②を解いて　$s=\dfrac{9}{49}$, $t=\dfrac{4}{49}$

よって，$\overrightarrow{OH}=\left(\dfrac{36}{49},\ \dfrac{18}{49},\ \dfrac{12}{49}\right)$ より H の座標は $\boldsymbol{\dfrac{6}{49}(6,\ 3,\ 2)}$

アドバイス

- 平面に下ろした垂線の足の座標を求める問題で，頻出である。平面を成分で表して，平面をつくる2つのベクトルとの垂直条件から求める。
- 平面の方程式は，ベクトルで表してから成分を代入すればよいので，後は計算ミスをしないように。

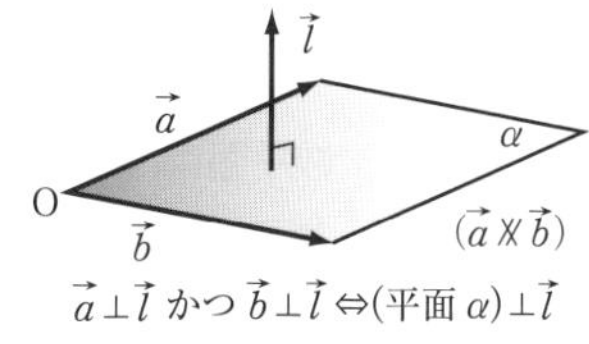

$\vec{a}\perp\vec{l}$ かつ $\vec{b}\perp\vec{l}\Leftrightarrow$(平面 α)$\perp\vec{l}$

これで解決！

$\overrightarrow{AB}$　$\overrightarrow{AC}$ がつくる平面に下ろした垂線 $\overrightarrow{OH}$

$\overrightarrow{OH}=\overrightarrow{OA}+s\overrightarrow{AB}+t\overrightarrow{AC}$ とおいて

$\overrightarrow{OH}\cdot\overrightarrow{AB}=0$…①　$\overrightarrow{OH}\cdot\overrightarrow{AC}=0$…②

(OH⊥AB)　　(OH⊥AC)

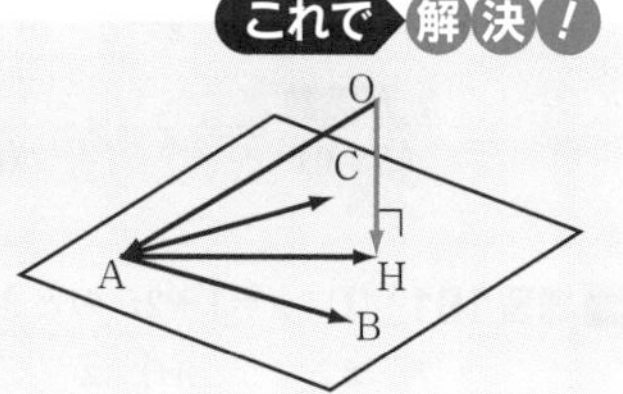

練習180　空間の3点 A(2, 0, −1), B(−1, 1, 0), C(0, 1, −1) を通る平面を π とし，原点 O から平面 π に下ろした垂線の足を P とする。

(1)　ベクトル $\overrightarrow{OP}$ の成分を求めよ。

(2)　△ABC の面積を求めよ。

(3)　四面体 OABC の体積を求めよ。　〈北海学園大〉

181 複素数と複素数平面

(1) $z=2+i$ のとき，次の複素数を複素数平面上に図示せよ。

(ア) z　　(イ) $\overline{z}$　　(ウ) zi　　(エ) $\overline{z}i$

(2) 2 点 A$(1+3i)$，B$(4-i)$ の 2 点間の距離を求めよ。

解 (1)(ア) $z=2+i$

(イ) $\overline{z}=2-i$

(ウ) $zi=(2+i)i=-1+2i$

(エ) $\overline{z}i=(2-i)i=1+2i$

これより(ア)〜(エ)は図のようになる。

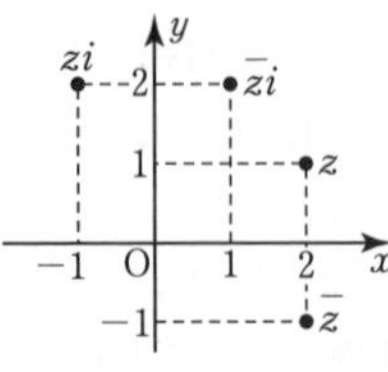

複素数
$\underset{\text{実部}}{a}+\underset{\text{虚部}}{b}i$

(2) $AB=|(4-i)-(1+3i)|$

$=|3-4i|$

$=\sqrt{3^2+(-4)^2}$

$=5$

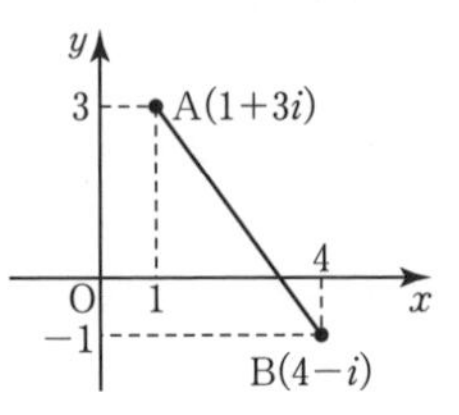

共役な複素数
$z=a+bi$
$\overline{z}=a-bi$

アドバイス

- 複素数 $z=a+bi$ を座標平面上の点 $(a,\ b)$ に対応させるとき，この平面を複素数平面という。
- $z=a+bi$ の絶対値は $|z|=|a+bi|=\sqrt{a^2+b^2}$ で表され，原点 O と点 z の距離である。

実軸（x 軸）　虚軸（y 軸）

複素数平面と2点間の距離 ➡
- $z=a+bi$ → 点 $(a,\ b)$
- $z=a+bi$ のとき $|z|=|a+bi|=\sqrt{a^2+b^2}$
- 2 点 A(α)，B(β) 間の距離は $AB=|\beta-\alpha|$

- $z=a+bi$ と $\overline{z}=a-bi$ について，次のことがいえる。

z が実数 $(b=0)$ $\Longleftrightarrow \overline{z}=z$,　z が純虚数 $(a=0,\ b\neq 0)$ $\Longleftrightarrow \overline{z}=-z$

練習181 (1) $z=1+2i$ のとき，次の複素数を複素数平面上に図示せよ。

(ア) z　　(イ) $\overline{z}$　　(ウ) $-z$　　(エ) $-\overline{z}$

(2) 3 点 A$(-1-2i)$，B$(4+10i)$，C$(11+3i)$ を頂点とする △ABC はどのような三角形か。3 辺の長さを求めて答えよ。

(3) 2 点 A$(a+bi)$，B$(6-3i)$ があり，$OA=\sqrt{10}$，$AB=5$ であるとき，点 A を表す複素数を求めよ。

182 極形式

次の複素数を極形式で表せ。

(1)　$z=-1+\sqrt{3}\,i$　　　　(2)　$z=2-2i$

解　(1)　$|z|=\sqrt{(-1)^2+(\sqrt{3})^2}=2$

$\arg z=\dfrac{2}{3}\pi$

$$z=2\left(\cos\frac{2}{3}\pi+i\sin\frac{2}{3}\pi\right)$$

(2)　$|z|=\sqrt{2^2+(-2)^2}=2\sqrt{2}$

$\arg z=\dfrac{7}{4}\pi$

$$z=2\sqrt{2}\left(\cos\frac{7}{4}\pi+i\sin\frac{7}{4}\pi\right)$$

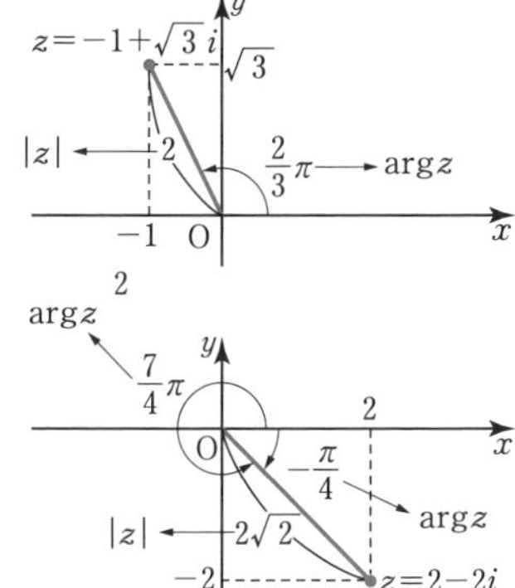

アドバイス

- 複素数を極形式で表すことは重要な変形である。それにはまず，絶対値 $|z|$ と偏角 $\arg z$ の意味を理解しなくてはならない。
- 偏角は $\mathrm{O}z$ と x 軸（実軸）とのなす角で，反時計回りが正，時計回りが負の方向をもった角である。
- 偏角は複素数平面上に点をとって調べることになる。なお，偏角はふつう $0\leqq\theta<2\pi$ または，$-\pi\leqq\theta<\pi$ の範囲でとる。

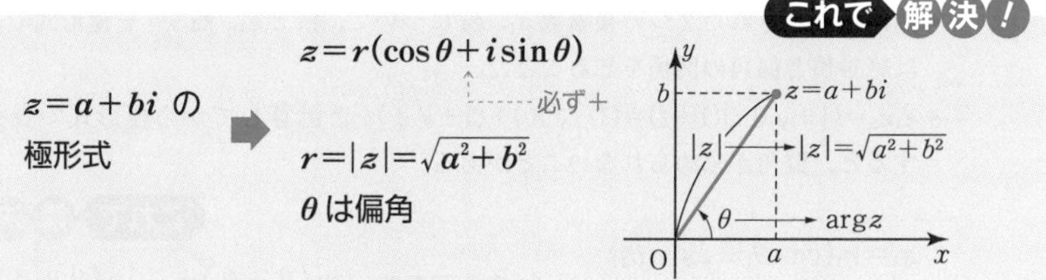

練習182　(1)　次の複素数を極形式で表せ。ただし，偏角 θ は $0\leqq\theta<2\pi$ とする。

(i)　$z=\dfrac{4}{\sqrt{3}-i}$　〈広島工大〉　(ii)　$z=\dfrac{-5+i}{2-3i}$　〈茨城大〉

(2)　$z+\dfrac{1}{z}=1$ のとき，複素数 z を極形式で表せ。ただし，偏角 θ は $0\leqq\theta<2\pi$ とする。　〈福井大〉

(3)　複素数 z について，$\left|\dfrac{z-1}{z}\right|=1$，$\arg\left(\dfrac{z-1}{z}\right)=\dfrac{5}{6}\pi$ が成り立つとき，z を $a+bi$ で表せ。　〈福井工大〉

183 積・商の極形式

$z_1=1+\sqrt{3}i$，$z_2=1+i$ のとき，次の複素数を極形式で表せ。

(1) z_1z_2　　(2) $\dfrac{z_1}{z_2}$　　〈類　立教大〉

解 z_1，z_2 を極形式で表すと

$$z_1=2\left(\cos\frac{\pi}{3}+i\sin\frac{\pi}{3}\right),\quad z_2=\sqrt{2}\left(\cos\frac{\pi}{4}+i\sin\frac{\pi}{4}\right)$$

(1) $|z_1z_2|=|z_1||z_2|=2\sqrt{2}$

$$\arg(z_1z_2)=\arg z_1+\arg z_2=\frac{\pi}{3}+\frac{\pi}{4}=\frac{7}{12}\pi$$

よって，$z_1z_2=2\sqrt{2}\left(\cos\dfrac{7}{12}\pi+i\sin\dfrac{7}{12}\pi\right)$

積の極形式

$|z_1z_2|=|z_1||z_2|=r_1r_2$

$\arg(z_1z_2)=\arg z_1+\arg z_2=\theta_1+\theta_2$

(2) $\left|\dfrac{z_1}{z_2}\right|=\dfrac{|z_1|}{|z_2|}=\dfrac{2}{\sqrt{2}}=\sqrt{2}$

$$\arg\left(\frac{z_1}{z_2}\right)=\arg z_1-\arg z_2=\frac{\pi}{3}-\frac{\pi}{4}=\frac{\pi}{12}$$

よって，$\dfrac{z_1}{z_2}=\sqrt{2}\left(\cos\dfrac{\pi}{12}+i\sin\dfrac{\pi}{12}\right)$

商の極形式

$\left|\dfrac{z_1}{z_2}\right|=\dfrac{|z_1|}{|z_2|}=\dfrac{r_1}{r_2}$

$\arg\left(\dfrac{z_1}{z_2}\right)=\arg z_1-\arg z_2=\theta_1-\theta_2$

アドバイス

- 極形式で表された2つの複素数 z_1，z_2 について，積 z_1z_2，商 $\dfrac{z_1}{z_2}$ を極形式で表すには絶対値と偏角の関係を知ることだ。
- $z_1z_2=(1+\sqrt{3}i)(1+i)=(1-\sqrt{3})+(1+\sqrt{3})i$ と計算してから極形式で表そうとすると，偏角が求められないことがある。

これで解決！

$z_1=r_1(\cos\theta_1+i\sin\theta_1)$
$z_2=r_2(\cos\theta_2+i\sin\theta_2)$
のとき，z_1z_2，$\dfrac{z_1}{z_2}$

➡ $z_1z_2=r_1r_2\{\cos(\theta_1+\theta_2)+i\sin(\theta_1+\theta_2)\}$

$\dfrac{z_1}{z_2}=\dfrac{r_1}{r_2}\{\cos(\theta_1-\theta_2)+i\sin(\theta_1-\theta_2)\}$

練習183 偏角 θ を $0\leqq\theta<2\pi$ とすると，複素数 $1+i$ の極形式は □ であり，複素数 $1+\sqrt{3}i$ の極形式は □ である。$\dfrac{1+\sqrt{3}i}{1+i}$ の極形式は □ であり，これから $\cos\dfrac{\pi}{12}=$ □，$\sin\dfrac{\pi}{12}=$ □ となる。　〈九州産大〉

184 ド・モアブルの定理

$\left(\dfrac{1+\sqrt{3}\,i}{1+i}\right)^{10}=\square+\square i$ である。　〈類　慶応大〉

解

$$1+\sqrt{3}\,i=\sqrt{1^2+(\sqrt{3}\,)^2}\left(\cos\frac{\pi}{3}+i\sin\frac{\pi}{3}\right)$$
$$=2\left(\cos\frac{\pi}{3}+i\sin\frac{\pi}{3}\right)$$
$$1+i=\sqrt{1^2+1^2}\left(\cos\frac{\pi}{4}+i\sin\frac{\pi}{4}\right)$$
$$=\sqrt{2}\left(\cos\frac{\pi}{4}+i\sin\frac{\pi}{4}\right)$$
$$\left(\frac{1+\sqrt{3}\,i}{1+i}\right)^{10}=\left\{\frac{2\left(\cos\frac{\pi}{3}+i\sin\frac{\pi}{3}\right)}{\sqrt{2}\left(\cos\frac{\pi}{4}+i\sin\frac{\pi}{4}\right)}\right\}^{10}$$
$$=(\sqrt{2}\,)^{10}\left(\cos\frac{\pi}{12}+i\sin\frac{\pi}{12}\right)^{10}$$
$$=32\left(\cos\frac{5}{6}\pi+i\sin\frac{5}{6}\pi\right)$$
$$=32\left(-\frac{\sqrt{3}}{2}+\frac{1}{2}i\right)=\boldsymbol{-16\sqrt{3}+16i}$$

y, $\sqrt{3}$, $1+\sqrt{3}i$, $\frac{\pi}{3}$, O, 1, x

y, 1, $1+i$, $\frac{\pi}{4}$, O, 1, x

アドバイス

- $(a+bi)^n$ を計算したり，$z^n=a+bi$ を満たす z を求めたりするのには，ド・モアブルの定理 $(\cos\theta+i\sin\theta)^n=\cos n\theta+i\sin n\theta$ が使われる。基本的に極形式の積，商と考えてよい。$\boldsymbol{r^n}$ と $\boldsymbol{n\theta}$ に注意すれば比較的やさしい。
- この問題では，はじめに
  $\dfrac{1+\sqrt{3}\,i}{1+i}=\dfrac{(1+\sqrt{3}\,i)(1-i)}{(1+i)(1-i)}=\dfrac{\sqrt{3}+1}{2}+\dfrac{\sqrt{3}-1}{2}i$ と計算すると極形式で表せない。(偏角が求まらないような変形はダメ。) やはり分母と分子を別々に極形式に直すのが確実だ。

これで解決！

ド・モアブルの定理 ➡ $z=r(\cos\theta+i\sin\theta)$ のとき
$z^n=r^n(\cos n\theta+i\sin n\theta)$ （n は整数）

練習184　(1)　次の式を簡単にせよ。

①　$\left(\dfrac{1+i}{1-\sqrt{3}\,i}\right)^3$　〈北海道工大〉　②　$\left(\dfrac{7-3i}{2-5i}\right)^8$　〈千葉工大〉

(2)　複素数 $z=\left(\dfrac{i}{\sqrt{3}-i}\right)^{n-4}$ が実数になるような自然数 n のうち，最も小さなものは $n=\square$ である。このとき，$z=\square$ である。　〈東京理科大〉

185 $z^n=a+bi$ の解

方程式 $z^4=8(-1+\sqrt{3}i)$ を解け。 〈東海大〉

解

$z=r(\cos\theta+i\sin\theta)$ とおくと　←z を極形式で表す。

$z^4=r^4(\cos 4\theta+i\sin 4\theta)$ ……①　←z^4 を極形式で表す。

$8(-1+\sqrt{3}i)=2^4\left(\cos\frac{2}{3}\pi+i\sin\frac{2}{3}\pi\right)$ ……②　←右辺を極形式で表す。

①，②は等しいから　←両辺の絶対値と偏角を比較

$r^4=2^4$，　$r>0$より　$r=2$　←r を求める。($r>0$)

$4\theta=\frac{2}{3}\pi+2k\pi$　(k は整数)，$\theta=\frac{\pi}{6}+\frac{k}{2}\pi$　←偏角は一般角で表す。

よって，$z_k=2\left\{\cos\left(\frac{\pi}{6}+\frac{\pi}{2}\times k\right)+i\sin\left(\frac{\pi}{6}+\frac{\pi}{2}\times k\right)\right\}$　←z_k の式をつくる。

$k=0$，1，2，3 を代入して

$z_0=2\left(\cos\frac{\pi}{6}+i\sin\frac{\pi}{6}\right)=\sqrt{3}+i$　←$0\leqq\theta<2\pi$ として，異なる動径を調べる。

$z_1=2\left(\cos\frac{2}{3}\pi+i\sin\frac{2}{3}\pi\right)=-1+\sqrt{3}i$

$z_2=2\left(\cos\frac{7}{6}\pi+i\sin\frac{7}{6}\pi\right)=-\sqrt{3}-i$

$z_3=2\left(\cos\frac{5}{3}\pi+i\sin\frac{5}{3}\pi\right)=1-\sqrt{3}i$

これより，求める解は

$\pm(\sqrt{3}+i)$，$\pm(1-\sqrt{3}i)$

アドバイス

◤$z^n=a+bi$ の解を求める手順◢

- $z=r(\cos\theta+i\sin\theta)$ とおいて，z^n を極形式で表す（ド・モアブルの定理）。
- $a+bi$ を極形式で表す。
- 両辺の絶対値と偏角を比較して z_k の式をつくる。
- $k=0$，1，2，……，$(n-1)$ を代入して解を求める。

$z^n=a+bi$ からは解が n 個求まり，図のように円周を n 等分した点の上にある。

これで解決！

$z^n=a+bi$ の解 ➡ $z^n=r^n(\cos n\theta+i\sin n\theta)$

$a+bi=r'(\cos\alpha+i\sin\alpha)$ と表して

$z_k=\sqrt[n]{r'}\left(\cos\frac{\alpha+2k\pi}{n}+i\sin\frac{\alpha+2k\pi}{n}\right)$

練習185　次の方程式を解け。

(1)　$z^2=-i$　〈滋賀大〉　(2)　$z^6+1=0$　〈立教大〉

186 複素数 z のえがく図形

複素数平面上で，次の式を満たす複素数 z のえがく図形を求めよ。

(1)　$|z-3|=|z-i|$　〈福岡大〉

(2)　$z\overline{z}+3i(z-\overline{z})=0$　〈自治医大〉

解　(1)　$|z-3|=|z-i|$ を満たす z は点 3，i から等しい距離にある点だから，**点 3 と点 i を結んだ線分の垂直 2 等分線である。**

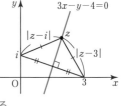

別解　$z=x+yi$（x, y は実数）とおくと　←軌跡の問題で，求める軌跡を $\mathrm{P}(x,\ y)$ とおくのに相当する。

$|x+yi-3|=|x+yi-i|$

$|(x-3)+yi|=|x+(y-1)i|$

$\sqrt{(x-3)^2+y^2}=\sqrt{x^2+(y-1)^2}$　←複素数の絶対値 $|a+bi|=\sqrt{a^2+b^2}$

両辺を 2 乗して，整理すると

$3x-y-4=0$　よって，**直線 $3x-y-4=0$**

(2)　$z\overline{z}+3iz-3i\overline{z}=0$

$(z-3i)(\overline{z}+3i)+9i^2=0$

$(z-3i)(\overline{z-3i})=9$，$|z-3i|^2=9$

よって，$|z-3i|=3$ より**点 $3i$ を中心とする半径 3 の円**

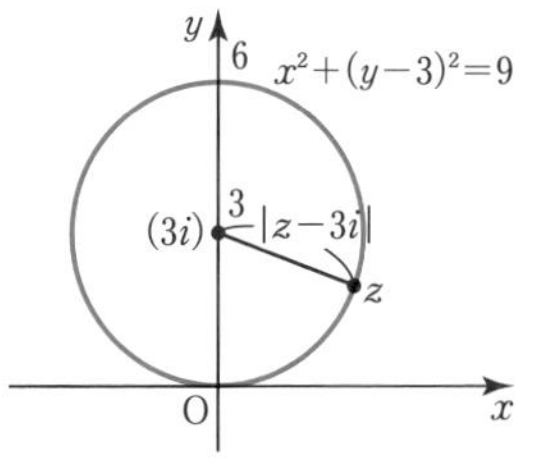

別解　$z=x+yi$（x, y は実数）とおくと

$\overline{z}=x-yi$　これを与式に代入して

$(x+yi)(x-yi)+3i(x+yi-x+yi)=0$

$x^2+y^2-6y=0$　よって，$x^2+(y-3)^2=9$

よって，**点 $3i$ を中心とする半径 3 の円**

アドバイス

- 点 z が式で表されているとき，(1)は式の意味から図形的に求まる。(2)のように円ならば共役な複素数の性質を使って，円の式 $|z-\alpha|=r$ をめざす。
- $z=x+yi$，$\overline{z}=x-yi$ とおく方法は，x，y の座標の式になるのでわかりやすいが，計算は少し重くなる。

これで解決！

複素数 z のえがく図形 
- 円ならば $(z-\alpha)(\overline{z}-\overline{\alpha})=r^2$ をめざせ
- $z=x+yi$ とおいて x，y の方程式に

練習186　複素数平面上で，次の式を満たす複素数 z の表す点がえがく図形をかけ。

(1)　$|z+3|=|z+1|$　〈香川大〉　(2)　$|z-3|=2|z|$　〈東京学芸大〉

(3)　$z\overline{z}+iz-i\overline{z}=0$　〈兵庫医科大〉　(4)　$|3z-4i|=2|z-3i|$　〈山口大〉

187 $w=f(z)$：w のえがく図形

複素数平面上の点 z が $|z|=\sqrt{2}$ を満たしながら変化するとき，複素数 $w=\dfrac{1}{z+1}$ で表される点 w のえがく図形を図示せよ。

〈類　弘前大〉

$w=\dfrac{1}{z+1}$ から $z=\dfrac{1-w}{w}$ $(w\neq 0)$ ……(ア)　⬅$|z|=\sqrt{2}$ より分母 $z+1\neq 0$ である。

$|z|=\sqrt{2}$ ……(イ) に代入して $\left|\dfrac{1-w}{w}\right|=\sqrt{2}$ より

$|1-w|=\sqrt{2}\,|w|$ ……(ウ)

(ウ)の解法(I)

$|1-w|^2=2|w|^2$ として

$(1-w)(1-\overline{w})=2w\overline{w}$

$1-w-\overline{w}+w\overline{w}=2w\overline{w}$

$(w+1)(\overline{w}+1)=2$

$|w+1|^2=2$

$|w+1|=\sqrt{2}$

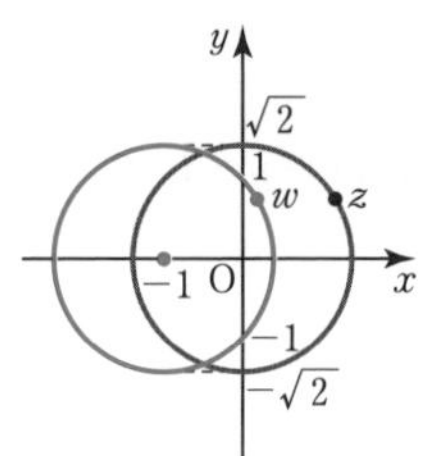

(ウ)の解法(II)

$w=x+yi$ (x, y は実数)

とおいて(ウ)式に代入

$\sqrt{(1-x)^2+y^2}=\sqrt{2}\sqrt{x^2+y^2}$

両辺を2乗して整理すると

$x^2+y^2+2x-1=0$

$(x+1)^2+y^2=2$

よって，点 -1 を中心とする半径 $\sqrt{2}$ の円（上図）

アドバイス

- ある曲線上を動く z があり，w が $f(z)$ で表されたときの w のえがく図形は，次の手順で求めていく。
- $w=$(z の式) を $z=$(w の式) にする。……(ア)
- z の動きを表す条件式を押える。……(イ)
- w と $\overline{w}$ を用いて(ウ)式を $|w-\alpha|=r$ の形にする。……(ウ)の解法(I)
- $w=x+yi$ とおいて(ウ)式に代入する。……(ウ)の解法(II)

$w=f(z)$ で表されたとき w のえがく図形は ➡

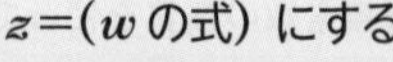

・$z=$(w の式) にする
・z の条件式に代入して w の式にする
・w と $\overline{w}$ を用いて $|w-\alpha|=r$ の形に
・$w=x+yi$ とおいて，x，y の式に

練習187　複素数平面上において，z は原点Oを中心とする半径1の円周上を動くとする。$w=\dfrac{z-i}{z-1-i}$ とおくとき，次の問いに答えよ。

(1) 点 w のえがく曲線を求めよ。

(2) 絶対値 $|w|$ の最大値およびそのときの z の値を求めよ。

〈香川大〉

188 2線分のなす角

複素数平面上に 3 点 A$(2+i)$，B$(4-2i)$，C$(3+6i)$ があるとき，∠BAC を求めよ。

解 $\alpha=2+i$，$\beta=4-2i$，$\gamma=3+6i$ とすると

$$\frac{\gamma-\alpha}{\beta-\alpha}=\frac{(3+6i)-(2+i)}{(4-2i)-(2+i)}=\frac{1+5i}{2-3i}$$

$$=\frac{(1+5i)(2+3i)}{(2-3i)(2+3i)}=\frac{-13+13i}{13}$$

$$=-1+i=\sqrt{2}\left(\cos\frac{3}{4}\pi+i\sin\frac{3}{4}\pi\right)$$

よって，$\angle\mathrm{BAC}=\arg\dfrac{\gamma-\alpha}{\beta-\alpha}=\boldsymbol{\dfrac{3}{4}\pi}$

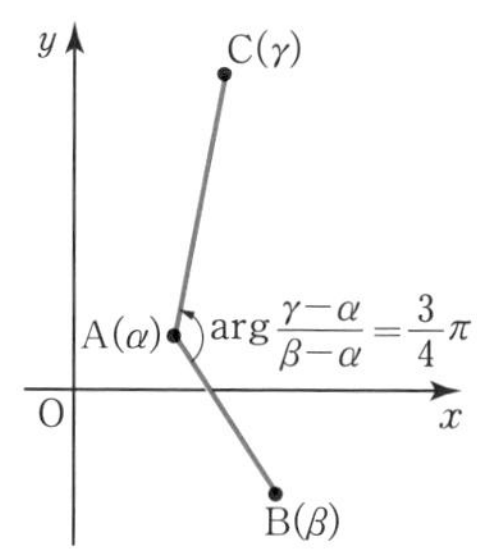

アドバイス

- 複素数平面上にある 2 点 A(α)，B(β) を結ぶ線分 AB と実軸（x 軸）のなす回転角は $\beta-\alpha$ の偏角（arg）として求まる。
- 3 点 A(α)，B(β)，C(γ) があるとき，∠BAC は右の図で
  $\theta=\arg(\gamma-\alpha)-\arg(\beta-\alpha)=\arg\dfrac{\gamma-\alpha}{\beta-\alpha}$ となる。ただし，回転角なので回転の方向に注意する。

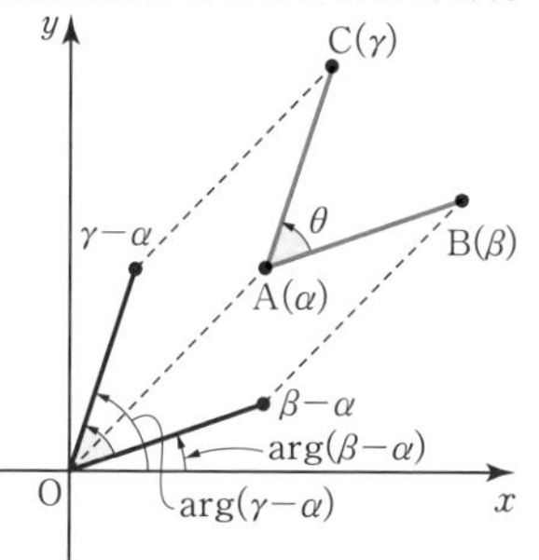

これで解決！

2線分のなす角 ➡ 3点 A(α)，B(β)，C(γ) について

$$\theta=\angle\mathrm{BAC}=\arg\frac{\gamma-\alpha}{\beta-\alpha}$$

3 点 A(α)，B(β)，C(γ) について，次のことも成り立つ。

A，B，C が一直線上 $\iff \dfrac{\gamma-\alpha}{\beta-\alpha}$ が実数

AB⊥AC $\iff \dfrac{\gamma-\alpha}{\beta-\alpha}$ が純虚数

練習188 (1) 3 点 A$(-1+2i)$，B$(1+i)$，C$(-3+ki)$ について，次の問いに答えよ。

(i) 2 直線AB，AC が垂直に交わるように，実数 k の値を定めよ。

(ii) 3 点 A，B，C が一直線上にあるように，実数 k の値を定めよ。

(2) a を実数とするとき，原点 O と $z_1=3+(2a-1)i$，$z_2=a+2-i$ を表す点 $\mathrm{P_1}$，$\mathrm{P_2}$ が同一直線上にあるような a の値を求めよ。〈島根大〉

189 三角形の形状

複素数平面上で，$2z_1-(1-\sqrt{3}i)z_2=(1+\sqrt{3}i)z_3$ を満たす複素数 z_1，z_2，z_3 の表す点を頂点とする三角形は，どんな三角形か。〈明治大〉

解

$2z_1-(1-\sqrt{3}i)z_2=(1+\sqrt{3}i)z_3$

$2z_1-2z_2+(1+\sqrt{3}i)z_2=(1+\sqrt{3}i)z_3$

$2(z_1-z_2)=(1+\sqrt{3}i)(z_3-z_2)$　よって，

$$\frac{z_1-z_2}{z_3-z_2}=\frac{1+\sqrt{3}i}{2}=\cos\frac{\pi}{3}+i\sin\frac{\pi}{3}$$

⬅ $\dfrac{z_1-z_2}{z_3-z_2}=a+bi$ の形になるように変形する。

$\left|\dfrac{z_1-z_2}{z_3-z_2}\right|=1$　より　$|z_1-z_2|=|z_3-z_2|$

⬅辺の比が求まる。

$\arg\dfrac{z_1-z_2}{z_3-z_2}=\dfrac{\pi}{3}$　より　$\angle z_1z_2z_3=\dfrac{\pi}{3}$

⬅偏角から2辺のなす角が求まる。

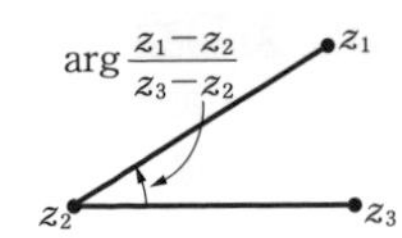

これは頂角が $\dfrac{\pi}{3}$ の二等辺三角形，

すなわち正三角形である。

アドバイス

- 複素数平面上の3点 z_1，z_2，z_3 がつくる三角形の形状は

  $\dfrac{z_3-z_1}{z_2-z_1}$，$\dfrac{z_1-z_2}{z_3-z_2}$，$\dfrac{z_1-z_3}{z_2-z_3}$　のどれかの式に変形して，

  これを $a+bi$ の形で表す。
- $a+bi=r(\cos\theta+i\sin\theta)$ から絶対値と偏角が求まり，絶対値で2辺の長さの比が，偏角で2辺のなす角が明らかになる。

これで解決！

三角形の形状

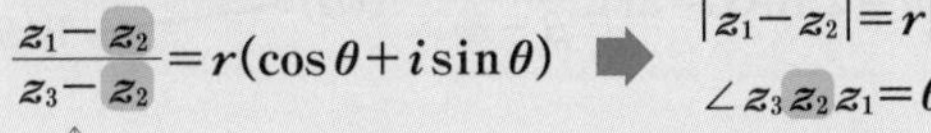

$\dfrac{z_1-z_2}{z_3-z_2}=r(\cos\theta+i\sin\theta)$ ➡ $|z_1-z_2|=r|z_3-z_2|$，$\angle z_3z_2z_1=\theta$

分母にきている辺を基準に角の方向が決まる

練習189 (1)　複素数平面上に3点 A(α)，B(β)，C(γ) を頂点とする三角形があり，α，β，γ が $\dfrac{\gamma-\alpha}{\beta-\alpha}=\sqrt{3}-i$ を満たすとき，$\dfrac{\text{AB}}{\text{AC}}=$□，$\angle\text{BAC}=$□ である。

〈大阪電通大〉

(2)　3つの複素数 z_1，z_2，z_3 の間に，等式 $z_1+iz_2=(1+i)z_3$ が成り立つとき，z_1，z_2，z_3 は複素数平面上でどんな三角形をつくるか。〈愛知工大〉

190 点 z の回転移動

複素数平面上で，点 $\mathrm{P}(4+5i)$ を点 $\mathrm{A}(2+i)$ の回りに $\dfrac{\pi}{6}$ 回転させた点 Q は $\boxed{}+\boxed{}\,i$ である。　〈類　静岡大〉

解　線分 AP を A が原点にくるように $-(2+i)$ だけ平行移動させる。このとき，P が移った点を P′ とすると

$4+5i-(2+i)=2+4i$

よって，$\mathrm{P}'(2+4i)$ ……(ア)

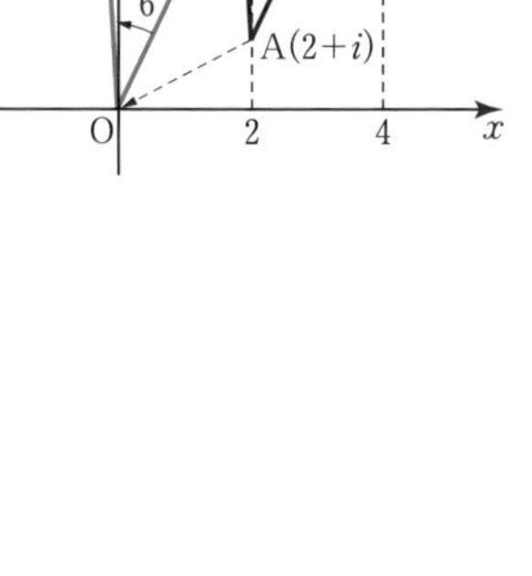

P′ を O を中心に $\dfrac{\pi}{6}$ 回転させた点を Q′ とすると Q′ は

$(2+4i)\left(\cos\dfrac{\pi}{6}+i\sin\dfrac{\pi}{6}\right)$ ……(イ)

$=(2+4i)\left(\dfrac{\sqrt{3}}{2}+\dfrac{1}{2}i\right)=(\sqrt{3}-2)+(2\sqrt{3}+1)i$

Q は Q′ を $2+i$ だけ平行移動させて

$(\sqrt{3}-2)+(2\sqrt{3}+1)i+(2+i)$

$\quad=\boldsymbol{\sqrt{3}+2(\sqrt{3}+1)i}$ ……(ウ)

アドバイス

◤点 z を点 α の回りに回転した点 w◢

- z と α を $-\alpha$ だけ平行移動する。……(ア)
  (α は原点に，z は $z-\alpha$ に移る。)
- $(z-\alpha)$ を原点の回りに回転させる。……(イ)
  $z'=(z-\alpha)(\cos\theta+i\sin\theta)$
- 回転させた点 z' を α だけ平行移動する。……(ウ)
  $w=(z-\alpha)(\cos\theta+i\sin\theta)+\alpha$

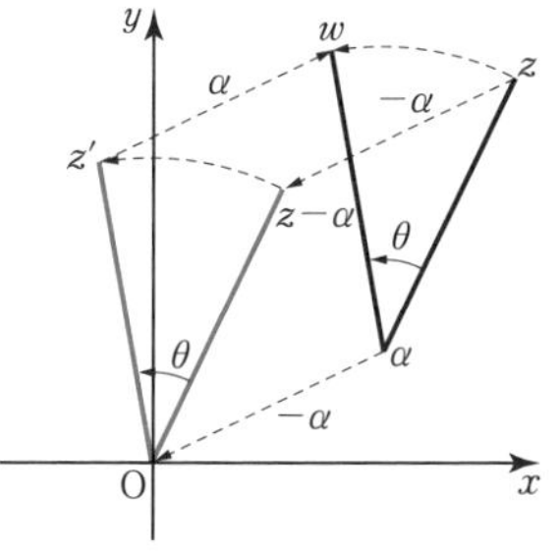

これで解決！

z の回転移動で移された点 w ➡ 原点の回りの回転
$\boldsymbol{w=z(\cos\theta+i\sin\theta)}$
点 α の回りの回転
$\boldsymbol{w=(z-\alpha)(\cos\theta+i\sin\theta)+\alpha}$

練習 190　複素数平面上で 2 点 B，C が次の点で与えられているとき，BC を 1 辺とする正三角形 ABC の頂点 A を表す複素数を求めよ。

(1)　$\mathrm{B}(0)$，$\mathrm{C}(4+3i)$　〈類　東京女子大〉　(2)　$\mathrm{B}(3)$，$\mathrm{C}(1+2i)$　〈群馬大〉

191 放物線

(1) 放物線 $y^2=8x$ の焦点の座標と準線の方程式を求め，その概形をかけ。

(2) 定点 $(-3,\ 0)$ と定直線 $x=3$ から等距離にある点 P の軌跡の方程式を求めよ。

解 (1) $y^2=8x$ より

$y^2=4\cdot 2x$

よって，

焦点 $(2,\ 0)$，

準線 $x=-2$

(2) 焦点が $(-3,\ 0)$，準線が $x=3$ だから

$y^2=4\cdot(-3)x$ より $\boldsymbol{y^2=-12x}$

別解 $\mathrm{P}(x,\ y)$ とおくと

$|x-3|=\sqrt{(x+3)^2+y^2}$

$x^2-6x+9=x^2+6x+9+y^2$

よって，$\boldsymbol{y^2=-12x}$

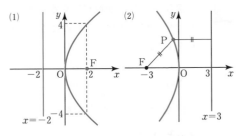

> **放物線**
> 定点と定直線から等しい距離にある点 P の軌跡

アドバイス

- 放物線 (parabola) は定点 F (焦点) とその定点を通らない定直線 l との距離が等しい点 P の軌跡として定義される。数 I では 2 次関数 $y=ax^2+bx+c$ のグラフとして学んだ。
- 放物線の標準形は $y^2=4px$ の形であるが，このpの値は焦点と準線の位置を定める重要な値である。

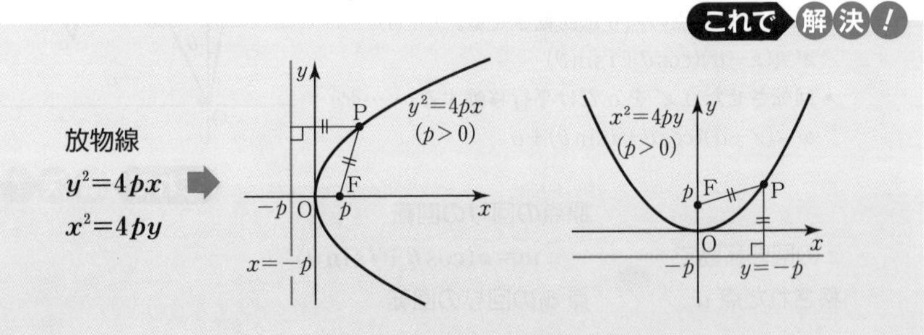

練習 191 (1) 次の放物線の焦点の座標と準線の方程式を求め，その概形をかけ。

① $y^2=12x$　　② $y=\dfrac{1}{4}x^2$　　③ $y^2=-6x$

(2) 円 $x^2+y^2-4x=0$ に外接し，直線 $x=-2$ に接する円の中心 P の軌跡を求めよ。

〈類　鳥取大〉

192 楕円

焦点が $(-1,\ 0)$，$(1,\ 0)$ にあり，点 $(0,\ \sqrt{2})$ を通る楕円の方程式は $\dfrac{x^2}{\boxed{}}+\dfrac{y^2}{\boxed{}}=1$ である。　〈摂南大〉

解　楕円の方程式を $\dfrac{x^2}{a^2}+\dfrac{y^2}{b^2}=1$ とおくと

点 $(0,\ \sqrt{2})$ を通るから，代入して

$\dfrac{2}{b^2}=1$　より　$b^2=2$

焦点が $(\pm1,\ 0)$ にあるから

$a^2-b^2=1$　より　$a^2=3$

よって，$\dfrac{x^2}{\mathbf{3}}+\dfrac{y^2}{\mathbf{2}}=1$

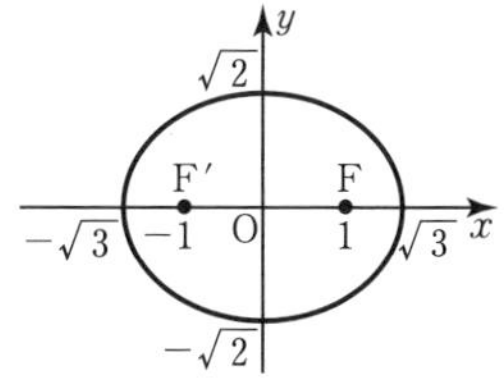

⬅焦点が x 軸上にあるから $c^2=a^2-b^2$

アドバイス

- 楕円（ellipse）は2次曲線の中でよく出題される曲線で，2定点F，F′（焦点）からの距離の和が一定である点Pの軌跡として定義される。楕円の方程式は標準形の $\dfrac{x^2}{a^2}+\dfrac{y^2}{b^2}=1$ とおいて，通る点や焦点の位置，長軸，短軸の長さ等から a，b を決定していく。
- 標準形とグラフ（曲線の概形）の関係は次のようになっているが，焦点の位置は，横長では x 軸上，縦長では y 軸上になる。

これで解決！

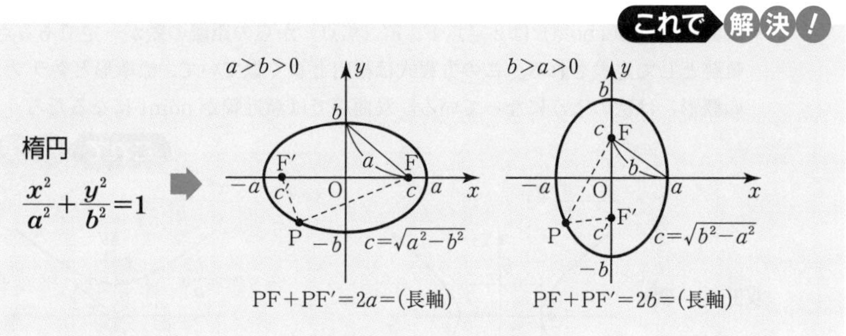

練習192　(1)　2点 $(\sqrt{5},\ 0)$，$(-\sqrt{5},\ 0)$ からの距離の和が6である点の軌跡である楕円の方程式は $\dfrac{x^2}{\boxed{}}+\dfrac{y^2}{\boxed{}}=1$ である。　〈東海大〉

(2)　xy 平面において，2点 $(0,\ -1)$，$(0,\ 1)$ を焦点とし，点 $(0,\ 2)$ を通る楕円の方程式を求めよ。　〈類　東邦大〉

193 双曲線

双曲線 $\dfrac{x^2}{a^2}-\dfrac{y^2}{b^2}=1$ の1つの焦点の座標は $(10,\ 0)$ で，1つの漸近線の傾きが $\dfrac{3}{4}$ であるとき，$a=$［　　］，$b=$［　　］である。

（ただし，$a>0$，$b>0$）　〈東京理科大〉

解　焦点の座標が $(10,\ 0)$ だから

$\sqrt{a^2+b^2}=10$　より　$a^2+b^2=100$　……①

漸近線の傾きが $\dfrac{3}{4}$ だから

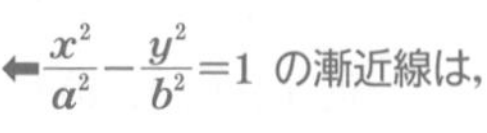

⬅ $\dfrac{x^2}{a^2}-\dfrac{y^2}{b^2}=1$ の漸近線は，直線 $y=\pm\dfrac{b}{a}x$

$y=\dfrac{b}{a}x$ と $y=\dfrac{3}{4}x$ が一致する。

$\dfrac{b}{a}=\dfrac{3}{4}$ より $3a=4b$　……②

⬅ $\dfrac{b}{a}=\dfrac{3}{4}$ より $a=4$，$b=3$ としてはいけない。

②を①に代入して

$a^2+\dfrac{9}{16}a^2=100$ より $a^2=64$

$a>0$ だから $a=8$

②に代入して $b=6$

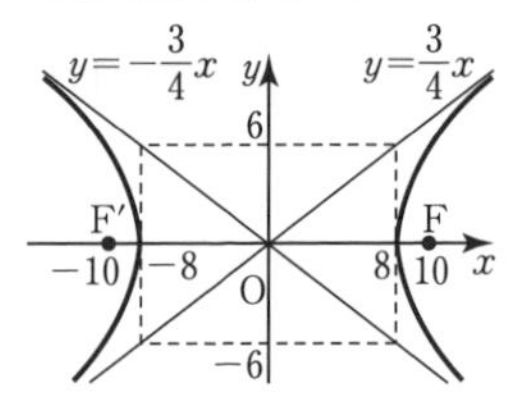

アドバイス

- 双曲線（hyperbola）は2定点F，F′（焦点）からの距離の差が一定である点Pの軌跡として定義される。この方程式は楕円とよく似ていて，標準形とグラフ（曲線の概形）は次のようになっている。双曲線では漸近線がpointになるだろう。

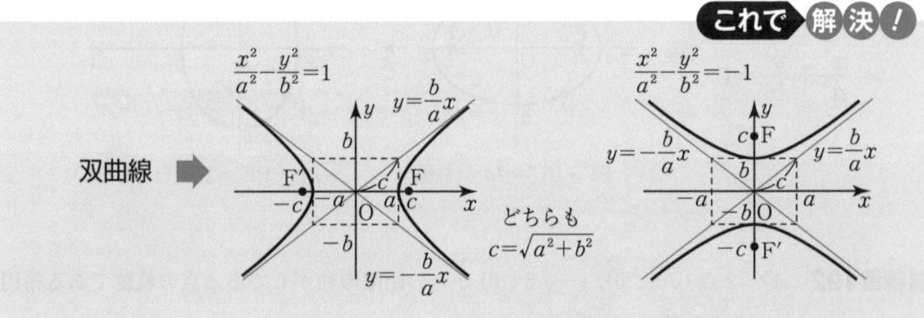

練習193　(1)　2点 $\mathrm{F}(3,\ 0)$，$\mathrm{F'}(-3,\ 0)$ からの距離の差が4である軌跡の方程式を求めよ。　〈類　東京薬大〉

(2)　$y=2x$，$y=-2x$ を漸近線とし，点 $(3,\ 0)$ を通る双曲線について，この双曲線の方程式および焦点の座標を求めよ。　〈愛知教育大〉

194 2次曲線の平行移動

(1) 放物線 $y^2+4y-4x+8=0$ の焦点の座標と準線の方程式を求め，それを図示せよ。

(2) 楕円 $x^2+4y^2+6x-16y+21=0$ の中心と焦点の座標を求め，それを図示せよ。　〈類　成蹊大〉

(1) $y^2+4y-4x+8=0$ より $(y+2)^2=4(x-1)$

よって，放物線 $y^2=4x$ を x 軸方向に1，y 軸方向に -2 だけ平行移動したものだから　⬅焦点 $(1,\ 0)$，準線 $x=-1$

焦点は $(2,\ -2)$，準線は $x=0$

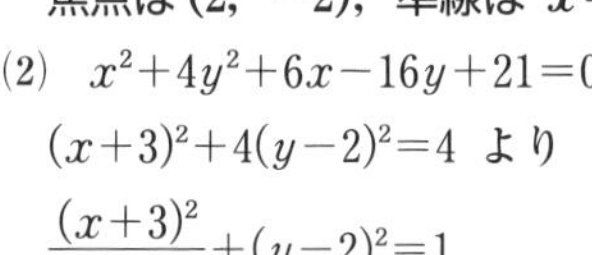

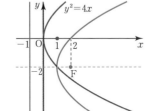

(2) $x^2+4y^2+6x-16y+21=0$

$(x+3)^2+4(y-2)^2=4$ より

$\dfrac{(x+3)^2}{4}+(y-2)^2=1$

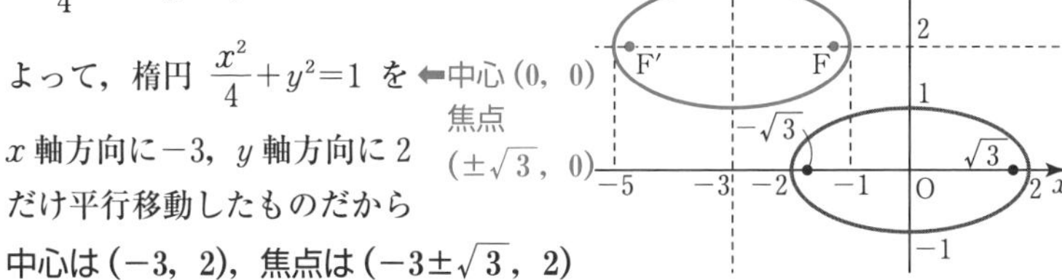

よって，楕円 $\dfrac{x^2}{4}+y^2=1$ を x 軸方向に -3，y 軸方向に2だけ平行移動したものだから　⬅中心 $(0,\ 0)$ 焦点 $(\pm\sqrt{3},\ 0)$

中心は $(-3,\ 2)$，焦点は $(-3\pm\sqrt{3},\ 2)$

アドバイス

- 2次曲線の平行移動は，その2次曲線の標準形（頂点または中心が原点）
  放物線：$y^2=4px$，$x^2=4py$，楕円：$\dfrac{x^2}{a^2}+\dfrac{y^2}{b^2}=1$，双曲線：$\dfrac{x^2}{a^2}-\dfrac{y^2}{b^2}=\pm1$
  を基準にする。
- 平行移動した2次曲線の方程式は，x 軸方向に p なら x を $x-p$ に，y 軸方向に q なら y を $y-q$ に置きかえた式で表される。

これで解決！

2次曲線の平行移動 ➡ $f(x,\ y)=0 \to f(x-p,\ y-q)$（$x$ 軸方向に p，y 軸方向に q）

練習194 (1) 放物線 $y^2-6y-6x+3=0$ の焦点の座標と準線の方程式を求め，それを図示せよ。

(2) 楕円 $2x^2+3y^2-16x+6y+11=0$ の中心と焦点の座標を求め，それを図示せよ。　〈類　関東学院大〉

(3) 方程式 $x^2-4y^2-6x+16y-3=0$ が表す双曲線の概形をかけ。また，焦点と漸近線の方程式を求めよ。　〈類　摂南大〉

195 2次曲線と直線

放物線 $y^2=4x$ を C とする。次の問いに答えよ。

(1) C に接する傾き -1 である直線の方程式を求めよ。

(2) 直線 $y=mx+1$ と C の共有点の個数を求めよ。〈類 千葉工大〉

解 (1) 直線の方程式を $y=-x+n$ とおいて $y^2=4x$ に代入する。

$(-x+n)^2=4x$, $x^2-(2n+4)x+n^2=0$

判別式を D とすると，接するから $D=0$

$\dfrac{D}{4}=(n+2)^2-n^2=4n+4=0$ より $n=-1$

よって，$\boldsymbol{y=-x-1}$

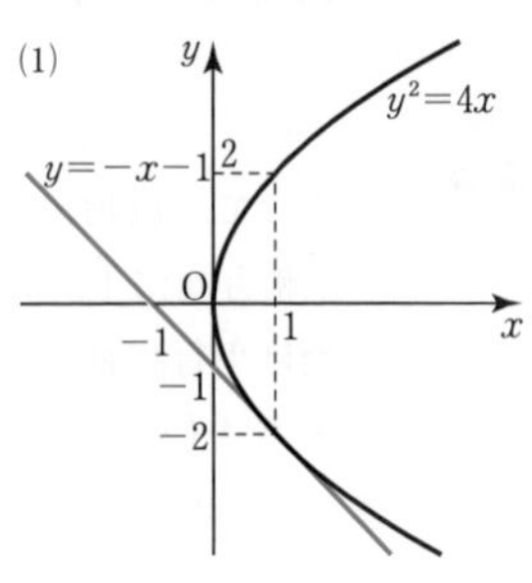

(2) $y=mx+1$ を $y^2=4x$ に代入して

$(mx+1)^2=4x$, $m^2x^2+(2m-4)x+1=0$

判別式を D とすると

$\dfrac{D}{4}=(m-2)^2-m^2=-4(m-1)$

共有点の個数は，右の図の直線を考えて

$D>0$ すなわち $\boldsymbol{m<1}$ ($\boldsymbol{m\neq 0}$) のとき**2個**。

$D=0$ すなわち $\boldsymbol{m=1}$, $\boldsymbol{m=0}$ のとき**1個**。

$D<0$ すなわち $\boldsymbol{m>1}$ のとき，**共有点はない**。

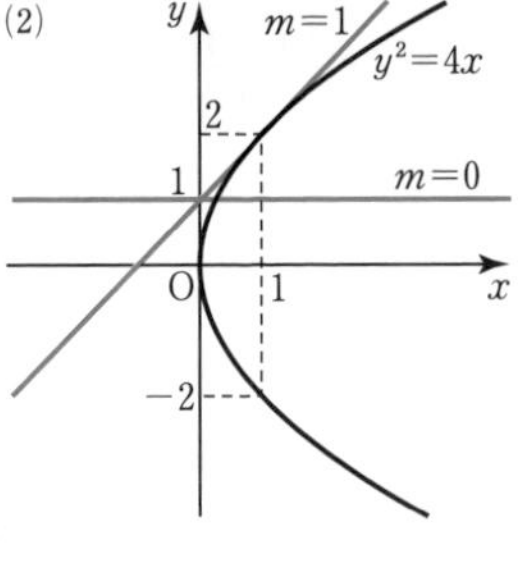

アドバイス

- 2次曲線と直線の共有点の個数は，まず判別式で考えるのが一般的だ。基本的には，これまで通り $D>0$, $D=0$, $D<0$ で分けて考えればよい。
- ただし，これまでと違うのは，直線が放物線の軸や，双曲線の漸近線と平行になる場合があるので注意する必要がある。

これで解決！

2次曲線と直線の関係 

- $D>0$ のとき　共有点は2個（交わる）
- $D=0$ のとき　共有点は1個（接する）
- $D<0$ のとき　共有点はない（離れてる）

練習195 (1) 楕円 $4x^2+y^2=4$ の接線で傾きが2である直線の方程式を求めよ。

(2) 直線 $y=mx+3$ が楕円 $4x^2+y^2=4$ と第1象限で接するのは $m=$□ のときであり，その接点の座標は□である。〈東京歯大〉

(3) 放物線 $y^2=2x+3$ と直線 $y=mx+2$ が接するように m の値を定めよ。また，共有点の個数を m の値によって分類せよ。〈類 日本大〉

196 極方程式を直交座標の方程式で表す

次の極方程式で表される曲線を直交座標 $(x,\ y)$ に関する方程式で表し，その概形をかけ。　〈奈良教育大〉

$$r^2(7\cos^2\theta+9)=144$$

解

$r^2(7\cos^2\theta+9)=144$

$7r^2\cos^2\theta+9r^2=144$

$x=r\cos\theta$，$r^2=x^2+y^2$

を代入して

$7x^2+9(x^2+y^2)=144$

$16x^2+9y^2=144$

よって，$\boldsymbol{\dfrac{x^2}{9}+\dfrac{y^2}{16}=1}$（概形は右図）

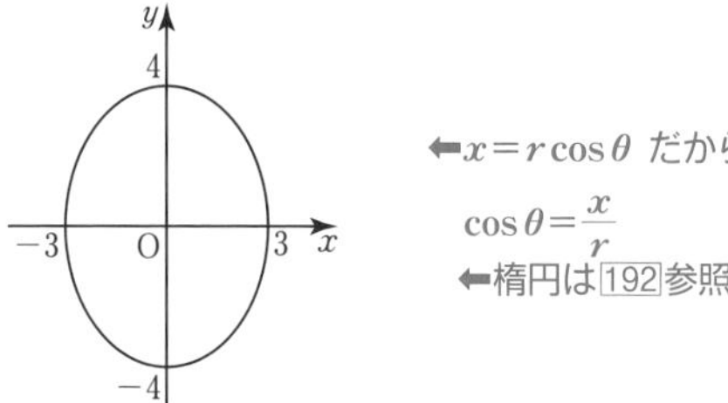

⬅$x=r\cos\theta$ だから $\cos\theta=\dfrac{x}{r}$

⬅楕円は 192 参照

アドバイス

- 極座標は平面上の点Pを右図のように，原点O(極)と，半直線OX(始線)を定め，Oからの距離 r とOXとのなす角 θ で表したもので $\mathrm{P}(r,\ \theta)$ とかく。
- 極方程式から曲線をイメージするのは慣れないと難しいので，点線の直交座標（xy の式）に直して考えるとわかりやすい。
- 極座標と直交座標の式は，次の関係で結ばれている。

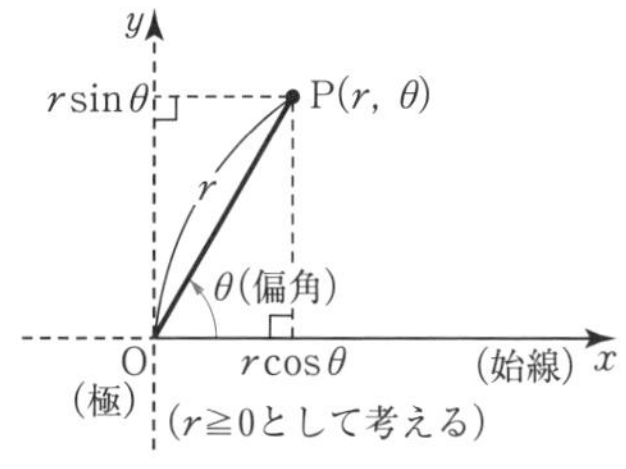

これで解決！

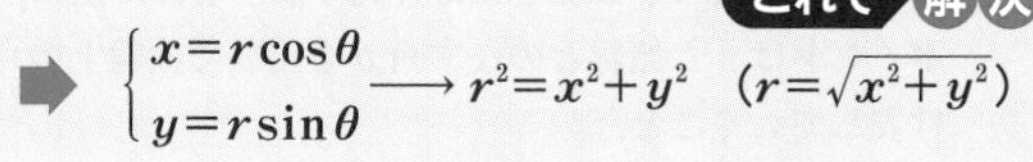

極方程式と直交座標の方程式 ➡ $\begin{cases}\boldsymbol{x=r\cos\theta}\\ \boldsymbol{y=r\sin\theta}\end{cases}\longrightarrow \boldsymbol{r^2=x^2+y^2}\quad(\boldsymbol{r=\sqrt{x^2+y^2}})$

練習196　(1)　次の極方程式で表される曲線を直交座標 $(x,\ y)$ に関する方程式で表せ。

①　$r\cos\left(\theta+\dfrac{\pi}{6}\right)=1$　　　②　$r=4\sin\theta-2\cos\theta$

(2)　極方程式 $r=\dfrac{\sqrt{6}}{2+\sqrt{6}\cos\theta}$ の表す曲線を，直交座標 $(x,\ y)$ に関する方程式で表し，その概形を図示せよ。　〈徳島大〉

197 2次曲線の極方程式

放物線 $y^2=4x$ について，次の問いに答えよ。

(1) 放物線の方程式を極方程式で表せ。

(2) 放物線の焦点 F(1, 0) を極とする放物線の極方程式を求めよ。

解 (1) $y^2=4x$ に $x=r\cos\theta$, $y=r\sin\theta$ を代入して

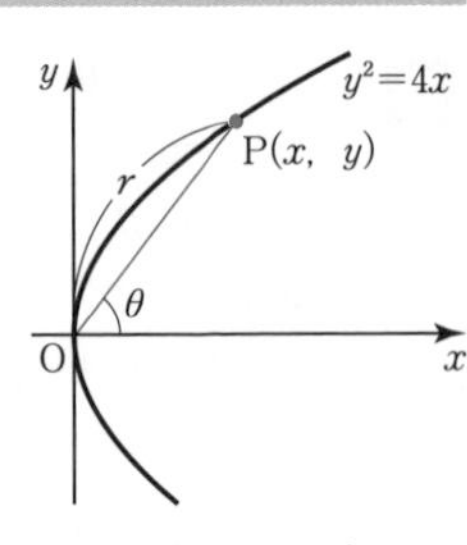

$$r^2\sin^2\theta=4r\cos\theta$$

$$r(r\sin^2\theta-4\cos\theta)=0$$

$$r=0 \text{ または } r=\frac{4\cos\theta}{\sin^2\theta}$$

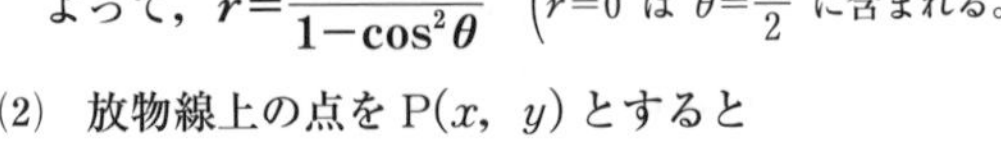

よって，$\boldsymbol{r=\frac{4\cos\theta}{1-\cos^2\theta}}$ $\left(r=0 \text{ は } \theta=\frac{\pi}{2} \text{ に含まれる。}\right)$

(2) 放物線上の点を P(x, y) とすると

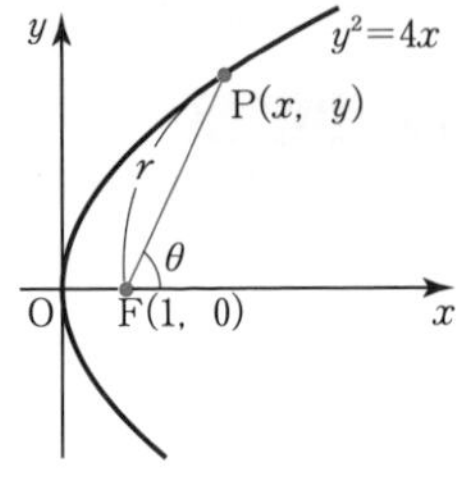

$x=1+r\cos\theta$, $y=r\sin\theta$ と表せる。

$y^2=4x$ に代入して

$$r^2\sin^2\theta=4(1+r\cos\theta)$$

$$r^2\sin^2\theta-4r\cos\theta-4=0$$

$$r=\frac{2\cos\theta\pm\sqrt{4(\cos^2\theta+\sin^2\theta)}}{\sin^2\theta}=\frac{2(\cos\theta\pm1)}{1-\cos^2\theta}$$

$r>0$ だから $r=\dfrac{2(1+\cos\theta)}{(1-\cos\theta)(1+\cos\theta)}$

よって，$\boldsymbol{r=\frac{2}{1-\cos\theta}}$

アドバイス

- 2次曲線に限らず曲線を極方程式で表す場合，極の位置によって方程式は異なる。ポイントは r と始線とのなす角 θ を用いて曲線上の点 (x, y) を次のことに目を向け表していくことだ。

これで解決!

2次曲線を極方程式で表す ➡ 極と始線を確認したら $r\cos\theta$, $r\sin\theta$ の表す長さを考える

練習197 (1) 楕円 $\dfrac{x^2}{4}+\dfrac{y^2}{3}=1$ について，楕円の焦点 F(1, 0) を極とする楕円の極方程式を求めよ。 〈類 福岡女子大〉

(2) 原点を O とする座標平面上に放物線 $x^2=4y$ がある。放物線の焦点 F(0, 1) を極，半直線 FO を始線とする放物線の極方程式を求めよ。 〈類 熊本大〉

こたえ

1 (1) $(x+4)(x+2)(x-2)$
(2) $(a+2)(a-1)(a-b)$
(3) $(a+b+c)(ab+bc+ca)$
(4) $(x^2+xy-y^2)(x^2-xy-y^2)$

2 (1) $x^2+y^2=28$, $x^3+y^3=144$,
$\sqrt{x}-\sqrt{y}=-\sqrt{2}$
(2) $\dfrac{3}{2}$, -1, $-\dfrac{11}{2}$ (3) 5

3 (1) $3\sqrt{2}$ (2) $\sqrt{30}$
(3) $\begin{cases} a \geqq 10 \text{ のとき } 6 \\ 1 \leqq a < 10 \text{ のとき } 2\sqrt{a-1} \end{cases}$

4 7, 43

5 (1) $-x-8$, $5x+4$ (2) $\sqrt{2a}$

6 $y=2(x-9)^2+6$

7 $y=2(x-1)^2-3$, $y=2(x-4)^2+3$

8 $a=-1$, $b=-2$, $c=3$

9 $f(x)=2x^2-4x-3$, $f(x)=-2x^2+4x+1$

10 $a=1$, -1

11 (1)
$$m(t)=\begin{cases} t^2+2t & (t<-1) \\ -1 & (-1 \leqq t \leqq 2) \\ t^2-4t+3 & (2<t) \end{cases}$$
(2)
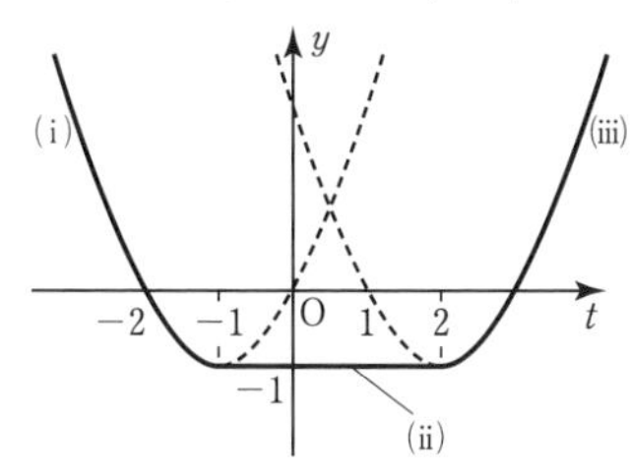

12 (1) $x=\dfrac{3}{2}$, $y=3$, 最大値 $\dfrac{9}{2}$
(2) 最大値 $\dfrac{5}{12}$ $\left(x=\dfrac{1}{2},\ y=\pm\dfrac{1}{2}\right)$
最小値 $-\dfrac{1}{3}$ $(x=-1,\ y=0)$

13 6

14 $a \leqq 1$, $2 \leqq a$

15
$$\begin{cases} a>\dfrac{1}{2} \text{ のとき } & 1-a<x<a \\ a=\dfrac{1}{2} \text{ のとき } & \text{解はない} \\ a<\dfrac{1}{2} \text{ のとき } & a<x<1-a \end{cases}$$

16 $a=-3$, $b=5$

17 (1) $x<-\dfrac{3}{2}$, $1<x$
(2) $-3 \leqq a < -2$, $3 < a \leqq 4$

18 (1)
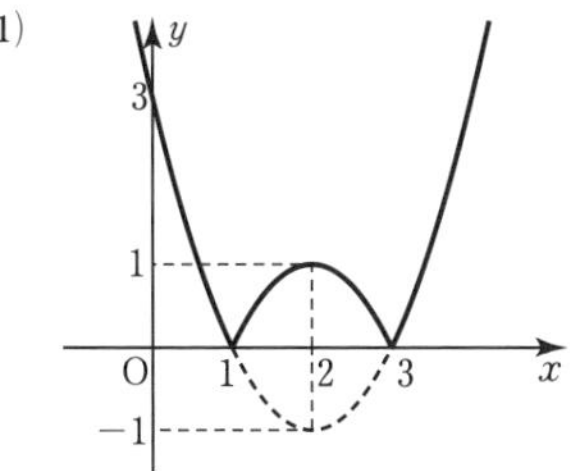

(2)
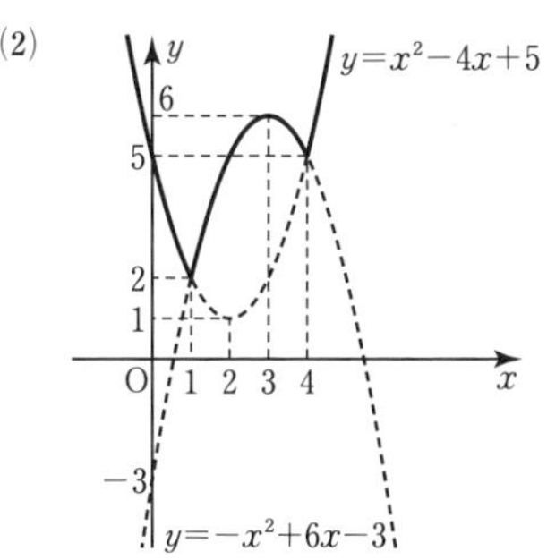

19 $-2<k<-\dfrac{3}{2}$

20 (1) $-2<m<-1$ (2) $-\dfrac{1}{2}<a<0$

21 (1) $A \cup B=\{-3,\ -2,\ 2,\ 7,\ 12,\ 15,\ 16\}$
(2) $\overline{A} \cap B=\{-2,\ 12,\ 16\}$

22 (1) $0<a<\dfrac{1}{2}$ (2) $a \leqq -2$

23 $n(A)=33$, $n(B)=26$, $n(A \cap B)=8$,
$n(A \cup B)=51$, $n(\overline{A} \cap B)=18$,
$n(\overline{A} \cup B)=76$, $n(\overline{A} \cup \overline{B})=93$

24 (1) (ア) 「すべての x について $f(x)<0$」
(イ) 「$a \neq b$ かつ $a \geqq c$」
(ウ) 「m と n の少なくとも一方は有理数」
(2) (ア) 「$a^2 \leqq b^2$ ならば $a \leqq b$ または
$a+b \leqq 0$ である」
(イ) 「すべての b について $g(b) \geqq 0$ ならば,
ある a について $f(a) \leqq 0$ である」

25 (1) 必要 (2) × (3) 必要十分
(4) 十分

26 (1) $-\dfrac{\sqrt{21}}{5}$, $-\dfrac{2\sqrt{21}}{21}$

(2) $\sqrt{5}-2$

27 (1) $x=30°, 90°, 150°$

(2) $0° \leqq x \leqq 120°$

28 $0°<\theta \leqq 45°, 135° \leqq \theta<180°$

29 (1) $\frac{4}{9}$ (2) $\frac{13}{27}$

30 $x=0°, 90°, 180°$ のとき，最大値 2

$x=30°, 150°$ のとき，最小値 1

31 $-1 \leqq k<1$ のとき 2 個

$k=1$ のとき 1 個

$k<-1, 1<k$ のとき なし

32 (1) $\frac{21\sqrt{5}}{10}$ (2) $12\sqrt{5}$ (3) $\sqrt{5}$

33 $\frac{20\sqrt{3}}{9}$

34 $\frac{6\sqrt{7}}{5}$

35 (1) $\angle AMB=\theta$ とおくと

$\angle AMC=180°-\theta$

$\triangle ABM$ に余弦定理を用いて

$AB^2=AM^2+BM^2-2AM \cdot BM \cdot \cos\theta$ ……①

$\triangle ACM$ に余弦定理を用いて

$AC^2=AM^2+CM^2-2AM \cdot CM \cdot \cos(180°-\theta)$

$\cos(180°-\theta)=-\cos\theta$ だから

$AC^2=AM^2+CM^2+2AM \cdot CM \cdot \cos\theta$ ……②

①+②より

$AB^2+AC^2=2AM^2+BM^2+CM^2-2AM \cdot BM \cdot \cos\theta+2AM \cdot CM \cdot \cos\theta$

ここで，$BM=CM$ だから

$AB^2+AC^2=2(AM^2+BM^2)$

が成り立つ。

(2) $\cos\theta=\frac{1}{3}$, $AC=\sqrt{33}$

36 (1) 9 (2) $\frac{5\sqrt{23}}{2}$

37 (1) 正しい

(2) 正しいとはいえない (3) 正しい

(4) 正しいとはいえない

38 (1) $\bar{x}=8, s^2=10, s=\sqrt{10}$

(2) 平均値は 11，分散は 10

39 0.45

40 (1) 新しい宣伝は効果はあったといえる

(2) 新しい宣伝は効果はあったといえない

41 (1) 300 (2) 30 (3) 30 通り

42 (1) 1440 通り (2) 720 通り

(3) 210 通り

43 (1) 120 通り (2) 48 通り

(3) 24 通り (4) 12 通り

44 (1) 28 (2) 420 (3) 462

(4) 868

45 (1) 120 通り (2) 2520 通り

(3) 2100 通り (4) 2800 通り

46 (1) 144，1440

(2) (ア) 126 通り (イ) 1206 通り

47 (1) 220 個 (2) 12 個 (3) 96 個

(4) 60 個 (5) 120 個 (6) 40 個

48 (1) $\frac{5}{9}$ (2) $\frac{1}{4}$

49 (1) (i) $\frac{1}{20}$ (ii) $\frac{3}{10}$

(2) $\frac{11}{15}$ (3) $\frac{3}{5}$

50 (1) $\frac{12}{35}, \frac{29}{35}$ (2) $\frac{17}{24}$

51 (1) $\frac{19}{70}$ (2) $\frac{11}{42}$

52 (1) $\frac{1}{9}$ (2) $\frac{1}{9}$ (3) $\frac{5}{27}$

(4) $\frac{4}{27}$

53 (1) $\frac{5}{54}, \frac{49}{54}$ (2) $\frac{125}{216}, \frac{61}{216}$

54 (1) $\frac{5}{16}$

(2) (ア) $\frac{2}{9}$ (イ) $\frac{10}{27}$

55 $\frac{9}{19}$

56 $\frac{5}{42}, \frac{10}{21}, \frac{5}{14}, \frac{1}{21}, \frac{4}{3}$

57 (1) $x=20°, y=120°$

(2) $x=25°, y=40°$

(3) $x=45°, y=95°$

58 (1) $x=35°$

(2) $x=100°, y=20°$

(3) $x=5, y=10°$

59 (1) $x=12$

(2) $x=1+\sqrt{5}$

(3) $x=\dfrac{9}{2}$

60 (1) $x=6$

(2) $x=2(\sqrt{2}+\sqrt{6})$

(3) $d>8$ のとき　共有点は 0 個

$d=8$ のとき　共有点は 1 個

$2<d<8$ のとき　共有点は 2 個

$d=2$ のとき　共有点は 1 個

$0\leqq d<2$ のとき　共有点は 0 個

61 $\dfrac{5}{2}$, $\dfrac{7}{3}$

62 $\mathrm{BP}:\mathrm{PC}=(n+2):(n+1)$

$\mathrm{AO}:\mathrm{OP}=(2n+3):n$

$\dfrac{\triangle\mathrm{ABC}}{\triangle\mathrm{OBC}}=\dfrac{3n+3}{n}$

63 (1) (7, 84), (21, 28)　(2) 140 と 266

64 12, 15

65 27, 15330

66 (1) $n(n+1)(2n+1)$

$=n(n+1)\{(n-1)+(n+2)\}$

$=(n-1)n(n+1)+n(n+1)(n+2)$

連続する 3 整数の積は 6 の倍数だから与式は 6 の倍数である。

(2) $n(n^2+5)=n^3+5n$

$=n^3-n+6n$

$=(n-1)n(n+1)+6n$

よって，連続する 3 整数の積は 6 の倍数だから与式は 6 の倍数である。

67 (1) 命題の対偶は「n が偶数ならば，n^2 は偶数である」

$n=2k$ (k は整数) のとき

$n^2=(2k)^2=2\cdot 2k^2=$(偶数)

よって，対偶が成り立つからもとの命題も成り立つ。

(2) 命題の対偶は「n が 5 で割り切れなければ n^3 は 5 で割り切れない」

(i) $n=5k\pm1$ のとき

$n^3=(5k\pm1)^3$

$=125k^3\pm75k^2+15k\pm1$

$=5(25k^3\pm15k^2+3k)\pm1$

$=(5$ の倍数$)\pm1$ (複号同順)

となるから，5 で割り切れない。

(ii) $n=5k\pm2$ のとき

$n^3=(5k\pm2)^3$

$=125k^3\pm150k^2+60k\pm8$

$=5(25k^3\pm30k^2+12k\pm1)\pm3$

$=(5$ の倍数$)\pm3$ (複号同順)

となるから 5 で割り切れない。

よって，(i)，(ii)より対偶が成り立つからもとの命題も成り立つ。

68 (1) (ア) 114　(イ) 23

(2) (ア) $x=13$, $y=-15$

(イ) $x=26$, $y=-3$

69 (1) $x=11k+6$, $y=14k+7$

(2) 58, 135, 212, 289

70 (1) 12

(2) $(x, y)=(2, 3), (2, 7)$

(3) $(x, y)=(2, 1), (-1, -2)$

71 (1) $120_{(3)}$, 65, 0.28

(2) $N=66$

72 (1) $a=4$　(2) -810, -1800

73 (1) $8x+32$　(2) $p=4$, $q=3$

(3) 0, $70+36\sqrt{3}$

74 (1) $\dfrac{x-2}{x(x-1)}$　(2) $\dfrac{8}{(x+3)(x-2)}$

(3) 0　(4) $\dfrac{1}{x+1}$

75 $a=-5$, $A=-1$

76 (1) $x=-1$, $y=-3$

(2) $x=2$, $y=1$

77 (1) $a=1$, $b=1$　(2) 3, 4

78 4, 7

79 $\dfrac{4}{3}$, 4

80 (1) -1　(2) $a=4$, $b=3$

81 (1) $x+2$　(2) $3x+1$

82 $-x^2+3x+1$

83 (1) ① $x=-1, -7, \dfrac{1}{2}$

② $x=\dfrac{1}{2}, \dfrac{-1\pm\sqrt{3}i}{2}$

(2) -4, -12, -2, 3

84 (1) $(x-1)(ax^2-x-3)$

(2) $x=1, \dfrac{3}{2}, -1$

(3) $a=-\dfrac{1}{12}$ のとき $x=1, -6$

$a=4$ のとき $x=1, -\dfrac{3}{4}$

85 実数解は $x=\frac{1}{2}$　$a=-\frac{5}{2}$，$b=6$

86 (1)　$a=-1$，$b=\frac{1}{2}$，$c=\frac{1}{2}$

(2)　$a=1$，$b=3$，$c=3$，$d=-2$

(3)　$a=2$，$b=3$，$c=-5$

87 (1)　$\frac{1}{6}$

(2)　$(a+b)(b+c)(c+a)=-1$

$a^3+b^3+c^3=3$

(3)　-1

88 (1)　$\frac{9}{2}$

(2)　$x=\frac{\sqrt{6}}{2}$ のとき最小値 8

(3)　6

89 $\left(\frac{5}{2},\ 0\right)$

90 $y=-\frac{3}{2}x+2$，$y=\frac{2}{3}x-\frac{7}{3}$

91 $k=2$

92 $k=-1$，2，$\frac{2}{3}$

93 (1)　2　　(2)　$k=-4\pm\sqrt{15}$

(3)　$\mathrm{P}\left(\frac{1}{2},\ \frac{5}{4}\right)$ のとき最小値 $\frac{3\sqrt{2}}{8}$

94 (8，5)

95 (1，1)

96 $x+3y-4=0$，$3x-y-2=0$

97 2，4，20

98 (1)　$y=2x\pm5$

(2)　$y=\frac{4}{3}x-\frac{25}{3}$，$y=-\frac{3}{4}x+\frac{25}{4}$

(3)　$y=\frac{1}{3}x$，$y=-3x+10$

99 10

100 $\sqrt{14}$，$2\sqrt{5}$

101 (1)　$2\sqrt{5}-3$，$2\sqrt{5}+3$

(2)　最小値は $\sqrt{2}$，P(4，1)

102 (1)　$\frac{1}{8}\leqq k\leqq\frac{7}{8}$

(2)　①　$0<a<\frac{4}{3}$　②　$a=1$，$\frac{1}{7}$

103 (1)　$x+3y-2=0$

(2)　中心は $(-1,\ 0)$，半径は $\sqrt{5}$

104 $a=-1$

105 $y=x^2+3x+1$

106 (1)　$y=3x^2-10x+6$

(2)　$(x-3)^2+(y-1)^2=1$

107 $2x+y$ の最大値 6，最小値 2

x^2+y^2 の最大値 $\frac{45}{4}$，最小値 $\frac{16}{5}$

108 (1)　$-\frac{4\sqrt{6}}{25}$，$-\frac{\sqrt{15}}{5}$

(2)　$\frac{1}{6}$，$\frac{3}{4}$，$\frac{3-7\sqrt{5}}{24}$　　(3)　$\theta=\frac{\pi}{4}$

109 (1)　最大値 5 $(\theta=0)$

最小値 $3-2\sqrt{2}$ $\left(\theta=\frac{3}{8}\pi\right)$

(2)　$5\leqq y\leqq13$

110 -2，$\theta=\frac{2}{3}\pi$

111 (1)　$\frac{7}{6}\pi$，$\frac{11}{6}\pi$

(2)　$M=\begin{cases}1+a & (4<a)\\ \frac{a^2}{8}+3 & (-4\leqq a\leqq4)\\ 1-a & (a<-4)\end{cases}$

112 (1)　$-\sqrt{2}\leqq t\leqq1$

(2)　$y=-t^3-t^2+t+1$

(3)　$t=\frac{1}{3}$ のとき最大値 $\frac{32}{27}$

$t=\pm1$ のとき最小値 0

113 $\frac{7}{3}$

114 3，$\frac{3\pm\sqrt{5}}{2}$

115 $2^{\sqrt{3}}<4<\sqrt[3]{3^4}<3^{\sqrt{2}}$

116 3，3，2，-5

117 (1)　$x=0$，$\frac{1}{2}$　　(2)　$-1\leqq x\leqq1$

(3)　$-2\leqq x\leqq5$

118 (1)　1　　(2)　2　　(3)　5　　(4)　$\frac{55}{6}$

119 (1)　ab　　(2)　$\frac{1}{a}+b$　　(3)　$\frac{ab}{1+a}$

(4)　$\frac{2(1+a)}{1+ab}$

120 $a=\sqrt{2}$，$b=2$ または $a=4$，$b=2$

121 $\log_4 7<\log_2 3<2^{\frac{4}{3}}<4^{\frac{5}{6}}$

122 $\frac{1}{4}$

123 (1) $x=5$ (2) $x=-1+2\sqrt{2}$

(3) $\frac{7}{6}<x<\frac{5}{2}$ (4) $1<x\leqq 5$

124 (1) $3,\ \frac{4}{3}$ (2) 1

(3) 最大値は $x=2$ のとき 5
最小値は $x=8$ のとき 1

125 48，5，1

126 (1) $y=-7x+15$

(2) $y=2x-2,\ y=-\frac{1}{2}x+\frac{63}{16}$

(3) $a=8,\ y=12x-16$

127 (1) $y=-24x-4$，接点は $(-1,\ 20)$
$y=3x-4$，接点は $(2,\ 2)$

(2) $-4<k<4$

128 $f(x)=x^3-6x^2+9x-2$
$f(x)=-x^3+6x^2-9x+2$

129 $a>-2$ のとき，極大値 $12a$
$a<-2$ のとき，極大値 $-a^3-6a^2-8$
$a=-2$ のとき，極値をもたない。

130 $-1\leqq a\leqq 4$

131 (1) $\begin{cases} a<0 \text{ のとき } & b\geqq 0 \\ 0\leqq a\leqq 1 \text{ のとき } & b\geqq a^2 \\ 1<a \text{ のとき } & b\geqq 2a-1 \end{cases}$

(2) 下図の斜線部分。ただし，境界を含む。

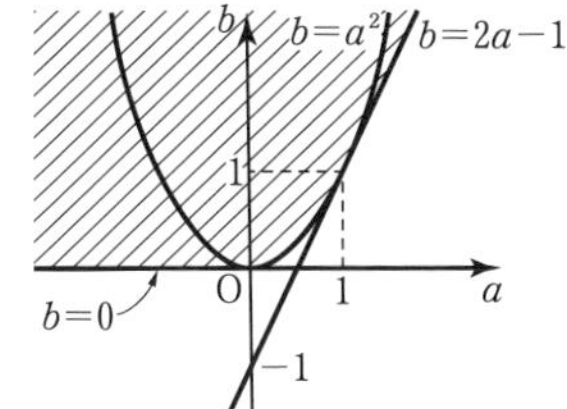

132 $a=4,\ b=-17$

133 (1) 極大値 2，極小値 0

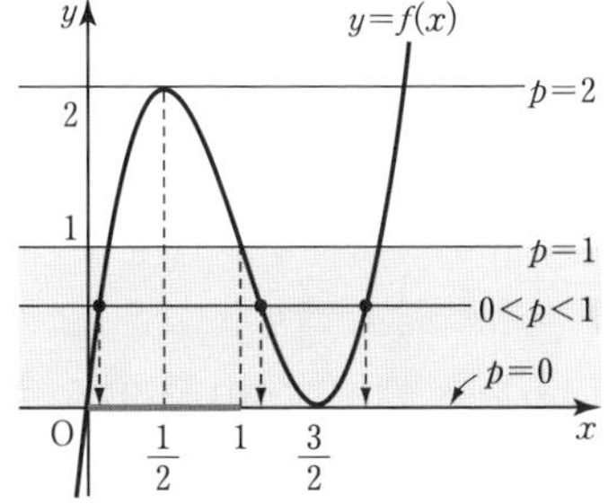

(2) $0\leqq p<1,\ p=2$

134 $a<-1,\ 1<a$

135 (1) -6 (2) 16 (3) $\frac{5}{2}$

136 (1) $f(x)=\begin{cases} -x+\frac{3}{2} & (x\leqq 1) \\ x^2-3x+\frac{5}{2} & (1\leqq x\leqq 2) \\ x-\frac{3}{2} & (2\leqq x) \end{cases}$

(2)

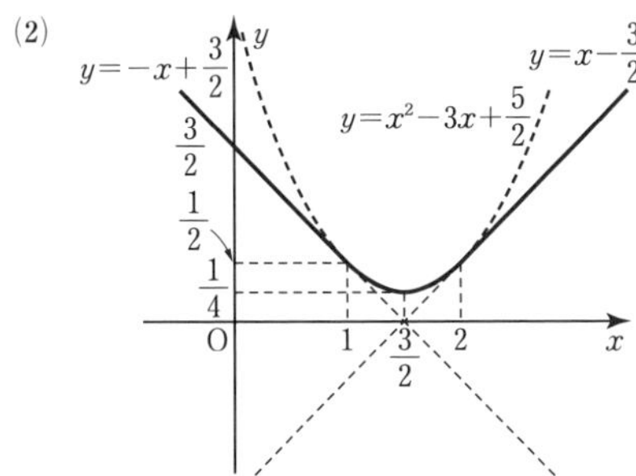

$x=\frac{3}{2}$ のとき最小値 $\frac{1}{4}$

137 (1) $f(x)=x^2-4x+\frac{5}{6}$

(2) $f(x)=-\frac{3}{4}x-\frac{1}{4}$

138 (1) (ア) $\frac{9}{2}$ (イ) $\sqrt{3}$

(2) $x=a-1,\ a+1,\ \frac{4}{3}$

139 (1)
$x^2-ax+1=-x^2+(a+4)x-3a+1$ より
$2x^2-2(a+2)x+3a=0$ ……①
$D/4=(a+2)^2-2\cdot 3a$
$\quad =a^2-2a+4=(a-1)^2+3>0$
よって，2つの放物線は異なる2点で交わる。

(2) $S(a)=\frac{1}{3}(\sqrt{a^2-2a+4})^3$

最小値は $a=1$ のとき $\sqrt{3}$

140 (1) $\frac{32}{3}$ (2) $a=-4+2\sqrt[3]{4}$

(3) $b=1-\sqrt{2}$

141 (1) $a_n=\frac{1}{5}n-5,\ 36$

(2) $a_n=\frac{2}{5}n+\frac{14}{5}$

(3) 初項 3，公差 5

142 (1) 初項 4，公比 3 のとき　和 484

初項 4，公比 -3 のとき　和 244

(2) 初項 3，和 93

143 $-4n+79$，741

144 $a=2$，$b=-4$，$c=8$

145 1090

146 $\dfrac{1-(n+1)x^n+nx^{n+1}}{(1-x)^2}$

147 (1) $\dfrac{1}{6}n(n+1)(6n^2-2n-1)$

(2) $\dfrac{1}{12}n(n+1)^2(n+2)$

148 (1) $\dfrac{n}{2n+1}$

(2) $3+2\sqrt{2}$

149 (1) $b_n=\dfrac{1}{3}\cdot\left(\dfrac{1}{9}\right)^{n-1}$，

$\displaystyle\sum_{k=1}^{n} b_k=\dfrac{3}{8}\left\{1-\left(\dfrac{1}{9}\right)^n\right\}$

(2) $\left(\dfrac{1}{3}\right)^{n^2}$

150 (1) $\begin{cases} a_1=1 \\ a_n=2^{n-1}-1 \ (n\geqq 2) \end{cases}$

(2) $a_n=\left(\dfrac{1}{3}\right)^n$

151 (1) 91

(2) 512

(3) 第 32 群の 4 番目

152 (1) $a_n=2^n-n^2+n-2$

(2) $a_n=\dfrac{3}{n+2}$

(3) $a_n=(n^2-n+1)\cdot 2^{n-1}$

153 (1) $a_n=2^{n+1}-3$

(2) $a_n=3-2\cdot\left(\dfrac{1}{3}\right)^{n-1}$

154 (1) $\dfrac{3}{2}$　(2) 1

155 (1) 期待値 $\dfrac{9}{2}$，分散 $\dfrac{21}{4}$

(2) 期待値 $\dfrac{35}{18}$，標準偏差 $\dfrac{\sqrt{665}}{18}$

156 (1) 7，9　(2) 28

157 (1) 976 個　(2) 11 人

158 (1) 0.1587　(2) 0.1574

159 (1) 0.6827　(2) 0.0455

160 (1) $295.1\leqq\mu\leqq 304.9$　(2) 97 以上

161 A，B のワクチンには効果の違いはあ
とはいえない。

162 (1) $\overrightarrow{BC}=\vec{a}+\vec{b}$　(2) $\overrightarrow{AH}=\dfrac{1}{2}\vec{a}+\dfrac{3}{2}\vec{b}$

(3) $\overrightarrow{CH}=-\dfrac{3}{2}\vec{a}+\dfrac{1}{2}\vec{b}$　(4) $\overrightarrow{HG}=\vec{a}-\dfrac{1}{2}\vec{b}$

163 (1) $\overrightarrow{OE}=\dfrac{1}{5}\vec{a}+\dfrac{1}{3}\vec{b}$

(2) OE : EF＝8 : 7，AF : FB＝5 : 3

(3) AB : BG＝2 : 1

164 右図のように

$\overrightarrow{AB}=\vec{b}$，$\overrightarrow{AC}=\vec{c}$

とすると

$\overrightarrow{AP}=\dfrac{2}{5}\vec{b}$

$\overrightarrow{AQ}=\dfrac{\vec{b}+2\vec{c}}{3}$

$\overrightarrow{AR}=\dfrac{2}{3}\overrightarrow{AQ}$

$=\dfrac{2}{3}\cdot\dfrac{\vec{b}+2\vec{c}}{3}=\dfrac{2\vec{b}+4\vec{c}}{9}$

$\overrightarrow{PR}=\overrightarrow{AR}-\overrightarrow{AP}$

$=\dfrac{2\vec{b}+4\vec{c}}{9}-\dfrac{2}{5}\vec{b}$

$=\dfrac{-8\vec{b}+20\vec{c}}{45}=\dfrac{4(-2\vec{b}+5\vec{c})}{45}$

$\overrightarrow{PC}=\overrightarrow{AC}-\overrightarrow{AP}$

$=\vec{c}-\dfrac{2}{5}\vec{b}=\dfrac{-2\vec{b}+5\vec{c}}{5}$

よって，$\overrightarrow{PR}=\dfrac{4}{9}\overrightarrow{PC}$ が成り立つから，

3 点 P，R，C は一直線上にある。

このとき，PR : RC＝4 : 5

165 $a=3$，$b=6$

166 $\vec{p}=3\vec{a}-2\vec{b}$

167 (1) $\vec{a}\cdot\vec{b}=-10$，$\theta=120°$，$|2\vec{a}+\vec{b}|=7$

(2) $|\overrightarrow{BC}|=2\sqrt{5}$　(3) $\vec{p}\cdot\vec{q}=3$，$\theta=30°$

168 (1) $x=\dfrac{5}{2}$，-3　(2) $x=-\dfrac{1}{2}$

(3) $x=-8\pm 5\sqrt{3}$

169 (1) $\vec{c}=\dfrac{1}{3}\vec{a}+\dfrac{2}{3}\vec{b}$

(2) $\vec{a}\cdot\vec{b}=8$　(3) $\triangle OAB=5\sqrt{17}$

170 $\overrightarrow{AP}=\dfrac{5\overrightarrow{AB}+7\overrightarrow{AC}}{15}$

BD：DC＝7：5

△PAB：△PBC：△PCA＝7：3：5

71 (1) AB＝6

(2) $\overrightarrow{OP}=\frac{5}{9}\overrightarrow{OA}+\frac{4}{9}\overrightarrow{OB}$，$\overrightarrow{OQ}=\frac{2}{5}\overrightarrow{OB}$

(3) $\overrightarrow{OI}=\frac{1}{3}\overrightarrow{OA}+\frac{4}{15}\overrightarrow{OB}$

72 $\overrightarrow{OH}=\frac{6}{7}\overrightarrow{OA}+\frac{1}{7}\overrightarrow{OB}$

73 $\overrightarrow{AH}=\frac{7}{8}\overrightarrow{AB}+\frac{5}{8}\overrightarrow{AD}$

74 (1) $2\overrightarrow{OA}=\overrightarrow{OA'}$，$2\overrightarrow{OB}=\overrightarrow{OB'}$ となる点をとると，下図の直線 A′B′ 上

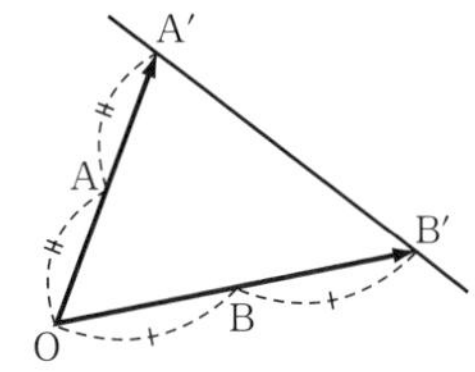

(2) $-\frac{1}{2}\overrightarrow{OB}=\overrightarrow{OB'}$ となる点をとると，下図の直線 AB′ 上

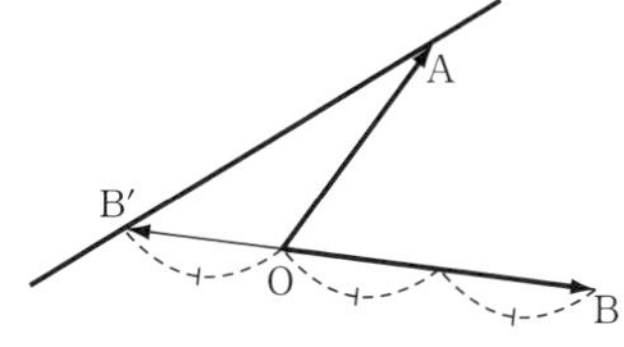

(3) $\frac{3}{2}\overrightarrow{OB}=\overrightarrow{OB'}$ となる点をとると，下図の線分 AB′ 上

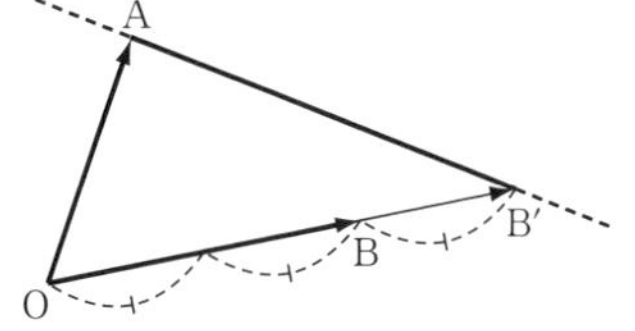

75 (1) $a=-5$，$b=-1$，AB＝$2\sqrt{17}$

(2) P(6，9，3)

(3) $x=5$

(4) $\vec{e}=\left(\frac{\sqrt{6}}{6},\ \frac{\sqrt{6}}{6},\ -\frac{\sqrt{6}}{3}\right)$，$\left(-\frac{\sqrt{6}}{6},\ -\frac{\sqrt{6}}{6},\ \frac{\sqrt{6}}{3}\right)$

76 (1) PQ＝$\frac{\sqrt{13}}{6}$　PR＝$\frac{\sqrt{3}}{4}$

(2) $\overrightarrow{PQ}\cdot\overrightarrow{PR}=\frac{5}{48}$

(3) △PQR＝$\frac{\sqrt{131}}{96}$

177 (1) $\overrightarrow{OP}=\frac{1}{3}\vec{a}$

(2) PQ：QC＝1：9

178 (1) $\overrightarrow{AF}=-\frac{3}{4}\vec{a}+\frac{1}{12}\vec{b}+\frac{1}{6}\vec{c}$

(2) $\overrightarrow{OG}=\frac{1}{9}\vec{b}+\frac{2}{9}\vec{c}$

179 (1) D(−1，7，0)

(2) $H\left(\frac{7}{2},\ 1,\ \frac{9}{2}\right)$

180 (1) $\left(\frac{1}{6},\ \frac{1}{3},\ \frac{1}{6}\right)$

(2) $\frac{\sqrt{6}}{2}$

(3) $\frac{1}{6}$

181 (1)

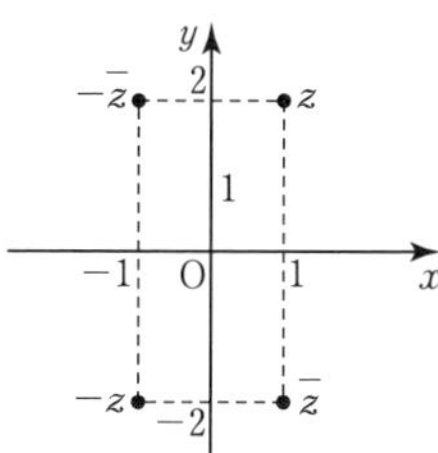

(2) AB＝13，BC＝$7\sqrt{2}$，CA＝13
AB＝AC の二等辺三角形

(3) $1-3i$ または $3+i$

182 (1) (i) $z=2\left(\cos\frac{\pi}{6}+i\sin\frac{\pi}{6}\right)$

(ii) $z=\sqrt{2}\left(\cos\frac{5}{4}\pi+i\sin\frac{5}{4}\pi\right)$

(2) $\begin{cases} z=\cos\frac{\pi}{3}+i\sin\frac{\pi}{3} \\ z=\cos\frac{5}{3}\pi+i\sin\frac{5}{3}\pi \end{cases}$

(3) $\frac{1}{2}+\frac{2-\sqrt{3}}{2}i$

183 $1+i=\sqrt{2}\left(\cos\frac{\pi}{4}+i\sin\frac{\pi}{4}\right)$

$1+\sqrt{3}i=2\left(\cos\frac{\pi}{3}+i\sin\frac{\pi}{3}\right)$

$\frac{1+\sqrt{3}i}{1+i}=\sqrt{2}\left(\cos\frac{\pi}{12}+i\sin\frac{\pi}{12}\right)$

$\cos\dfrac{\pi}{12}=\dfrac{\sqrt{6}+\sqrt{2}}{4}$，$\sin\dfrac{\pi}{12}=\dfrac{\sqrt{6}-\sqrt{2}}{4}$

184 (1) ① $\dfrac{1}{4}-\dfrac{1}{4}i$　② 16

(2) $n=1$，$z=8$

185 (1) $-\dfrac{\sqrt{2}}{2}+\dfrac{\sqrt{2}}{2}i$，$\dfrac{\sqrt{2}}{2}-\dfrac{\sqrt{2}}{2}i$

(2) $\dfrac{\sqrt{3}}{2}\pm\dfrac{1}{2}i$，$-\dfrac{\sqrt{3}}{2}\pm\dfrac{1}{2}i$，$\pm i$

186 (1) 直線 $x=-2$

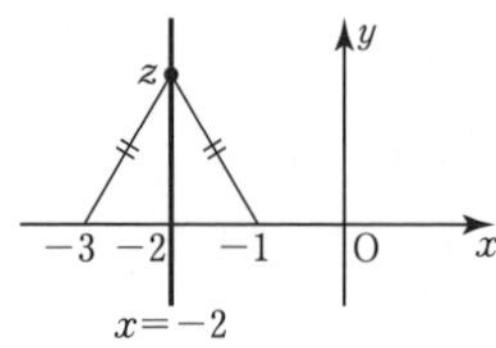

(2) 点 -1 を中心とする半径 2 の円

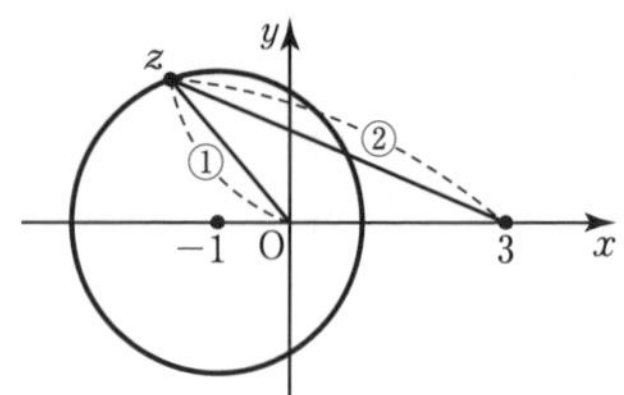

(3) 点 i を中心とする半径 1 の円

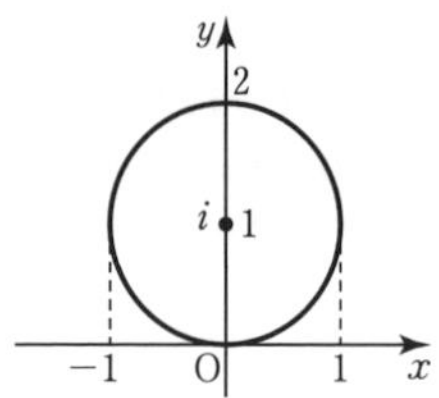

(4) 原点 O を中心とする半径 2 の円

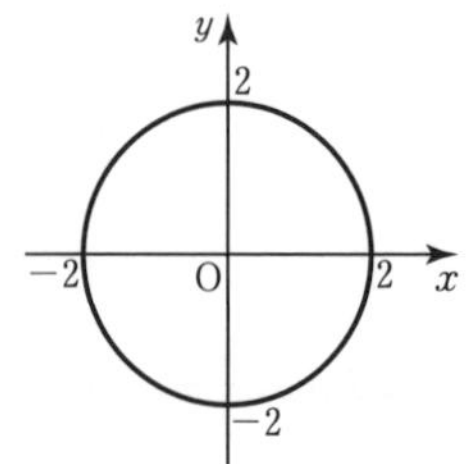

187 (1) 点 i を中心とする半径 1 の円

(2) $z=\dfrac{4}{5}+\dfrac{3}{5}i$ のとき最大値 2

188 (1) (i) $k=-2$ (ii) $k=3$

(2) $a=-\dfrac{1}{2}$，-1

189 (1) $\dfrac{\mathrm{AB}}{\mathrm{AC}}=\dfrac{1}{2}$，$\angle\mathrm{BAC}=\dfrac{\pi}{6}$

(2) 直角二等辺三角形

190 (1) $\left(2-\dfrac{3\sqrt{3}}{2}\right)+\left(\dfrac{3}{2}+2\sqrt{3}\right)i$，

$\left(2+\dfrac{3\sqrt{3}}{2}\right)+\left(\dfrac{3}{2}-2\sqrt{3}\right)i$

(2) $2-\sqrt{3}+(1-\sqrt{3})i$，

$2+\sqrt{3}+(1+\sqrt{3})i$

191 (1) ① 焦点 $(3,\ 0)$，準線 $x=-3$

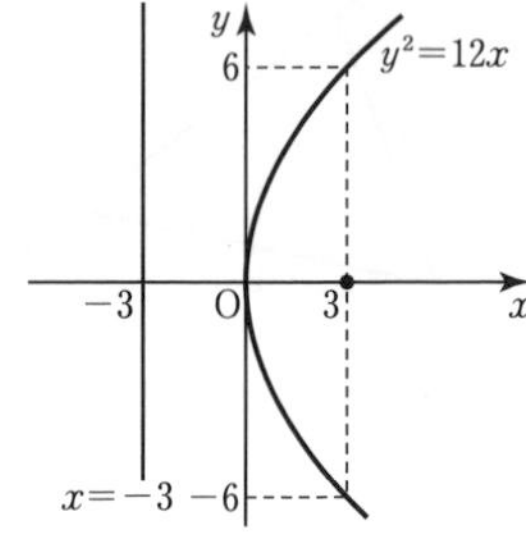

② 焦点 $(0,\ 1)$，準線 $y=-1$

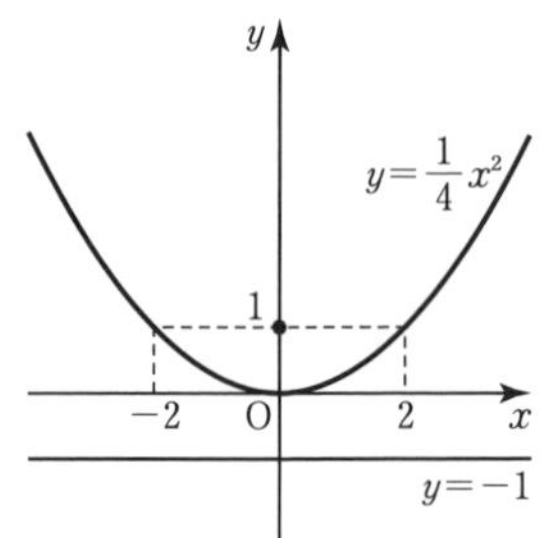

③ 焦点 $\left(-\dfrac{3}{2},\ 0\right)$，準線 $x=\dfrac{3}{2}$

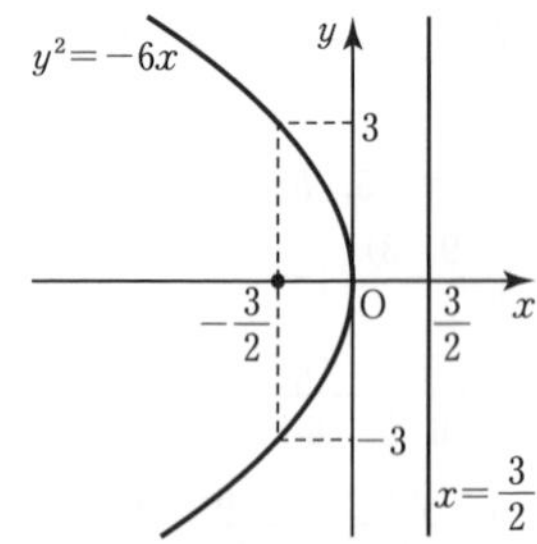

(2) 放物線 $y^2=12(x+1)$

92 (1) $\dfrac{x^2}{9}+\dfrac{y^2}{4}=1$

(2) $\dfrac{x^2}{3}+\dfrac{y^2}{4}=1$

93 (1) $\dfrac{x^2}{4}-\dfrac{y^2}{5}=1$

(2) $\dfrac{x^2}{9}-\dfrac{y^2}{36}=1$

焦点 $(3\sqrt{5},\ 0)$，$(-3\sqrt{5},\ 0)$

94 (1) 焦点 $\left(\dfrac{1}{2},\ 3\right)$，準線 $x=-\dfrac{5}{2}$

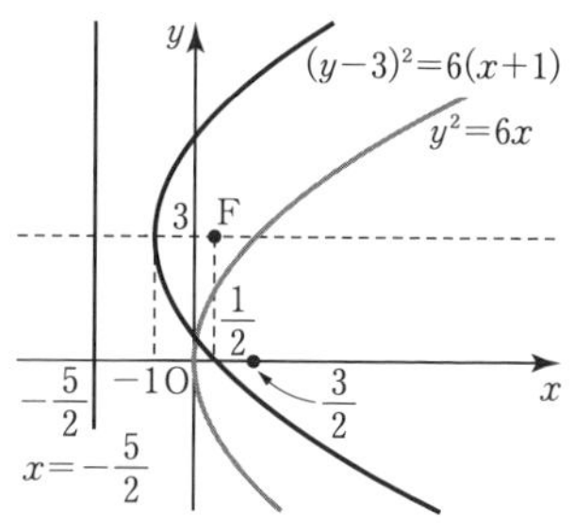

(2) 中心 $(4,\ -1)$，焦点 $(6,\ -1)$，$(2,\ -1)$

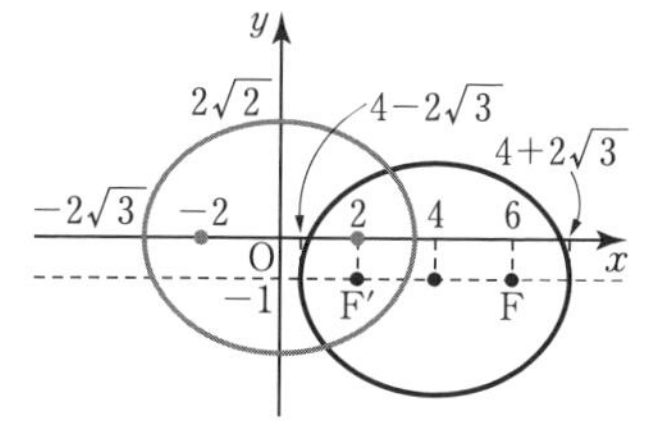

(3) 焦点 $(3,\ 2+\sqrt{5})$，$(3,\ 2-\sqrt{5})$

漸近線 $y=\dfrac{1}{2}x+\dfrac{1}{2}$，$y=-\dfrac{1}{2}x+\dfrac{7}{2}$

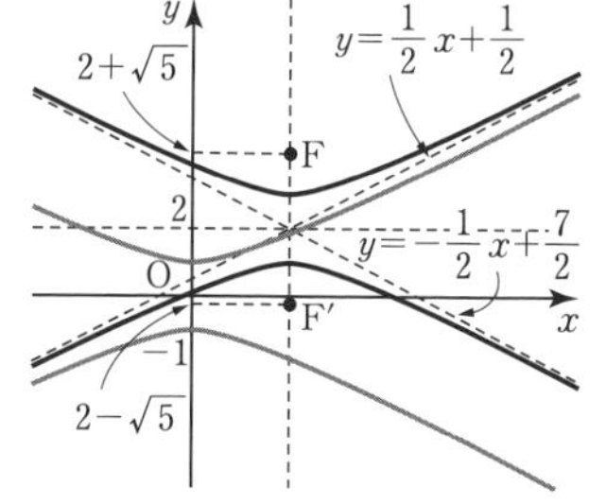

95 (1) $y=2x\pm2\sqrt{2}$

(2) $m=-\sqrt{5}$，接点 $\left(\dfrac{\sqrt{5}}{3},\ \dfrac{4}{3}\right)$

(3) $m=\dfrac{1}{3}$，1

$m<0$，$0<m<\dfrac{1}{3}$，$1<m$ のとき 2 個

$m=\dfrac{1}{3}$，1，0 のとき 1 個

$\dfrac{1}{3}<m<1$ のとき，共有点はない。

196 (1) ① $\sqrt{3}x-y=2$

② $(x+1)^2+(y-2)^2=5$

(2) $\dfrac{(x-3)^2}{6}-\dfrac{y^2}{3}=1$

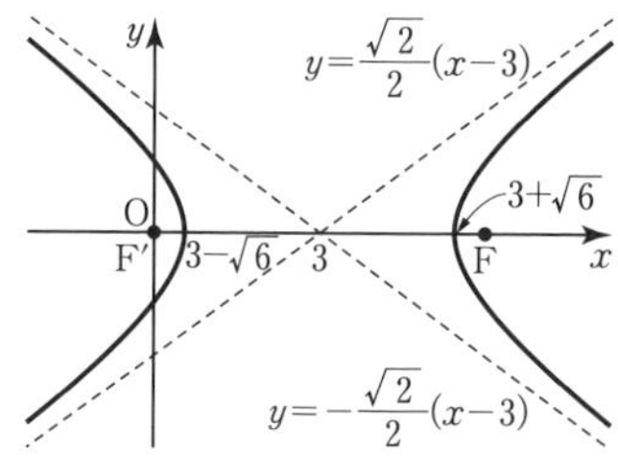

F(6，0)，F′(0，0)

197 (1) $r=\dfrac{3}{2+\cos\theta}$

(2) $r=\dfrac{2}{1+\cos\theta}$

1

(1) **項の組合せを考えて，共通因数を見つける。**

$x^3+4x^2-4x-16$
$=(x^3+4x^2)-(4x+16)$
$=x^2(x+4)-4(x+4)$
$=(x+4)(x^2-4)$
$=\boldsymbol{(x+4)(x+2)(x-2)}$

(2) **a と b の次数の低い方の文字 b で整理する。**

$a^3+a^2-2a-a^2b-ab+2b$
$=a^3+a^2-2a-(a^2+a-2)b$
$=(a^2+a-2)a-(a^2+a-2)b$
$=(a^2+a-2)(a-b)$
$=\boldsymbol{(a+2)(a-1)(a-b)}$

(3) **a，b，c どの文字についても 2 次式。1 つの文字の 2 次式として整理してタスキ掛け。**

$(a+b)(b+c)(c+a)+abc$
$=(b+c)\{(a+b)(c+a)\}+abc$
$=(b+c)\{a^2+(b+c)a+bc\}+abc$
$=(b+c)a^2+\{(b+c)^2+bc\}a+bc(b+c)$

1	$(b+c)$	……	$(b+c)^2$
$(b+c)$	bc	……	bc
			$(b+c)^2+bc$

$=(a+b+c)\{(b+c)a+bc\}$
$=\boldsymbol{(a+b+c)(ab+bc+ca)}$

(4) **$x^2=X$，$y^2=Y$ としても $X^2-3XY+Y^2$ は因数分解できないから A^2-X^2 の型を考える。**

$x^4-3x^2y^2+y^4$
$=(x^4-2x^2y^2+y^4)-x^2y^2$
$=(x^2-y^2)^2-(xy)^2$
$=(x^2-y^2+xy)(x^2-y^2-xy)$
$=\boldsymbol{(x^2+xy-y^2)(x^2-xy-y^2)}$

2

(1) **$x+y$，xy の値を求めて，対称式の基本変形を行う。**

$$x=\frac{4(3-\sqrt{5})}{(3+\sqrt{5})(3-\sqrt{5})}=\frac{4(3-\sqrt{5})}{9-5}=3-\sqrt{5}$$

$$y=\frac{4(3+\sqrt{5})}{(3-\sqrt{5})(3+\sqrt{5})}=\frac{4(3+\sqrt{5})}{9-5}=3+\sqrt{5}$$

$x+y=(3-\sqrt{5})+(3+\sqrt{5})=6$
$xy=(3-\sqrt{5})(3+\sqrt{5})=4$
$x^2+y^2=(x+y)^2-2xy$
$=6^2-2\cdot4=\mathbf{28}$
$x^3+y^3=(x+y)^3-3xy(x+y)$
$=6^3-3\cdot4\cdot6$
$=216-72=\mathbf{144}$
$(\sqrt{x}-\sqrt{y})^2=x-2\sqrt{xy}+y$
$=6-2\sqrt{4}=2$
$x<y$ より　$\sqrt{x}-\sqrt{y}<0$　だから
$\sqrt{x}-\sqrt{y}=\boldsymbol{-\sqrt{2}}$

別解　**2 乗根号をはずして求める。**

$$\sqrt{x}=\sqrt{3-\sqrt{5}}=\sqrt{\frac{6-2\sqrt{5}}{2}}=\frac{\sqrt{5}-1}{\sqrt{2}}$$

$$\sqrt{y}=\sqrt{3+\sqrt{5}}=\sqrt{\frac{6+2\sqrt{5}}{2}}=\frac{\sqrt{5}+1}{\sqrt{2}}$$

$$\sqrt{x}-\sqrt{y}=\frac{\sqrt{5}-1}{\sqrt{2}}-\frac{\sqrt{5}+1}{\sqrt{2}}=-\frac{2}{\sqrt{2}}=\boldsymbol{-\sqrt{2}}$$

(2) **$x^5+y^5=(x^2+y^2)(x^3+y^3)-(x^3y^2+x^2y^3)$ と変形する。**

$x^2+y^2=(x+y)^2-2xy$
$1=2^2-2xy$

よって，$xy=\dfrac{3}{2}$

$$x^3+y^3=(x+y)^3-3xy(x+y)$$
$$=2^3-3\cdot\frac{3}{2}\cdot2=\mathbf{-1}$$

$$x^5+y^5$$
$$=(x^2+y^2)(x^3+y^3)-(x^3y^2+x^2y^3)$$
$$=(x^2+y^2)(x^3+y^3)-x^2y^2(x+y)$$
$$=1\cdot(-1)-\left(\frac{3}{2}\right)^2\cdot2$$
$$=-1-\frac{9}{2}=\mathbf{-\frac{11}{2}}$$

(3) **$a+b=2-c$，$b+c=2-a$ $c+a=2-b$ として代入して $(a+b+c)^2=a^2+b^2+c^2+2ab+2bc+2ca$ の展開公式を利用する。**

$$ab(a+b)+bc(b+c)+ca(c+a)$$
$$=ab(2-c)+bc(2-a)+ca(2-b)$$
$$=2(ab+bc+ca)-3abc \quad \cdots\cdots①$$

ここで，

$$(a+b+c)^2=a^2+b^2+c^2+2ab+2bc+2ca$$
$$2^2=8+2(ab+bc+ca)$$

よって，$ab+bc+ca=-2$

①に代入して

与式$=2\cdot(-2)-3\cdot(-3)=\mathbf{5}$

3 **$\sqrt{(a+b)\pm2\sqrt{ab}}$ の形に変形する。**

(1) $\sqrt{7+2\sqrt{10}}+\sqrt{13-4\sqrt{10}}$

$$=\sqrt{7+2\sqrt{10}}+\sqrt{13-2\sqrt{40}}$$
$$=\sqrt{(5+2)+2\sqrt{5\times2}}+\sqrt{(8+5)-2\sqrt{8\times5}}$$
$$=(\sqrt{5}+\sqrt{2})+(\sqrt{8}-\sqrt{5})$$
$$=\sqrt{2}+2\sqrt{2}=\mathbf{3\sqrt{2}}$$

(2) $\sqrt{8+\sqrt{15}}+\sqrt{8-\sqrt{15}}$

$$=\sqrt{\frac{16+2\sqrt{15}}{2}}+\sqrt{\frac{16-2\sqrt{15}}{2}}$$
$$=\frac{\sqrt{(15+1)+2\sqrt{15\times1}}}{\sqrt{2}}+\frac{\sqrt{(15+1)-2\sqrt{15\times1}}}{\sqrt{2}}$$
$$=\frac{\sqrt{15}+1}{\sqrt{2}}+\frac{\sqrt{15}-1}{\sqrt{2}}=\frac{2\sqrt{15}}{\sqrt{2}}=\mathbf{\sqrt{30}}$$

(3) **$\sqrt{a+8\pm6\sqrt{a-1}}$ $=\sqrt{(a+8)\pm2\sqrt{9(a-1)}}$ と変形する。 $9+(a-1)\pm2\sqrt{9(a-1)}$ 和 積 $a-1\geqq9$ と $a-1<9$ の場合分けが必要。**

与式$=\sqrt{a+8+2\sqrt{9(a-1)}}-\sqrt{a+8-2\sqrt{9(a-1)}}$

$$=\sqrt{\{(a-1)+9\}+2\sqrt{9(a-1)}}-\sqrt{\{(a-1)+9\}-2\sqrt{9(a-1)}}$$

$a-1\geqq9$ すなわち $a\geqq10$ のとき

与式$=(\sqrt{a-1}+\sqrt{9})-(\sqrt{a-1}-\sqrt{9})$

$$=2\sqrt{9}=6$$

$a-1<9$ すなわち $1\leqq a<10$ のとき

与式$=(\sqrt{9}+\sqrt{a-1})-(\sqrt{9}-\sqrt{a-1})$

$$=2\sqrt{a-1}$$

よって，$\begin{cases}\boldsymbol{a\geqq10} \text{ のとき } \mathbf{6}\\ \boldsymbol{1\leqq a<10} \text{ のとき } \boldsymbol{2\sqrt{a-1}}\end{cases}$

4 **まず，分母を有理化して $a+\sqrt{b}$ の形にし，自然数 n で $n<\sqrt{b}<n+1$ と表す。**

$$\frac{1}{4-\sqrt{15}}=\frac{4+\sqrt{15}}{(4-\sqrt{15})(4+\sqrt{15})}$$
$$=\frac{4+\sqrt{15}}{16-15}=4+\sqrt{15}$$

$3<\sqrt{15}<4$ だから $7<4+\sqrt{15}<8$

よって，整数部分は $a=7$

小数部分は $b=(4+\sqrt{15})-7$

$$=\sqrt{15}-3$$

$$a^2-b(b+6)$$
$$=7^2-(\sqrt{15}-3)(\sqrt{15}-3+6)$$
$$=49-(\sqrt{15}-3)(\sqrt{15}+3)$$
$$=49-(15-9)=\mathbf{43}$$

5 **$\sqrt{(x-a)^2}=|x-a|$ となるから，$x-a\geqq0$ と $x-a<0$ の場合に分けて考える。**

(1) $\sqrt{9x^2+36x+36}-\sqrt{4x^2-8x+4}$

$=\sqrt{9(x^2+4x+4)}-\sqrt{4(x^2-2x+1)}$
$=3\sqrt{(x+2)^2}-2\sqrt{(x-1)^2}$
$=3|x+2|-2|x-1|$

$x<-5$ のとき　$x+2<0$，$x-1<0$
だから
与式$=-3(x+2)+2(x-1)=\boldsymbol{-x-8}$
$|x|<1$ すなわち $-1<x<1$ のとき
　$x+2>0$，$x-1<0$　だから
与式$=3(x+2)+2(x-1)=\boldsymbol{5x+4}$

(2)　$a(\sqrt{x+1}+\sqrt{x-1})$

$=a\left(\sqrt{\dfrac{1+a^2}{2a}+1}+\sqrt{\dfrac{1+a^2}{2a}-1}\right)$

$=a\left(\sqrt{\dfrac{1+a^2+2a}{2a}}+\sqrt{\dfrac{1+a^2-2a}{2a}}\right)$

$=a\left(\sqrt{\dfrac{(a+1)^2}{2a}}+\sqrt{\dfrac{(a-1)^2}{2a}}\right)$

$=a\left(\dfrac{|a+1|}{\sqrt{2a}}+\dfrac{|a-1|}{\sqrt{2a}}\right)$

$0<a\leqq 1$ だから　$|a+1|=a+1$
　　　　　　　　$|a-1|=-a+1$

よって，

与式$=a\left(\dfrac{a+1}{\sqrt{2a}}+\dfrac{-a+1}{\sqrt{2a}}\right)$

$=a\cdot\dfrac{2}{\sqrt{2a}}=\boldsymbol{\sqrt{2a}}$

6　**頂点は，この移動によりどこに移ったかを調べる。グラフの逆転にも注意。**

$y=-2x^2+4x-4$
$=-2(x-1)^2-2$
より，頂点は $(1,\ -2)$ で
x 軸に関して対称に移動すると
　$(1,\ -2)\longrightarrow(1,\ 2)$ に移る。
さらに，x 軸方向に 8，y 軸方向に 4 だけ平行移動すると
　$(1,\ 2)\longrightarrow(9,\ 6)$　に移る。
よって，$\boldsymbol{y=2(x-9)^2+6}$

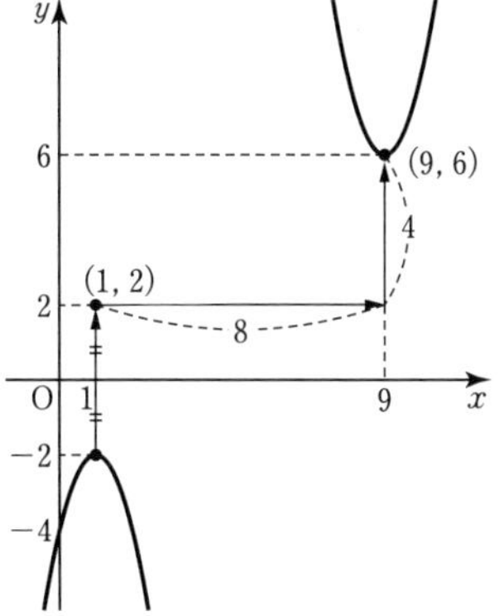

別解

次の $y=f(x)$ のグラフの移動を利用。

平行移動
x 軸方向に a，y 軸方向に b
$y-b=f(x-a)$

対称移動
x 軸対称：$y=f(x)\longleftrightarrow y=-f(x)$
y 軸対称：$y=f(x)\longleftrightarrow y=f(-x)$
原点対称：$y=f(x)\longleftrightarrow y=-f(-x)$

$y=-2x^2+4x-4$ を x 軸に関して対称に移動すると
　$y=-(-2x^2+4x-4)$
　$=2x^2-4x+4$
　x 軸方向に 8，y 軸方向に 4 だけ平行移動すると
　$y-4=2(x-8)^2-4(x-8)+4$
　$y=2x^2-32x+128-4x+32+8$
　よって，$\boldsymbol{y=2x^2-36x+168}$

7　**直線 $y=2x-5$ 上の点を $(t,\ 2t-5)$ とおく。**

　頂点が直線 $y=2x-5$ 上にあるから
頂点の座標を $(t,\ 2t-5)$ とおくと，
　$y=2(x-t)^2+2t-5$
と表せる。
　点 $(3,\ 5)$ を通るから
　$5=2(3-t)^2+2t-5$
　$=2t^2-12t+18+2t-5$
　$2t^2-10t+8=0$ より $t^2-5t+4=0$

$(t-1)(t-4)=0$　より　$t=1,\ 4$

$t=1$ のとき

$y=2(x-1)^2-3$

$t=4$ のとき

$y=2(x-4)^2+3$

別解

$y=2(x-p)^2+q$ とおくと

頂点 $(p,\ q)$ が直線 $y=2x-5$ 上にあるから

$q=2p-5$ ……①

点 $(3,\ 5)$ を通るから

$5=2(3-p)^2+q$

$2p^2-12p+q=-13$ ……②

①を②に代入して

$2p^2-12p+2p-5=-13$

$p^2-5p+4=0,\ (p-1)(p-4)=0$

$p=1,\ 4$　①に代入して

$p=1$ のとき $q=-3$ で

$y=2(x-1)^2-3$

$p=4$ のとき $q=3$ で

$y=2(x-4)^2+3$

別解

$y=2x^2+bx+c$ とおき

$=2\left(x+\dfrac{b}{4}\right)^2-\dfrac{b^2}{8}+c$　と変形。

頂点 $\left(-\dfrac{b}{4},\ -\dfrac{b^2}{8}+c\right)$ が直線 $y=2x-5$ 上にあるから

$-\dfrac{b^2}{8}+c=2\cdot\left(-\dfrac{b}{4}\right)-5$

これより $b^2-4b-8c=40$ ……①

点 $(3,\ 5)$ を通るから

$5=18+3b+c$

$c=-3b-13$ を①に代入して

$b^2-4b-8(-3b-13)=40$

$b^2+20b+64=0$

$(b+4)(b+16)=0$

$b=-4,\ -16$

$b=-4$ のとき $c=-1$

よって，**$y=2x^2-4x-1$**

$b=-16$ のとき $c=35$

よって，**$y=2x^2-16x+35$**

(この別解はやや計算が大変である。)

8　**$x=-1$ で最大値 4 をとるから，頂点は $(-1,\ 4)$ で，グラフは上に凸である。**

$x=-1$ で最大値 4 をとるから

$y=a(x+1)^2+4$　$(a<0)$　とおける。

点 $(1,\ 0)$ を通るから

$a(1+1)^2+4=0$

$4a+4=0$　より

$a=-1$　($a<0$ を満たす)

ゆえに　$y=-1\cdot(x+1)^2+4$

$=-x^2-2x+3$

これが $y=ax^2+bx+c$ に等しいから

$a=-1,\ b=-2,\ c=3$

(参考)

$y=ax^2+bx+c$

$=a\left(x+\dfrac{b}{2a}\right)^2-\dfrac{b^2-4ac}{4a}$

と，まともに変形するのは計算が面倒である。

9　**$a>0$ (下に凸) の場合と $a<0$ (上に凸) の場合に分けて考える。**

$f(x)=ax^2-2ax+b$

$=a(x-1)^2-a+b$ と変形する。

(i)　$a>0$ のとき

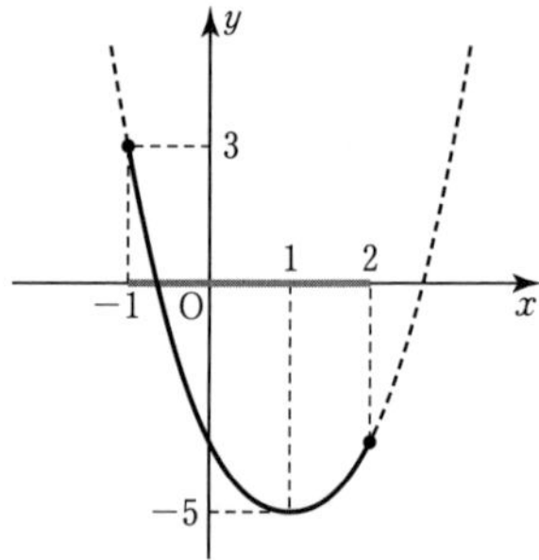

上のグラフより

最大値は $x=-1$ のときで

$f(-1)=3a+b=3$ ……①

最小値は $x=1$ のときで

$f(1)=-a+b=-5$ ……②

①，②を解いて

$a=2,\ b=-3$　($a>0$ を満たす。)

(ii)　$a<0$ のとき

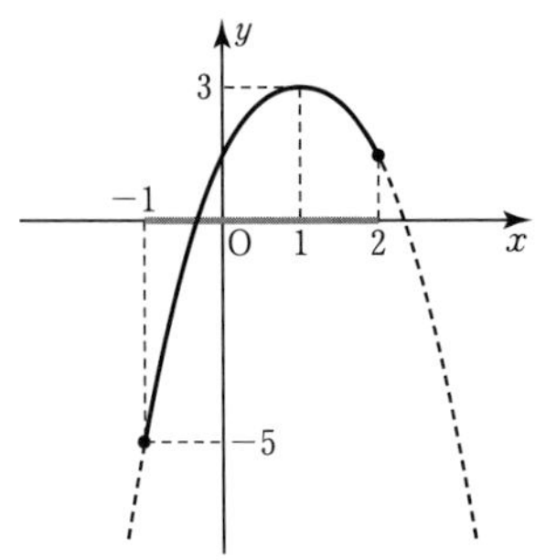

上のグラフより

最大値は $x=1$ のときで

$f(1)=-a+b=3$　……①

最小値は $x=-1$ のときで

$f(-1)=3a+b=-5$　……②

①，②を解いて

$a=-2$，$b=1$　（$a<0$ を満たす。）

よって，(i)，(ii)より

$\boldsymbol{f(x)=2x^2-4x-3}$，

$\boldsymbol{f(x)=-2x^2+4x+1}$

10 グラフの軸 $x=a$ と定義域 $0\leqq x\leqq 2$ の関係を考えて場合分けをする。

$y=f(x)=2x^2-4ax+a$　とし

$=2(x-a)^2-2a^2+a$

と変形する。

グラフは軸 $x=a$ の値によって，次のように分類される。

(i)　$a<0$ のとき

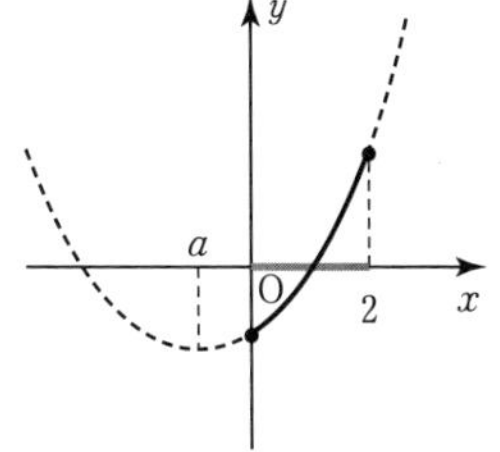

最小値は $x=0$ のときだから

$f(0)=a=-1$

これは $a<0$ を満たす。

(ii)　$0\leqq a\leqq 2$ のとき

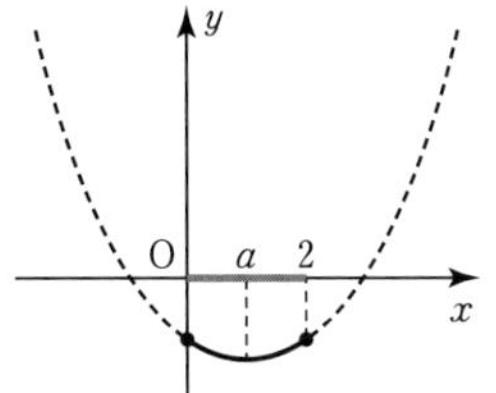

最小値は $x=a$ のときだから

$f(a)=-2a^2+a=-1$

$2a^2-a-1=0$

$(a-1)(2a+1)=0$

$a=1,\ -\dfrac{1}{2}$

ただし，$a=-\dfrac{1}{2}$ は $0\leqq a\leqq 2$ を満たさない。

(iii)　$2<a$ のとき

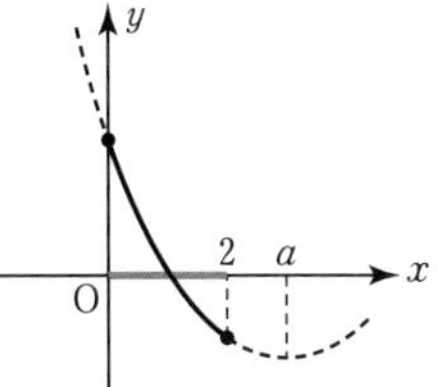

最小値は $x=2$ のときだから

$f(2)=8-8a+a$

$=-7a+8=-1$

$a=\dfrac{9}{7}$

これは $2<a$ を満たさない。

よって，(i)，(ii)，(iii)より　$\boldsymbol{a=1,\ -1}$

11 グラフの軸 $x=1$ と定義域 $t-1\leqq x\leqq t+2$ の関係を考えて，場合分けをする。

(1)　$f(x)=(x-1)^2-1$ と変形する。

t の値によって，次のように分類できる。

(i)　$t+2<1$ すなわち $t<-1$ のとき

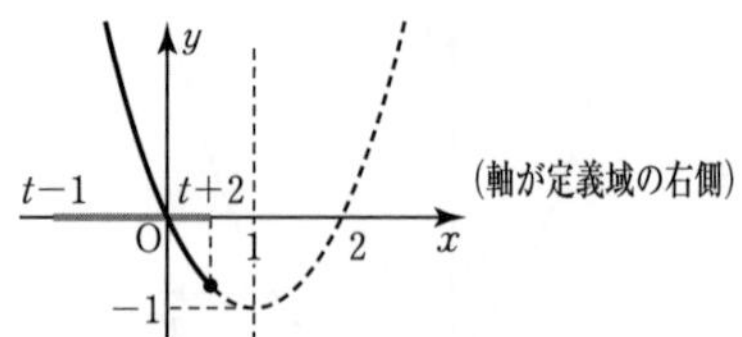

最小値は $x=t+2$ のときだから

$$m(t)=f(t+2)$$
$$=(t+1)^2-1$$
$$=t^2+2t$$

(ii)　$t-1\leqq 1\leqq t+2$ すなわち $-1\leqq t\leqq 2$ のとき

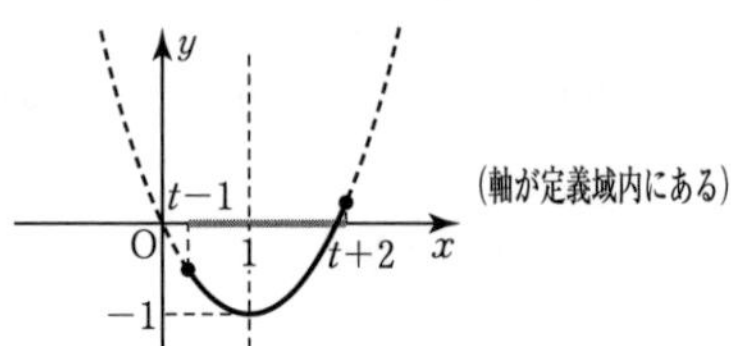

最小値は $x=1$ のときだから

$$m(t)=f(1)=-1$$

(iii)　$1<t-1$ すなわち $2<t$ のとき

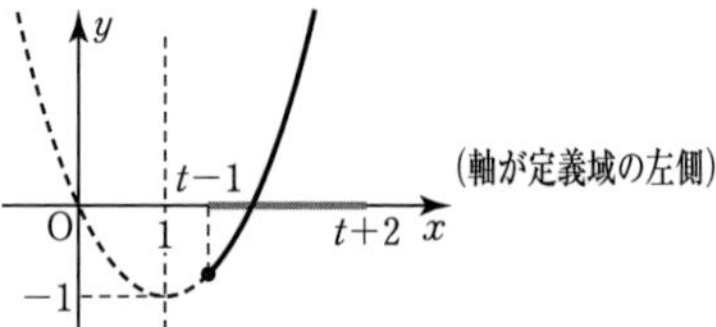

最小値は $x=t-1$ のときだから

$$m(t)=f(t-1)$$
$$=(t-2)^2-1$$
$$=t^2-4t+3$$

よって，(i)，(ii)，(iii)より

$$\boldsymbol{m(t)=\begin{cases} t^2+2t & (t<-1) \\ -1 & (-1\leqq t\leqq 2) \\ t^2-4t+3 & (2<t) \end{cases}}$$

(2)　$y=m(t)$ のグラフは次のようになる。

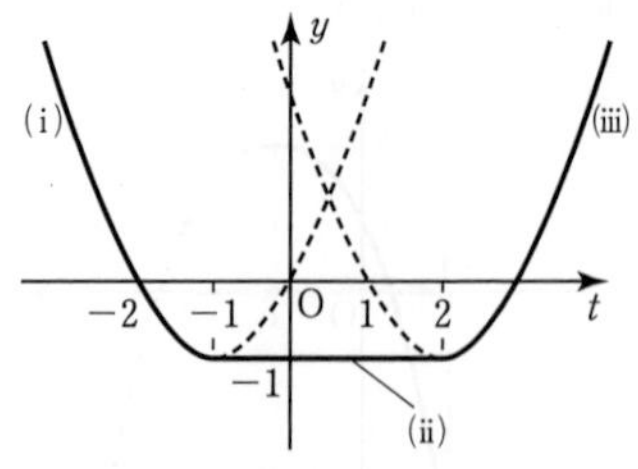

12 (1)　**$y=6-2x$ を代入して x の2次関数にする。x の定義域の制限はない。**

$z=xy$ とおいて，$y=6-2x$ を代入する。

$$z=x(6-2x)=-2x^2+6x$$
$$=-2\left\{\left(x-\frac{3}{2}\right)^2-\frac{9}{4}\right\}$$
$$=-2\left(x-\frac{3}{2}\right)^2+\frac{9}{2}$$

よって，$\boldsymbol{x=\frac{3}{2}}$，このとき $\boldsymbol{y=3}$ で

最大値 $\boldsymbol{\frac{9}{2}}$

(2)　**$x^2+3y^2=1$ の条件より x の範囲が $-1\leqq x\leqq 1$ と制限される。**

$3y^2=1-x^2\geqq 0$　より　$-1\leqq x\leqq 1$

$z=\frac{1}{3}x+y^2$　とおいて，$y^2=\frac{1-x^2}{3}$

を代入すると

$$z=\frac{1}{3}x+\frac{1-x^2}{3}=-\frac{1}{3}x^2+\frac{1}{3}x+\frac{1}{3}$$
$$=-\frac{1}{3}\left(x-\frac{1}{2}\right)^2+\frac{5}{12}\quad(-1\leqq x\leqq 1)$$

次ページのグラフより

$x=\frac{1}{2}$ のとき最大値 $\frac{5}{12}$

このとき y の値は

$y^2=\frac{1}{3}\left(1-\frac{1}{4}\right)=\frac{1}{4}$ より $y=\pm\frac{1}{2}$

$x=-1$ のとき最小値 $-\frac{1}{3}$

このとき y の値は

$y^2=0$ より $y=0$

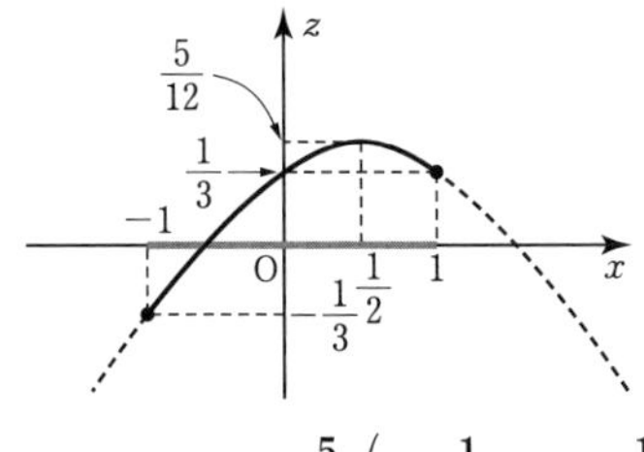

よって，最大値 $\dfrac{5}{12}\left(x=\dfrac{1}{2},\ y=\pm\dfrac{1}{2}\right)$

最小値 $-\dfrac{1}{3}$ $(x=-1,\ y=0)$

13 不等式を解いて，解を数直線上に表す。

$2n^2-9n-5\leqq 0$

$(2n+1)(n-5)\leqq 0$

$-\dfrac{1}{2}\leqq n\leqq 5$

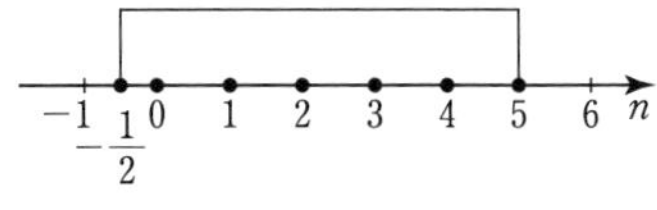

よって，整数は6個

14 2つの方程式の判別式をそれぞれ D_1，D_2 とすると，$D_1\geqq 0$ または $D_2\geqq 0$ である。

$x^2+(a+1)x+a^2=0$……①

$x^2+2ax+2a=0$　……②　とする。

①の判別式を D_1，②の判別式を D_2 とすると実数解をもつ条件は

$D_1=(a+1)^2-4a^2\geqq 0$

$3a^2-2a-1\leqq 0$

$(3a+1)(a-1)\leqq 0$

$-\dfrac{1}{3}\leqq a\leqq 1$　……①′

$\dfrac{D_2}{4}=a^2-2a\geqq 0$

$a(a-2)\geqq 0$

$a\leqq 0,\ 2\leqq a$　……②′

①′ または②′ の範囲だから

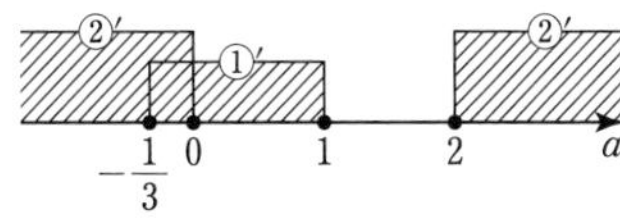

上の図より $\boldsymbol{a\leqq 1,\ 2\leqq a}$

15 まず，不等式の左辺を因数分解する。a の値による場合分けが必要。

$x^2-x+a(1-a)<0$

$\begin{array}{ll} 1 \diagdown\!\!\!\!\diagup\ -a & \cdots\cdots -a \\ 1 \quad -(1-a) & \cdots\cdots -1+a \\ \hline & \quad -1 \end{array}$

$(x-a)(x-1+a)<0$

$a>1-a$　すなわち　$a>\dfrac{1}{2}$ のとき

$1-a<x<a$

$a=1-a$　すなわち　$a=\dfrac{1}{2}$ のとき

$\left(x-\dfrac{1}{2}\right)^2<0$ となり，解はない

$a<1-a$　すなわち　$a<\dfrac{1}{2}$ のとき

$a<x<1-a$

よって，$\begin{cases} \boldsymbol{a>\dfrac{1}{2}} \text{ のとき } \boldsymbol{1-a<x<a} \\ \boldsymbol{a=\dfrac{1}{2}} \text{ のとき 解はない} \\ \boldsymbol{a<\dfrac{1}{2}} \text{ のとき } \boldsymbol{a<x<1-a} \end{cases}$

16 $2<x<4$ を解にもつ2次不等式をつくる。

$2<x<4$ を解にもつ2次不等式は

$(x-2)(x-4)<0$

$x^2-6x+8<0$

両辺を -3 倍して

$-3x^2+18x-24>0$

$\iff ax^2+(3b-a)x-24>0$

だから，係数を比較して

$a=-3,\ 3b-a=18$

よって　$\boldsymbol{a=-3,\ b=5}$

別解　$y=ax^2+(3b-a)x-24$ のグラフで考える。

$ax^2+(3b-a)x-24>0$ が

$2<x<4$

の解をもつには右図のように $a<0$ で $x=2$，4で交わればよい。

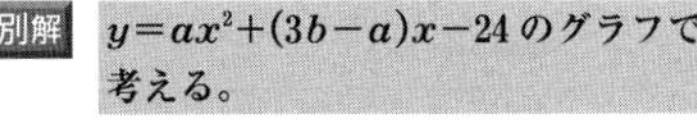

$x=2$ を代入して

$4a+(3b-a)\cdot2-24=0$

$a+3b=12$ ……①

$x=4$ を代入して

$16a+(3b-a)\cdot4-24=0$

$a+b=2$ ……②

①，②を解いて　$\boldsymbol{a=-3,\ b=5}$

（$a<0$ を満たす。）

17 **②の不等式は $(x+2)(x-a+1)<0$ となるから，-2 と $a-1$ の大小で場合分け。**

(1)　$2x^2+x-3>0$

$(2x+3)(x-1)>0$

$\boldsymbol{x<-\frac{3}{2},\ 1<x}$ ……①

(2)　$x^2-(a-3)x-2a+2<0$

$x^2-(a-3)x-2(a-1)<0$

$$\begin{array}{ll} 1 \diagdown\!\!\diagup\ 2 & \cdots\cdots\ 2 \\ 1 \quad -(a-1) & \cdots\cdots\ -a+1 \\ \hline & \quad -(a-3) \end{array}$$

$(x+2)(x-a+1)<0$

-2 と $a-1$ の大小で場合分けをすると

(i)　$a-1>-2$ $(a>-1)$ のとき

$-2<x<a-1$ ……②

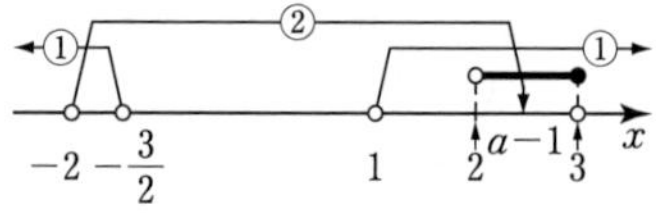

①と②の共通部分の整数が 2 だけを含むようにすればよい。

$2<a-1\leqq3$ より　$3<a\leqq4$

(ii)　$a-1<-2$ $(a<-1)$ のとき

$a-1<x<-2$ ……②

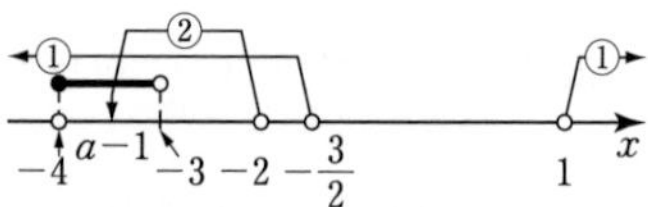

①と②の共通部分の整数が -3 だけを含むようにすればよい。

よって，$-4\leqq a-1<-3$ より

$-3\leqq a<-2$

(iii)　$a-1=-2$ $(a=-1)$ のとき

$(x+2)^2<0$ となり，解はない。

よって，(i)，(ii)より

$\boldsymbol{-3\leqq a<-2,\ 3<a\leqq4}$

（参考）

$x^2-(a-3)x-2a+2$

の因数分解は，次数の低い文字 a でくくって

与式$=-a(x+2)+x^2+3x+2$

$=-a(x+2)+(x+1)(x+2)$

$=(x+2)(x+1-a)$

とすることも有効である。

18 (1)　**$y=x^2-4x+3$ のグラフをかいて，負の部分を x 軸で折り返す。**

$y=|x^2-4x+3|=|(x-2)^2-1|$

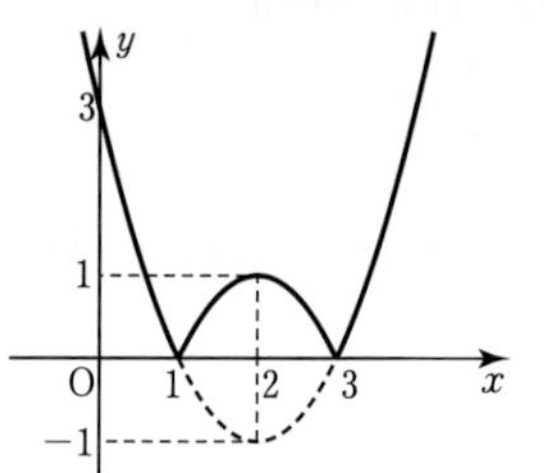

(2)　**$x^2-5x+4\geqq0$ と $x^2-5x+4<0$ で場合分けして絶対値記号をはずす。**

(i)　$x^2-5x+4\geqq0$ すなわち

$x\leqq1,\ 4\leqq x$ のとき

$y=x^2-5x+4+x+1$

$=(x-2)^2+1$

(ii)　$x^2-5x+4<0$ すなわち

$1<x<4$ のとき

$y=-x^2+5x-4+x+1$

$=-(x-3)^2+6$

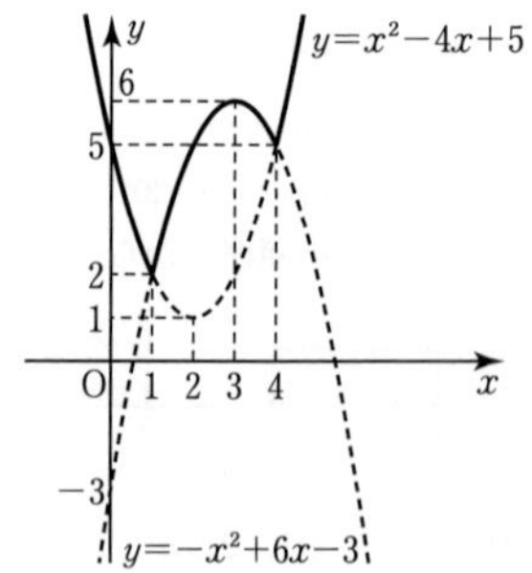

19 **2つの不等式が成り立つ k の条件を求め，その共通範囲をとる。**

$x^2-3x+k^2>0$ ……①

$-x^2-2kx+k-2<0$ より

$x^2+2kx-k+2>0$ ……② とする。

①，②がすべての x で成り立つ条件は，x^2 の係数が①，②とも 1 で正だから

①について，$D_1=(-3)^2-4k^2<0$……①′

②について，$\dfrac{D_2}{4}=k^2-(-k+2)<0$ ……②′

①′ より　$(2k+3)(2k-3)>0$

$k<-\dfrac{3}{2}$，$\dfrac{3}{2}<k$ ……①″

②′ より　$(k+2)(k-1)<0$

$-2<k<1$ ……②″

①″ と②″ の共通範囲だから

$\boldsymbol{-2<k<-\dfrac{3}{2}}$

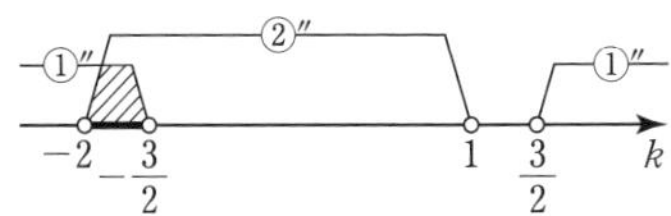

20 **まず，$y=f(x)$ のグラフが x 軸と，どのように交わっているかを考える。**

(1)　$f(x)=x^2+2mx+m+2$ とおくと，$y=f(x)$ のグラフが右のようになればよいから

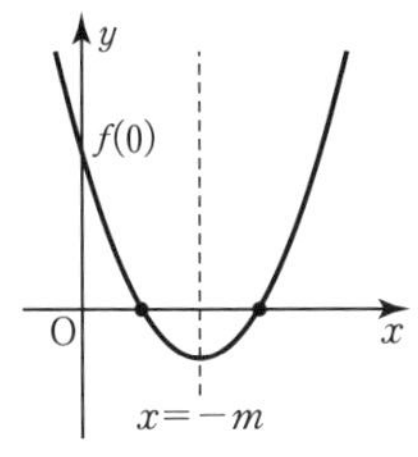

$\dfrac{D}{4}=m^2-(m+2)>0$

$(m+1)(m-2)>0$

$m<-1$，$2<m$ ……①

軸 $x=-m$ について　$-m>0$

$m<0$ ……②

$f(0)=m+2>0$

$m>-2$ ……③

①，②，③の共通範囲だから

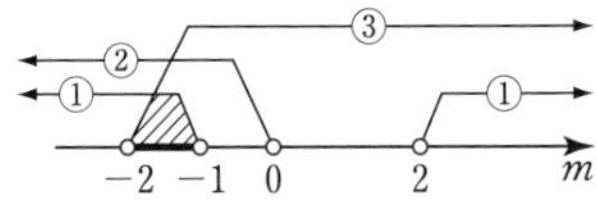

$\boldsymbol{-2<m<-1}$

(2)　$f(x)=x^2+ax+a$ とおくと $y=f(x)$ のグラフが右のようになればよいから

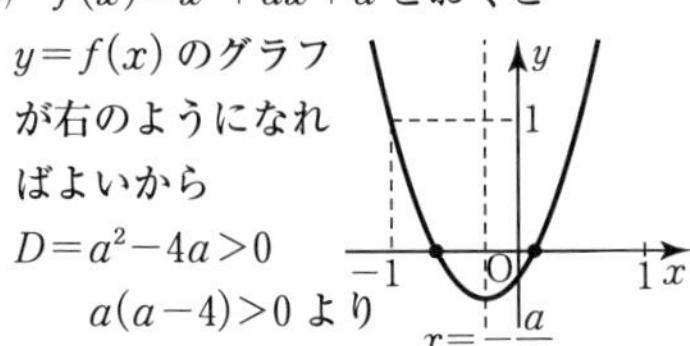

$D=a^2-4a>0$

$a(a-4)>0$ より

$a<0$，$4<a$ …①

軸 $x=-\dfrac{a}{2}$ について

$-1<-\dfrac{a}{2}<1$ より $-2<a<2$ …②

$f(-1)=1>0$ （a の値に関係なく成り立つ。）

$f(1)=2a+1>0$ より　$a>-\dfrac{1}{2}$ …③

①，②，③の共通範囲だから

$\boldsymbol{-\dfrac{1}{2}<a<0}$

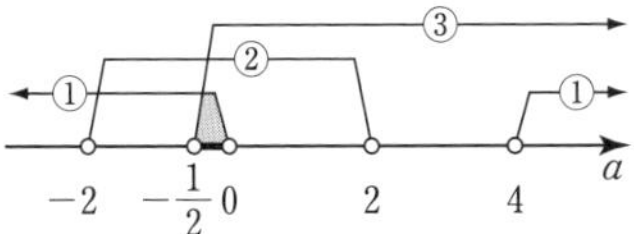

21 **$A\cap B=\{2,\ 7\}$ より $7\in A$ かつ $7\in B$ となることから a の値を定める。**

$7\in A$ だから

$a^2-9a+25=7$ または $2a+3=7$

(i)　$a^2-9a+25=7$ のとき

$a^2-9a+18=0$

$(a-3)(a-6)=0$

$a=3$，6

$a=3$ のとき

$B=\{-2,\ -13,\ -5,\ 9,\ 16\}$

となり $7\notin B$ だから不適

$a=6$ のとき

$A=\{-3,\ 2,\ 7,\ 15\}$

$B=\{-2,\ 2,\ 7,\ 12,\ 16\}$
となる。

(ii) $2a+3=7$ すなわち
$a=2$ のとき
$B=\{-2,\ -14,\ -5,\ 8,\ 16\}$
となり $7\notin B$ だから不適

(1) $\boldsymbol{A\cup B}$
$=\{-3,\ -2,\ 2,\ 7,\ 12,\ 15,\ 16\}$

(2) $\overline{A}\cap B$ は B の要素で，A の要素でないものの集合だから
$\overline{A}\cap B=\{-2,\ 12,\ 16\}$

22 数直線上で $A\cap B=\emptyset$，$A\cup B=\{$実数全体$\}$ となる a の範囲を考える。

A の集合は
$ax^2-3a^2x+2a^3\leqq 0$ より
$a(x^2-3ax+2a^2)\leqq 0$
$a(x-a)(x-2a)\leqq 0$
$a>0$ のとき $a\leqq x\leqq 2a$ ……①
$a<0$ のとき $x\leqq 2a,\ a\leqq x$ ……②

B の集合は
$x^2+x-2\geqq 0$ より
$(x+2)(x-1)\geqq 0$
よって，$x\leqq -2,\ 1\leqq x$ ……③

(1) $A\cap B=\emptyset$ となるのは
(i) ①のとき
$a>0$ だから次のようになればよい。

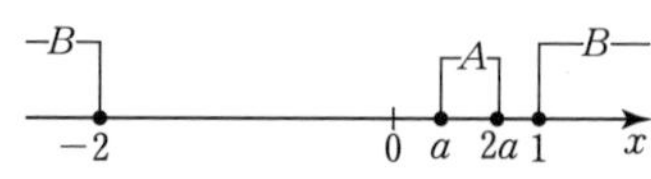

$0<a$ かつ $2a<1$
ゆえに $0<a<\dfrac{1}{2}$

(ii) ②のときは $A\cap B=\emptyset$ とならない。
よって，$\boldsymbol{0<a<\dfrac{1}{2}}$

(2) $A\cup B$ が実数全体となるのは
(i) ①のときは成り立たない。
(ii) ②のとき次のようになればよい。

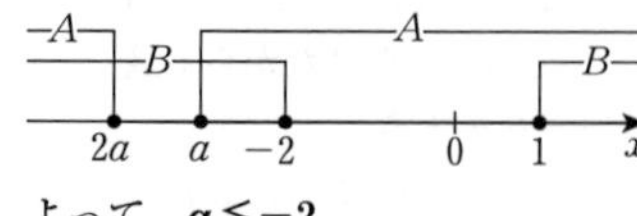

よって，$\boldsymbol{a\leqq -2}$

23 集合の関係式やド・モルガンの法則およびベン図を利用して個数を求める集合の部分を確認。

集合 A は 3 の倍数だから
$100\leqq 3k\leqq 200$ より $33.3\cdots\leqq k\leqq 66.6\cdots$
$34\leqq k\leqq 66$ よって，$n(A)=\mathbf{33}$
集合 B は 4 の倍数だから
$100\leqq 4k\leqq 200$ より $25\leqq k\leqq 50$
よって，$n(B)=\mathbf{26}$
集合 $A\cap B$ は 12 の倍数だから
$100\leqq 12k\leqq 200$ より $8.3\cdots\leqq k\leqq 16.6\cdots$
$9\leqq k\leqq 16$ よって，$n(A\cap B)=\mathbf{8}$
$n(A\cup B)=n(A)+n(B)-n(A\cap B)$
$=33+26-8=\mathbf{51}$

$n(\overline{A}\cap B)$
$=n(B)-n(A\cap B)$
$=26-8=\mathbf{18}$

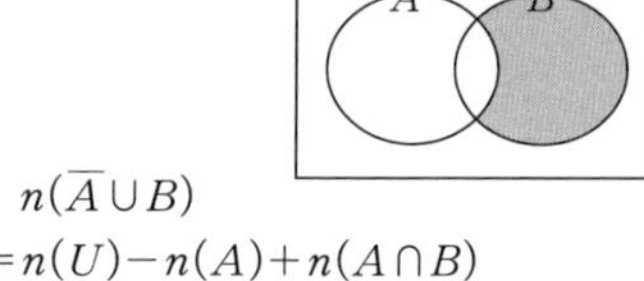

$n(\overline{A}\cup B)$
$=n(U)-n(A)+n(A\cap B)$
$=101-33+8$
$=\mathbf{76}$

$\overline{A}\cup B$
U
A
B

別解
$n(\overline{A}\cup B)=n(\overline{A})+n(B)-n(\overline{A}\cap B)$
ここで，$n(\overline{A})=n(U)-n(A)$
$=101-33=68$
よって，$n(\overline{A}\cup B)=68+26-18=\mathbf{76}$
$n(\overline{A}\cup\overline{B})=n(\overline{A\cap B})$
$=n(U)-n(A\cap B)$
$=101-8=\mathbf{93}$

24 (1) (ア)，(イ)は ＝ が入るかどうか注意する。(ウ)の無理数の否定は有理数。

(ア) **「すべての x について $f(x)<0$」**
(イ) **「$a\neq b$ かつ $a\geqq c$」**
(ウ) **「m と n の少なくとも一方は有理数」**

(2) **命題 $p \longrightarrow q$ の対偶は $\overline{q} \longrightarrow \overline{p}$**

(ア) 「$a^2 \leqq b^2$ ならば $a \leqq b$ または $a+b \leqq 0$ である」

(イ) 「すべての b について $g(b) \geqq 0$ ならば，ある a について $f(a) \leqq 0$ である」

25 **与えられた条件が何をいっているかしっかり把握して，$p \longrightarrow q$，$p \longleftarrow q$ が成り立つかどうか判断する。**

(1) $xyz=0 \underset{\longleftarrow}{\not\longrightarrow} xy=0$

($\not\longrightarrow$ の例：$z=0$，$xy \neq 0$)

よって，**必要条件**

(2) $x+y+z=0 \underset{\not\longleftarrow}{\not\longrightarrow} x+y=0$

よって，×

$\left(\begin{array}{l}\not\longrightarrow \text{ の例：} x=1,\ y=2,\ z=-3 \\ \not\longleftarrow \text{ の例：} x=1,\ y=-1,\ z=2\end{array}\right)$

(3) $x^4-4x^3+3x^2<0$

$x^2(x-1)(x-3)<0$

$x^2 \geqq 0$ だから $(x-1)(x-3)<0$ より

$1<x<3$　よって

$x^4-4x^3+3x^2<0 \rightleftarrows 1<x<3$

だから，**必要十分条件**

(4) $x^2+y^2=0$ は　$x=0$ かつ $y=0$

$|x-y|=x+y$　は両辺を 2 乗して

$|x-y|^2=(x+y)^2$

$x^2-2xy+y^2=x^2+2xy+y^2$

$4xy=0$

すなわち，$x=0$ または $y=0$

これより

$x^2+y^2=0 \underset{\not\longleftarrow}{\longrightarrow} |x-y|=x+y$

($\not\longleftarrow$ の例：$x=0$，$y=1$)

よって，**十分条件**

26 **θ の角の範囲を考えて，$\sin\theta$，$\cos\theta$，$\tan\theta$ の正負を考える。**

(1) $\cos^2\theta=1-\sin^2\theta=1-\left(\dfrac{2}{5}\right)^2=\dfrac{21}{25}$

θ が第 2 象限の角だから　$\cos\theta<0$

$\cos\theta=-\sqrt{\dfrac{21}{25}}=\boldsymbol{-\dfrac{\sqrt{21}}{5}}$

$\tan\theta=\dfrac{\sin\theta}{\cos\theta}=\dfrac{2}{5}\div\left(-\dfrac{\sqrt{21}}{5}\right)$

$=\boldsymbol{-\dfrac{2\sqrt{21}}{21}}$

(2) $1+\tan^2\theta=\dfrac{1}{\cos^2\theta}$　より

$1+\left(\dfrac{1}{2}\right)^2=\dfrac{1}{\cos^2\theta}$，$\cos^2\theta=\dfrac{4}{5}$

$0°<\theta<90°$ だから $\cos\theta>0$

$\cos\theta=\sqrt{\dfrac{4}{5}}=\dfrac{2\sqrt{5}}{5}$

$\sin\theta=\tan\theta\cos\theta$

$=\dfrac{1}{2}\cdot\dfrac{2\sqrt{5}}{5}=\dfrac{\sqrt{5}}{5}$

$\dfrac{\sin\theta}{1+\cos\theta}=\dfrac{\dfrac{\sqrt{5}}{5}}{1+\dfrac{2\sqrt{5}}{5}}=\dfrac{\sqrt{5}}{5+2\sqrt{5}}$

$=\dfrac{\sqrt{5}(5-2\sqrt{5})}{(5+2\sqrt{5})(5-2\sqrt{5})}$

$=\dfrac{5(\sqrt{5}-2)}{25-20}=\boldsymbol{\sqrt{5}-2}$

27 **$\sin x$ か $\cos x$ に統一して因数分解する。**

(1) 与式に $\cos^2 x=1-\sin^2 x$ を代入して

$2(1-\sin^2 x)+3\sin x-3=0$

$2\sin^2 x-3\sin x+1=0$

$(2\sin x-1)(\sin x-1)=0$

$\sin x=\dfrac{1}{2}$，1

$0° \leqq x \leqq 180°$ だから

$\boldsymbol{x=30°,\ 90°,\ 150°}$

(2) 与式に $\sin^2 x=1-\cos^2 x$ を代入して

$2(1-\cos^2 x)+\cos x-1 \geqq 0$

$2\cos^2 x-\cos x-1 \leqq 0$

$(2\cos x+1)(\cos x-1) \leqq 0$

$-\dfrac{1}{2} \leqq \cos x \leqq 1$

$0° \leqq x \leqq 180°$ だから

$\boldsymbol{0° \leqq x \leqq 120°}$

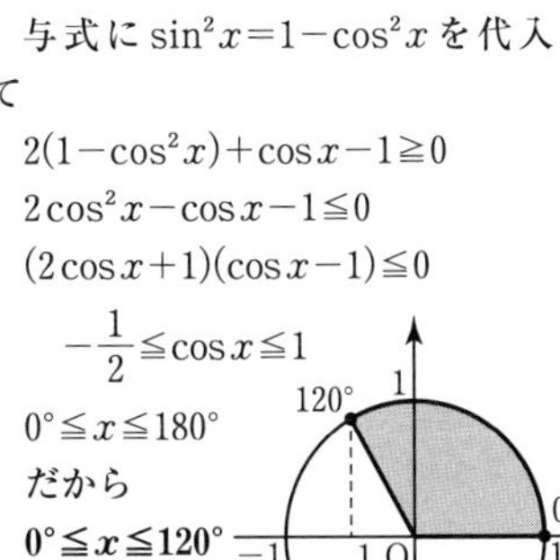

28 実数解 $\Longleftrightarrow D \geqq 0$，三角不等式を解く。

$$x^2+(2\cos\theta)x+\sin^2\theta=0$$

が実数解を持つから

$\dfrac{D}{4}=\cos^2\theta-\sin^2\theta \geqq 0$ であればよい。

$$\cos^2\theta-(1-\cos^2\theta) \geqq 0$$

$$2\cos^2\theta-1 \geqq 0$$

$$(\sqrt{2}\cos\theta+1)(\sqrt{2}\cos\theta-1) \geqq 0$$

$$\cos\theta \leqq -\frac{1}{\sqrt{2}},\ \cos\theta \geqq \frac{1}{\sqrt{2}}$$

$0° < \theta < 180°$ より

$\boldsymbol{0° < \theta \leqq 45°}$,

$\boldsymbol{135° \leqq \theta < 180°}$

別解

$$\frac{D}{4}=\cos^2\theta-\sin^2\theta \geqq 0$$

$$(1-\sin^2\theta)-\sin^2\theta \geqq 0$$

$$2\sin^2\theta-1 \leqq 0$$

$$(\sqrt{2}\sin\theta+1)(\sqrt{2}\sin\theta-1) \leqq 0$$

$\sqrt{2}\sin\theta+1>0$　だから

$$\sqrt{2}\sin\theta-1 \leqq 0$$

$$\sin\theta \leqq \frac{1}{\sqrt{2}}$$

$0° < \theta < 180°$ より

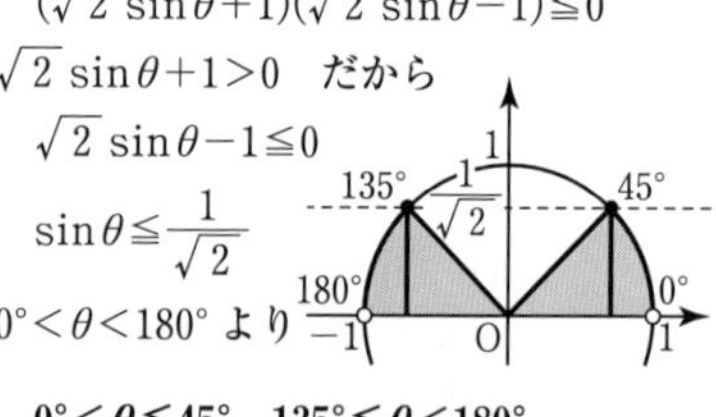

$\boldsymbol{0° < \theta \leqq 45°,\ 135° \leqq \theta < 180°}$

29 まず，$\sin\theta-\cos\theta=\dfrac{1}{3}$ の両辺を2乗する。

(1)　与式の両辺を2乗して

$$(\sin\theta-\cos\theta)^2=\left(\frac{1}{3}\right)^2$$

$$\sin^2\theta-2\sin\theta\cos\theta+\cos^2\theta=\frac{1}{9}$$

$$1-2\sin\theta\cos\theta=\frac{1}{9}$$

$$\sin\theta\cos\theta=\boldsymbol{\frac{4}{9}}$$

(2)　$\sin^3\theta-\cos^3\theta$

$=(\sin\theta-\cos\theta)$
$\quad\times(\sin^2\theta+\sin\theta\cos\theta+\cos^2\theta)$

$=(\sin\theta-\cos\theta)(1+\sin\theta\cos\theta)$

$=\dfrac{1}{3}\left(1+\dfrac{4}{9}\right)=\boldsymbol{\dfrac{13}{27}}$

別解

対称式 $x^3+y^3=(x+y)^3-3xy(x+y)$ を利用して変形する場合は

$$-\cos^3\theta=(-\cos\theta)^3$$

として変形すると間違いが少ない。

$\sin^3\theta-\cos^3\theta=\sin^3\theta+(-\cos\theta)^3$

$=\{\sin\theta+(-\cos\theta)\}^3$
$\quad-3\sin\theta(-\cos\theta)\{\sin\theta+(-\cos\theta)\}$

$=(\sin\theta-\cos\theta)^3$
$\quad+3\sin\theta\cos\theta(\sin\theta-\cos\theta)$

$=\left(\dfrac{1}{3}\right)^3+3\cdot\dfrac{4}{9}\cdot\dfrac{1}{3}=\boldsymbol{\dfrac{13}{27}}$

30 $\sin x=t$ $(0 \leqq t \leqq 1)$ とおいて，t の関数で。

$y=-4\cos^2x-4\sin x+6$

$\quad=-4(1-\sin^2x)-4\sin x+6$

$\quad=4\sin^2x-4\sin x+2$

$\sin x=t$ とおく。ただし，t は $0° \leqq x \leqq 180°$ のとき $0 \leqq t \leqq 1$ だから

$y=4t^2-4t+2$ $(0 \leqq t \leqq 1)$ で考える。

$\quad=4\left(t-\dfrac{1}{2}\right)^2+1$

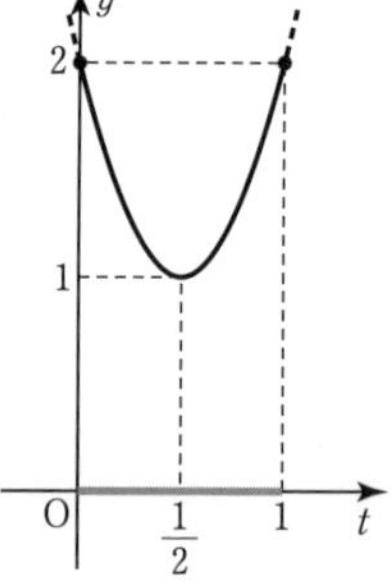

上のグラフより

$t=0$，1 のとき最大値 2

このとき，$\sin x=0$，1 より

$x=0°$，$90°$，$180°$

$t=\frac{1}{2}$ のとき最小値 1

このとき，$\sin x=\frac{1}{2}$ より

$x=30°,\ 150°$

よって，

$x=0°,\ 90°,\ 180°$ のとき，最大値 2

$x=30°,\ 150°$ のとき，最小値 1

31 **$\sin x=t$ $(0\leqq t\leqq 1)$ とおき，$f(t)=k$ と変形。$y=f(t)$ と $y=k$ のグラフで。**

$(1-\sin^2 x)-\sin x+k=0$

$\sin^2 x+\sin x-1=k$ と変形。

$\sin x=t$ とおくと

$0°\leqq x\leqq 180°$ より　$0\leqq t\leqq 1$

$t^2+t-1=k$ となるから

$y=t^2+t-1$

$y=\left(t+\frac{1}{2}\right)^2-\frac{5}{4}$ $(0\leqq t\leqq 1)$

と $y=k$ のグラフで考える。

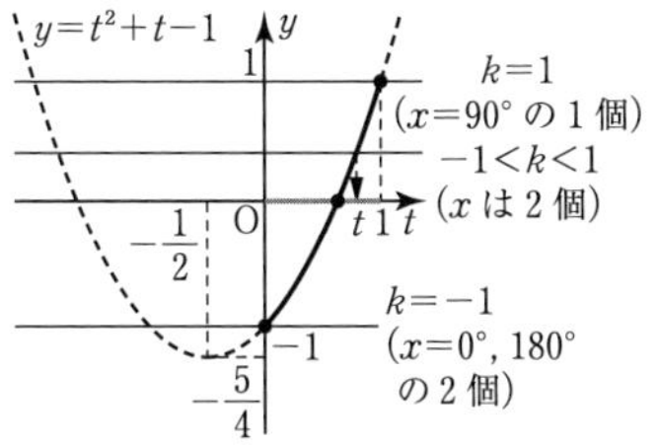

これより

$-1\leqq k<1$ のとき　2 個

$k=1$ のとき　1 個

$k<-1$, $1<k$ のとき　なし

（注意）x の範囲が $x=0°$，180° の両端の値を含むかどうか注意する。

32 **3 辺が与えられているから，$\cos A$，$\cos B$，$\cos C$ のどれでも求まる。**

(1)　$\cos A=\frac{8^2+9^2-7^2}{2\cdot 8\cdot 9}=\frac{96}{144}=\frac{2}{3}$

$\sin A>0$ だから

$\sin A=\sqrt{1-\cos^2 A}=\sqrt{1-\left(\frac{2}{3}\right)^2}$

$=\frac{\sqrt{5}}{3}$

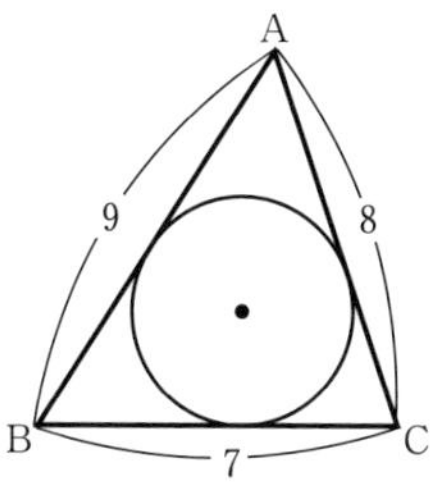

正弦定理を用いて

$\frac{7}{\sin A}=2R$ より　$2R=7\div\frac{\sqrt{5}}{3}$

よって，$R=\frac{21}{2\sqrt{5}}=\mathbf{\frac{21\sqrt{5}}{10}}$

別解 **$\cos B$，$\cos C$ を求めてもよい。**

$\cos B=\frac{9^2+7^2-8^2}{2\cdot 9\cdot 7}=\frac{11}{21}$

$\cos C=\frac{7^2+8^2-9^2}{2\cdot 7\cdot 8}=\frac{2}{7}$

以下同様に計算する。

(2)　$\triangle ABC=\frac{1}{2}\cdot 8\cdot 9\cdot\sin A$

$=\frac{1}{2}\cdot 8\cdot 9\cdot\frac{\sqrt{5}}{3}=\mathbf{12\sqrt{5}}$

(3)　$S=\frac{1}{2}r(a+b+c)$ に代入して

$12\sqrt{5}=\frac{1}{2}r(7+8+9)$

よって，$\mathbf{r=\sqrt{5}}$

33 **60° の 2 等分は 30° なので面積が求まる。**

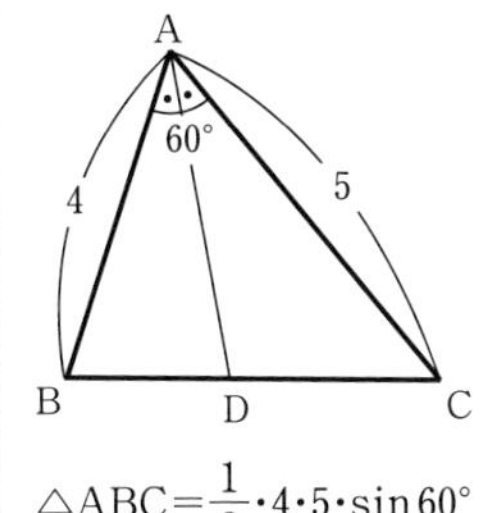

$\triangle ABC=\frac{1}{2}\cdot 4\cdot 5\cdot\sin 60°$

$=\frac{1}{2}\cdot 4\cdot 5\cdot\frac{\sqrt{3}}{2}=5\sqrt{3}$

$\triangle ABC=\triangle ABD+\triangle ACD$ だから

$$5\sqrt{3}=\frac{1}{2}\cdot4\cdot\mathrm{AD}\cdot\sin30^\circ+\frac{1}{2}\cdot5\cdot\mathrm{AD}\cdot\sin30^\circ$$
$$=\frac{1}{2}\cdot4\cdot\mathrm{AD}\cdot\frac{1}{2}+\frac{1}{2}\cdot5\cdot\mathrm{AD}\cdot\frac{1}{2}$$
$$=\frac{9}{4}\mathrm{AD}$$

よって，$\mathrm{AD}=\boldsymbol{\frac{20\sqrt{3}}{9}}$

別解　**面積が利用できない場合には，余弦定理を利用して求める。**

余弦定理を用いて

$$\mathrm{BC}^2=5^2+4^2-2\cdot5\cdot4\cdot\cos60^\circ$$
$$=25+16-20=21$$
$$\mathrm{BC}=\sqrt{21}$$
$$\cos B=\frac{4^2+(\sqrt{21})^2-5^2}{2\cdot4\cdot\sqrt{21}}$$
$$=\frac{16+21-25}{8\sqrt{21}}=\frac{\sqrt{21}}{14}$$

AD が ∠A の 2 等分線だから

$$\mathrm{AB}:\mathrm{AC}=\mathrm{BD}:\mathrm{DC}=4:5$$
$$\mathrm{BD}=\frac{4\sqrt{21}}{9}$$

△ABD に余弦定理を用いて

$$\mathrm{AD}^2=4^2+\left(\frac{4\sqrt{21}}{9}\right)^2-2\cdot4\cdot\frac{4\sqrt{21}}{9}\cos B$$
$$=4^2+\left(\frac{4\sqrt{21}}{9}\right)^2-2\cdot4\cdot\frac{4\sqrt{21}}{9}\cdot\frac{\sqrt{21}}{14}$$
$$=16+\frac{112}{27}-\frac{16}{3}=\frac{400}{27}$$

よって，$\mathrm{AD}=\sqrt{\frac{400}{27}}=\boldsymbol{\frac{20\sqrt{3}}{9}}$

(面積利用に較べて計算は大変であるが，面積が利用できない場合は有効である。)

34　**△ABD と △ADC の高さは同じである。**

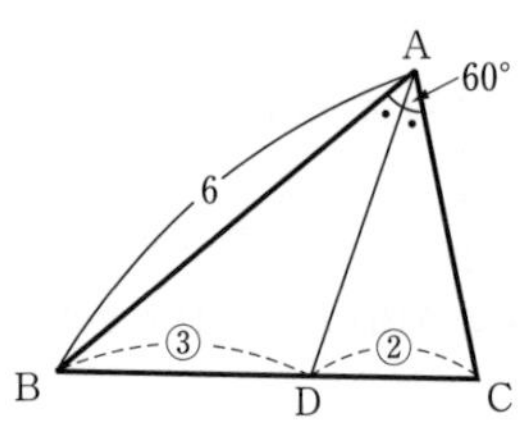

△ABD：△ADC＝3：2　だから

BD：DC＝3：2　である。

(高さが同じだから，面積比は底辺の比に等しい。)

また，AD が ∠A の 2 等分線だから

$$\mathrm{AB}:\mathrm{AC}=\mathrm{BD}:\mathrm{DC}$$
$$6:\mathrm{AC}=3:2,\quad 3\mathrm{AC}=12$$

よって，AC＝4

余弦定理を用いて，

$$\mathrm{BC}^2=6^2+4^2-2\cdot6\cdot4\cdot\cos60^\circ$$
$$=28$$
$$\mathrm{BC}=2\sqrt{7}$$

よって，$\mathrm{BD}=\frac{3}{5}\mathrm{BC}=\boldsymbol{\frac{6\sqrt{7}}{5}}$

35　(1)　**∠AMB＝θ, ∠AMC＝180°－θ とおく。**

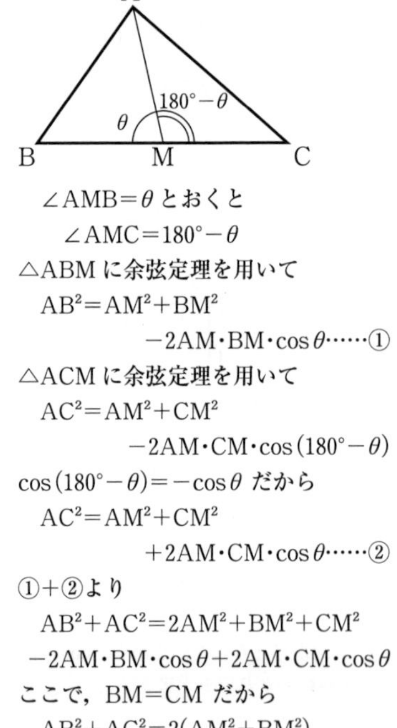

∠AMB＝θ とおくと

∠AMC＝$180^\circ-\theta$

△ABM に余弦定理を用いて

$$\mathrm{AB}^2=\mathrm{AM}^2+\mathrm{BM}^2-2\mathrm{AM}\cdot\mathrm{BM}\cdot\cos\theta\cdots\cdots①$$

△ACM に余弦定理を用いて

$$\mathrm{AC}^2=\mathrm{AM}^2+\mathrm{CM}^2-2\mathrm{AM}\cdot\mathrm{CM}\cdot\cos(180^\circ-\theta)$$

$\cos(180^\circ-\theta)=-\cos\theta$ だから

$$\mathrm{AC}^2=\mathrm{AM}^2+\mathrm{CM}^2+2\mathrm{AM}\cdot\mathrm{CM}\cdot\cos\theta\cdots\cdots②$$

①＋②より

$$\mathrm{AB}^2+\mathrm{AC}^2=2\mathrm{AM}^2+\mathrm{BM}^2+\mathrm{CM}^2-2\mathrm{AM}\cdot\mathrm{BM}\cdot\cos\theta+2\mathrm{AM}\cdot\mathrm{CM}\cdot\cos\theta$$

ここで，BM＝CM だから

$$\mathrm{AB}^2+\mathrm{AC}^2=2(\mathrm{AM}^2+\mathrm{BM}^2)$$

が成り立つ。

別解 **余弦定理を利用した証明。**

$AB^2+AC^2=c^2+b^2$

$\cos B=\dfrac{c^2+a^2-b^2}{2ca}$

$$AM^2=c^2+\left(\frac{a}{2}\right)^2-2c\cdot\frac{a}{2}\cos B$$
$$=c^2+\frac{a^2}{4}-\frac{c^2+a^2-b^2}{2}$$
$$=\frac{c^2}{2}+\frac{b^2}{2}-\frac{a^2}{4}$$

よって，$2(AM^2+BM^2)$

$$=2\left(\frac{c^2}{2}+\frac{b^2}{2}-\frac{a^2}{4}+\frac{a^2}{4}\right)$$
$$=c^2+b^2$$

したがって，AB^2+AC^2

$$=2(AM^2+BM^2)$$

別解 (参考)

ベクトル(数B)を利用した証明。

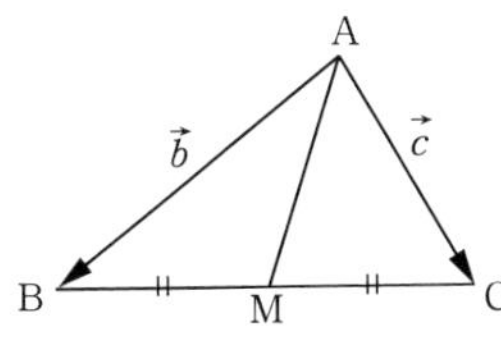

$\overrightarrow{AB}=\vec{b}$，$\overrightarrow{AC}=\vec{c}$ とすると

$\overrightarrow{AM}=\dfrac{1}{2}(\vec{b}+\vec{c})$，$\overrightarrow{BM}=\dfrac{1}{2}(\vec{c}-\vec{b})$

$$|\overrightarrow{AM}|^2+|\overrightarrow{BM}|^2$$
$$=\left|\frac{1}{2}(\vec{b}+\vec{c})\right|^2+\left|\frac{1}{2}(\vec{c}-\vec{b})\right|^2$$
$$=\frac{1}{4}(|\vec{b}|^2+2\vec{b}\cdot\vec{c}+|\vec{c}|^2)$$
$$+\frac{1}{4}(|\vec{c}|^2-2\vec{b}\cdot\vec{c}+|\vec{b}|^2)$$
$$=\frac{1}{2}(|\vec{b}|^2+|\vec{c}|^2)$$
$$=\frac{1}{2}(|\overrightarrow{AB}|^2+|\overrightarrow{AC}|^2)$$

よって，$AB^2+AC^2=2(AM^2+BM^2)$

(2) **△ABC と △ADC に余弦定理を用いて AC を 2 通りで表す。**

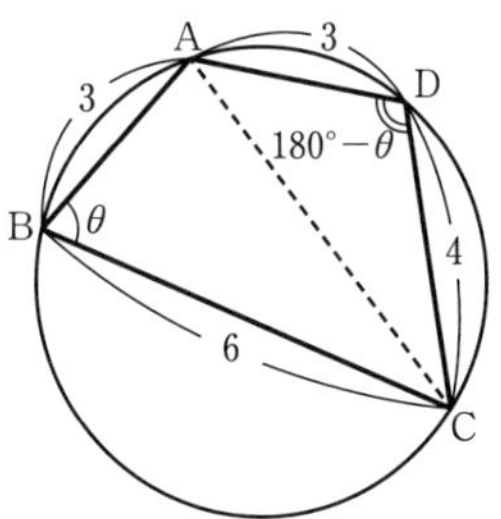

△ABC と △ADC に余弦定理を用いると，∠ABC$=\theta$ より

$$AC^2=3^2+6^2-2\cdot3\cdot6\cdot\cos\theta$$
$$=45-36\cos\theta \quad \cdots\cdots①$$
$$AC^2=4^2+3^2-2\cdot4\cdot3\cdot\cos(180°-\theta)$$

$\cos(180°-\theta)=-\cos\theta$ なので

$$=25+24\cos\theta \quad \cdots\cdots②$$

①＝②より

$$45-36\cos\theta=25+24\cos\theta$$
$$60\cos\theta=20$$

よって，$\boldsymbol{\cos\theta=\dfrac{1}{3}}$

①に代入して

$$AC^2=45-36\cdot\frac{1}{3}=33$$

よって，$\mathbf{AC=\sqrt{33}}$ ($AC>0$)

36 (1) **余弦定理で cos A を，それから sin A を求めて，面積の公式を利用。**

△ABC に余弦定理を用いて

$$\cos A=\frac{5^2+6^2-(\sqrt{13})^2}{2\cdot5\cdot6}=\frac{48}{60}=\frac{4}{5}$$

$\sin A>0$ だから

$$\sin A=\sqrt{1-\cos^2 A}=\sqrt{1-\left(\frac{4}{5}\right)^2}$$
$$=\frac{3}{5}$$

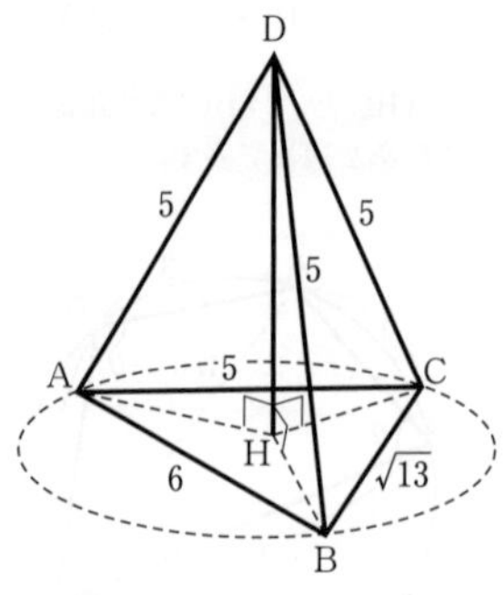

よって，$\triangle ABC=\dfrac{1}{2}\cdot 5\cdot 6\cdot \sin A$

$=\dfrac{1}{2}\cdot 5\cdot 6\cdot \dfrac{3}{5}=\mathbf{9}$

(2) **四面体の底辺は△ABC，Dから△ABCに下ろした垂線DHを高さとすると，△DAH，△DBH，△DCHは合同である。**

頂点Dから△ABCを含む平面に垂線DHを下ろすと

AD＝BD＝CD＝5だから

三平方の定理より

$AH=BH=CH=\sqrt{5^2-DH^2}$

となるので

Hは△ABCの外心である。

△ABCに正弦定理を用いて

$\dfrac{\sqrt{13}}{\sin A}=2AH$，$AH=\dfrac{1}{2}\cdot\sqrt{13}\div\dfrac{3}{5}$

よって，$AH=\dfrac{5\sqrt{13}}{6}$

$AD^2=AH^2+DH^2$ だから

$5^2=\left(\dfrac{5\sqrt{13}}{6}\right)^2+DH^2$

$DH^2=25-\dfrac{25\cdot 13}{36}=\dfrac{25(36-13)}{36}$

$=\dfrac{25\cdot 23}{36}$

よって，$DH=\sqrt{\dfrac{25\cdot 23}{36}}=\dfrac{5\sqrt{23}}{6}$

四面体ABCDの体積をVとすると

$V=\dfrac{1}{3}\cdot\triangle ABC\cdot DH$

$=\dfrac{1}{3}\cdot 9\cdot\dfrac{5\sqrt{23}}{6}=\mathbf{\dfrac{5\sqrt{23}}{2}}$

37 箱ひげ図の意味から人数を考える。

箱ひげ図から四分位数は次のようになる。

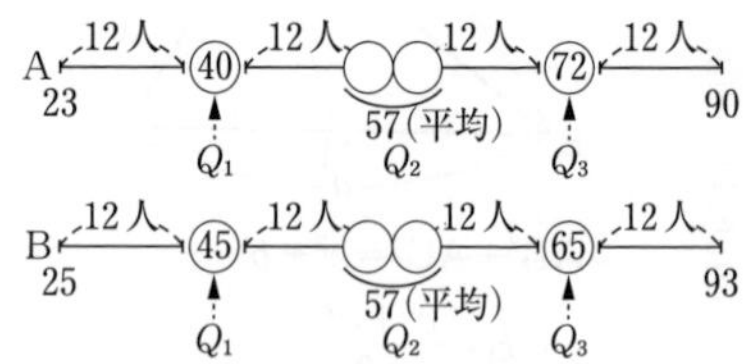

(Q_2は小さい方から25番目と大きい方から25番目の平均)

(1) Aの四分位範囲は$Q_1=40$，$Q_3=72$だから

$Q_3-Q_1=72-40=32$

Bの四分位範囲は$Q_1=45$，$Q_3=65$だから

$Q_3-Q_1=65-45=20$

よって，Aの方が大きいから正しい。

(2) 箱ひげ図では，ひげの長さでは人数の多い，少ないの判断はできない。

よって，正しいとはいえない。

(3) Aは$Q_3=72$だから70点以上は少なくとも13人いて，

Bは$Q_3=65$だから65点以上は12人いる。

よって，Aの方が多いから正しい。

(4) Aは20点台に12人いることが考えられ，Bは25点と44点の間で30点台を除いて12人いることが考えられるから正しいとはいえない。

38 $\overline{x}$，s^2を求める公式に従って計算

(1) $\overline{x}=\dfrac{1}{5}(6+10+4+13+7)$

$=\dfrac{1}{5}\times 40=\mathbf{8}$

$s^2=\dfrac{1}{5}\{(6-8)^2+(10-8)^2+(4-8)^2+(13-8)^2+(7-8)^2\}$

$=\dfrac{1}{5}(4+4+16+25+1)$

$=\dfrac{1}{5}\times 50=\mathbf{10}$

$s=\sqrt{s^2}=\sqrt{\mathbf{10}}$

別解 **s^2 を(2乗の平均値)−(平均値)^2 を使って求める。**

$$s^2=\frac{1}{5}(6^2+10^2+4^2+13^2+7^2)-8^2$$
$$=\frac{1}{5}(36+100+16+169+49)-64$$
$$=\frac{1}{5}\times370-64=74-64=\mathbf{10}$$

(2) 20 のデータの合計は

$15\times10+5\times14=220$

よって，20 個のデータの平均値は

$220\div20=\mathbf{11}$

20 個のデータを x_1，x_2，…，x_{20} とする。

x_1，x_2，…，x_{15} の平均値が 10，分散が 5 だから

$$\frac{x_1{}^2+x_2{}^2+\cdots+x_{15}{}^2}{15}-10^2=5$$

$x_1{}^2+x_2{}^2+\cdots+x_{15}{}^2=1575$ ……①

x_{15}，x_{16}，…，x_{20} の平均値が 14，分散が 5 だから

$$\frac{x_{16}{}^2+x_{17}{}^2+\cdots+x_{20}{}^2}{5}-14^2=13$$

$x_{16}{}^2+x_{17}{}^2+\cdots+x_{20}{}^2=1045$ ……②

20 個のデータの分散は

$$\frac{x_1{}^2+x_2{}^2+\cdots+x_{20}{}^2}{20}-11^2$$
$$=\frac{1575+1045}{20}-121 \quad (①，②を代入)$$
$$=131-121=10$$

よって，平均値は 11，分散は 10

別解

($x_1{}^2+x_2{}^2+\cdots+x_{15}{}^2=a$
$x_{16}{}^2+x_{17}{}^2+\cdots+x_{20}{}^2=b$
と 1 つにまとめて表してもよい。)

始めの 15 個の 2 乗の和を a，残りの 5 個の 2 乗の和を b とすると

$\frac{a}{6}-10^2=5$ より $a=1575$

$\frac{b}{6}-14^2=13$ より $b=1045$

20 個のデータの分散は

$$\frac{a+b}{20}-11^2=\frac{2620}{20}-121=\mathbf{10}$$

39 **標準偏差，共分散，相関係数を求める公式に従って計算する。**

x の平均値を $\overline{x}$，分散を $s_x{}^2$，
y の平均値を $\overline{y}$，分散を $s_y{}^2$
x，y の共分散を s_{xy} とすると

$$\overline{x}=\frac{1}{5}(12+14+11+8+10)=11$$
$$s_x{}^2=\frac{1}{5}\{(11-12)^2+(11-14)^2+(11-11)^2+(11-8)^2+(11-10)^2\}$$
$$=\frac{20}{5}=4$$
$$\overline{y}=\frac{1}{5}(11+12+14+10+8)=11$$
$$s_y{}^2=\frac{1}{5}\{(11-11)^2+(11-12)^2+(11-14)^2+(11-10)^2+(11-8)^2\}$$
$$=\frac{20}{5}=4$$
$$s_{xy}=\frac{1}{5}\{(12-11)(11-11)+(14-11)(12-11)+(11-11)(14-11)+(8-11)(10-11)+(10-11)(8-11)\}=\frac{9}{5}$$

よって，相関係数を r とすると

$$r=\frac{s_{xy}}{s_xs_y}=\frac{\frac{9}{5}}{\sqrt{4}\sqrt{4}}=\frac{9}{20}=\mathbf{0.45}$$

(分散を求めるのに，この場合は
$s^2=\frac{1}{n}(x_1{}^2+x_2{}^2+\cdots+x_n{}^2)-(\overline{x})^2$
の公式を使うと計算が少し面倒である。)

40 **棄却域の決め方に従って，棄却域を求め，仮説を検定する。**

検証したいことは「新しい宣伝は効果

があった」かどうかだから，
仮説を「新しい宣伝は効果がなかった」として，棄却域を求める。
平均値が 247 個，標準偏差 15.3 だから

$$247+2\times15.3=277.6\text{（個）}$$

これより棄却域は 278 個以上である。

(1) 280＞278 だから仮説は棄却される。よって，新しい宣伝は効果はあったといえる。

(2) 270＜278 だから仮説は棄却されない。よって，新しい宣伝は効果はあったといえない。

41 公式適用は実際に並べることをイメージして考える。

(1)

千の位には 0 はこないから　5 通り
残りの 3 つの並べ方は $_5P_3=60$ 通り
よって，$5\times{}_5P_3=5\times60=$**300**（個）

別解

$_6P_4-{}_5P_3=360-60=$**300**（個）

- $_5P_3$：0 がはじめにきたときの順列
- $_6P_4$：0 を含めて並べたときの順列

(2) 十万 万 千 百 十 一
①〇〇〇〇〇
11223 を並べる

十万の位に 1 がくるから，一万以下の位は 11223 を並べればよい。

よって，$\dfrac{5!}{2!2!}=\dfrac{5\cdot4\cdot3}{2\cdot1}=$**30**（個）

(3) 1 つの玉を A，B どちらかの箱に入れる入れ方は 2 通りだから，5 個の玉を 2 つの箱 A，B に入れるのは

$2^5=32$（通り）

このうち，5 個とも A または B に入る場合は除くから

$32-2=$**30**（通り）

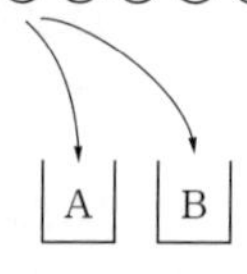

42 (1) 両端にくる男子を始めに並べる。

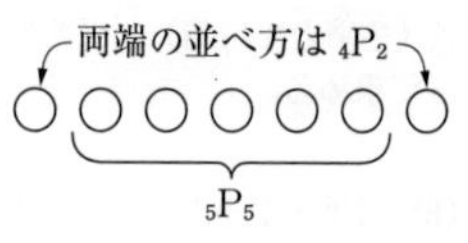

よって，$_4P_2\times{}_5P_5=12\times120$
$=$**1440**（通り）

(2) 隣り合う 3 人を 1 つにまとめて並べる。

女子 3 人を 1 つにまとめて並べると考える。

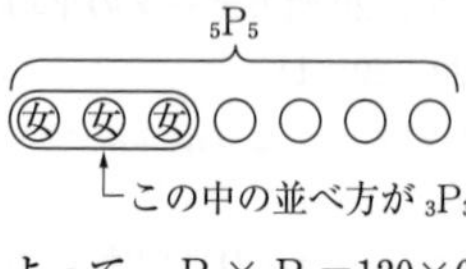

よって，$_5P_5\times{}_3P_3=120\times6$
$=$**720**（通り）

(3) A，B，C，D は順序が決まっているから，同じものとして並べる。

男子 A，B，C，D を同じものとみて並べればよいから，

$$\frac{7!}{4!}=7\cdot6\cdot5=\textbf{210}\text{（通り）}$$

別解

7 ケ所から A，B，C，D を並べる 4 ケ所を選び，残りの 3 文字を並べる。

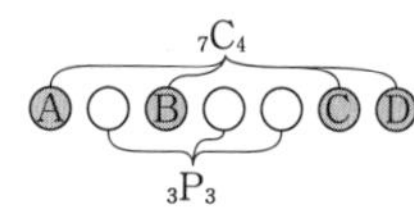

$$_7C_4\times{}_3P_3=\frac{7\cdot6\cdot5\cdot4}{4\cdot3\cdot2\cdot1}\times6$$
$$=35\times6=\textbf{210}\text{（通り）}$$

43 (1) 1 人を固定して，残りの 5 人を並べればよいから

$_5P_5=$**120**（通り）

(2) **隣り合う両親を固定。**

両親を固定すると，残り 4 人の並べ方は

$_4P_4=24$（通り）

両親の並べ替えが 2 通り

よって，

$2\times{}_4P_4=2\times24$

$=\mathbf{48}$（通り）

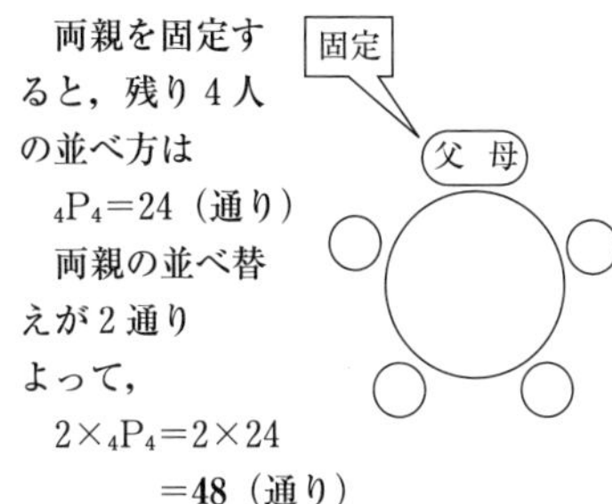

(3) **向い合う両親を固定。**

右のように，両親を向かい合わせると，残りの子供 4 人を並べればよい。

父
母

よって，$_4P_4=\mathbf{24}$（通り）

（参考）

父と母の並べ替えを考える必要はないのか？という疑問も出てくるが，

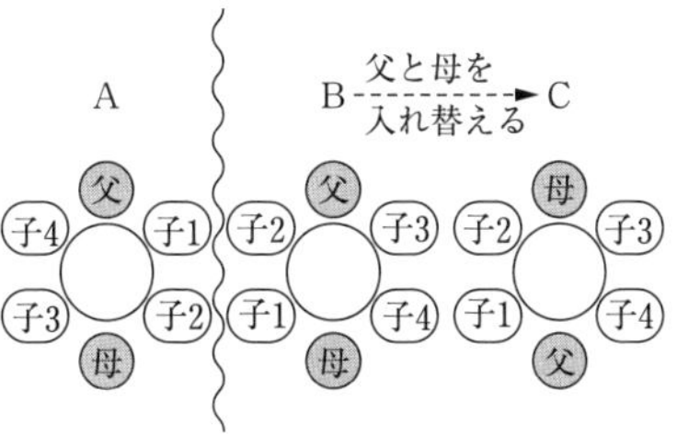

A と B は異なるものとして，数え上げているが，仮に B の父と母を入れ替えると，C となり，これは 180° 回転させると A と同じ並び方である。

したがって，向かい合った父と母の入れ替えを考えると，同じ並びを 2 回数えてしまうことになる。

(4) **男性または女性を始めに並べる。**

始めに，男性 3 人を並べるのが

$_2P_2=2$（通り）

男性の間の 3 か所に女性を並べるのは

$_3P_3=6$（通り）

よって，

$_2P_2\times{}_3P_3$

$=2\times6=\mathbf{12}$（通り）

固定
男
女
女
男
男
女

44 **“特定のもの”，“少なくとも 1 人” に注意してグループ分けをする。**

(1) 男子 8 人から 6 人を選び A グループとし，残りを B グループにすればよいから

$$_8C_6={}_8C_2=\frac{8\cdot7}{2\cdot1}=\mathbf{28}\text{（通り）}$$

(2) A グループに入る男子 4 人と女子 2 人を選び，残りを B グループにすればよいから

$$_8C_4\times{}_4C_2=\frac{8\cdot7\cdot6\cdot5}{4\cdot3\cdot2\cdot1}\times\frac{4\cdot3}{2\cdot1}$$

$$=70\times6=\mathbf{420}\text{（通り）}$$

(3) A グループは A グループに入る特定の女子 1 人を除いて，11 人から 5 人を選び，残りを B グループにすればよいから

$$_{11}C_5=\frac{11\cdot10\cdot9\cdot8\cdot7}{5\cdot4\cdot3\cdot2\cdot1}$$

$$=\mathbf{462}\text{（通り）}$$

(4) A グループと B グループに分ける組分けの総数は，12 人から 6 人を選んで A グループ，残りを B グループにすればよいから

$$_{12}C_6=\frac{12\cdot11\cdot10\cdot9\cdot8\cdot7}{6\cdot5\cdot4\cdot3\cdot2\cdot1}$$

$$=924\text{（通り）}$$

A グループに女子が 1 人も入らない選び方は(1)より $_8C_6=28$（通り）

B グループに女子が 1 人も入らない場合もあるから

$2\times{}_8C_6=2\times28=56$（通り）

よって，A，Bのグループに少なくとも1人の女子が入る選び方は

$924-56=$**868**（通り）

45 組の区別がつくかつかないかを判断する。

(1)　7人と3人で組の区別がつくから

$${}_{10}C_7\times1=\frac{10\cdot9\cdot8}{3\cdot2\cdot1}=\mathbf{120}\text{（通り）}$$

(2)　5人，3人，2人も組の区別がつくから

$${}_{10}C_5\times{}_5C_3\times1=\frac{10\cdot9\cdot8\cdot7\cdot6}{5\cdot4\cdot3\cdot2\cdot1}\times\frac{5\cdot4}{2\cdot1}=\mathbf{2520}\text{（通り）}$$

(3)　3人と3人は組の区別がつかないから

$${}_{10}C_4\times{}_6C_3\times1\div2!=\frac{10\cdot9\cdot8\cdot7}{4\cdot3\cdot2\cdot1}\times\frac{6\cdot5\cdot4}{3\cdot2\cdot1}\times\frac{1}{2}=\mathbf{2100}\text{（通り）}$$

(4)　除く1人を選ぶのが ${}_{10}C_1=10$（通り）

残り9人を3人，3人，3人に分けるのは組の区別がつかない。

よって，$10\times{}_9C_3\times{}_6C_3\times1\div3!$

$$=10\times\frac{9\cdot8\cdot7}{3\cdot2\cdot1}\times\frac{6\cdot5\cdot4}{3\cdot2\cdot1}\times\frac{1}{3\cdot2\cdot1}=\mathbf{2800}\text{（通り）}$$

46 隣り合わないものは後から間に入れる。

(1)　2，4，6の偶数を並べるのが

${}_3P_3=3!=6$（通り）

奇数が隣り合わないのは右の∧に奇数を並べればよい。

偶　偶　偶
∧　∧　∧　∧

これが ${}_4P_4=4!=24$（通り）

よって，${}_3P_3\times{}_4P_4=6\times24=$**144**（通り）

1，3，5，7の奇数を並べるのが

${}_4P_4=4!=24$（通り）

偶数が隣り合わないのは右の∧に偶数を並べればよい。

奇　奇　奇　奇
∧　∧　∧　∧　∧

これが ${}_5P_3=5\cdot4\cdot3=60$（通り）

（または ${}_5C_3\times3!=60$）

よって，

${}_4P_4\times{}_5P_3=24\times60=$**1440**（通り）

(2)　○　○　○　○　○　○　○　○
∧　∧　∧　∧　∧　∧　∧　∧　∧

(ア)　黒石5個を∧の部分に入れればよいから

${}_9C_5=$**126**（通り）

(イ)　(i)　黒石が4個続く場合

∧の部分を2つ選んで，そこに4個と1個入れればよい。入れ方が2通りあるから

$2\times{}_9C_2=72$

(ii)　黒石が5個続く場合

∧の部分に5個まとめて入れることであるから ${}_9C_1=9$

4個または5個続く場合は合わせて

$72+9=81$

白色8個と黒色5個の13個を並べるのが

$$\frac{13!}{8!5!}=\frac{13\cdot12\cdot11\cdot10\cdot9}{5\cdot4\cdot3\cdot2\cdot1}=1287\text{（通り）}$$

よって，求める並べ方は

$$\frac{13!}{8!5!}-81=1287-81=\mathbf{1206}\text{（通り）}$$

47 正十二角形をかいて，実際に問題に則した三角形をかき，規則性を見つける。

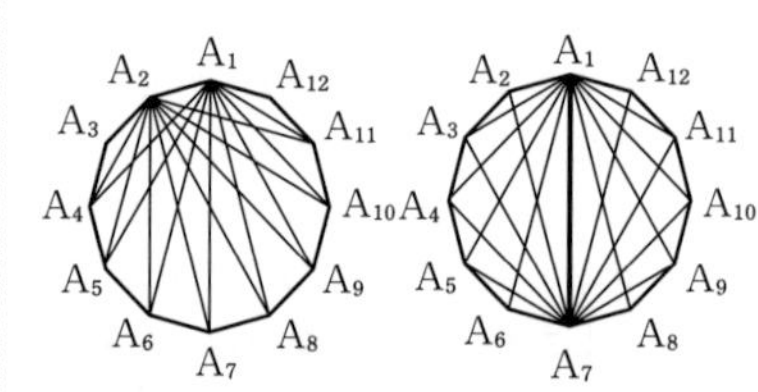

(1)　12の頂点から任意の3点を選べばよいから

${}_{12}C_3=$**220**（個）

(2)　例えば A_1A_2 と A_2A_3 を共有してできる三角形は1個で，隣り合う2辺の組合せは12個ある。よって，**12個**

(3)　A_1A_2 の1辺に対して，8個の三角形ができる。（上図左）

よって，$12\times 8=\mathbf{96}$（個）

(4)　A_1A_7 を斜辺とする直角三角形は 10 個できる。（前ページ図右）

斜辺は，A_1A_7，A_2A_8，……，A_6A_{12} の 6 本。

よって，$6\times 10=\mathbf{60}$（個）

(5)　下の図で考えると，

A_1 を使う鈍角三角形は

A_1A_6 に対して 4 個

A_1A_5 に対して 3 個

A_1A_4 に対して 2 個

A_1A_3 に対して 1 個

$4+3+2+1=10$（個）

このようなパターンは A_2，A_3，…，A_{12} についても同様だから

$12\times 10=\mathbf{120}$（個）

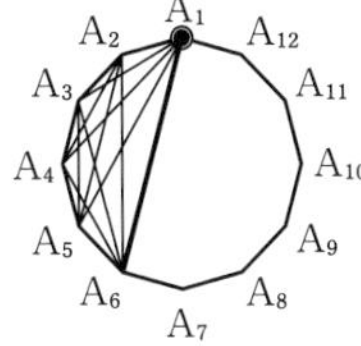

(6)　鋭角三角形は

（三角形の総数）

－（直角三角形の総数）

－（鈍角三角形の総数）

$=220-60-120=\mathbf{40}$（個）

48　**各位の数がいくつならばよいか考える。**

つくられる 3 桁の数の総数は ${}_9P_3$ 通り

(1)　500 以上の整数は

5 ～ 9 のどれか → ○　${}_8P_2$（○ ○）

$5\times {}_8P_2$（通り）

よって，$\dfrac{5\times {}_8P_2}{{}_9P_3}=\dfrac{5\times 8\cdot 7}{9\cdot 8\cdot 7}=\mathbf{\dfrac{5}{9}}$

別解

3 桁の数で，百の位にくる数は 1 ～ 9 のどの数がくるのも同様に確からしいから，5 ～ 9 のいずれかがくる確率は $\mathbf{\dfrac{5}{9}}$ である。

(2)　(i)　一の位が 2 か 4 のとき

○（5 ～ 9 のどれか）　○（残り 7 枚のどれかがくる）　○（2 か 4 のとき）

$5\times 7\times 2=70$（通り）

(ii)　一の位が 6 または 8 のとき

○（5,7,8,9 のどれか）　○（残り 7 枚のどれかがくる）　⑥

○（5,6,7,9 のどれか）　○（残り 7 枚のどれかがくる）　⑧

$2\times 4\times 7=56$

よって，$\dfrac{70+56}{{}_9P_3}=\dfrac{126}{504}=\mathbf{\dfrac{1}{4}}$

49　**同じ色の球もすべて異なる球として数え上げる。**
分母は合計 10 個の球から取り出す個数の組合せ。分子は，取り出す球の色の組合せを考える。

(1)　合わせて 10 個から 3 個取り出す総数は

$${}_{10}C_3=\frac{10\cdot 9\cdot 8}{3\cdot 2\cdot 1}=120\text{（通り）}$$

(i)　3 個とも同色になる確率は

［赤 3］［黒 3］［白 3］

$$\frac{{}_4C_3+{}_3C_3+{}_3C_3}{{}_{10}C_3}=\frac{6}{120}=\mathbf{\frac{1}{20}}$$

(ii)　3 個とも異なる色になる確率は

［赤 1］［黒 1］［白 1］

$$\frac{{}_4C_1\times {}_3C_1\times {}_3C_1}{{}_{10}C_3}=\frac{36}{120}=\mathbf{\frac{3}{10}}$$

(2)　10 個から 2 個取り出す総数は

$${}_{10}C_2=\frac{10\cdot 9}{2\cdot 1}=45\text{（通り）}$$

2 個とも異なる色となる確率は

［赤 1，黒 1］［黒 1，白 1］［白 1，赤 1］

$$\frac{{}_4C_1\times {}_3C_1+{}_3C_1\times {}_3C_1+{}_3C_1\times {}_4C_1}{{}_{10}C_2}$$

$$=\frac{12+9+12}{45}=\mathbf{\frac{11}{15}}$$

(3)　10 個から 4 個取り出す総数は

$${}_{10}C_4=\frac{10\cdot 9\cdot 8\cdot 7}{4\cdot 3\cdot 2\cdot 1}=210\text{（通り）}$$

3 色すべての色が取り出される確率は

$$\frac{\overset{\text{赤2,黒1,白1}}{{}_4C_2\times{}_3C_1\times{}_3C_1}+\overset{\text{赤1,黒2,白1}}{{}_4C_1\times{}_3C_2\times{}_3C_1}+\overset{\text{赤1,黒1,白2}}{{}_4C_1\times{}_3C_1\times{}_3C_2}}{{}_{10}C_4}$$

$$=\frac{54+36+36}{210}=\frac{126}{210}=\mathbf{\frac{3}{5}}$$

50 (1) **(はずれる確率)=1−(当たる確率)**

$P(A)=\frac{3}{5}$，$P(B)=\frac{4}{7}$ だから

$$P(A)\cdot P(B)=\frac{3}{5}\times\frac{4}{7}=\mathbf{\frac{12}{35}}$$

少なくとも1人が命中するのは2人ともはずれる事象の余事象だから

$$1-P(\overline{A})\cdot P(\overline{B})$$

$$=1-\left(1-\frac{3}{5}\right)\cdot\left(1-\frac{4}{7}\right)=\mathbf{\frac{29}{35}}$$

(2) **3の倍数のカードが1枚でもあると積は3の倍数になる。**

10枚のカードから3枚取り出す総数は

$${}_{10}C_3=\frac{10\cdot9\cdot8}{3\cdot2\cdot1}=120\ (\text{通り})$$

3の倍数にならないのは1，2，4，5，7，8，10の7枚から3枚を取り出したときで，

$${}_7C_3=\frac{7\cdot6\cdot5}{3\cdot2\cdot1}=35\ (\text{通り})$$

3の倍数にならない確率は

$$\frac{{}_7C_3}{{}_{10}C_3}=\frac{35}{120}=\frac{7}{24}$$

よって，3の倍数になる確率は

$$1-\frac{7}{24}=\mathbf{\frac{17}{24}}$$

51 **1回目に取り出した赤球の個数を，2個，1個，0個の場合に分けて考える。**

(1) 取り出した赤球の総数が2個となるのは次の(i)，(ii)の場合である。

(i) 1回目に赤球を2個，次に白球を2個取り出す場合。

$$\overset{\text{1回目に赤2個}}{\frac{{}_4C_2}{{}_{10}C_2}}\times\overset{\text{次に白2個}}{\frac{{}_6C_2}{{}_8C_2}}=\frac{6}{45}\times\frac{15}{28}=\frac{1}{14}$$

(ii) 1回目に赤球と白球を1個，次に赤球を取り出す場合。

$$\overset{\text{1回目に赤1個と白1個}}{\frac{{}_4C_1\times{}_6C_1}{{}_{10}C_2}}\times\overset{\text{次に赤1個}}{\frac{{}_3C_1}{{}_8C_1}}=\frac{24}{45}\times\frac{3}{8}=\frac{1}{5}$$

よって，求める確率は

$$\frac{1}{14}+\frac{1}{5}=\mathbf{\frac{19}{70}}$$

(2) 取り出した赤球の個数が，白球の個数を超えるのは，次の(i)，(ii)，(iii)の場合である。

(i) 1回目に赤球を2個，次に赤球を2個を取り出す場合。

$$\overset{\text{1回目に赤2個}}{\frac{{}_4C_2}{{}_{10}C_2}}\times\overset{\text{次に赤2個}}{\frac{{}_2C_2}{{}_8C_2}}=\frac{6}{45}\times\frac{1}{28}=\frac{1}{210}$$

(ii) 1回目に赤球を2個，次に赤球と白球を1個ずつ取り出す場合。

$$\overset{\text{1回目に赤2個}}{\frac{{}_4C_2}{{}_{10}C_2}}\times\overset{\text{次に赤1個と白1個}}{\frac{{}_2C_1\times{}_6C_1}{{}_8C_2}}=\frac{6}{45}\times\frac{12}{28}=\frac{2}{35}$$

(iii) 1回目に赤球1個と白球1個，次に赤球1個を取り出す場合。

$$\overset{\text{1回目に赤1個と白1個}}{\frac{{}_4C_1\times{}_6C_1}{{}_{10}C_2}}\times\overset{\text{次に赤1個}}{\frac{{}_3C_1}{{}_8C_1}}=\frac{24}{45}\times\frac{3}{8}=\frac{1}{5}$$

よって，求める確率は

$$\frac{1}{210}+\frac{2}{35}+\frac{1}{5}=\frac{55}{210}=\mathbf{\frac{11}{42}}$$

52 **各回ごとの3人の“勝，負，あいこ”を場合分けして考える。**

(1) 3人のジャンケンの出し方は

$3^3=27$（通り）

Aが1回目で勝つのは3通り（グー，パー，チョキのいずれかで勝つ。）

よって，$\frac{3}{27}=\mathbf{\frac{1}{9}}$

(2)　(i)　1回目があいこで2回目にAが勝つ確率は　$\frac{1}{3}\times\frac{1}{9}=\frac{1}{27}$

(ii)　1回目にAとBまたはAとCが勝ち，2回目にAが勝つ確率は

$2\times\frac{1}{9}\times\frac{1}{3}=\frac{2}{27}$

よって，求める確率は

$\frac{1}{27}+\frac{2}{27}=\mathbf{\frac{1}{9}}$

(3)

	1回目	2回目	3回目
(i)	あいこ	あいこ	だれか1人が勝つ
(ii)	あいこ	だれか2人が勝つ	どちらか1人が勝つ
(iii)	だれか2人が勝つ	あいこ	どちらか1人が勝つ

(i)のとき　$\frac{1}{3}\times\frac{1}{3}\times\frac{1}{3}=\frac{1}{27}$

(ii)のとき　$\frac{1}{3}\times\frac{1}{3}\times\frac{2}{3}=\frac{2}{27}$

(iii)のとき　$\frac{1}{3}\times\frac{1}{3}\times\frac{2}{3}=\frac{2}{27}$

よって，求める確率は

$\frac{1}{27}+\frac{2}{27}+\frac{2}{27}=\mathbf{\frac{5}{27}}$

(4)　1回目と2回目で勝者が決まるのは(1)と(2)で，BとCが勝つ場合があるから

$3\times\left(\frac{1}{9}+\frac{1}{9}\right)=\frac{2}{3}$

3回目で勝者が決まるのは，(3)より

$\frac{5}{27}$

3回終わっても勝者が決まらないのは，これらの余事象だから

$1-\left(\frac{2}{3}+\frac{5}{27}\right)=\mathbf{\frac{4}{27}}$

53　**投げられたさいころの目が1～6のどの目で構成されているか考える。**

(1)

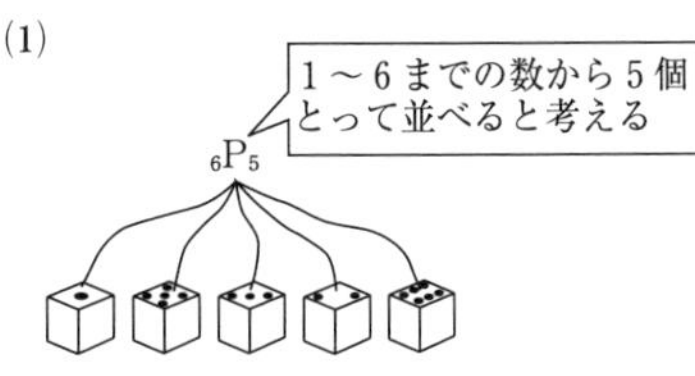
1～6までの数から5個
とって並べると考える
$_6P_5$

よって，$\frac{_6P_5}{6^5}=\frac{6\cdot5\cdot4\cdot3\cdot2}{6\cdot6\cdot6\cdot6\cdot6}=\mathbf{\frac{5}{54}}$

また，少なくとも2個が同じ目である事象は，すべて異なる場合の余事象だから

$1-\frac{5}{54}=\mathbf{\frac{49}{54}}$

(2)　3個とも2以上の目が出る確率は

$\left(\frac{5}{6}\right)^3=\mathbf{\frac{125}{216}}$

3個とも3以上の目が出る確率は

$\left(\frac{4}{6}\right)^3=\frac{8}{27}$

最小の目が2になる確率は

3個とも2～6のいずれかの目 － 3個とも3～6のいずれかの目　少なくとも1個は2の目が出る

$\left(\frac{5}{6}\right)^3-\left(\frac{4}{6}\right)^3=\frac{125-64}{216}=\mathbf{\frac{61}{216}}$

54　(1)　**1回の試行で赤球と白球の出る確率はどちらも $\frac{1}{2}$ である。**

赤球と白球が4個ずつ入っている袋から1個取り出すとき，赤球と白球の出る確率はどちらも $\frac{1}{2}$ である。

(i)　3回赤球が出る確率は

$_4C_3\left(\frac{1}{2}\right)^3\left(\frac{1}{2}\right)=\frac{4}{2^4}=\frac{1}{4}$

(ii)　4回赤球が出る確率は

$\left(\frac{1}{2}\right)^4=\frac{1}{16}$

よって，求める確率は

$\frac{1}{4}+\frac{1}{16}=\mathbf{\frac{5}{16}}$

(2)

(ア)　**正の向き，負の向きに何回進めばよいか考える。**

2 以下の目の出る確率は $\frac{1}{3}$

3 以上の目の出る確率は $\frac{2}{3}$ であり

さいころを 3 回投げて，P が原点にくるのは，正の向きに 2 回，負の向きに 1 回進むときである。

よって，求める確率は

$${}_3C_2\left(\frac{1}{3}\right)^2\left(\frac{2}{3}\right)=\frac{3\times2}{3^3}=\mathbf{\frac{2}{9}}$$

(イ) **正の向きに x 回進むとすると，負の向きに $5-x$ 回進むことになる。**

さいころを 5 回投げたとき，正の向きに x 回進むとすると，負の向きに $(5-x)$ 回進むから P の位置は

$x\cdot1+(5-x)\cdot(-2)=3x-10$ と表せる。

$3x-10=-4$，2 より $x=2$，4

$x=2$（2 以下の目が 2 回出る）のとき

$${}_5C_2\left(\frac{1}{3}\right)^2\left(\frac{2}{3}\right)^3=\frac{10\times8}{3^5}=\frac{80}{243}$$

$x=4$（2 以下の目が 4 回出る）のとき

$${}_5C_4\left(\frac{1}{3}\right)^4\left(\frac{2}{3}\right)=\frac{5\times2}{3^5}=\frac{10}{243}$$

よって，求める確率は

$$\frac{80}{243}+\frac{10}{243}=\frac{90}{243}=\mathbf{\frac{10}{27}}$$

55 **黒球が出る確率をそれぞれの箱の場合で考える。**

3 つの箱 A，B，C から取り出される事象をそれぞれ A，B，C とし，黒球が取り出される事象を X とする。

どの箱を選ぶかは $\frac{1}{3}$ の確率とすると

$$P(A)\cdot P_A(X)=\frac{1}{3}\times\frac{3}{5}=\frac{1}{5}$$

$$P(B)\cdot P_B(X)=\frac{1}{3}\times\frac{1}{6}=\frac{1}{18}$$

$$P(C)\cdot P_C(X)=\frac{1}{3}\times\frac{2}{4}=\frac{1}{6}$$

$$P(X)=\frac{1}{5}+\frac{1}{18}+\frac{1}{6}=\frac{19}{45}$$

よって，$P_X(A)=\frac{P(X\cap A)}{P(X)}=\frac{\frac{1}{5}}{\frac{19}{45}}$

$$=\mathbf{\frac{9}{19}}$$

56 全事象は ${}_9C_3=84$ 通りで，p_k の確率は次の通り。

$$p_0=\frac{{}_4C_0\times{}_5C_3}{{}_9C_3}=\frac{1\times10}{84}=\mathbf{\frac{5}{42}}$$

$$p_1=\frac{{}_4C_1\times{}_5C_2}{{}_9C_3}=\frac{4\times10}{84}=\mathbf{\frac{10}{21}}$$

$$p_2=\frac{{}_4C_2\times{}_5C_1}{{}_9C_3}=\frac{6\times5}{84}=\mathbf{\frac{5}{14}}$$

$$p_3=\frac{{}_4C_2\times{}_5C_0}{{}_9C_3}=\frac{4\times1}{84}=\mathbf{\frac{1}{21}}$$

白球の個数 k と確率 p_k の対応表は次のようになる。

k	0	1	2	3	計
p_k	$\frac{5}{42}$	$\frac{20}{42}$	$\frac{15}{42}$	$\frac{2}{42}$	1

（対応表は必ずしもかかなくてもよい。）

よって，期待値を E とすると

$$E=0\times\frac{5}{42}+1\times\frac{20}{42}+2\times\frac{15}{42}+3\times\frac{2}{42}$$

$$=\frac{56}{42}=\mathbf{\frac{4}{3}}$$

57 (1) $\angle BDC=\angle BAC$ だから

$\boldsymbol{x}=\angle BAC=\mathbf{20°}$

$\angle ABD=60°$

また，$\angle AOD=2\angle ABD$ だから

$\boldsymbol{y}=\angle AOD=2\times60°=\mathbf{120°}$

(2)

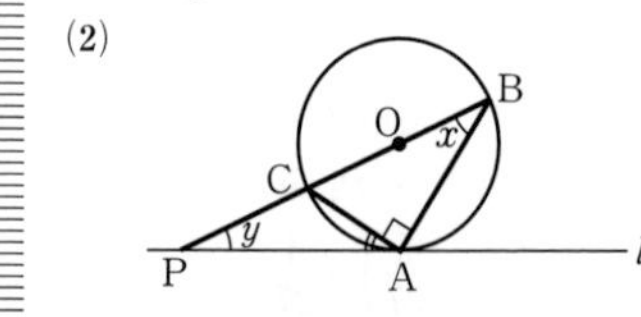

BC が円の直径だから $\angle BAC=90°$

$\angle CAP=115°-90°=25°$

よって，$x=\angle CAP=\mathbf{25°}$（接弦定理）

$x+y+115°=180°$ より

$y=180°-115°-25°=\mathbf{40°}$

(3) △AED で

$x+y=180°-40°=140°$ ……①

△ABF で

$x+50°=\angle CBE=y$ ……②

①，②を解いて

$x=45°$，$y=95°$

58 (1) **内心：頂角の2等分線**

Iが△ABCの内心だから

$\angle C=2\times30°=60°$，$\angle B=2x$

△ABCの内角の和は180°だから

$50°+60°+2x=180°$

よって，$x=$**35°**

(2) **外心：各辺の垂直2等分線**

Oが△ABCの外心だから

$x=2\angle BAC=2\times50°=$**100°**

また，OA=OB=OC だから

$\angle OAC=\angle OCA=30°$

$y=\angle OAB=50°-\angle OAC$

$=50°-30°=$**20°**

(3) Oが外心だから OA=OB

さらに $\angle OBA=60°$ だから

△OABは正三角形である。

よって，AB=OA=OB=OC

ゆえに，**$x=5$**

△ABCにおいて，内角の和は

$2y+60°+80°+20°=180°$

$2y=20°$ よって，**$y=10°$**

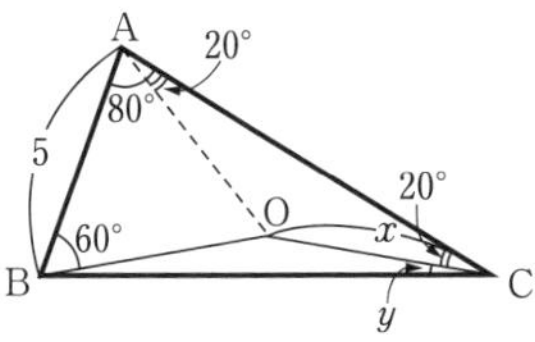

59 (1) 方べきの定理より

PA・PB=PC・PD

$(x-9)\cdot x=4\cdot9$

$x^2-9x-36=0$,

$(x-12)(x+3)=0$

よって，**$x=12$**

(2) 方べきの定理より

$PA\cdot PB=PT^2$

$2(2+x)=x^2$

$x^2-2x-4=0$

よって，**$x=1+\sqrt{5}$**

(3) 方べきの定理より

CA・CD=CP・CQ

10・3=CP・CQ

よって，CP・CQ=30

また，CB・CE=CP・CQ より

$4\cdot(x+3)=30$，$4x=18$

よって，**$x=\dfrac{9}{2}$**

60 **接線の長さが等しいことを利用。**

(1)

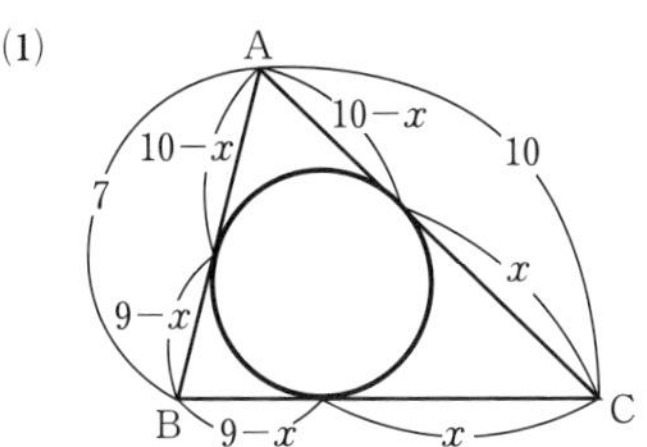

接線の長さは等しいから，それぞれの接線の長さを x で表すと，上図のようになる。

よって，$(10-x)+(9-x)=7$

$2x=12$ より **$x=6$**

(2) **円の中心間を結ぶ。中心から垂線を引く。**

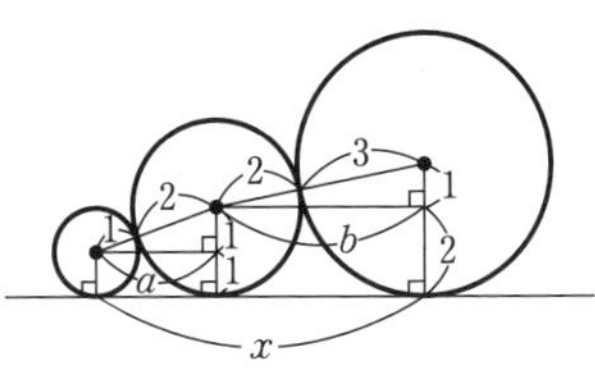

上の図のように垂線を引いて，a，b とすると，三平方の定理より

$a^2=3^2-1^2=8$,　$a=2\sqrt{2}$

$b^2=5^2-1^2=24$,　$b=2\sqrt{6}$

よって，$x=a+b=$**$2(\sqrt{2}+\sqrt{6})$**

(3) **外接，内接するときの d の長さを求める。**

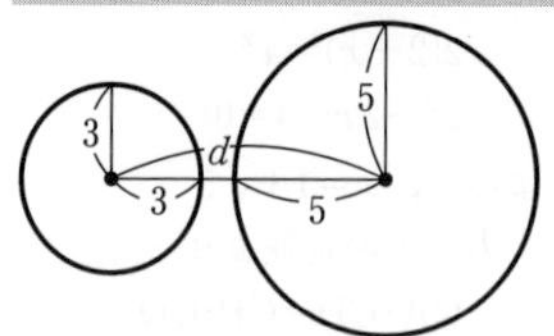

2円が外接するとき　$d=3+5=8$

2円が内接するとき　$d=5-3=2$

よって，**$d>8$ のとき　共有点は0個**

$d=8$ のとき　共有点は1個

$2<d<8$ のとき　共有点は2個

$d=2$ のとき　共有点は1個

$0\leqq d<2$ のとき　共有点は0個

61 $\dfrac{\mathrm{AD}}{\mathrm{DB}}$ **からスタートするメネラウスの定理を考える。**

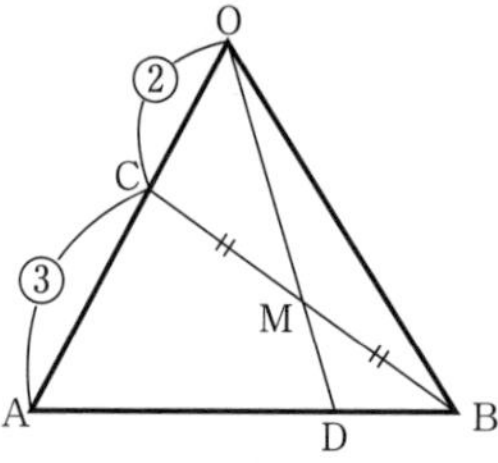

△ABC と直線 OD に対して，メネラウスの定理を用いると

$$\frac{\mathrm{AD}}{\mathrm{DB}}\cdot\frac{\mathrm{BM}}{\mathrm{MC}}\cdot\frac{\mathrm{CO}}{\mathrm{OA}}=1$$

$$\frac{\mathrm{AD}}{\mathrm{DB}}\cdot\frac{1}{1}\cdot\frac{2}{5}=1$$　よって，$\dfrac{\mathrm{AD}}{\mathrm{DB}}=\dfrac{5}{2}$

CM=MB　より △OCM=△OBM

よって，$\dfrac{S_1}{S_2}=\dfrac{\triangle\mathrm{OBM}}{\triangle\mathrm{BDM}}=\dfrac{\mathrm{OM}}{\mathrm{DM}}$

△OAD と直線 BC にメネラウスの定理を用いると

$$\frac{\mathrm{AB}}{\mathrm{BD}}\cdot\frac{\mathrm{DM}}{\mathrm{MO}}\cdot\frac{\mathrm{OC}}{\mathrm{CA}}=1$$

$$\frac{7}{2}\cdot\frac{\mathrm{DM}}{\mathrm{MO}}\cdot\frac{2}{3}=1$$　よって，$\dfrac{\mathrm{DM}}{\mathrm{MO}}=\dfrac{3}{7}$

ゆえに，$\dfrac{S_1}{S_2}=\dfrac{\mathrm{MO}}{\mathrm{DM}}=\boldsymbol{\dfrac{7}{3}}$

62 **チェバの定理で** $\dfrac{\mathrm{BP}}{\mathrm{PC}}$ **を求める。**

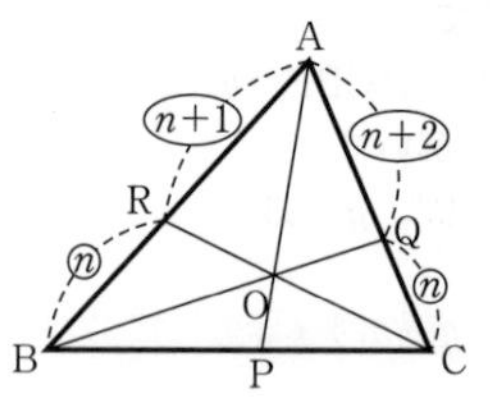

チェバの定理より

$$\frac{\mathrm{BP}}{\mathrm{PC}}\cdot\frac{\mathrm{CQ}}{\mathrm{QA}}\cdot\frac{\mathrm{AR}}{\mathrm{RB}}=1$$

$$\frac{\mathrm{BP}}{\mathrm{PC}}\cdot\frac{n}{n+2}\cdot\frac{n+1}{n}=1$$

$$\frac{\mathrm{BP}}{\mathrm{PC}}=\frac{n+2}{n+1}$$

よって，BP：PC=$\boldsymbol{(n+2):(n+1)}$

△ABP と直線 CR に対して，メネラウスの定理を用いると

$$\frac{\mathrm{BC}}{\mathrm{CP}}\cdot\frac{\mathrm{PO}}{\mathrm{OA}}\cdot\frac{\mathrm{AR}}{\mathrm{RB}}=1$$

$$\frac{2n+3}{n+1}\cdot\frac{\mathrm{PO}}{\mathrm{OA}}\cdot\frac{n+1}{n}=1$$

$$\frac{\mathrm{PO}}{\mathrm{OA}}=\frac{n}{2n+3}$$

よって，AO：OP=$\boldsymbol{(2n+3):n}$

また，△ABC と △OBC は底辺が BC で同じだから，面積比は AP：OP である。

よって，$\dfrac{\triangle\mathrm{ABC}}{\triangle\mathrm{OBC}}=\dfrac{\mathrm{AP}}{\mathrm{OP}}=\boldsymbol{\dfrac{3n+3}{n}}$

63 **2つの数を最大公約数 G と互いに素な2数 a'，b' で表す。**

(1)　a，b の最大公約数が7だから

$a=7a'$，$b=7b'$，(a'，b' は互いに素で，$a<b$ より $a'<b'$) と表せる。

$ab=588$ より　$7a'\times7b'=588$

$a'b'=12$

a'，b' は互いに素で $a'<b'$ だから

$a'=1$，$b'=12$ または $a'=3$，$b'=4$

$a'=1$，$b'=12$　のとき　$a=7$，$b=84$

$a'=3$，$b'=4$　のとき　$a=21$，$b=28$

よって，$(a,\ b)=\boldsymbol{(7,\ 84),\ (21,\ 28)}$

(2) 2つの正の整数を a, b とすると，a, b は最大公約数を G として

$a=Ga'$, $b=Gb'$ (a', b' は互いに素) と表せる。

$a+b=406$ より

$Ga'+Gb'=G(a'+b')=406$ ……①

$L.C.M=2660$ より

$Ga'b'=2660$ ……②

①より $G(a'+b')=2\times7\times29$

②より $Ga'b'=2^2\times5\times7\times19$

これから $G=2\times7=14$

$a'+b'=29$, $a'b'=2\times5\times19=190$

だから

a', b' は $t^2-29t+190=0$ の2つの解である。

$(t-10)(t-19)=0$

$t=10, 19$

$a<b$ とすると

$a=14\times10=140$, $b=14\times19=266$

よって，**140** と **266**

64 **分子 n^3+45 を分母 $n+3$ で割り，分子を整数にする。**

$$\begin{array}{r} n^2-3n+9 \\ n+3\,\overline{)\,n^3 \qquad\qquad +45} \\ \underline{n^3+3n^2 \qquad\qquad} \\ -3n^2 \qquad\qquad \\ \underline{-3n^2-9n \qquad} \\ 9n+45 \\ \underline{9n+27} \\ 18 \end{array}$$

上の割り算より

$$\frac{n^3+45}{n+3}=n^2-3n+9+\frac{18}{n+3}$$

これが整数となるのは，$n+3$ が 18 の約数になるときである。

よって，$n+3=\pm1$, ±2, ±3, ±6, ±9, ±18

ゆえに，整数 n は **12** 個あり，最大のものは $n=$**15** である。

65 **6400 を素因数に分解し，公式にあてはめる。5の倍数の約数は約数の総和から5の倍数にならない数を引く。**

$6400=2^6\times10^2=2^8\times5^2$

約数の個数は

$(8+1)\times(2+1)=$**27**（個）

約数の総和は

$(1+2+2^2+\cdots+2^8)(1+5+5^2)$

このうち，5の倍数にならないのは

$(1+2+2^2+\cdots+2^8)\times1$

よって，

$(1+2+2^2+\cdots+2^8)(1+5+5^2)$
$\qquad -(1+2+2^2+\cdots+2^8)$
$=(1+2+4+\cdots+256)(5+25)$
$=511\times30=$**15330**

66 (1) **連続する3整数の積として表す。**

$n(n+1)(2n+1)$
$=n(n+1)\{(n-1)+(n+2)\}$
$=(n-1)n(n+1)+n(n+1)(n+2)$

連続する3整数の積は6の倍数だから与式は6の倍数である。

別解 **n^3-n をつくる。**

$n(n+1)(2n+1)$
$=2n^3+3n^2+n$
$=2(n^3-n)+2n+3n^2+n$
$=2n(n-1)(n+1)+3n(n+1)$

と変形しても示せる。

別解 **$n=3k$, $3k+1$, $3k+2$ と表す。**

$n(n+1)$ は連続する2整数の積だから2の倍数。k を整数として

$n=3k$ のとき　n は3の倍数

$n=3k+1$ のとき

$2n+1=2(3k+1)+1=3(2k+1)$

となり $2n+1$ は3の倍数

$n=3k+2$ のとき

$n+1=3(k+1)$

となり

$n+1$ は3の倍数

よって，与式は2かつ3の倍数だから6の倍数である。

(2) **n^3-n をつくる。**

$n(n^2+5)=n^3+5n$

$=n^3-n+6n$

$=(n-1)n(n+1)+6n$

よって，連続する３整数の積は６の倍数だから与式は６の倍数である。

別解　２かつ３の倍数であることを示す。

(i)　２の倍数であることの証明（k は整数）

$n=2k$ のとき　n は２の倍数

$n=2k+1$ のとき

$n^2+5=(2k+1)^2+5$

$=2(2k^2+2k+3)$

となり，n^2+5 は２の倍数

よって，与式は，２の倍数

(ii)　３の倍数であることの証明（k は整数）

$n=3k$ のとき　n が３の倍数

$n=3k+1$ のとき

$n^2+5=(3k+1)^2+5$

$=3(3k^2+2k+2)$

となり，３の倍数。

$n=3k+2$ のとき

$n^2+5=(3k+2)^2+5$

$=3(3k^2+4k+3)$

となり３の倍数。

よって，与式は３の倍数

したがって　(i)，(ii)より与式は２かつ３の倍数であるから６の倍数である。

67 (1)，(2)とも対偶をとって証明する。

(1)　命題の対偶は「n が偶数ならば，n^2 は偶数である」

$n=2k$（k は整数）のとき

$n^2=(2k)^2=2\cdot 2k^2=$(偶数)

よって，対偶が成り立つからもとの命題も成り立つ。

(2)　命題の対偶は「n が５で割り切れなければ n^3 は５で割り切れない」

(i)　$n=5k\pm1$（k は整数）のとき

$n^3=(5k\pm1)^3$

$=125k^3\pm75k^2+15k\pm1$

$=5(25k^3\pm15k^2+3k)\pm1$

$=(5$ の倍数$)\pm1$（複号同順）

となるから，５で割り切れない。

(ii)　$n=5k\pm2$（k は整数）のとき

$n^3=(5k\pm2)^3$

$=125k^3\pm150k^2+60k\pm8$

$=5(25k^3\pm30k^2+12k\pm1)\pm3$

$=(5$ の倍数$)\pm3$（複号同順）

となるから５で割り切れない。

よって，(i)，(ii)より対偶が成り立つからもとの命題も成り立つ。

68 互除法の計算規則に従って求める。

(1)　(ア)

```
       2      4      1      3
114)228 )1026 )1254 )4788
    228    912   1026   3762
      0    114    228   1026
```

上の計算より

$4788=1254\times3+1026$

$1254=1026\times1+228$

$1026=228\times4+114$

$228=114\times2$

よって，最大公約数は **114**

(イ)

```
     4      1     41       4
23)92 )115 )4807 )19343
   92     92    460   19228
    0     23    207     115
                115
                 92
```

上の計算より

$19343=4807\times4+115$

$4807=115\times41+92$

$115=92\times1+23$

$92=23\times4$

よって，最大公約数は **23**

(2)　(ア)　$37x+32y=1$

$37=32\times1+5\rightarrow5=37-32\times1$　……①

$32=5\times6+2\rightarrow2=32-5\times6$　……②

$5=2\times2+1\rightarrow1=5-2\times2$　……③

③に②，①を順々に代入して

$1=5-(32-5\times6)\times2$
$=5\times13-32\times2$
$=(37-32\times1)\times13-32\times2$
$=37\times13-32\times15$
$37\times13+32\times(-15)=1$

よって，x，y の組の 1 つは

$x=13$，$y=-15$

(イ) $41x+355y=1$

$355=41\times8+27\rightarrow27=355-41\times8$ ……①

$41=27\times1+14\rightarrow14=41-27\times1$ ……②

$27=14\times2-1\rightarrow1=14\times2-27$ ……③

③に②，①を順々に代入して

$1=(41-27\times1)\times2-27$
$=41\times2-27\times3$
$=41\times2-(355-41\times8)\times3$
$=41\times26-355\times3$
$41\times26+355\times(-3)=1$

よって，x，y の組の 1 つは

$x=26$，$y=-3$

(参考)

③の式は次のように変形してもよい。

$27=14\times1+13\rightarrow13=27-14\times1$
$14=13\times1+1\rightarrow1=14-13\times1$

69 (1) **$14x-11y=7$ となる整数 (x, y) の組を 1 組見つける。**

$14x-11y=7$　の整数解の 1 つは

$x=6$　$y=7$　だから

$14x-11y=7$　…①

$14\cdot6-11\cdot7=7$　…②　とする。

①−②より

$14(x-6)-11(y-7)=0$

$14(x-6)=11(y-7)$

14 と 11 は互いに素だから k を整数として

$x-6=11k$，$y-7=14k$

と表せる。よって，

$x=11k+6$，$y=14k+7$ (k は整数)

別解　**整除性を利用して (x, y) の組を見つける。**

$14x-11y=7$　より

$y=\dfrac{14x-7}{11}=x+\dfrac{3x-7}{11}$

$x=6$ のとき，割り切れて，このとき

$y=7$

別解　$14x-11y=7$ の 14 と 7 に着目し $7(2x-1)=11y$ と変形。

7 と 11 は互いに素だから k を整数として

$2x-1=11k$，$y=7k$

と表せるから，1 つの整数解は $k=1$ として

$x=6$，$y=7$

(2) 求める自然数を N ($1\leqq N\leqq300$) とする。

$N=7k+2$ (k は 0 以上の整数)

$N=11l+3$ (l は 0 以上の整数)

と表せるから

$N=7k+2=11l+3$　より

$7k-11l=1$　……①

① の 整 数 解 の 1 つ は　$k=8$　$l=5$ だから

$7\cdot8-11\cdot5=1$　……②

①−②より

$7(k-8)-11(l-5)=0$

$7(k-8)=11(l-5)$

7 と 11 は互いに素だから，

$k-8=11m$ (m は 0 以上の整数)

($l-5=7m$ としてもよい。)

$k=11m+8$ を代入すると

$N=7(11m+8)+2=77m+58$ ……③

$1\leqq77m+58\leqq300$　だから

$-57\leqq77m\leqq242$

$-0.7\cdots\leqq m\leqq3.1\cdots$

よって，$m=0$，1，2，3

③に代入して　**58，135，212，289**

70 **$(x-○)(y-□)=$(定数) の形に。**

(1) $xy+2x-4y=2$ より

$(x-4)(y+2)+8=2$

$(x-4)(y+2)=-6$

x, y は正の整数だから

$x-4 \geqq -3$, $y+2 \geqq 3$ であり

$(x-4)(y+2)=-6$ となるのは次の 2 組

$x-4$	-1	-2
$y+2$	6	3

これを満たす (x, y) の組は

$(x, y)=(3, 4), (2, 1)$

よって，xy の最大値は **12**

別解

$xy+2x-4y=2$

$x(y+2)-4(y+2)+8=2$

$(x-4)(y+2)=-6$

と変形してもよい。

(2) $6x^2-5xy+y^2=3$

$(2x-y)(3x-y)=3$

x, y が整数だから

$(2x-y)(3x-y)=3$ となるのは次の 4 組

$2x-y$	1	3	-1	-3
$3x-y$	3	1	-3	-1

これを満たす (x, y) の組は

$(x, y)=(2, 3), (-2, -7), (-2, -3), (2, 7)$

$x<y$ だから

$\boldsymbol{(x, y)=(2, 3), (2, 7)}$

(3) $\dfrac{1}{x}-\dfrac{1}{y}+\dfrac{3}{xy}=1$

の両辺に xy を掛けて

$y-x+3=xy$

$xy+x-y=3$

$(x-1)(y+1)+1=3$

$(x-1)(y+1)=2$

x, y が整数だから

$(x-1)(y+1)=2$ となるのは，次の 4 組

$x-1$	1	2	-1	-2
$y+1$	2	1	-2	-1

これを満たす $x \neq 0$, $y \neq 0$ である (x, y) の組は

$\boldsymbol{(x, y)=(2, 1), (-1, -2)}$

別解

$xy+x-y=3$ より

$x(y+1)-(y+1)+1=3$

$(x-1)(y+1)=2$

と変形してもよい。

71 (1) **p 進法の記数法。**

右の計算より

$15=\mathbf{120}_{(3)}$

$$\begin{array}{r|l} 3 & 15 \\ \hline 3 & 5 \cdots 0 \\ \hline & 1 \cdots 2 \end{array}$$

$2102_{(3)}=2\times3^3+1\times3^2+0\times3+2$

$=54+9+2=\mathbf{65}$

$0.12_{(5)}=1\times\dfrac{1}{5}+2\times\dfrac{1}{5^2}=\dfrac{1}{5}+\dfrac{2}{25}$

$=\dfrac{7}{25}=\dfrac{28}{100}=\mathbf{0.28}$

(2) **5 進法，7 進法で表された N を a, b, c を用いて 10 進法で表す。**

条件より a, b, c は

$1\leqq a\leqq4$, $1\leqq b\leqq4$, $1\leqq c\leqq4$

$N=abc_{(5)}$

$=a\times5^2+b\times5+c$

$=25a+5b+c$

$N=cab_{(7)}$

$=c\times7^2+a\times7+b$

$=49c+7a+b$ だから

$25a+5b+c=49c+7a+b$

$18a+4b=48c$

$9a+2b=24c$

$1\leqq a\leqq4$, $1\leqq b\leqq4$ なので

$11\leqq 9a+2b\leqq44$

したがって $c=1$

このとき，$9a+2b=24$

$9a=24-2b$ で，$2\leqq 2b\leqq8$ なので

$16\leqq 9a\leqq22$ よって，$a=2$

このとき $2b=6$ より $b=3$

ゆえに $a=2$, $b=3$, $c=1$

よって，$N=25\times2+5\times3+1$

$=\mathbf{66}$

別解

$9a+2b=24c$ より $2b=3(8c-3a)$

2と3は互いに素であり

$1\leqq a\leqq 4$, $1\leqq b\leqq 4$, $1\leqq c\leqq 4$ だから

$b=3$, $8c-3a=2$

ゆえに　$a=2$, $b=3$, $c=1$

72 **二項定理の一般項 ${}_n\mathrm{C}_r a^{n-r}b^r$，多項定理の一般項 $\dfrac{n!}{p!q!r!}$ にあてはめる。**

(1)　一般項は ${}_5\mathrm{C}_r(ax^3)^{5-r}\left(\dfrac{1}{x^2}\right)^r$

$={}_5\mathrm{C}_r a^{5-r}x^{15-3r}\cdot x^{-2r}$

$={}_5\mathrm{C}_r a^{5-r}x^{15-5r}$

x^5 の係数は $15-5r=5$ より　$r=2$ のとき

${}_5\mathrm{C}_2 a^{5-2}=10a^3=640$

よって，$a^3=64$,

$(a-4)(a^2+4a+16)=0$

a は実数だから　$\boldsymbol{a=4}$

(2)　一般項は

$\dfrac{5!}{p!q!r!}(x^2)^p(-2x)^q\cdot 3^r$

$=\dfrac{5!}{p!q!r!}(-2)^q\cdot 3^r\cdot x^{2p+q}$

ただし，$p+q+r=5$, $p\geqq 0$, $q\geqq 0$, $r\geqq 0$　……①

x の係数は　$2p+q=1$ のときで，①を満たすのは $(p,\ q,\ r)=(0,\ 1,\ 4)$

よって，$\dfrac{5!}{0!1!4!}(-2)^1\cdot 3^4=\boldsymbol{-810}$

x^3 の係数は $2p+q=3$ のときで，①を満たすのは

$(p,\ q,\ r)=(0,\ 3,\ 2)$, $(1,\ 1,\ 3)$

よって，$\dfrac{5!}{0!3!2!}(-2)^3\cdot 3^2+\dfrac{5!}{1!1!3!}(-2)^1\cdot 3^3$

$=10\cdot(-8)\cdot 9+20\cdot(-2)\cdot 27$

$=-720-1080=\boldsymbol{-1800}$

73 (1)　**割り算の原理関係式をかいて整式の割り算をする。**

整式 P を $2x^2+5$ で割ったときの商を A とすると

$$\begin{array}{r} A \\ 2x^2+5\,\overline{)\,P\qquad} \\ \overline{\qquad 7x-4} \end{array}$$

$P=(2x^2+5)A+7x-4$

また，A を $3x^2+5x+2$ で割ったときの商を B とすると

$$\begin{array}{r} B \\ 3x^2+5x+2\,\overline{)\,A\qquad} \\ \overline{\qquad 3x+8} \end{array}$$

$A=(3x^2+5x+2)B+3x+8$

これより

$P=(2x^2+5)\{(3x^2+5x+2)B+3x+8\}+7x-4$

$=(2x^2+5)(3x^2+5x+2)B+(2x^2+5)(3x+8)+7x-4$

$=\underset{\sim\sim\sim\sim\sim\sim\sim\sim\sim\sim\sim\sim}{(2x^2+5)(3x^2+5x+2)B}+6x^3+16x^2+22x+36$

$$\begin{array}{r} 2x+2\qquad\qquad \\ 3x^2+5x+2\,\overline{)\,6x^3+16x^2+22x+36} \\ 6x^3+10x^2+\ \ 4x\qquad \\ \hline 6x^2+18x+36 \\ 6x^2+10x+\ \ 4 \\ \hline 8x+32 \end{array}$$

P を $3x^2+5x+2$ で割ると，〰〰部分は割り切れるから，上の計算より余りは　$\boldsymbol{8x+32}$

(2)　**実際に割り算を実行し，余りを0とおく。**

$$\begin{array}{r} x^2+2x+3\qquad\qquad\qquad \\ x^2-2x+1\,\overline{)\,x^4\qquad\qquad\quad -\ px\ +\ q} \\ x^4-2x^3+\ x^2\qquad\qquad\qquad \\ \hline 2x^3-\ x^2-\ \ px\qquad \\ 2x^3-4x^2+\ \ 2x\qquad \\ \hline 3x^2-(p+2)x+\ q \\ 3x^2\qquad -6x+\ 3 \\ \hline -(p-4)x+q-3 \end{array}$$

上の割り算より，割り切れるためには余りは0だから

$p-4=0$ かつ $q-3=0$

よって，$\boldsymbol{p=4}$, $\boldsymbol{q=3}$

別解

数Ⅲの微分を利用する

x^4-px+q を $(x-1)^2$ で割ったときの

商を $Q(x)$（2次式）とすると，割り切れるから

$$x^4-px+q=(x-1)^2Q(x) \quad \cdots\cdots①$$

と表せる。

①の両辺を x で微分して

$$4x^3-p=2(x-1)Q(x)+(x-1)^2Q'(x) \quad \cdots\cdots②$$

①，②に $x=1$ を代入して

$$1-p+q=0 \quad \cdots\cdots①'$$

$$4-p=0 \quad \cdots\cdots②'$$

①'，②' より $\boldsymbol{p=4,\ q=3}$

(3) **$x=2+\sqrt{3}$ より $x^2-4x+1=0$ となることを利用する。与式を x^2-4x+1 で割って，関係式をつくる。**

$x=2+\sqrt{3}$ より $x-2=\sqrt{3}$

として両辺2乗する。

$(x-2)^2=(\sqrt{3})^2$，$x^2-4x+4=3$

よって，$x^2-4x+1=0$

$$\begin{array}{r}
x^2+\ x\ +10 \\
x^2-4x+1 \overline{)\, x^4-3x^3+7x^2-3x+8} \\
\underline{x^4-4x^3+\ x^2\qquad\qquad} \\
x^3+6x^2-3x\qquad \\
\underline{x^3-4x^2+\ x\qquad} \\
10x^2-\ 4x+8 \\
\underline{10x^2-40x+10} \\
36x-2
\end{array}$$

上の割り算より

$x^4-3x^3+7x^2-3x+8$

$=(x^2-4x+1)(x^2+x+10)+36x-2$

$x=2+\sqrt{3}$ を代入すると，

$x^2-4x+1=0$ だから

$=36\times(2+\sqrt{3})-2$

$=\boldsymbol{70+36\sqrt{3}}$

74 **(1)，(3)は通分する前に，分数式を変形しておく。**

(1) $\dfrac{x+2}{x}+\dfrac{x-2}{x-1}-2=\left(1+\dfrac{2}{x}\right)+\left(1-\dfrac{1}{x-1}\right)-2$

$=\dfrac{2}{x}-\dfrac{1}{x-1}=\dfrac{2(x-1)-x}{x(x-1)}=\boldsymbol{\dfrac{x-2}{x(x-1)}}$

別解

与式を通分する。

$(与式)=\dfrac{(x+2)(x-1)+x(x-2)-2x(x-1)}{x(x-1)}$

$=\dfrac{x^2+x-2+x^2-2x-2x^2+2x}{x(x-1)}$

$=\boldsymbol{\dfrac{x-2}{x(x-1)}}$

(2) $\dfrac{x+11}{2x^2+7x+3}-\dfrac{x-10}{2x^2-3x-2}$

$=\dfrac{x+11}{(2x+1)(x+3)}-\dfrac{x-10}{(2x+1)(x-2)}$

$=\dfrac{(x+11)(x-2)-(x-10)(x+3)}{(2x+1)(x+3)(x-2)}$

$=\dfrac{x^2+9x-22-(x^2-7x-30)}{(2x+1)(x+3)(x-2)}$

$=\dfrac{8(2x+1)}{(2x+1)(x+3)(x-2)}$

$=\boldsymbol{\dfrac{8}{(x+3)(x-2)}}$

(3) $\dfrac{a-b}{ab}+\dfrac{b-c}{bc}+\dfrac{c-d}{cd}+\dfrac{d-a}{da}$

$=\left(\dfrac{a}{ab}-\dfrac{b}{ab}\right)+\left(\dfrac{b}{bc}-\dfrac{c}{bc}\right)+\left(\dfrac{c}{cd}-\dfrac{d}{cd}\right)+\left(\dfrac{d}{da}-\dfrac{a}{da}\right)$

$=\left(\dfrac{1}{b}-\dfrac{1}{a}\right)+\left(\dfrac{1}{c}-\dfrac{1}{b}\right)+\left(\dfrac{1}{d}-\dfrac{1}{c}\right)+\left(\dfrac{1}{a}-\dfrac{1}{d}\right)=\boldsymbol{0}$

(4) **分母，分子に分母の因数を掛けて分母を払う**

$\dfrac{\dfrac{2}{x+1}+\dfrac{1}{x-1}}{3+\dfrac{2}{x-1}}$

$=\dfrac{\left(\dfrac{2}{x+1}+\dfrac{1}{x-1}\right)(x+1)(x-1)}{\left(3+\dfrac{2}{x-1}\right)(x+1)(x-1)}$

$=\dfrac{2(x-1)+(x+1)}{3(x+1)(x-1)+2(x+1)}$

$=\dfrac{3x-1}{3x^2+2x-1}=\dfrac{3x-1}{(3x-1)(x+1)}$

$=\boldsymbol{\dfrac{1}{x+1}}$

別解

$$\frac{\frac{2}{x+1}+\frac{1}{x-1}}{3+\frac{2}{x-1}}=\frac{\frac{2(x-1)+x+1}{(x+1)(x-1)}}{\frac{3(x-1)+2}{x-1}}$$

$$=\frac{\frac{3x-1}{(x+1)(x-1)}}{\frac{3x-1}{x-1}}$$

$$=\frac{3x-1}{(x+1)(x-1)}\times\frac{x-1}{3x-1}$$

$$=\boldsymbol{\frac{1}{x+1}}$$

75 **分母を実数化して $A=○+□i$ の形に。A が実数だから $□=0$ である。**

$$A=\frac{1-i}{1-2i}+\frac{a+i}{3-i}$$

$$=\frac{(1-i)(1+2i)}{(1-2i)(1+2i)}+\frac{(a+i)(3+i)}{(3-i)(3+i)}$$

$$=\frac{1+i-2i^2}{1-4i^2}+\frac{3a+(a+3)i+i^2}{9-i^2}$$

$$=\frac{3+i}{5}+\frac{3a-1+(a+3)i}{10}$$

$$=\frac{3a+5}{10}+\frac{a+5}{10}i$$

a は実数だから，A が実数になるには

$\frac{a+5}{10}=0$　よって，$\boldsymbol{a=-5}$

このとき，$A=\frac{3\times(-5)+5}{10}=\boldsymbol{-1}$

76 (1) **左辺を展開して $a+bi$ の形に。**

$(1+2i)(x+i)=y+xi$

$x+(2x+1)i+2i^2=y+xi$

$(x-2)+(2x+1)i=y+xi$

$x-2$，$2x+1$，x，y は実数だから

$x-2=y$　……①

$2x+1=x$　……②

①，②を解いて

$\boldsymbol{x=-1,\ y=-3}$

(2) **分母を実数化して $a+bi$ の形に。**

与式より

$$\frac{x(1-2i)}{(1+2i)(1-2i)}+\frac{y(2+i)}{(2-i)(2+i)}$$

$$=\frac{(3-i)^2}{(3+i)(3-i)}$$

$$\frac{x-2xi}{5}+\frac{2y+yi}{5}=\frac{8-6i}{10}$$

$(x+2y)-(2x-y)i=4-3i$

$x+2y$，$2x-y$ は実数だから

$x+2y=4$　……①

$2x-y=3$　……②

①，②を解いて

$\boldsymbol{x=2,\ y=1}$

別解　**両辺の分母を払って $a+bi$ の形に。**

両辺に $(1+2i)(2-i)(3+i)$ を掛けて分母を払う。

$x(2-i)(3+i)+y(1+2i)(3+i)$

$=(1+2i)(2-i)(3-i)$

$x(7-i)+y(1+7i)=15+5i$

$(7x+y)+(-x+7y)i=15+5i$

$7x+y$，$-x+7y$ は実数だから

$7x+y=15$　……①

$-x+7y=5$　……②

①，②を解いて

$\boldsymbol{x=2,\ y=1}$

77 **解と係数の関係を利用して関係式をつくる。**

(1) $x^2+ax+b=0$ の2つの解が α，β だから，解と係数の関係より

$\alpha+\beta=-a$　……①

$\alpha\beta=b$　……②

$x^2+bx+a=0$ の2つの解が $\frac{1}{\alpha}$，$\frac{1}{\beta}$ だから，

$\frac{1}{\alpha}+\frac{1}{\beta}=-b$　……③

$\frac{1}{\alpha}\cdot\frac{1}{\beta}=a$　……④

③より　$\frac{\alpha+\beta}{\alpha\beta}=-b$

①，②を代入して

$\frac{-a}{b}=-b$　より　$a=b^2$　……①′

④に②を代入して

$\frac{1}{b}=a$　より　$ab=1$　……②′

①′，②′ より $b^3=1$

$(b-1)(b^2+b+1)=0$

b は実数だから $b=1$，このとき $a=1$

よって，$\boldsymbol{a=1}$，$\boldsymbol{b=1}$

(2)　$x^2-(\sqrt{k^2+9})x+k=0$　の2つの解が α，β だから，解と係数の関係より

$\alpha+\beta=\sqrt{k^2+9}$　……①

$\alpha\beta=k$　……②

$\frac{\beta}{\alpha}+\frac{\alpha}{\beta}=\frac{\beta^2+\alpha^2}{\alpha\beta}=\frac{(\alpha+\beta)^2-2\alpha\beta}{\alpha\beta}$

①，②を代入して

$=\frac{(\sqrt{k^2+9})^2-2k}{k}$

$=\frac{k^2-2k+9}{k}$

$=k+\frac{9}{k}-2$

$k>0$ だから，相加平均≧相乗平均の関係より

$k+\frac{9}{k}-2\geqq 2\sqrt{k\cdot\frac{9}{k}}-2=2\cdot3-2=4$

等号は $k=\frac{9}{k}$ より $k^2=9$　すなわち

$k=3$（$k>0$）のとき

よって，$\boldsymbol{k=3}$ で**最小値 4**

78　解と係数の関係を利用して，2つの解について「解の和」と「解の積」を求める。

解と係数の関係より

$\alpha+\beta=2$，$\alpha\beta=\frac{1}{2}$　……①

$(解の和)=\left(\alpha-\frac{1}{\alpha}\right)+\left(\beta-\frac{1}{\beta}\right)$

$=\alpha+\beta-\frac{\alpha+\beta}{\alpha\beta}$

①を代入して

$=2-2\cdot2=-2$

$(解の積)=\left(\alpha-\frac{1}{\alpha}\right)\left(\beta-\frac{1}{\beta}\right)$

$=\alpha\beta-\left(\frac{\beta}{\alpha}+\frac{\alpha}{\beta}\right)+\frac{1}{\alpha\beta}$

$=\alpha\beta+\frac{1}{\alpha\beta}-\frac{\alpha^2+\beta^2}{\alpha\beta}$

$=\alpha\beta+\frac{1}{\alpha\beta}-\frac{(\alpha+\beta)^2-2\alpha\beta}{\alpha\beta}$

①を代入して

$=\frac{1}{2}+2-2\cdot\left(2^2-2\cdot\frac{1}{2}\right)$

$=\frac{1}{2}+2-6=-\frac{7}{2}$

よって，$x^2-(-2)x-\frac{7}{2}=0$　より

$\boldsymbol{2x^2+4x-7=0}$

79　解の比が $1:3$ だから，α，3α とおく。

2つの解を α，3α とおくと解と係数の関係より

$\alpha+3\alpha=p$　……①

$\alpha\cdot3\alpha=p-1$　……②

①より $p=4\alpha$ を②に代入

$3\alpha^2=4\alpha-1$

$(3\alpha-1)(\alpha-1)=0$　より　$\alpha=\frac{1}{3}$，1

①に代入して

$\alpha=\frac{1}{3}$ のとき $p=\frac{4}{3}$

$\alpha=1$ のとき $p=4$

よって，$\boldsymbol{p=\frac{4}{3}}$，**4**

80　(1)　$f(x)=(x^2-6x-7)Q(x)+2x+1$ と表せる。$f(x)$ を $x+1$ で割った余りは $f(-1)$ である。

$f(x)$ を x^2-6x-7 で割ったときの商を $Q(x)$ とすると

$f(x)=(x^2-6x-7)Q(x)+2x+1$

と表せる。

$=(x-7)(x+1)Q(x)+2x+1$

$x+1$ で割った余りは

$f(-1)=2\cdot(-1)+1=\boldsymbol{-1}$

(2)　$P(x)$ は $2x^2-x-1=(x-1)(2x+1)$ で割り切れるから，$x-1$ かつ $2x+1$ で割り切れる。

$P(x)=4x^4+ax^3-11x^2+b$　は

$2x^2-x-1=(x-1)(2x+1)$

で割り切れるから，$x-1$ かつ $2x+1$ で割り切れる。

$P(1)=4+a-11+b=0$

よって　$a+b=7$　……①

$P\left(-\frac{1}{2}\right)=\frac{1}{4}-\frac{1}{8}a-\frac{11}{4}+b=0$

よって，$-a+8b=20$　……②

①，②を解いて　$\boldsymbol{a=4,\ b=3}$

81 (1) **$P(x)=(x-1)(x-2)Q(x)+ax+b$ とおく。**

$P(x)$ を $(x-1)(x-2)$ で割ったときの商を $Q(x)$，余りを $ax+b$ とすると

$P(x)=(x-1)(x-2)Q(x)+ax+b$

条件より $P(1)=3$，$P(2)=4$　だから

$P(1)=a+b=3$　……①

$P(2)=2a+b=4$　……②

①，②を解いて　$a=1$，$b=2$

よって，$\boldsymbol{x+2}$

(2) **$P(x)=(x+2)(x-3)Q(x)+ax+b$ とおく。$P(-2)$，$P(3)$ の値は $P(x)$ を条件に従って表して求める。**

$P(x)$ を $(x-1)(x+2)$ で割ったときの商を $Q_1(x)$ とすると

$P(x)=(x-1)(x+2)Q_1(x)+2x-1$　……①

$P(x)$ を $(x-2)(x-3)$ で割ったときの商を $Q_2(x)$ とすると

$P(x)=(x-2)(x-3)Q_2(x)+x+7$　……②

$P(x)$ を $(x+2)(x-3)$ で割ったときの商を $Q(x)$，余りを $ax+b$ とすると

$P(x)=(x+2)(x-3)Q(x)+ax+b$　……③

①に $x=-2$，②に $x=3$ を代入して

$P(-2)=-5$，$P(3)=10$

③に $x=-2$，3 を代入して

$P(-2)=-2a+b=-5$　……④

$P(3)=3a+b=10$　……⑤

④，⑤を解いて $a=3$，$b=1$

よって，余りは $\boldsymbol{3x+1}$

82 **3 次式 $(x-1)^2(x-2)$ で割ったときの商は 2 次式 ax^2+bx+c とおく。**

$P(x)$ を $(x-1)^2(x-2)$ で割ったときの商を $Q(x)$，余りを ax^2+bx+c とすると

$$P(x)=(x-1)^2(x-2)Q(x)+ax^2+bx+c$$

とおける。

$P(x)$ を $(x-1)^2$ で割ると，次の計算より

$$\begin{array}{r|l} & a \\ \hline x^2-2x+1 & ax^2 \quad + \ bx+c \\ & ax^2 \quad -2ax+a \\ \hline & \quad (2a+b)x+c-a \end{array}$$

余りは $(2a+b)x+c-a$

$(2a+b)x+c-a=x+2$ より

$2a+b=1$　……①

$c-a=2$　……②

また，$P(2)=4a+2b+c=3$　……③

①，②，③を解いて

$a=-1$，$b=3$，$c=1$

よって，余りは $\boldsymbol{-x^2+3x+1}$

別解

$$P(x)=(x-1)^2(x-2)Q(x)+a(x-1)^2+x+2$$

とおける。$P(2)=3$ より

$P(2)=a+4=3$　より　$a=-1$

よって，余りは

$-(x-1)^2+x+2=\boldsymbol{-x^2+3x+1}$

83 (1) **因数定理の利用。**

① $P(x)=2x^3+15x^2+6x-7=0$　とおくと

$P(-1)=-2+15-6-7=0$　だから

$P(x)$ は $x+1$ を因数にもつ。

$$\begin{array}{r|rrrr} -1 & 2 & 15 & 6 & -7 \\ & & -2 & -13 & 7 \\ \hline & 2 & 13 & -7 & 0 \end{array}$$

$P(x)=(x+1)(2x^2+13x-7)$

$\quad=(x+1)(x+7)(2x-1)$

よって，$P(x)=0$　の解は

$\boldsymbol{x=-1,\ -7,\ \frac{1}{2}}$

② $P(x)=2x^3+x^2+x-1$　とおくと

$P\left(\frac{1}{2}\right)=\frac{1}{4}+\frac{1}{4}+\frac{1}{2}-1=0$　だから

$P(x)$ は $2x-1$ を因数にもつ。

$$\begin{array}{r|rrrr} \frac{1}{2} & 2 & 1 & 1 & -1 \\ & & 1 & 1 & 1 \\ \hline & 2 & 2 & 2 & \boxed{0} \end{array}$$

$P(x)=\left(x-\frac{1}{2}\right)(2x^2+2x+2)$

$=(2x-1)(x^2+x+1)$

よって，$P(x)=0$　の解は

$2x-1=0$，$x^2+x+1=0$ より

$\boldsymbol{x=\frac{1}{2}}$，$\boldsymbol{\frac{-1\pm\sqrt{3}i}{2}}$

(2) **$x=1$，2 が解だからこれを方程式に代入すると成り立つ。**

$P(x)=x^4+ax^3+(a+3)x^2+16x+b$

とおくと，

$x=1$，2 を解にもつから

$P(1)=0$，$P(2)=0$ である。

$P(1)=1+a+a+3+16+b=0$

より　$2a+b=-20$　……①

$P(2)=16+8a+4a+12+32+b=0$

より　$12a+b=-60$　……②

①，②を解いて

$\boldsymbol{a=-4}$，$\boldsymbol{b=-12}$

$P(x)=x^4-4x^3-x^2+16x-12$ は

$(x-1)(x-2)=x^2-3x+2$

を因数にもつから

$$\begin{array}{r} x^2-\ x-6 \\ x^2-3x+2\,\overline{)\,x^4-4x^3-\ x^2+16x-12} \\ \underline{x^4-3x^3+2x^2\qquad\qquad} \\ -x^3-3x^2+16x\qquad \\ \underline{-x^3+3x^2-\ 2x\qquad} \\ -6x^2+18x-12 \\ \underline{-6x^2+18x-12} \\ 0 \end{array}$$

上の割り算より

$P(x)=(x^2-3x+2)(x^2-x-6)$

$=(x-1)(x-2)(x+2)(x-3)$

$=0$

これより，解は $x=1$，2，-2，3

よって，他の解は $\boldsymbol{x=-2}$，**3**

84 (1) **因数定理もしくは次数の低い a で整理する。**

$P(x)=ax^3-(a+1)x^2-2x+3$

とおくと

$P(1)=a-(a+1)-2+3=0$ だから

$P(x)$ は $x-1$ を因数にもつ。

よって　$P(x)=\boldsymbol{(x-1)(ax^2-x-3)}$

別解

次数の低い a で整理する。

(与式)$=a(x^3-x^2)-(x^2+2x-3)$

$=ax^2(x-1)-(x-1)(x+3)$

$=\boldsymbol{(x-1)(ax^2-x-3)}$

(2)　$a=2$ を代入すると，①は

$(x-1)(2x^2-x-3)=0$

$(x-1)(2x-3)(x+1)=0$

よって　$\boldsymbol{x=1}$，$\boldsymbol{\frac{3}{2}}$，$\boldsymbol{-1}$

(3) **解が重なる（重解になる）ときに注意して方程式を解く。**

$(x-1)(ax^2-x-3)=0$　より

$x=1$ を解にもつ。

$ax^2-x-3=0$　……② とすると

(i)　②が $x=1$ 以外の重解をもつとき

$D=(-1)^2-4\cdot a\cdot(-3)=0$

$12a=-1$　より　$a=-\frac{1}{12}$

このとき，解は

$-\frac{1}{12}x^2-x-3=0$，$x^2+12x+36=0$

$(x+6)^2=0$ より $x=-6$（これは適する）

(ii)　②が $x=1$ を解（重解でない）にもつとき②に $x=1$ を代入して

$a-1-3=0$　より　$a=4$

このとき，②は　$4x^2-x-3=0$

$(4x+3)(x-1)=0$　より　$x=-\frac{3}{4}$，1

(i)，(ii)より

$\boldsymbol{a=-\frac{1}{12}}$ のとき $\boldsymbol{x=1}$，$\boldsymbol{-6}$

$a=4$ のとき $x=1,\ -\dfrac{3}{4}$

85 **$x=1+2i$ を方程式に代入して**
$(A)+(B)i=0 \Longleftrightarrow A=0,\ B=0$

$x=1+2i$ が解だから方程式に代入して

$(1+2i)^3+a(1+2i)^2+b(1+2i)+a=0$

$(-11-2i)+a(-3+4i)$

$\qquad +b(1+2i)+a=0$

$(-2a+b-11)+(4a+2b-2)i=0$

$-2a+b-11,\ 4a+2b-2$ は実数だから

$-2a+b-11=0$ ……①

$4a+2b-2=0$ ……②

①，②を解いて

$a=-\dfrac{5}{2},\ b=6$

このとき，方程式は

$x^3-\dfrac{5}{2}x^2+6x-\dfrac{5}{2}=0$

$2x^3-5x^2+12x-5=0$

$(2x-1)(x^2-2x+5)=0$

よって，実数解は $x=\dfrac{1}{2}$

別解 **係数が実数の方程式では $1+2i$ が解のとき $1-2i$ も解である性質を利用。**

係数が実数だから $1+2i$ が解ならば $1-2i$ も解である。

(解の和)$=(1+2i)+(1-2i)=2$

(解の積)$=(1+2i)(1-2i)=5$

だから，方程式は x^2-2x+5 を因数にもち，次の割り算で割り切れる。

$$\begin{array}{r|l}
 & x+(a+2) \\ \hline
x^2-2x+5 & x^3 \quad +ax^2 \qquad +bx+a \\
 & x^3 \quad -2x^2 \qquad +5x \\ \hline
 & (a+2)x^2+\ (b-5)x+a \\
 & (a+2)x^2-2(a+2)x+5(a+2) \\ \hline
 & (2a+b-1)x-4a-10
\end{array}$$

余りが0となるためには

$2a+b-1=0$ ……①

$-4a-10=0$ ……②

これより　$a=-\dfrac{5}{2},\ b=6$

以下同様。

別解 **3次方程式の解と係数の関係を利用する。**

係数が実数だから，3つの解を

$1+2i,\ 1-2i,\ \gamma$

とおくと，3次方程式の解と係数の関係より

$$\begin{cases}(1+2i)+(1-2i)+\gamma=-a & \cdots\cdots①\\ (1+2i)(1-2i)+(1-2i)\gamma+\gamma(1+2i)=b & \cdots\cdots②\\ (1+2i)(1-2i)\gamma=-a & \cdots\cdots③\end{cases}$$

①より　$2+\gamma=-a$

③より　$5\gamma=-a$

これより　$a=-\dfrac{5}{2},\ \gamma=\dfrac{1}{2}$

②に代入して　$b=6$

よって，$a=-\dfrac{5}{2},\ b=6$

実数解は $x=\dfrac{1}{2}$

86 (1) **展開して係数を比較する。**

$a(x+1)(x-1)+bx(x-1)$

$\qquad +cx(x+1)=1$

$(a+b+c)x^2-(b-c)x-a=1$

両辺の係数を比較して

$a+b+c=0$ ……①

$b-c=0$ ……②

$-a=1$ ……③

①，②，③を解いて

$a=-1,\ b=\dfrac{1}{2},\ c=\dfrac{1}{2}$

別解

$x=1$ を代入して　$2c=1$

$x=-1$ を代入して　$2b=1$

$x=0$ を代入して　$-a=1$

これより　$a=-1,\ b=\dfrac{1}{2},\ c=\dfrac{1}{2}$

(逆に，このとき与式は恒等式になっている)

(注意)　代入法は必要条件しか満たしていないので，逆（十分条件）のことを，一言，断っておこう。

(2) **$x-1=t$ とおいて与式に代入する。**

$x-1=t$ とおいて，$x=t+1$ を代入すると

(左辺)$=(t+1)^3-3=t^3+3t^2+3t-2$

(右辺)$=at^3+bt^2+ct+d$

$t^3+3t^2+3t-2=at^3+bt^2+ct+d$ が t についての恒等式だから，両辺の係数を比較して

$\boldsymbol{a=1,\ b=3,\ c=3,\ d=-2}$

別解

両辺に $x=1$，0，2，-1 を代入すると

$x=1:-2=d$ ……①

$x=0:-3=-a+b-c+d$ ……②

$x=2:5=a+b+c+d$ ……③

$x=-1:-4=-8a+4b-2c+d$ ……④

②+③より

$2b+2d=2$

①の $d=-2$ を代入して $b=3$

$d=-2$，$b=3$ を③，④に代入して

$5=a+3+c-2$ より

$a+c=4$ ……⑤

$-4=-8a+12-2c-2$ より

$4a+c=7$ ……⑥

⑥−⑤より $3a=3$ より $a=1$

⑤に代入して $1+c=4$ より $c=3$

よって，$\boldsymbol{a=1,\ b=3,\ c=3,\ d=-2}$

(このとき，与式は恒等式になる)

(3) **分母を払って，整式にして考える。**

$$\frac{5x^2-2x+1}{x^3+x^2+3x+3}=\frac{a}{x+1}+\frac{bx+c}{x^2+3}$$

$x^3+x^2+3x+3=(x+1)(x^2+3)$

だから，両辺にこれを掛けると

$5x^2-2x+1$

$=a(x^2+3)+(bx+c)(x+1)$

$=(a+b)x^2+(b+c)x+3a+c$

両辺の係数を比較して

$a+b=5$ ……①

$b+c=-2$ ……②

$3a+c=1$ ……③

①，②，③を解いて

$\boldsymbol{a=2,\ b=3,\ c=-5}$

87 (1) **$c=a+b$ を代入して，c を消去する。**

与式に $c=a+b$ を代入して

$$(\text{与式})=\frac{a^2+b^2-(a+b)^2}{2ab}+\frac{b^2+(a+b)^2-a^2}{3b(a+b)}+\frac{(a+b)^2+a^2-b^2}{4a(a+b)}$$

$$=\frac{-2ab}{2ab}+\frac{2b(a+b)}{3b(a+b)}+\frac{2a(a+b)}{4a(a+b)}$$

$$=-1+\frac{2}{3}+\frac{1}{2}=\boldsymbol{\frac{1}{6}}$$

(2) **条件式，与式とも c を消去してみる。**

$c=-a-b$ を $abc=1$ に代入して

$ab(-a-b)=1$ より

$ab(a+b)=-1$ ……①

$(a+b)(b+c)(c+a)$

$=(a+b)(b-a-b)(-a-b+a)$

$=(a+b)(-a)(-b)$

$=ab(a+b)=\boldsymbol{-1}$ (①より)

$a^3+b^3+c^3$

$=a^3+b^3+(-a-b)^3$

$=a^3+b^3-(a^3+3a^2b+3ab^2+b^3)$

$=-3ab(a+b)=\boldsymbol{3}$ (①より)

別解 **条件式を $a+b=-c$，$b+c=-a$，$c+a=-b$ として代入する。**

$a+b+c=0$ より

$a+b=-c$，$b+c=-a$

$c+a=-b$

として代入すると

$(a+b)(b+c)(c+a)$

$=(-c)(-a)(-b)$

$=-abc=\boldsymbol{-1}$

$a^3+b^3+c^3-3abc$ を因数分解する。

$a^3+b^3+c^3-3abc$

$=(a+b+c)(a^2+b^2+c^2-ab-bc-ca)$

$a+b+c=0$，$abc=1$ だから

$a^3+b^3+c^3-3=0$

よって，$a^3+b^3+c^3=\boldsymbol{3}$

(3) **$x=(y$ の式$)$，$z=(y$ の式$)$ として，y だけの1文字で表すことを考える。**

$x+\dfrac{1}{y}=1$　より　$x=1-\dfrac{1}{y}=\dfrac{y-1}{y}$

$y+\dfrac{1}{z}=1$　より　$\dfrac{1}{z}=1-y$

よって，$z=\dfrac{1}{1-y}$

$xyz=\dfrac{y-1}{y}\cdot y\cdot\dfrac{1}{1-y}=\mathbf{-1}$

88 (1) **展開してから，(相加≧相乗) の関係を利用。**

$\left(x+\dfrac{1}{x}\right)\left(2x+\dfrac{1}{2x}\right)$

$=2x^2+2+\dfrac{1}{2}+\dfrac{1}{2x^2}$

$=2x^2+\dfrac{1}{2x^2}+\dfrac{5}{2}$

$2x^2>0$，$\dfrac{1}{2x^2}>0$　だから

(相加平均)≧(相乗平均) より

$2x^2+\dfrac{1}{2x^2}\geqq 2\sqrt{2x^2\cdot\dfrac{1}{2x^2}}=2$

よって，$2x^2+\dfrac{1}{2x^2}+\dfrac{5}{2}\geqq 2+\dfrac{5}{2}=\dfrac{9}{2}$

ゆえに，最小値　$\mathbf{\dfrac{9}{2}}$

(注意)　次のように証明するのは誤り。

$x>0$ だから (相加平均)≧(相乗平均) より

$x+\dfrac{1}{x}\geqq 2\sqrt{x\cdot\dfrac{1}{x}}=2$　……①

$2x+\dfrac{1}{2x}\geqq 2\sqrt{2x\cdot\dfrac{1}{2x}}=2$　……②

①，②の辺々を掛けて

$\left(x+\dfrac{1}{x}\right)\left(2x+\dfrac{1}{2x}\right)\geqq 2\cdot 2=4$　……③

よって，最小値 4 とするのは誤り。

理由は

①の等号が成り立つときは

$x=\dfrac{1}{x}$ より $x^2=1$ だから $x=1$ のとき

②の等号が成り立つとき

$2x=\dfrac{1}{2x}$ より $4x^2=1$ だから $x=\dfrac{1}{2}$ のとき

したがって，①と②の等号が同時に成り立たないから③の式の等号は成り立たない。

(2) **与式の分数式を変形してから相加≧相乗の関係を利用。**

$4x^2+\dfrac{1}{(x+1)(x-1)}$

$=4x^2+\dfrac{1}{x^2-1}$

$=4(x^2-1)+\dfrac{1}{x^2-1}+4$

$4(x^2-1)>0$，$\dfrac{1}{x^2-1}>0$ だから

(相加平均)≧(相乗平均) より

$4(x^2-1)+\dfrac{1}{x^2-1}+4$

$\geqq 2\sqrt{4(x^2-1)\cdot\dfrac{1}{x^2-1}}+4$

$=2\cdot 2+4=8$

等号は $4(x^2-1)=\dfrac{1}{x^2-1}$ より

$(x^2-1)^2=\dfrac{1}{4}$，$x^2-1=\pm\dfrac{1}{2}$

$x>1$ より $x^2-1>0$ だから

$x^2-1=\dfrac{1}{2}$ より $x=\sqrt{\dfrac{3}{2}}=\dfrac{\sqrt{6}}{2}$

よって，$x=\mathbf{\dfrac{\sqrt{6}}{2}}$ **のとき，最小値 8**

(3) **$9x^2>0$，$16y^2>0$ に (相加)≧(相乗) の関係を適用すると xy がでてくる。**

$9x^2>0$，$16y^2>0$ だから

(相加平均)≧(相乗平均) より

$144=9x^2+16y^2\geqq 2\sqrt{9x^2\cdot 16y^2}$

$=24xy$

$\dfrac{144}{24}\geqq xy$　より　$xy\leqq 6$

(等号は $9x^2=16y^2$ より $3x=4y$ のとき)

よって，xy の最大値は **6**

89 **x 軸上の点を $(x,\ 0)$ とおく。**

x 軸上の点を $(x,\ 0)$ とおくと

$\sqrt{(x+1)^2+2^2}=\sqrt{(x-3)^2+4^2}$

$x^2+2x+5=x^2-6x+25$　より

$x=\dfrac{5}{2}$　よって，$\left(\dfrac{5}{2},\ 0\right)$

90 平行条件 $m=m'$，垂直条件 $mm'=-1$

$2x+3y=1$　……①

$3x+y=5$　……②

①，②の交点は $(2,\ -1)$

①－②×3

$$\begin{array}{rr} & 2x+3y=1 \\ - & 9x+3y=15 \\ \hline & -7x\quad =-14 \end{array}$$

より　$x=2,\ y=-1$

直線 $3x+2y=6$ の傾きは $-\dfrac{3}{2}$

よって，平行な直線は

$y-(-1)=-\dfrac{3}{2}(x-2)$ より

$\boldsymbol{y=-\dfrac{3}{2}x+2}$ $(3x+2y-4=0)$

垂直な直線の傾きは

$-\dfrac{3}{2}\cdot m=-1$　より　$m=\dfrac{2}{3}$

よって，$y-(-1)=\dfrac{2}{3}(x-2)$　より

$\boldsymbol{y=\dfrac{2}{3}x-\dfrac{7}{3}}$ $(2x-3y-7=0)$

91 2点B，Cを通る直線の方程式を求め，第3の点Aの座標を代入する。

2点B,Cを通る直線の方程式は

$y-3=\dfrac{3-(5-2k)}{5-6}(x-5)$

$y-3=(2-2k)(x-5)$

$y=-(2k-2)x+10k-7$

これが点 $\mathrm{A}(k+2,\ 5)$ を通るから

$5=-(2k-2)(k+2)+10k-7$

$5=-2k^2+8k-3$

$k^2-4x+4=0,\ (k-2)^2=0$

よって，$\boldsymbol{k=2}$

別解　直線ABとACの傾きが等しいことを利用。

直線ABの傾きは　$\dfrac{5-(5-2k)}{k+2-6}=\dfrac{2k}{k-4}$

直線ACの傾きは　$\dfrac{5-3}{k+2-5}=\dfrac{2}{k-3}$

A，B，Cが一直線上にあるとき，傾きは等しいから

$\dfrac{2k}{k-4}=\dfrac{2}{k-3}$　より　$2k(k-3)=2(k-4)$

$k^2-4k+4=0,\ (k-2)^2=0$

よって，$\boldsymbol{k=2}$

92 3直線のうちの2直線が平行になるときと3直線が1点で交わるときの k の値を求める。

3直線を

$$\begin{cases} y=kx+2k+1 & \cdots\cdots① \\ x+y-4=0 & \cdots\cdots② \\ 2x-y+1=0 & \cdots\cdots③ \end{cases}$$

とおくと

①の傾きは k，②の傾きは -1

③の傾きは2だから

$k=-1,\ 2$ のとき，平行になり三角形はできない。

①，②，③が1点で交わるときも三角形はできない。

②，③の交点は $x=1,\ y=3$　だから

これを①に代入して

$3=k+2k+1$ より　$k=\dfrac{2}{3}$

よって，$\boldsymbol{k=-1,\ 2,\ \dfrac{2}{3}}$

93 (1) 点と直線の距離の公式の利用。

$x+y-3=0$　……①

$3x-y+7=0$　……②

とおいて交点を求めると

$x=-1,\ y=4$

点 $(-1,\ 4)$ と $4x-3y+6=0$ の距離は

$\dfrac{|4\cdot(-1)-3\cdot4+6|}{\sqrt{4^2+(-3)^2}}=\dfrac{|-10|}{\sqrt{25}}=2$

(2) 点 $(2,\ 1)$ と直線 $kx+y+1=0$　の距離が $\sqrt{3}$ だから

$\dfrac{|k\cdot2+1+1|}{\sqrt{k^2+1^2}}=\dfrac{|2k+2|}{\sqrt{k^2+1}}=\sqrt{3}$

$|2k+2|=\sqrt{3}\sqrt{k^2+1}$　の両辺を

2乗して

$4k^2+8k+4=3k^2+3$

$k^2+8k+1=0$

よって，$\boldsymbol{k=-4\pm\sqrt{15}}$

(3) **放物線上の点Pの座標を$\mathrm{P}(t,\ t^2+1)$とおく。**

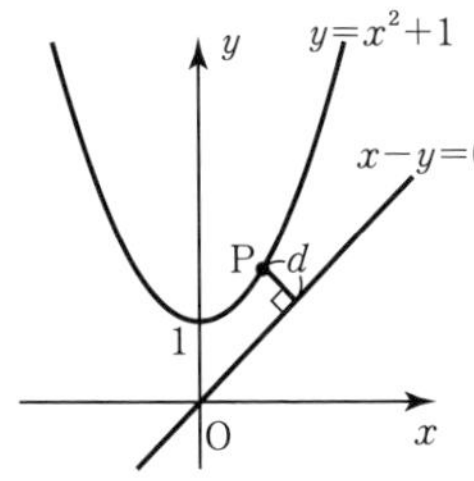

放物線上の点Pを$\mathrm{P}(t,\ t^2+1)$，Pと直線$x-y=0$ の距離をdとすると

$d=\dfrac{|t-(t^2+1)|}{\sqrt{1^2+(-1)^2}}=\dfrac{|t^2-t+1|}{\sqrt{2}}$

$=\dfrac{1}{\sqrt{2}}\left|\left(t-\dfrac{1}{2}\right)^2+\dfrac{3}{4}\right|$

$t=\dfrac{1}{2}$ のときdは最小値 $\dfrac{3}{4\sqrt{2}}$ をとる。

よって，

$\boldsymbol{\mathrm{P}\left(\dfrac{1}{2},\ \dfrac{5}{4}\right)}$ **のとき最小値** $\boldsymbol{\dfrac{3\sqrt{2}}{8}}$

94 **対称な点を$\mathrm{Q}(p,\ q)$として$\mathrm{PQ}\perp l$，PQの中点がl上にある条件から求める。**

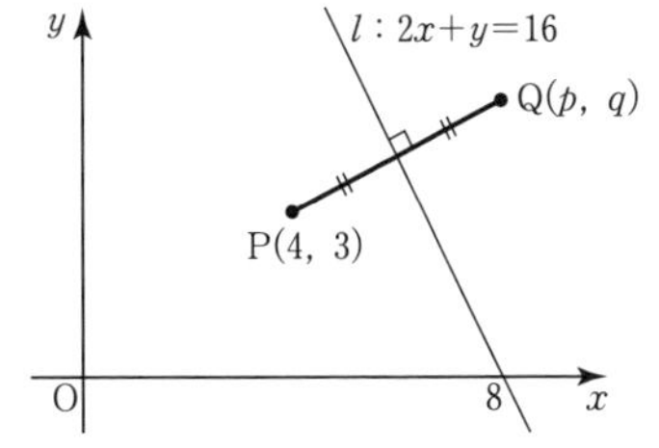

点Pと対称な点を$\mathrm{Q}(p,\ q)$とする。

直線$2x+y=16$の傾きは-2で線分PQは直線に垂直だから

$\dfrac{q-3}{p-4}\cdot(-2)=-1$ より

$p-2q=-2$ ……①

線分ABの中点$\left(\dfrac{p+4}{2},\ \dfrac{q+3}{2}\right)$は直線$2x+y=16$上にあるから

$2\cdot\dfrac{p+4}{2}+\dfrac{q+3}{2}=16$ より

$2p+q=21$ ……②

①，②を解いて　$p=8,\ q=5$

よって，対称な点の座標は$\boldsymbol{(8,\ 5)}$

別解 **点Pを通り，lと垂直な直線とlとの交点は，線分PQの中点。**

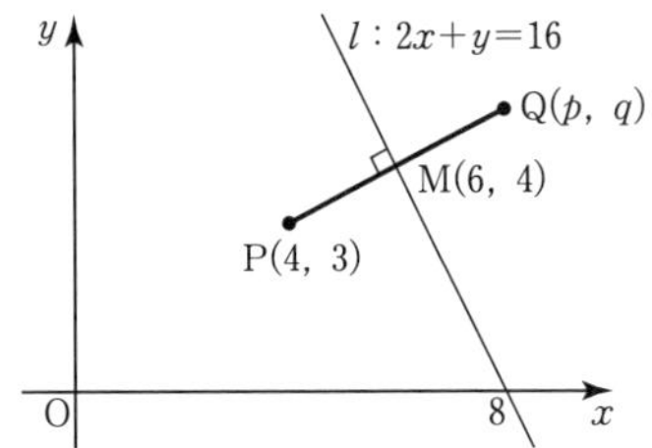

直線PQは点Pを通り，lに垂直だから

$y-3=\dfrac{1}{2}(x-4)$ より $y=\dfrac{1}{2}x+1$

直線PQとlの交点をMとすると

$2x+y=16$ と $y=\dfrac{1}{2}x+1$

を連立させて，$x=6,\ y=4$

よって，M(6, 4)

線分PQの中点がMだから

$\dfrac{p+4}{2}=6,\ \dfrac{q+3}{2}=4$

これより，$p=8,\ q=5$

ゆえに，対称点の座標は$\boldsymbol{(8,\ 5)}$

95 **$(\mathrm{A})k+(\mathrm{B})=0$ と変形し，kの恒等式とみて$\mathrm{A}=0$，$\mathrm{B}=0$の連立方程式を解く。**

$(k+1)x+(k-1)y-2k=0$

$(x+y-2)k+(x-y)=0$

kについての恒等式とみて

$x+y-2=0$ …①

$x-y=0$ …②

①，②を解いて　$x=1,\ y=1$

よって，定点は$\boldsymbol{(1,\ 1)}$

96 2 等分線上の点を $P(x,\ y)$ として，P と 2 直線までの距離を等しくおく。

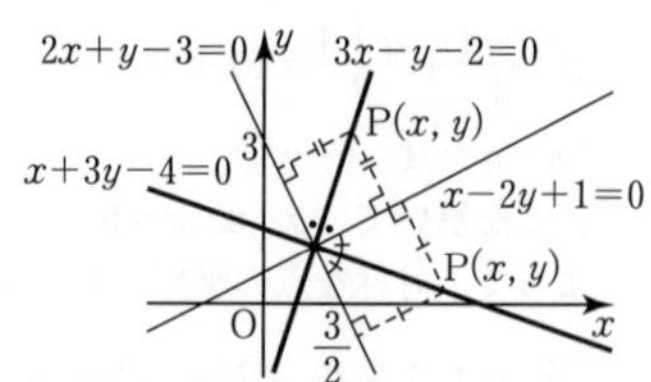

求める直線上の点を $P(x,\ y)$ とすると，P から 2 直線 $2x+y-3=0$, $x-2y+1=0$ までの距離は等しいから

$$\frac{|2x+y-3|}{\sqrt{2^2+1^2}}=\frac{|x-2y+1|}{\sqrt{1^2+(-2)^2}}$$

$|2x+y-3|=|x-2y+1|$

$2x+y-3=\pm(x-2y+1)$

$2x+y-3=x-2y+1$

より　$\boldsymbol{x+3y-4=0}$

$2x+y-3=-x+2y-1$

より　$\boldsymbol{3x-y-2=0}$

97 円の中心を $(t,\ 3t-1)$ とおく。

円の中心を $(t,\ 3t-1)$ とおくと，円の方程式は

$(x-t)^2+(y-3t+1)^2=r^2$

と表せる。

$(4,\ -2)$，$(1,\ -3)$ を通るから

$(4-t)^2+(-2-3t+1)^2=r^2$

$10t^2-2t+17=r^2$　……①

$(1-t)^2+(-3-3t+1)^2=r^2$

$10t^2+10t+5=r^2$　……②

①−② より　$-12t+12=0$

$t=1$，このとき $r^2=25$

よって，$(x-1)^2+(y-2)^2=25$ より

$\boldsymbol{x^2+y^2-2x-4y-20=0}$

別解

円の中心と 2 点 A，B までの距離が等しいから

$(t-4)^2+(3t+1)^2=(t-1)^2+(3t+2)^2$

$t^2-8t+16+9t^2+6t+1$

$=t^2-2t+1+9t^2+12t+4$

$-12t=-12$　より　$t=1$

円の中心は $(1,\ 2)$ だから，半径は

$\sqrt{(1-4)^2+(2+2)^2}=\sqrt{25}=5$

よって，$(x-1)^2+(y-2)^2=25$　より

$\boldsymbol{x^2+y^2-2x-4y-20=0}$

別解　円の中心は，線分（弦）AB の垂直 2 等分線上にあることを利用する。

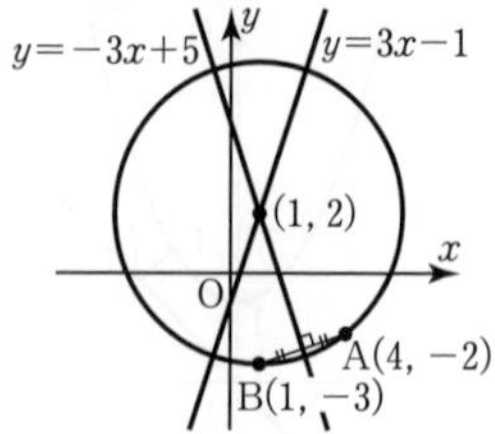

2 点 A，B を通る円の中心は，線分 AB の垂直 2 等分線上にある。その方程式は

直線 AB の傾きは $\dfrac{-2-(-3)}{4-1}=\dfrac{1}{3}$

だから

垂直 2 等分線は傾きが -3

AB の中点は $\left(\dfrac{5}{2},\ -\dfrac{5}{2}\right)$ だから

AB の垂直 2 等分線の方程式は

$y-\left(-\dfrac{5}{2}\right)=-3\left(x-\dfrac{5}{2}\right)$

$y=-3x+5$

これと直線 $y=3x-1$ との交点は

$x=1$，$y=2$

よって，中心は $(1,\ 2)$

半径は $\sqrt{(4-1)^2+(-2-2)^2}=\sqrt{25}=5$

ゆえに，$(x-1)^2+(y-2)^2=25$ より

$\boldsymbol{x^2+y^2-2x-4y-20=0}$

98 (1) 直線 $y=2x+n$ と円の中心 $(0,\ 0)$ との距離が半径と等しいとおく。

円の中心 $(0, 0)$ から直線 $2x-y+n=0$ までの距離が半径だから

$$\frac{|2\cdot0-0+n|}{\sqrt{2^2+(-1)^2}}=\sqrt{5}$$

$|n|=5$　より　$n=\pm5$

よって，$\boldsymbol{y=2x\pm5}$

別解 **$y=2x+n$ と $x^2+y^2=5$ を連立して，判別式を利用する。**

$y=2x+n$ を $x^2+y^2=5$ に代入して

$x^2+(2x+n)^2=5$

$5x^2+4nx+n^2-5=0$

接する条件は $D=0$ だから

$D/4=(2n)^2-5(n^2-5)=0$

$n^2-25=0$ より $n=\pm 5$

よって，$\boldsymbol{y=2x\pm 5}$

(2) **直線を $y=m(x-7)+1$ とおいて，点と直線の距離の公式を利用。**

点 (7, 1) を通る傾き m の直線の方程式は

$y=m(x-7)+1$

$mx-y-7m+1=0$ ……①

円の半径は，中心 (0, 0) から直線①までの距離だから

$$\frac{|m\cdot 0-0-7m+1|}{\sqrt{m^2+(-1)^2}}=5$$

$|-7m+1|=5\sqrt{m^2+1}$

両辺を2乗して

$49m^2-14m+1=25(m^2+1)$

$24m^2-14m-24=0$

$12m^2-7m-12=0$

$(3m-4)(4m+3)=0$

よって，$m=\dfrac{4}{3}$，$-\dfrac{3}{4}$

①に代入して，$\boldsymbol{y=\dfrac{4}{3}x-\dfrac{25}{3}}$

$\boldsymbol{y=-\dfrac{3}{4}x+\dfrac{25}{4}}$

別解 **接点を $(x_1,\ y_1)$ とおいて，接線の公式から x_1，y_1 についての連立方程式をつくる。**

接点を $(x_1,\ y_1)$ とおくと

$x_1{}^2+y_1{}^2=25$ ……①

接線の方程式は

$x_1x+y_1y=25$ ……②

これが点 (7, 1) を通るから

$7x_1+y_1=25$ ……③

③を $y_1=25-7x_1$ として①に代入。

$x_1{}^2+(25-7x_1)^2=25$

$50x_1{}^2-350x_1+600=0$

$x_1{}^2-7x_1+12=0$

$(x_1-3)(x_1-4)=0$ より $x_1=3$，4

③に代入して

$x_1=3$ のとき $y_1=4$

$x_1=4$ のとき $y_1=-3$

②に代入して

$\boldsymbol{3x+4y=25}$，$\boldsymbol{4x-3y=25}$

(3) **直線を $y=m(x-3)+1$ とおいて点と直線の距離の公式を利用。**

$x^2+y^2-2x+6y=0$ より

$(x-1)^2+(y+3)^2=10$

中心 (1, −3)，半径 $\sqrt{10}$ の円である。

点 (3, −1) を通り傾き m の直線の方程式は

$y=m(x-3)+1$

$mx-y-3m+1=0$ ……①

円の半径は中心 (1, −3) から直線①までの距離だから，

$$\frac{|m\cdot 1-(-3)-3m+1|}{\sqrt{m^2+(-1)^2}}=\sqrt{10}$$

$|-2m+4|=\sqrt{10(m^2+1)}$

両辺を2乗して

$4m^2-16m+16=10(m^2+1)$

$3m^2+8m-3=0$

$(3m-1)(m+3)=0$

$m=\dfrac{1}{3}$，-3

①に代入して $y=\dfrac{1}{3}(x-3)+1$，

$y=-3(x-3)+1$

よって，$\boldsymbol{y=\dfrac{1}{3}x}$，$\boldsymbol{y=-3x+10}$

99 **円の標準形 $(x-a)^2+(y-b)^2=r^2$ に変形する。**

$x^2+y^2-6x-2y+a=0$

$(x-3)^2+(y-1)^2=10-a$ より

円を表すのは $10-a>0$ のときである。

よって，$\boldsymbol{a<10}$

100 円の中心と接点を結び三平方の定理を利用。

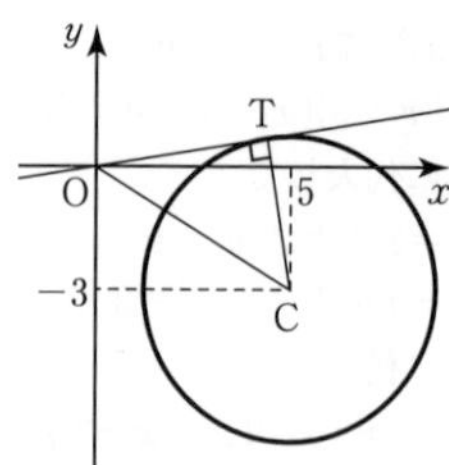

$x^2+y^2-10x+6y+20=0$　より

$(x-5)^2+(y+3)^2=14$

よって，半径は $\boldsymbol{\sqrt{14}}$

円の中心を C とすると，△OCT は直角三角形だから

$OC^2=OT^2+CT^2$

$5^2+(-3)^2=OT^2+14$

$OT^2=20$

$OT>0$ より，$OT=\sqrt{20}=\boldsymbol{2\sqrt{5}}$

101 (1) 定点と円の中心までの距離で考える。

$x^2-2x+y^2-2y-18=0$

$(x-1)^2+(y-1)^2=20$

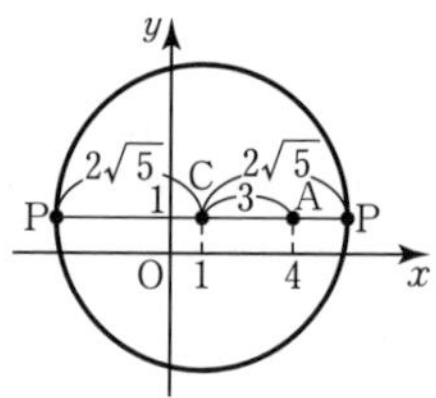

円の中心を C(1, 1) とすると

AC=3 で，円の半径は $\sqrt{20}=2\sqrt{5}$

よって，AP の最小値は $\boldsymbol{2\sqrt{5}-3}$

最大値は $\boldsymbol{2\sqrt{5}+3}$

(2) 円の中心と直線までの距離で考える。**P** の座標は，円の中心を通り直線 $\boldsymbol{y=x-5}$ に垂直な直線と円の交点から求める。

$x^2+y^2-6x-4y+11=0$

$(x-3)^2+(y-2)^2=2$

円の中心を C(3, 2) とすると

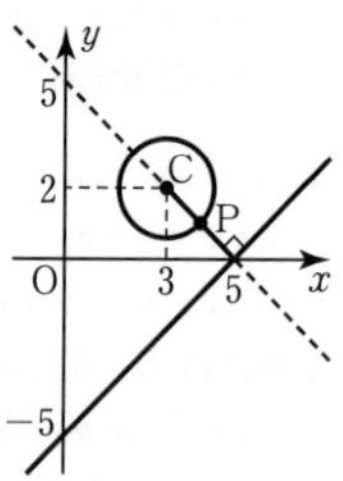

円の中心 C(3, 2) と直線 $x-y-5=0$ の距離は

$$\frac{|3-2-5|}{\sqrt{1^2+(-1)^2}}=\frac{|-4|}{\sqrt{2}}=2\sqrt{2}$$

よって，最小値は $2\sqrt{2}-\sqrt{2}=\boldsymbol{\sqrt{2}}$

円の中心 C(3, 2) を通り，直線 $y=x-5$ に垂直な直線の方程式は，傾きが −1 だから

$y-2=-(x-3)$ より $y=-x+5$

円 $x^2+y^2-6x-4y+11=0$　との交点 P は

$$x^2+(-x+5)^2-6x-4(-x+5)+11=0$$

$2x^2-12x+16=0$，$x^2-6x+8=0$

$(x-2)(x-4)=0$　より　$x=2,\ 4$

上の図より $x=4$ であり，このとき $y=1$

よって，**P(4, 1)**

102 (1) 直線と放物線の交点 $\boldsymbol{x=\alpha,\ \beta}$ を求めて $\boldsymbol{\sqrt{1+m^2}|\beta-\alpha|}$ で長さを求める。

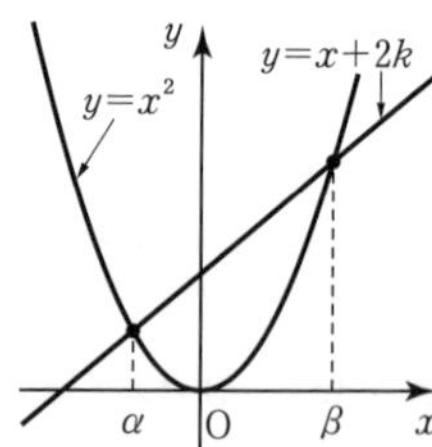

放物線 $y=x^2$ と直線 $y=x+2k$ の交点の x 座標は

$x^2=x+2k$ より

$x^2-x-2k=0$

$$x=\frac{1\pm\sqrt{1+8k}}{2}\ \left(ただし，k\geqq-\frac{1}{8}\right)$$

$$\alpha=\frac{1-\sqrt{1+8k}}{2},\ \beta=\frac{1+\sqrt{1+8k}}{2}$$

とおくと，切り取られる線分の長さは

$$\sqrt{1+1^2}|\beta-\alpha|=\sqrt{2}\sqrt{1+8k}$$
$$=\sqrt{2+16k}$$

$2\leqq\sqrt{2+16k}\leqq4$ だから，2乗して

$$4\leqq2+16k\leqq16$$

よって，$\boldsymbol{\frac{1}{8}\leqq k\leqq\frac{7}{8}}$

$\left(k\geqq-\frac{1}{8}\text{ を満たす}\right)$

別解 **解と係数の関係を利用して $|\beta-\alpha|$ を求める。**

$x^2-x-2k=0$ の2つの解を α，β とすると，解と係数の関係より

$$\alpha+\beta=1,\ \alpha\beta=-2k$$
$$(\beta-\alpha)^2=(\alpha+\beta)^2-4\alpha\beta$$
$$=1^2-4\cdot(-2k)$$
$$=1+8k$$

よって　$|\beta-\alpha|=\sqrt{1+8k}\ \left(k\geqq-\frac{1}{8}\right)$

以下同様。

別解 **交点の座標を $(\alpha,\ \alpha+2k)$，$(\beta,\ \beta+2k)$ とおいて求める。**

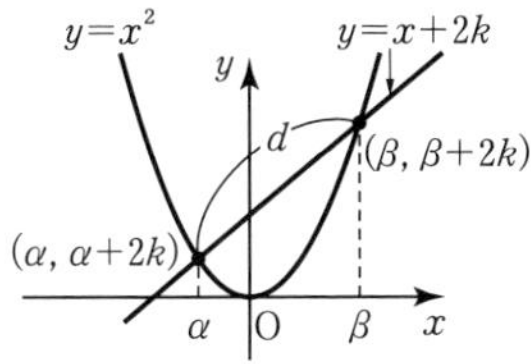

交点は直線 $y=x+2k$ 上の点だから，$(\alpha,\ \alpha+2k)$，$(\beta,\ \beta+2k)$ とおくと

$$d=\sqrt{(\beta-\alpha)^2+(\beta+2k-\alpha-2k)^2}$$
$$=\sqrt{2(\beta-\alpha)^2}=\sqrt{2}|\beta-\alpha|$$

として求めることもできる。

(2) ① $x^2+y^2-2y=0$　より

$$x^2+(y-1)^2=1$$

円の中心は $(0,\ 1)$ で，半径は1である。

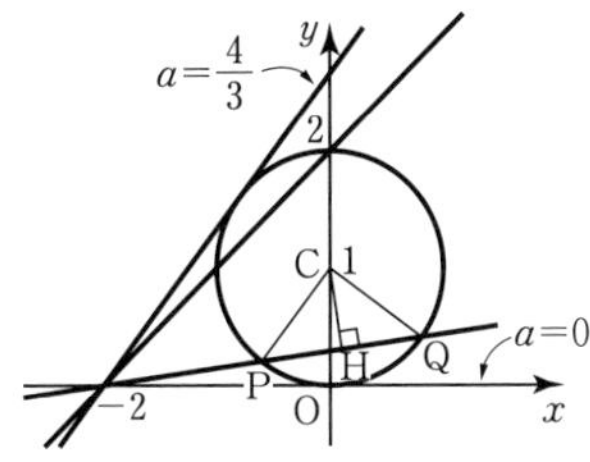

図のように円の中心をC，Cから直線 $ax-y+2a=0$ に垂線CHを引くと，P，Qで交わるには

$$\mathrm{CH}=\frac{|a\cdot0-1+2a|}{\sqrt{a^2+(-1)^2}}$$
$$=\frac{|2a-1|}{\sqrt{a^2+1}}<1$$
$$|2a-1|<\sqrt{a^2+1}$$

両辺を2乗して

$$4a^2-4a+1<a^2+1$$
$$a(3a-4)<0$$

よって，$\boldsymbol{0<a<\frac{4}{3}}$

② $\mathrm{PQ}=\sqrt{2}$ だから　$\mathrm{PH}=\frac{\sqrt{2}}{2}$

$\mathrm{CP}^2=\mathrm{CH}^2+\mathrm{PH}^2$　より

$$\mathrm{CH}^2=1-\left(\frac{\sqrt{2}}{2}\right)^2=\frac{1}{2}$$

$\mathrm{CH}>0$ より　$\mathrm{CH}=\frac{\sqrt{2}}{2}$　よって，

$$\frac{|2a-1|}{\sqrt{a^2+1}}=\frac{\sqrt{2}}{2}$$
$$\sqrt{2}|2a-1|=\sqrt{a^2+1}$$

両辺を2乗して

$$2(4a^2-4a+1)=a^2+1$$
$$7a^2-8a+1=0$$
$$(a-1)(7a-1)=0$$

ゆえに，$\boldsymbol{a=1,\ \frac{1}{7}}$

$\left(0<a<\frac{4}{3}\text{ を満たす。}\right)$

103 (1) **$(ax+by+c)+k(a'x+b'y+c')=0$ とおく。**

求める直線は

$(2x-y-1)+k(3x+2y-3)=0$ …①

とおける。

$(-1,\ 1)$ を通るから

$(-2-1-1)+k(-3+2-3)=0$

$-4-4k=0$ より $k=-1$

①に代入して

$(2x-y-1)-(3x+2y-3)=0$

よって，$\boldsymbol{x+3y-2=0}$

(2) **$(x^2+y^2+\cdots\cdots)+k(x^2+y^2+\cdots\cdots)=0$ とおく。**

円と円の交点を通る曲線（含直線）は

$(x^2+y^2+3x-y-5)$
$+k(x^2+y^2+x+y-3)=0$ ……①

とおける。

$(-3,\ 1)$ を通るから①に代入して

$(9+1-9-1-5)$
$+k(9+1-3+1-3)=0$

$-5+5k=0$ より $k=1$

①に代入して

$(x^2+y^2+3x-y-5)$
$+(x^2+y^2+x+y-3)=0$

$x^2+y^2+2x-4=0$

$(x+1)^2+y^2=5$

よって，中心は $\boldsymbol{(-1,\ 0)}$，半径は $\boldsymbol{\sqrt{5}}$

104 **平行移動した方程式は $x\to x-1$，$y\to y-2$ として与式に代入する。**

x 軸の正の方向に 1，y 軸の正の方向に 2 だけ平行移動した式は，与式に $x\to x-1$，$y\to y-2$ として代入して

$y-2=(x-1)^2+a(x-1)+3$

これが点 $(2,\ 5)$ を通るから

$5-2=(2-1)^2+a(2-1)+3$

よって，$\boldsymbol{a=-1}$

別解 **点 $(2,\ 5)$ を移動させて考える。**

関数 $y=x^2+ax+3$ のグラフは点 $(2,5)$ を x 軸方向に -1，y 軸方向に -2 だけ平行移動した点 $(1,\ 3)$ を通るから

$3=1+a+3$ より $\boldsymbol{a=-1}$

105 **頂点を $(x,\ y)$ とおき，x，y を m で表し，m を消去して x，y の関係式を求める。**

$y=x^2-2(m-1)x+2m^2-m$

$y=\{x-(m-1)\}^2-(m-1)^2$
$+2m^2-m$

$=(x-m+1)^2+m^2+m-1$

と変形。頂点を $(x,\ y)$ とすると

$x=m-1$，$y=m^2+m-1$

$m=x+1$ として y に代入して m を消去すると

$y=(x+1)^2+(x+1)-1$

$=x^2+3x+1$

よって，放物線 $\boldsymbol{y=x^2+3x+1}$

106 (1) **動点 P$(s,\ t)$，定点 A$(2,\ -3)$，軌跡 Q$(x,\ y)$ の関係式をつくる。そこから s，t を消去して x，y の関係式を導く。**

$y=x^2-2x$

放物線上の動点を P$(s,\ t)$，線分 AP を $1:2$ に内分する点を Q$(x,\ y)$ とすると，P は放物線上にあるから

$t=s^2-2s$ ……①

内分点 Q の座標は

$x=\dfrac{2\cdot 2+1\cdot s}{1+2}=\dfrac{s+4}{3}$

$y=\dfrac{2\cdot(-3)+1\cdot t}{1+2}=\dfrac{t-6}{3}$

$s=3x-4$，$t=3y+6$

として①に代入すると

$3y+6=(3x-4)^2-2(3x-4)$

$3y=9x^2-30x+18$

よって，$\boldsymbol{y=3x^2-10x+6}$

(2) **動点 $P(s, t)$, 重心 $G(x, y)$, 定点 $A(6,\ 0)$ $B(3,\ 3)$ の関係式をつくる。そこから s, t を消去して x, y の関係式を導く。**

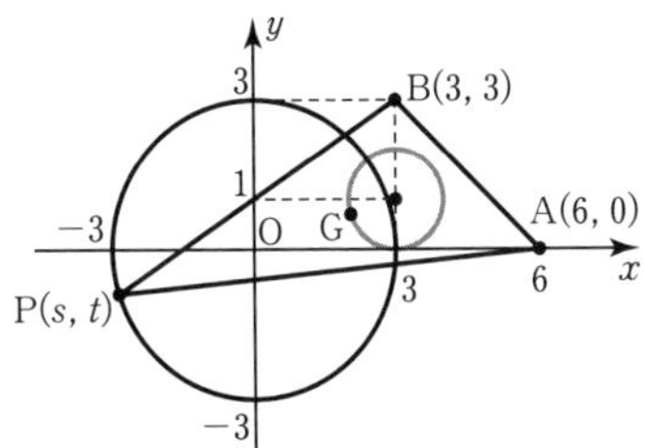

円周上の動点を $P(s,\ t)$, 重心を $G(x,\ y)$ とすると

P が円周上にあるから

$s^2+t^2=9$ ……①

重心 G の座標は

$x=\dfrac{6+3+s}{3}=\dfrac{9+s}{3}$

$y=\dfrac{0+3+t}{3}=\dfrac{3+t}{3}$

$s=3x-9$, $t=3y-3$

として①に代入すると

$(3x-9)^2+(3y-3)^2=9$ ⬅ 両辺を 9 で割る

よって, 円 $\boldsymbol{(x-3)^2+(y-1)^2=1}$

107 **与えられた領域をかき $2x+y=k$, $x^2+y^2=k$ とおいて, 直線の切片と円の半径で考える。**

$4x+y\leqq 9$ $(y\leqq -4x+9)$ ……①

$x+2y\geqq 4$ $\left(y\geqq -\dfrac{1}{2}x+2\right)$ ……②

$2x-3y\geqq -6$ $\left(y\leqq \dfrac{2}{3}x+2\right)$ ……③

の表す領域は下図の境界を含む斜線部分。

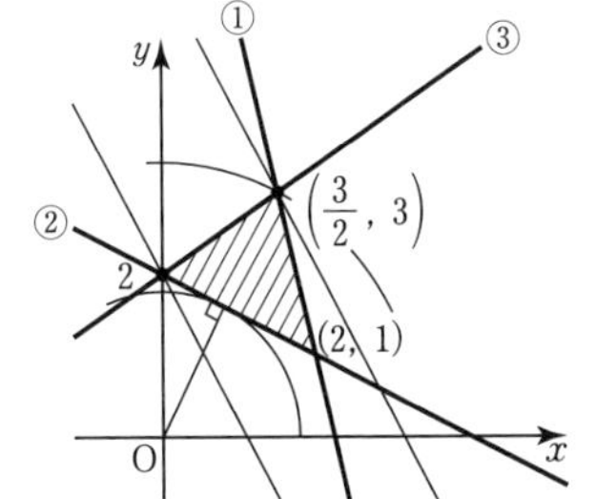

$2x+y=k$ とおいて, $y=-2x+k$ と変形。

これは, 傾き -2 で, k の値によって, 上下に平行移動する直線を表すから

k の最大値は①と③の交点 $\left(\dfrac{3}{2},\ 3\right)$ を通るとき

$k=2\cdot\dfrac{3}{2}+3=6$

最小値は②, ③の交点 $(0,\ 2)$ を通るとき

$k=2\cdot 0+2=2$

よって, $2x+y$ は

最大値 6, 最小値 2

また, $x^2+y^2=k$ とおくと, これは原点を中心として, 半径 $\sqrt{k}$ の円を表すから

最大値は①と③の交点 $\left(\dfrac{3}{2},\ 3\right)$ を通るとき

$k=\left(\dfrac{3}{2}\right)^2+3^2=\dfrac{45}{4}$

最小値は円が直線② $x+2y-4=0$ と接するとき

$\sqrt{k}=\dfrac{|0+2\cdot 0-4|}{\sqrt{1^2+2^2}}=\dfrac{4}{\sqrt{5}}$ より

$k=\dfrac{16}{5}$

よって, x^2+y^2 は

最大値 $\dfrac{45}{4}$, 最小値 $\dfrac{16}{5}$

(最小値をとるときの座標は $y=2x$ (原点を通り, ②に垂直な直線) と② $x+2y=4$ の交点で $x+2\cdot 2x=4$ より $x=\dfrac{4}{5}$, $y=\dfrac{8}{5}$)

108 (1) **$\pi<\theta<2\pi$ に注意して 2 倍角, 半角の公式を利用。**

$\pi<\theta<2\pi$ より $\sin\theta<0$ だから

$\sin\theta=-\sqrt{1-\cos^2\theta}$

$=-\sqrt{1-\left(\dfrac{1}{5}\right)^2}$

$=-\sqrt{\dfrac{24}{25}}=-\dfrac{2\sqrt{6}}{5}$ より

$$\sin 2\theta = 2\sin\theta\cos\theta$$
$$= 2\left(-\frac{2\sqrt{6}}{5}\right)\cdot\frac{1}{5}$$
$$= -\frac{4\sqrt{6}}{25}$$

$$\cos^2\frac{\theta}{2} = \frac{1+\cos\theta}{2} = \frac{1}{2}\left(1+\frac{1}{5}\right) = \frac{3}{5}$$

$\pi < \theta < 2\pi$　より

$\dfrac{\pi}{2} < \dfrac{\theta}{2} < \pi$ だから　$\cos\dfrac{\theta}{2} < 0$

よって　$\cos\dfrac{\theta}{2} = -\sqrt{\dfrac{3}{5}} = -\dfrac{\sqrt{15}}{5}$

(2)　**2倍角の公式を利用。2α を α に統一。$\sin\alpha$, $\sin\beta$ を求めて加法定理の利用。**

$$\sin 2\alpha = \frac{1}{3}\sin\alpha$$
$$2\sin\alpha\cos\alpha = \frac{1}{3}\sin\alpha$$
$$\sin\alpha(6\cos\alpha - 1) = 0$$

$0^\circ < \alpha < 90^\circ$ より

$\sin\alpha > 0$，$\cos\alpha > 0$

よって，$\cos\alpha = \dfrac{1}{6}$

$$\sin\alpha = \sqrt{1-\cos^2\alpha} = \sqrt{1-\left(\frac{1}{6}\right)^2}$$
$$= \frac{\sqrt{35}}{6}$$

$\cos 2\beta = \dfrac{1}{6}\cos\beta$ より

$$2\cos^2\beta - 1 = \frac{1}{6}\cos\beta$$
$$12\cos^2\beta - \cos\beta - 6 = 0$$
$$(3\cos\beta + 2)(4\cos\beta - 3) = 0$$

$0^\circ < \beta < 90^\circ$ より

$\cos\beta > 0$，$\sin\beta > 0$

よって，$\cos\beta = \dfrac{3}{4}$

$$\sin\beta = \sqrt{1-\cos^2\beta} = \sqrt{1-\left(\frac{3}{4}\right)^2}$$
$$= \frac{\sqrt{7}}{4}$$

$$\cos(\alpha+\beta) = \cos\alpha\cos\beta - \sin\alpha\sin\beta$$
$$= \frac{1}{6}\cdot\frac{3}{4} - \frac{\sqrt{35}}{6}\cdot\frac{\sqrt{7}}{4}$$
$$= \frac{3-7\sqrt{5}}{24}$$

(3)　**$\tan\alpha = \dfrac{1}{3}$，$\tan\beta = 2$ として，$\tan(\beta - \alpha)$ の値を求める。**

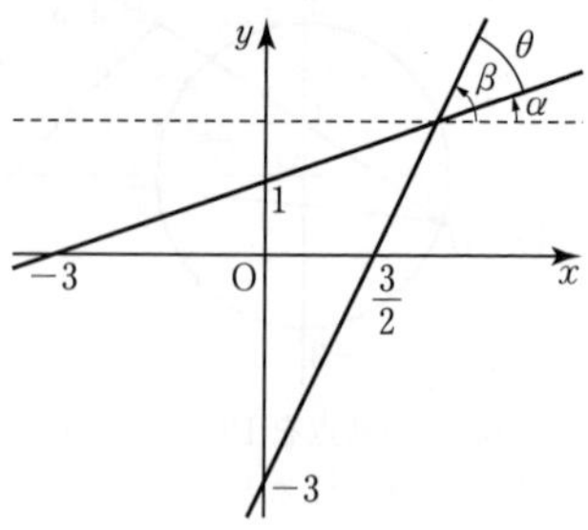

$\tan\alpha = \dfrac{1}{3}$，$\tan\beta = 2$ とする。

$$\tan\theta = \tan(\beta - \alpha)$$
$$= \frac{\tan\beta - \tan\alpha}{1+\tan\alpha\tan\beta}$$
$$= \frac{2-\frac{1}{3}}{1+\frac{1}{3}\cdot 2} = \frac{6-1}{3+2} = 1$$

$0 < \alpha < \beta < \dfrac{\pi}{2}$ より $0 < \beta - \alpha < \dfrac{\pi}{2}$

よって，$\boldsymbol{\theta = \dfrac{\pi}{4}}$

109　**三角関数の合成の公式の利用。θ の範囲に注意して最大値，最小値を求める。**

(1)　$y = -2\sin 2\theta + 2\cos 2\theta + 3$

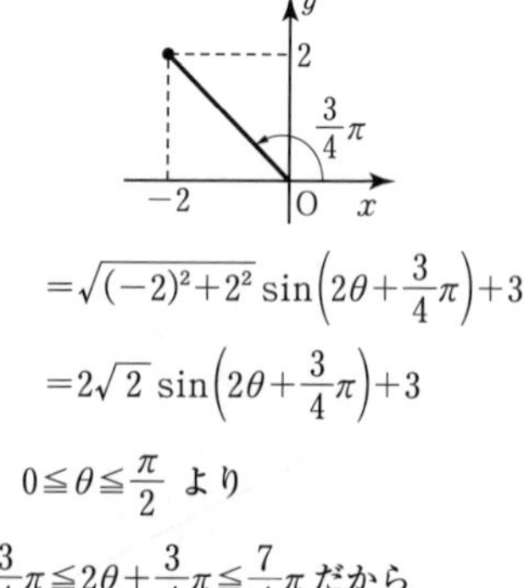

$$= \sqrt{(-2)^2+2^2}\sin\left(2\theta + \frac{3}{4}\pi\right) + 3$$
$$= 2\sqrt{2}\sin\left(2\theta + \frac{3}{4}\pi\right) + 3$$

$0 \leqq \theta \leqq \dfrac{\pi}{2}$ より

$\dfrac{3}{4}\pi \leqq 2\theta + \dfrac{3}{4}\pi \leqq \dfrac{7}{4}\pi$ だから

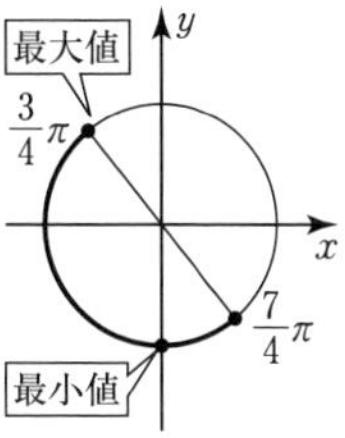

最大値は $2\theta+\frac{3}{4}\pi=\frac{3}{4}\pi$

すなわち $\theta=0$ のとき

$2\sqrt{2}\cdot\frac{\sqrt{2}}{2}+3=\mathbf{5}$

最小値は $2\theta+\frac{3}{4}\pi=\frac{3}{2}\pi$

すなわち $\theta=\frac{3}{8}\pi$ のとき

$2\sqrt{2}\cdot(-1)+3=\mathbf{3-2\sqrt{2}}$

(2) $y=12\sin\theta+5\cos\theta$

$=\sqrt{12^2+5^2}\sin(\theta+\alpha)$

$=13\sin(\theta+\alpha)$

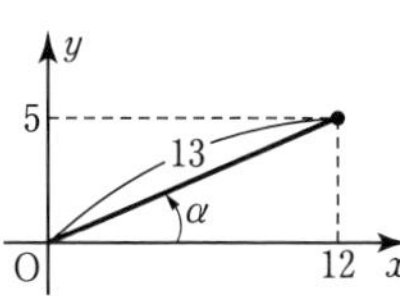

$\left(\begin{array}{l}\text{ただし,}\\ \cos\alpha=\frac{12}{13},\ \sin\alpha=\frac{5}{13},\ 0<\alpha<\frac{\pi}{4}\end{array}\right)$

$0\leqq\theta\leqq\frac{\pi}{2}$ より $\alpha\leqq\theta+\alpha\leqq\alpha+\frac{\pi}{2}$

右の図より

最大値は

$\theta+\alpha=\frac{\pi}{2}$ のとき

$\sin\frac{\pi}{2}=1$

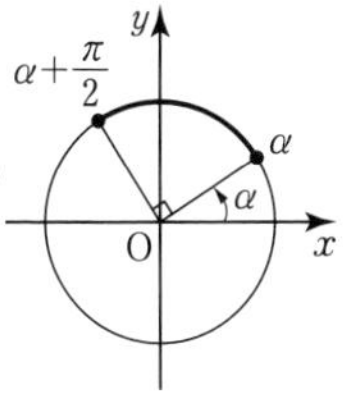

最小値は

$\theta+\alpha=\alpha$ のとき

$\sin\alpha=\frac{5}{13}$

よって, $\mathbf{5\leqq y\leqq 13}$

(参考) $y=12\sin\theta+5\cos\theta$

$=13\sin(\theta+\alpha)$

の α について普通は $0<\alpha<\frac{\pi}{2}$ とすればよい。

しかし, この問題では $\alpha\leqq\theta+\alpha\leqq\frac{\pi}{2}+\alpha$ となり, $\sin\alpha$ と $\sin\left(\frac{\pi}{2}+\alpha\right)$ のどちらで最小になるのか判断する必要があるため, より詳しく α の範囲を $0<\alpha<\frac{\pi}{4}$ とした。

110 **半角の公式で θ を 2θ にし, 次に合成の公式を利用する。$0\leqq\theta<\pi$ に注意する。**

$f(\theta)=\cos^2\theta+2\sqrt{3}\sin\theta\cos\theta-\sin^2\theta$

とおくと

$$f(\theta)=\frac{1+\cos2\theta}{2}+\sqrt{3}\sin2\theta-\frac{1-\cos2\theta}{2}$$

$=\sqrt{3}\sin2\theta+\cos2\theta$

$=\sqrt{(\sqrt{3})^2+1^2}\sin\left(2\theta+\frac{\pi}{6}\right)$

$=2\sin\left(2\theta+\frac{\pi}{6}\right)$

$0\leqq\theta<\pi$ より $\frac{\pi}{6}\leqq2\theta+\frac{\pi}{6}<\frac{13}{6}\pi$

だから

$-1\leqq\sin\left(2\theta+\frac{\pi}{6}\right)\leqq1$

よって, $\sin\left(2\theta+\frac{\pi}{6}\right)=-1$ のとき

最小値 $\mathbf{-2}$

このとき, θ は, $2\theta+\frac{\pi}{6}=\frac{3}{2}\pi$ より

$2\theta=\frac{8}{6}\pi$, すなわち $\boldsymbol{\theta=\frac{2}{3}\pi}$

111 (1) **$\cos2x$ を $\sin x$ で表して, $\sin x$ に統一。**

$1+3\sin x=-\cos2x$

$1+3\sin x=-(1-2\sin^2x)$

$2\sin^2x-3\sin x-2=0$

$(2\sin x+1)(\sin x-2)=0$

$-1 \leqq \sin x \leqq 1$　だから　$\sin x - 2 \neq 0$

よって，$\sin x = -\dfrac{1}{2}$

ゆえに，$x = \boldsymbol{\dfrac{7}{6}\pi,\ \dfrac{11}{6}\pi}$

(2) **$\cos 2\theta$ を $\sin\theta$ で表して $\sin\theta$ に統一して $\sin\theta = t$ とおき，t の2次関数で考える。a の値による場合分けが必要。**

$y = \cos 2\theta - a\sin\theta + 2$

$= 1 - 2\sin^2\theta - a\sin\theta + 2$

$\sin\theta = t$ とおく。ただし，

$0 \leqq \theta \leqq 2\pi$ より　$-1 \leqq t \leqq 1$ だから

$y = -2t^2 - at + 3$　$(-1 \leqq t \leqq 1)$

となる。

$y = -2t^2 - at + 3$

$= -2\left(t + \dfrac{a}{4}\right)^2 + \dfrac{a^2}{8} + 3$

a の値によって，次の(i)，(ii)，(iii)に分類される。

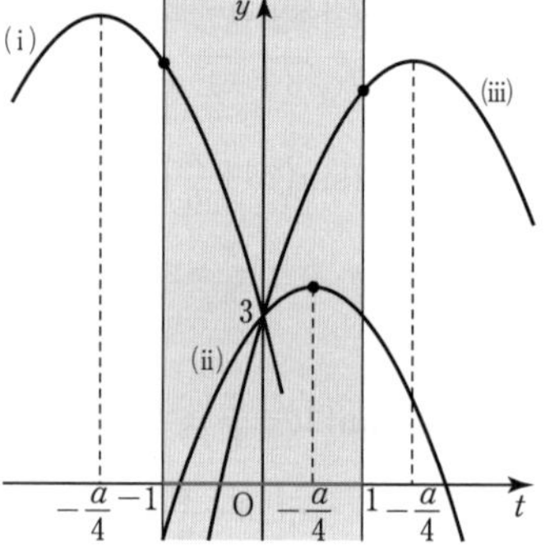

(i)　$-\dfrac{a}{4} < -1$ すなわち $4 < a$ のとき

$t = -1$ で $M = 1 + a$

(ii)　$-1 \leqq -\dfrac{a}{4} \leqq 1$ すなわち

$-4 \leqq a \leqq 4$ のとき

$t = -\dfrac{a}{4}$ で $M = \dfrac{a^2}{8} + 3$

(iii)　$1 < -\dfrac{a}{4}$ すなわち $a < -4$ のとき

$t = 1$ で $M = 1 - a$

よって，$\boldsymbol{M = \begin{cases} 1 + a & (4 < a) \\ \dfrac{a^2}{8} + 3 & (-4 \leqq a \leqq 4) \\ 1 - a & (a < -4) \end{cases}}$

112 (1) **三角関数の合成の公式を使う。**

$t = \cos x - \sin x$

$= \sqrt{(-1)^2 + 1^2}\sin\left(x + \dfrac{3}{4}\pi\right)$

$= \sqrt{2}\sin\left(x + \dfrac{3}{4}\pi\right)$

$0 \leqq x \leqq \pi$ より

$\dfrac{3}{4}\pi \leqq x + \dfrac{3}{4}\pi \leqq \dfrac{7}{4}\pi$　だから

$-1 \leqq \sin\left(x + \dfrac{3}{4}\pi\right) \leqq \dfrac{\sqrt{2}}{2}$

$-\sqrt{2} \leqq \sqrt{2}\sin\left(x + \dfrac{3}{4}\pi\right) \leqq 1$

よって，$\boldsymbol{-\sqrt{2} \leqq t \leqq 1}$

(2) **t^2 を計算して，$\sin 2x$ を t で表す。**

$t = \cos x - \sin x$

の両辺を2乗して

$t^2 = \cos^2 x - 2\sin x\cos x + \sin^2 x$

$= 1 - \sin 2x$

$\sin 2x = 1 - t^2$　だから

$y = (t + 1)(1 - t^2)$

よって，$\boldsymbol{y = -t^3 - t^2 + t + 1}$

(3) **微分して，t の範囲の増減表をかく。**

$y' = -3t^2 - 2t + 1 = -(t + 1)(3t - 1)$

t	$-\sqrt{2}$	$\cdots$	-1	$\cdots$	$\dfrac{1}{3}$	$\cdots$	1
y'		$-$	0	$+$	0	$-$	
y	$\sqrt{2} - 1$	↘	0	↗	$\dfrac{32}{27}$	↘	0

$t = -\sqrt{2}$ のとき $y = \sqrt{2} - 1$

$t = \pm 1$ のとき $y = 0$

$t = \dfrac{1}{3}$ のとき $\dfrac{32}{27}$

よって，$\boldsymbol{t = \dfrac{1}{3}}$ **のとき最大値** $\boldsymbol{\dfrac{32}{27}}$

$\boldsymbol{t = \pm 1}$ **のとき最小値 0**

113 **分子を因数分解してから $2^{2x}=3$ を代入する。**

$$\frac{2^{3x}+2^{-3x}}{2^x+2^{-x}}$$

$$=\frac{(2^x+2^{-x})(2^{2x}-2^x\cdot2^{-x}+2^{-2x})}{2^x+2^{-x}}$$

$$=2^{2x}-1+2^{-2x}=3-1+\frac{1}{3}=\mathbf{\frac{7}{3}}$$

別解

$2^{2x}=3$ より　$2^x=\sqrt{3}$　($2^x>0$ より)

与式に代入して

$$(\text{与式})=\frac{(\sqrt{3})^3+(\sqrt{3})^{-3}}{(\sqrt{3})+(\sqrt{3})^{-1}}$$

$$=\frac{3\sqrt{3}+\frac{1}{3\sqrt{3}}}{\sqrt{3}+\frac{1}{\sqrt{3}}}$$

$$=\frac{3\sqrt{3}\left(3\sqrt{3}+\frac{1}{3\sqrt{3}}\right)}{3\sqrt{3}\left(\sqrt{3}+\frac{1}{\sqrt{3}}\right)}$$

$$=\frac{27+1}{9+3}=\mathbf{\frac{7}{3}}$$

114 **$(2^x+2^{-x})^2$ の値を求める。**
$2^x=X$ とおいて，X の2次方程式をつくる。

$(2^x+2^{-x})^2=2^{2x}+2\cdot2^x\cdot2^{-x}+2^{-2x}$

$=7+2=9$

$2^x+2^{-x}>0$ だから

$2^x+2^{-x}=\mathbf{3}$

$2^x+2^{-x}=3$，$2^x=X$ $(X>0)$ とおくと

$X+\frac{1}{X}=3$，$X^2-3X+1=0$

$X=\frac{3\pm\sqrt{5}}{2}$ ($X>0$ を満たす)

よって，$2^x=\mathbf{\frac{3\pm\sqrt{5}}{2}}$

115 **まず，4と $2^{\sqrt{3}}$，$\sqrt[3]{3^4}$ と $3^{\sqrt{2}}$ を比べる。**

$4=2^2$ と $2^{\sqrt{3}}$ の大小は

$\sqrt{3}<2$ より $2^{\sqrt{3}}<2^2$

よって　$2^{\sqrt{3}}<4$　…①

$\sqrt[3]{3^4}=3^{\frac{4}{3}}$ と $3^{\sqrt{2}}$ の大小は

$\left(\frac{4}{3}\right)^2=\frac{16}{9}$，$(\sqrt{2})^2=2$ より

$\frac{4}{3}<\sqrt{2}$ だから

$3^{\frac{4}{3}}<3^{\sqrt{2}}$　よって　$\sqrt[3]{3^4}<3^{\sqrt{2}}$　……②

①と②で 4 と $\sqrt[3]{3^4}$ の大小は

両辺を3乗して

$(4)^3=64$，$(\sqrt[3]{3^4})^3=3^4=81$

よって，$4<\sqrt[3]{3^4}$

ゆえに，$\mathbf{2^{\sqrt{3}}<4<\sqrt[3]{3^4}<3^{\sqrt{2}}}$

116 **$2^x=t$ とおいて，t の関数で考える。**

$2^x=t$ とおくと

$y=\frac{1}{2}\cdot(2^x)^2-4\cdot2^x+3$

$=\frac{1}{2}t^2-4t+3$

ただし，$-2\leqq x\leqq3$　より

$2^{-2}\leqq t\leqq2^3$　よって　$\frac{1}{4}\leqq t\leqq8$

$y=\frac{1}{2}(t-4)^2-5$ $\left(\frac{1}{4}\leqq t\leqq8\right)$

グラフより

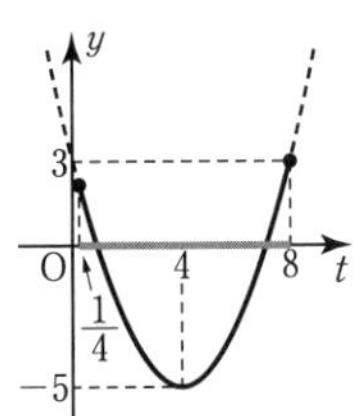

$t=8$，すなわち

$x=3$ **のとき**

最大値 3

$t=4$，すなわち

$x=2$ **のとき**

最小値 −5

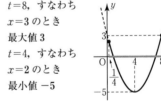

117 **$a^x=t$ $(t>0)$ とおいて，t の方程式，不等式で考える。**

(1)　$8^x-4^x-2^{x+1}+2=0$

$(2^x)^3-(2^x)^2-2\cdot2^x+2=0$

$2^x=t$ $(t>0)$ とおくと

$t^3-t^2-2t+2=0$

$t^2(t-1)-2(t-1)=0$

$(t-1)(t^2-2)=0$

$t>0$ だから $t=1$，$\sqrt{2}$

$2^x=1$ より $x=0$

$2^x=\sqrt{2}=2^{\frac{1}{2}}$ より $x=\frac{1}{2}$

よって，$\mathbf{x=0,\ \frac{1}{2}}$

(2) $9^x+1\leqq 3^{x+1}+3^{x-1}$

$(3^x)^2+1\leqq 3\cdot 3^x+\dfrac{1}{3}\cdot 3^x$

$3^x=t$ $(t>0)$ とおくと

$t^2+1\leqq 3t+\dfrac{1}{3}t$

$3t^2-10t+3\leqq 0$

$(3t-1)(t-3)\leqq 0$

よって，$\dfrac{1}{3}\leqq t\leqq 3$ より $3^{-1}\leqq 3^x\leqq 3$

(底)$=3>1$ だから $\boldsymbol{-1\leqq x\leqq 1}$

(3) **両辺に a^4 を掛けて，a^x の2次不等式とみる。**

与式の両辺に a^4 を掛けると

$a^{2x+2}-a^{x+7}-a^x+a^5\leqq 0$

$a^2\cdot a^{2x}-a^7\cdot a^x-a^x+a^5\leqq 0$

$a^2(a^x)^2-(a^7+1)a^x+a^5\leqq 0$

$$\begin{array}{ccc} 1 & -a^5 & -a^7 \\ a^2 & -1 & -1 \\ \hline & & -(a^7+1) \end{array}$$

$(a^x-a^5)(a^2\cdot a^x-1)\leqq 0$

$0<a<1$ より $a^5<\dfrac{1}{a^2}$

よって，$a^5\leqq a^x\leqq a^{-2}$

底は $0<a<1$ だから

$\boldsymbol{-2\leqq x\leqq 5}$

118 (1) **対数の計算規則に従って計算する。**

$\log_3\sqrt{5}-\dfrac{1}{2}\log_3 10+\log_3\sqrt{18}$

$=\log_3\sqrt{5}-\log_3\sqrt{10}+\log_3 3\sqrt{2}$

$=\log_3\dfrac{\sqrt{5}\cdot 3\sqrt{2}}{\sqrt{10}}=\log_3 3=\mathbf{1}$

(2) **底の変換公式で底をそろえる。**

$\log_2 6\cdot\log_3 6-\log_2 3-\log_3 2$

$=\log_2 6\cdot\dfrac{\log_2 6}{\log_2 3}-\log_2 3-\dfrac{\log_2 2}{\log_2 3}$

$=\dfrac{(\log_2 2+\log_2 3)^2}{\log_2 3}-\log_2 3-\dfrac{1}{\log_2 3}$

$=\dfrac{(1+\log_2 3)^2-(\log_2 3)^2-1}{\log_2 3}$

$=\dfrac{1+2\log_2 3+(\log_2 3)^2-(\log_2 3)^2-1}{\log_2 3}$

$=\dfrac{2\log_2 3}{\log_2 3}=\mathbf{2}$

(3) $(\log_8 27)(\log_9 4+\log_3 16)$

$=\dfrac{\log_3 27}{\log_3 8}\left(\dfrac{\log_3 4}{\log_3 9}+\log_3 16\right)$

$=\dfrac{3}{3\log_3 2}\left(\dfrac{2\log_3 2}{2}+4\log_3 2\right)$

$=\dfrac{1}{\log_3 2}(\log_3 2+4\log_3 2)$

$=\dfrac{5\log_3 2}{\log_3 2}=\mathbf{5}$

(4) $(\log_2 125+\log_8 25)(\log_5 4+\log_{25} 2)$

$=\left(\log_2 5^3+\dfrac{\log_2 25}{\log_2 8}\right)\left(\dfrac{\log_2 4}{\log_2 5}+\dfrac{\log_2 2}{\log_2 25}\right)$

$=\left(3\log_2 5+\dfrac{2\log_2 5}{3}\right)\left(\dfrac{2}{\log_2 5}+\dfrac{1}{2\log_2 5}\right)$

$=\dfrac{11}{3}\log_2 5\cdot\dfrac{5}{2\log_2 5}=\boldsymbol{\dfrac{55}{6}}$

119 **すべて，底を2に統一して考える。**

(1) $a=\log_2 3$，$b=\log_3 5=\dfrac{\log_2 5}{\log_2 3}$

$b=\dfrac{\log_2 5}{a}$ より $\log_2 5=\boldsymbol{ab}$

(2) $\log_3 10=\dfrac{\log_2 10}{\log_2 3}=\dfrac{\log_2 2+\log_2 5}{\log_2 3}$

$=\dfrac{1+ab}{a}=\boldsymbol{\dfrac{1}{a}+b}$

(3) $\log_6 5=\dfrac{\log_2 5}{\log_2 6}=\dfrac{\log_2 5}{\log_2 2+\log_2 3}$

$=\boldsymbol{\dfrac{ab}{1+a}}$

(4) $\log_{10} 36=\dfrac{\log_2 36}{\log_2 10}$

$=\dfrac{2(\log_2 2+\log_2 3)}{\log_2 2+\log_2 5}$

$=\boldsymbol{\dfrac{2(1+a)}{1+ab}}$

120 **解と係数の関係を利用して関係式をつくる。**

$\log_2 a$ と $\log_a 2$ が $2x^2-5x+b=0$ の2つの解だから，解と係数の関係より

$\log_2 a+\log_a 2=\dfrac{5}{2}$ ……①

$(\log_2 a)(\log_a 2)=\dfrac{b}{2}$ ……②

$\log_a 2=\dfrac{1}{\log_2 a}$ だから

①より $\log_2 a+\dfrac{1}{\log_2 a}=\dfrac{5}{2}$

$2\log_2 a$ を両辺に掛けて

$2(\log_2 a)^2-5\log_2 a+2=0$

$(2\log_2 a-1)(\log_2 a-2)=0$

$\log_2 a=\dfrac{1}{2},\ 2$

$\dfrac{1}{2}=\log_2 2^{\frac{1}{2}}=\log_2\sqrt{2}$

$2=\log_2 2^2=\log_2 4$

よって，$a=\sqrt{2},\ 4$

②より $(\log_2 a)\cdot\dfrac{1}{\log_2 a}=\dfrac{b}{2}$

よって，$b=2$

以上のことから

$\boldsymbol{a=\sqrt{2},\ b=2}$ **または** $\boldsymbol{a=4,\ b=2}$

（参考） $\log_2 a+\dfrac{1}{\log_2 a}=\dfrac{5}{2}$ は

$\log_2 a=A$ とおいて

$A+\dfrac{1}{A}=\dfrac{5}{2}$ より $2A^2-5A+2=0$

$(2A-1)(A-2)=0$

よって，$A=\dfrac{1}{2},\ 2$

として解いてもよい。

121 まず，$4^{\frac{5}{6}}$ と $2^{\frac{4}{3}}$，$\log_2 3$ と $\log_4 7$ を比べる。

$4^{\frac{5}{6}}=(2^2)^{\frac{5}{6}}=2^{\frac{5}{3}}$，$2^{\frac{4}{3}}<2^{\frac{5}{3}}$ だから

$2^{\frac{4}{3}}<4^{\frac{5}{6}}$ ……①

$\log_4 7=\dfrac{\log_2 7}{\log_2 4}=\dfrac{\log_2 7}{2}=\log_2\sqrt{7}$

$\sqrt{7}<3$ だから $\log_2\sqrt{7}<\log_2 3$ より

$\log_4 7<\log_2 3$ ……②

ここで，$2^{\frac{4}{3}}$ と $\log_2 3$ を比べると

$\log_2 3<\log_2 4=2<2^{\frac{4}{3}}$

よって，①，②より

$\boldsymbol{\log_4 7<\log_2 3<2^{\frac{4}{3}}<4^{\frac{5}{6}}}$

122 35 を底とする各辺の対数をとる。

$5^x=7^y=35^4$

の各辺の 35 を底とする対数をとると

$\log_{35}5^x=\log_{35}7^y=\log_{35}35^4$

$x\log_{35}5=y\log_{35}7=4$

$x=\dfrac{4}{\log_{35}5}$，$y=\dfrac{4}{\log_{35}7}$ だから

$\dfrac{1}{x}+\dfrac{1}{y}=\dfrac{\log_{35}5}{4}+\dfrac{\log_{35}7}{4}$

$=\dfrac{\log_{35}35}{4}=\boldsymbol{\dfrac{1}{4}}$

別解 5 を底とする各辺の対数をとる。

$5^x=7^y=35^4$

の各辺の 5 を底とする対数をとると

$\log_5 5^x=\log_5 7^y=\log_5 35^4$

$x=y\log_5 7=4\log_5 35$

$x=4\log_5 35$，$y=\dfrac{4\log_5 35}{\log_5 7}$

$\dfrac{1}{x}+\dfrac{1}{y}=\dfrac{1}{4\log_5 35}+\dfrac{\log_5 7}{4\log_5 35}$

$=\dfrac{1+\log_5 7}{4\log_5 35}=\dfrac{\log_5 5+\log_5 7}{4\log_5 35}$

$=\dfrac{\log_5 35}{4\log_5 35}=\boldsymbol{\dfrac{1}{4}}$

123 (1) 真数条件を押え，$\log_a○=\log_a□$ に変形して ○＝□ を解く。

$\log_3(x-2)+\log_3(2x-7)=2$

(真数)>0 より $x-2>0$，$2x-7>0$

よって，$x>\dfrac{7}{2}$ ……①

$\log_3(x-2)(2x-7)=\log_3 9$ より

$(x-2)(2x-7)=9$

$2x^2-11x+5=0$

$(2x-1)(x-5)=0$

$x=\dfrac{1}{2},\ 5$

①より $\boldsymbol{x=5}$

(2) 真数条件を押え，底を 2 にそろえる。

$\log_2(x-1)+\log_4(x+4)=1$

(真数)>0 より $x-1>0$，$x+4>0$

よって，$x>1$ ……①

$\log_2(x-1)+\dfrac{\log_2(x+4)}{\log_2 4}=1$

$2\log_2(x-1)+\log_2(x+4)=2$

$\log_2(x-1)^2(x+4)=\log_2 4$　より

$(x-1)^2(x+4)=4$

$x^3+2x^2-7x+4=4$

$x(x^2+2x-7)=0$

$x=0,\ -1\pm2\sqrt{2}$

①より　$\boldsymbol{x=-1+2\sqrt{2}}$

(3) **真数条件を押え，$\log_a$○$>\log_a$□ に変形。**

$-1+\log_3(x-1)$

$<2\log_3 2-\log_3(6x-7)$

(真数)>0 より $x-1>0,\ 6x-7>0$

よって，$x>\dfrac{7}{6}$　……①

$\log_3(x-1)+\log_3(6x-7)$

$<2\log_3 2+\log_3 3$

$\log_3(x-1)(6x-7)<\log_3 12$

(底)=3>1 だから

$(x-1)(6x-7)<12$

$6x^2-13x-5<0$

$(2x-5)(3x+1)<0$

$-\dfrac{1}{3}<x<\dfrac{5}{2}$

①より　$\boldsymbol{\dfrac{7}{6}<x<\dfrac{5}{2}}$

(4) **真数条件を押えて，底の変換をする。$0<a<1$ であることに注意する。**

$\log_a(x-1)\geqq\log_{a^2}(x+11)$

$(0<a<1)$

(真数)>0 より $x-1>0,\ x+11>0$

よって，$x>1$　……①

与式より

$\log_a(x-1)\geqq\dfrac{\log_a(x+11)}{\log_a a^2}$

$\log_a(x-1)\geqq\dfrac{\log_a(x+11)}{2}$

$2\log_a(x-1)\geqq\log_a(x+11)$

$\log_a(x-1)^2\geqq\log_a(x+11)$

(底)$=a<1$ だから

$(x-1)^2\leqq x+11,\ x^2-3x-10\leqq0$

$(x+2)(x-5)\leqq0$

ゆえに，$-2\leqq x\leqq5$

①より　$\boldsymbol{1<x\leqq5}$

124 (1) **真数の最大値を求める。**

$y=\log_8(x+1)+\log_8(7-x)$

(真数)>0 より $x+1>0,\ 7-x>0$

よって，$-1<x<7$　……①

$y=\log_8(x+1)(7-x)$

$=\log_8(-x^2+6x+7)$

(真数)$=f(x)=-x^2+6x+7$

$=-(x-3)^2+16$

(底)=8>1 だから $f(x)$ が最大になるとき y は最大になる。

①より $f(x)$ の最大値は $f(3)=16$

このとき，$\log_8 16=\dfrac{\log_2 16}{\log_2 8}=\dfrac{4}{3}$

ゆえに，$x=\boldsymbol{3}$ のとき 最大値 $\boldsymbol{\dfrac{4}{3}}$

(参考)

$y=\log_8\{-(x-3)^2+16\}$ と変形して，$x=3$ のとき最大となることを示してもよい。

(2) **$\log_6 x+\log_6 y=\log_6 xy$ だから xy の最大値を求める。**

(真数)>0 より $x>0,\ y>0$

$\log_6 x+\log_6 y=\log_6 xy$

$2x+3y=12$ より $y=4-\dfrac{2}{3}x>0$

よって，$0<x<6$

$xy=x\left(4-\dfrac{2}{3}x\right)=-\dfrac{2}{3}x^2+4x$

$=-\dfrac{2}{3}(x-3)^2+6$

$0<x<6$ だから，xy の最大値は $x=3,\ y=2$ のとき 6 である。

ゆえに，最大値は $\log_6 6=\boldsymbol{1}$

別解

(相加平均)≧(相乗平均) の関係から

$12=2x+3y\geqq2\sqrt{2x\cdot3y}=2\sqrt{6}\sqrt{xy}$

よって，$\sqrt{xy}\leqq\dfrac{12}{2\sqrt{6}}=\sqrt{6}$

ゆえに，$xy\leqq6$

これより，xy の最大値は 6 である。

したがって，最大値は $\log_6 6=1$

(3) **$\log_2 x=t$ とおいて，t の関数で考える。**

$$f(x)=\left(\log_2\frac{x}{4}\right)^2-\log_2 x^2+6$$
$$=(\log_2 x-\log_2 4)^2-2\log_2 x+6$$
$$=(\log_2 x-2)^2-2\log_2 x+6$$
$$=(\log_2 x)^2-6\log_2 x+10$$

$\log_2 x=t$ とおくと，$2\leqq x\leqq 16$ より

$1\leqq t\leqq 4$ である。

$$y=t^2-6t+10\ (1\leqq t\leqq 4)$$
$$=(t-3)^2+1$$

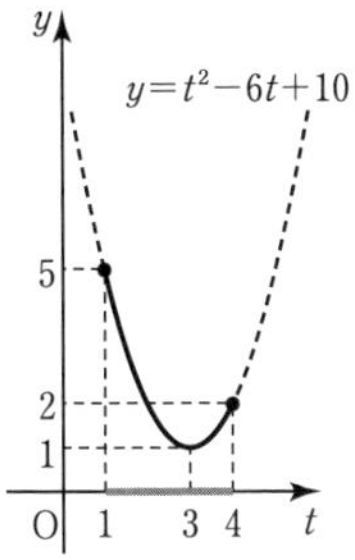

右のグラフより，

最大値は

$t=1$ のとき 5

このとき

$\log_2 x=1$ より

$x=2$

最小値は

$t=3$ のとき 1

このとき

$\log_2 x=3$ より

$x=8$

よって，

最大値は $x=2$ のとき 5

最小値は $x=8$ のとき 1

125 **N の常用対数をとって，桁数は $10^{n-1}\leqq N<10^n$ の形に，最高位の数は $N=10^{\alpha}\times 10^n$ $(0<\alpha<1)$ の形に変形する。**

$N=3^{100}$ の常用対数をとると

$$\log_{10}N=\log_{10}3^{100}=100\log_{10}3$$
$$=100\times 0.4771=47.71$$

$10^{47}<N<10^{48}$ だから

N の桁数は **48 桁**

$$N=10^{47.71}=10^{0.71}\times 10^{47}$$

ここで，

$$\log_{10}5=\log_{10}\frac{10}{2}=\log_{10}10-\log_{10}2$$
$$=1-0.3010=0.6990$$

より　$5=10^{0.6990}$

$$\log_{10}6=\log_{10}2+\log_{10}3$$
$$=0.3010+0.4771=0.7781$$

より　$6=10^{0.7781}$

よって，

$$10^{0.6990}<10^{0.71}<10^{0.7781}$$

ゆえに，$5<10^{0.71}<6$

したがって，最高位の数は **5**

また，$3^1=3$，$3^2=9$，$3^3=27$，$3^4=81$，

$3^5=243$，………

より，N の 1 の位の数は

3，9，7，1，3，……と，4 つおきにくり返される。

$100=4\times 25$ だから 3，9，7，1 を 25 回くり返した最後の数になる。

よって，N の 1 の位の数は **1**

126 (1) **傾きは $f'(2)$ で点 $(2,\ f(2))$ を通る。**

$$f(x)=-x^3+x^2+x+3$$
$$f'(x)=-3x^2+2x+1$$

傾きは $f'(2)=-12+4+1=-7$

$f(2)=-8+4+2+3=1$ より

接点は $(2,\ 1)$ だから

$$y-1=-7(x-2)$$

$$\boldsymbol{y=-7x+15}$$

(2) **接点の x 座標は $f'(x)=$(傾き) から求まる。**

$y=x^2-4x+7$ より

$y'=2x-4$，傾きが 2 のとき

$2x-4=2$　より　$x=3$

このとき，$y=4$ だから，接点は $(3,\ 4)$

よって，l_1 の方程式は

$$y-4=2(x-3)$$

よって，$\boldsymbol{y=2x-2}$

$l_1\perp l_2$ より l_2 の傾きは $-\dfrac{1}{2}$ だから

$$y'=2x-4=-\frac{1}{2}\ \text{より}\ x=\frac{7}{4}$$

このとき，$y=\left(\dfrac{7}{4}\right)^2-4\cdot\dfrac{7}{4}+7=\dfrac{49}{16}$

接点は $\left(\dfrac{7}{4},\ \dfrac{49}{16}\right)$ だから

l_2 の方程式は

$$y-\frac{49}{16}=-\frac{1}{2}\left(x-\frac{7}{4}\right)$$

よって，$\boldsymbol{y=-\frac{1}{2}x+\frac{63}{16}}$

(3) **2 曲線 C_1，C_2 は，どちらも接点 P を通り，P での接線の傾きが等しい。**

$f(x)=x^3$，$g(x)=x^2+ax-12$ とし接点 P の x 座標を t とする。

$f'(x)=3x^2$，$g'(x)=2x+a$

接線が一致するためには

(i) 傾きが等しいから

$f'(t)=g'(t)$ より $3t^2=2t+a$ ……①

(ii) 接点が同じだから

$f(t)=g(t)$ より $t^3=t^2+at-12$ ……②

①より　$a=3t^2-2t$，これを②に代入して

$t^3=t^2+(3t^2-2t)t-12$

$2t^3-t^2-12=0$

$(t-2)(2t^2+3t+6)=0$

t は実数だから　$t=2$

よって，①に代入して　$\boldsymbol{a=8}$

接線の方程式は接点が $(2,\ 8)$ なので

$y-8=12(x-2)$

よって，$\boldsymbol{y=12x-16}$

127 (1) **接点がわかっていないから接点を $(t,\ f(t))$ とおいて方程式を立てる。**

接点を $(t,\ -t^3+6t^2-9t+4)$ とおくと

$y'=-3x^2+12x-9$ より

$x=t$ のとき

$y'=-3t^2+12t-9$

だから接線の方程式は

$y-(-t^3+6t^2-9t+4)$
$=(-3t^2+12t-9)(x-t)$

$y=(-3t^2+12t-9)x+2t^3-6t^2+4$ ……①

これが点 $(0,\ -4)$ を通るから

$-4=2t^3-6t^2+4$　より

$t^3-3t^2+4=0$

$(t+1)(t^2-4t+4)=0$

$(t+1)(t-2)^2=0$

$t=-1,\ 2$　①に代入して

$t=-1$ のとき

$\boldsymbol{y=-24x-4}$，**接点は $(-1,\ 20)$**

$t=2$ のとき

$\boldsymbol{y=3x-4}$，**接点は $(2,\ 2)$**

(2) **接点 $x=t$ の個数だけ接線が引けるから t の方程式を導き，異なる 3 つの実数解をもつ条件を考える。**

点 $(0,\ k)$ を通るから①に代入して

$k=2t^3-6t^2+4$　より

$2t^3-6t^2+4-k=0$

これが異なる 3 つの実数解をもつ k の範囲を求めればよい。

$f(t)=2t^3-6t^2+4-k$ とおくと

$f'(t)=6t^2-12t=6t(t-2)$

$f'(t)=0$ より $f(t)$ は $t=0$，2 で極値をもつ。

(極大値)・(極小値)<0

ならばよいから　(**134** 参照)

$f(0)\cdot f(2)=(4-k)(-4-k)<0$

$(k-4)(k+4)<0$

よって，$\boldsymbol{-4<k<4}$

別解

$2t^3-6t^2+4=k$　より

$y=2t^3-6t^2+4$ と $y=k$ のグラフの共有点で考える。

$y'=6t^2-12t=6t(t-2)$

t	…	0	…	2	…
y'	+	0	−	0	+
y	↗	4	↘	−4	↗

異なる 3 つの共有点をもつときだから，グラフより

$\boldsymbol{-4<k<4}$

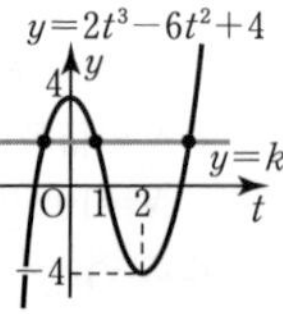

128 **$f(x)=ax^3+bx^2+cx+d$ とおいて条件より a, b, c, d を決定する。$a>0$ と $a<0$ の場合で極大値と極小値が替わるので注意。**

$f(x)=ax^3+bx^2+cx+d$　$(a\neq 0)$

とおくと

$f'(x)=3ax^2+2bx+c$

$x=1$，3 で極値をとるから

$f'(1)=3a+2b+c=0$ ……①

$f'(3)=27a+6b+c=0$ ……②

(i) $a>0$ のとき右の増減表から

x	…	1	…	3	…
$f'(x)$	+	0	−	0	+
$f(x)$	↗	極大	↘	極小	↗

極大値は

$f(1)=a+b+c+d=2$ ……③

極小値は

$f(3)=27a+9b+3c+d=-2$ ……④

①，②，③，④の連立方程式を解いて

$a=1$，$b=-6$，$c=9$，$d=-2$

(ii) $a<0$ のとき右の増減表から

x	…	1	…	3	…
$f'(x)$	−	0	+	0	−
$f(x)$	↘	極小	↗	極大	↘

極大値は

$f(3)=27a+9b+3c+d=2$ ……⑤

極小値は

$f(1)=a+b+c+d=-2$ ……⑥

①，②，⑤，⑥の連立方程式を解いて

$a=-1$，$b=6$，$c=-9$，$d=2$

よって，$\boldsymbol{f(x)=x^3-6x^2+9x-2}$

$\boldsymbol{f(x)=-x^3+6x^2-9x+2}$

(参考)

①，②，③，④の連立方程式の解き方

c と d を消去して

a と b の連立方程式にする。

②−① より　$24a+4b=0$

$6a+b=0$ ……①′

④−③ より　$26a+8b+2c=-4$

$13a+4b+c=-2$ ……②′

②′−① より　$10a+2b=-2$

$5a+b=-1$ ……③′

①′−③′ より　$a=1$

①′に代入して　$b=-6$

これらを①，③に代入して

$c=9$，$d=-2$

129 **$f'(x)$ を求めて，増減表をかいて考える。a による場合分けが必要。**

$f(x)=2x^3-3(a+2)x^2+12a$

$f'(x)=6x^2-6(a+2)x$

$=6x(x-a-2)$

$f'(x)=0$　より　$x=0$，$a+2$

増減表をかくと

(i) $a+2>0$ (**$a>-2$**) のとき

x	…	0	…	$a+2$	…
$f'(x)$	+	0	−	0	+
$f(x)$	↗	極大	↘	極小	↗

極大値は　$f(0)=\boldsymbol{12a}$

(ii) $a+2<0$ (**$a<-2$**) のとき

x	…	$a+2$	…	0	…
$f'(x)$	+	0	−	0	+
$f(x)$	↗	極大	↘	極小	↗

極大値は

$f(a+2)=2(a+2)^3-3(a+2)^3+12a$

$=-a^3-6a^2-12a-8+12a$

$=\boldsymbol{-a^3-6a^2-8}$

(iii) **$a=-2$ のとき**，$f'(x)=6x^2\geqq 0$ より**極値をもたない。**

130 **$f'(x)=0$ が異なる 2 つの実数解をもたない。**

$f(x)=\dfrac{1}{3}x^3+ax^2+(3a+4)x$

$f'(x)=x^2+2ax+3a+4$

$f(x)$ が極値をもたないためには，$f'(x)=0$ が異なる 2 つの実数解をもたなければよい。ゆえに

$D/4=a^2-(3a+4)\leqq 0$

$(a+1)(a-4)\leqq 0$

よって，$\boldsymbol{-1\leqq a\leqq 4}$

131 **$0\leqq x\leqq 1$ の範囲で $f'(x)\geqq 0$ となる条件を求め a，b 座標に領域を図示する。**

(1) $f(x)=x^3-3ax^2+3bx-2$

$f'(x)=3x^2-6ax+3b$

$f(x)$ が区間 $0\leqq x\leqq 1$ で増加するためには $0\leqq x\leqq 1$ で $f'(x)\geqq 0$ であればよい。

$f'(x)=3(x-a)^2-3a^2+3b$　と変形。

(i) $a<0$ のとき

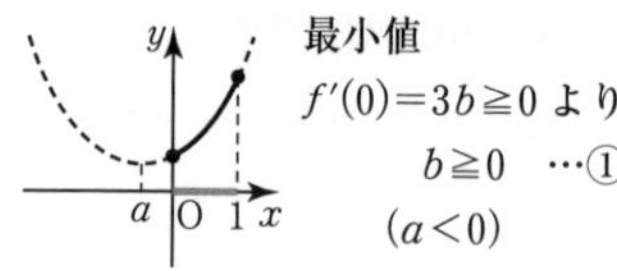

最小値

$f'(0)=3b\geqq 0$ より

$b\geqq 0$ …①

$(a<0)$

(ii) $0\leqq a\leqq 1$ のとき

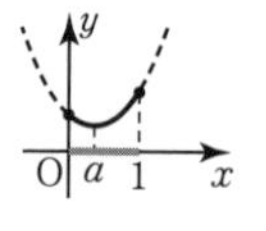

最小値

$f'(a)=-3a^2+3b\geqq 0$

より $b\geqq a^2$ …②

$(0\leqq a\leqq 1)$

(iii) $1<a$ のとき

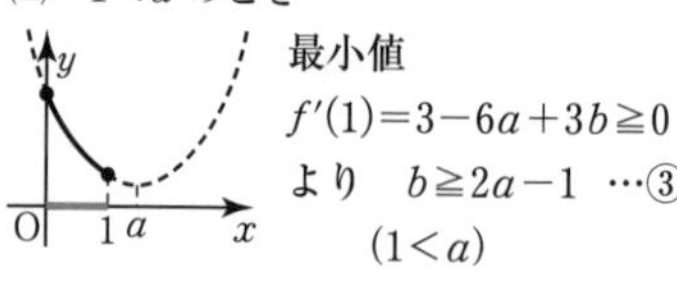

最小値

$f'(1)=3-6a+3b\geqq 0$

より $b\geqq 2a-1$ …③

$(1<a)$

よって

$$\begin{cases} \boldsymbol{a<0} \text{ のとき } \boldsymbol{b\geqq 0} \\ \boldsymbol{0\leqq a\leqq 1} \text{ のとき } \boldsymbol{b\geqq a^2} \\ \boldsymbol{1<a} \text{ のとき } \boldsymbol{b\geqq 2a-1} \end{cases}$$

(2) ①，②，③のいずれかの範囲だから，点 $(a,\ b)$ の存在範囲は図の斜線部分。ただし，境界を含む。

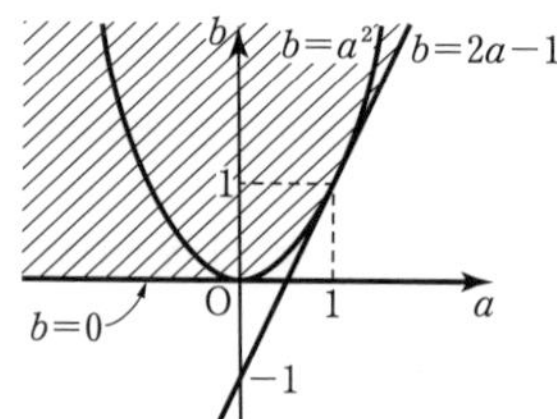

132 増減表をかいて最大値，最小値を判定する。

$f(x)=ax^3-12ax+b$

$f'(x)=3ax^2-12a$

$\quad=3a(x+2)(x-2)$

$-1\leqq x\leqq 3$ の範囲で増減表をかく。

x	-1	…	2	…	3
$f'(x)$		$-$	0	$+$	
$f(x)$	$11a+b$	↘	$-16a+b$	↗	$-9a+b$

$f(-1)=-a+12a+b=11a+b$

$f(2)=8a-24a+b=-16a+b$

$f(3)=27a-36a+b=-9a+b$

$a>0$ より $11a+b>-9a+b$

増減表より

最大値は $f(-1)=11a+b=27$ …①

最小値は $f(2)=-16a+b=-81$ …②

①，②を解いて

$\boldsymbol{a=4,\ b=-17}$ ($a>0$ を満たす)

133 $\boldsymbol{y=f(x)}$ のグラフ上で直線 $\boldsymbol{y=p}$ を平行移動させて $\boldsymbol{x}$ 軸上に現れる解の符号から判断する。

(1) $f(x)=4x^3-12x^2+9x$

$f'(x)=12x^2-24x+9$

$\quad=3(2x-1)(2x-3)$

x	…	$\frac{1}{2}$	…	$\frac{3}{2}$	…
$f'(x)$	$+$	0	$-$	0	$+$
$f(x)$	↗	2	↘	0	↗

極大値 $f\left(\frac{1}{2}\right)=\frac{1}{2}-3+\frac{9}{2}=\boldsymbol{2}$

極小値 $f\left(\frac{3}{2}\right)=\frac{27}{2}-27+\frac{27}{2}=\boldsymbol{0}$

これより $y=f(x)$ のグラフをかくと，下図になる。

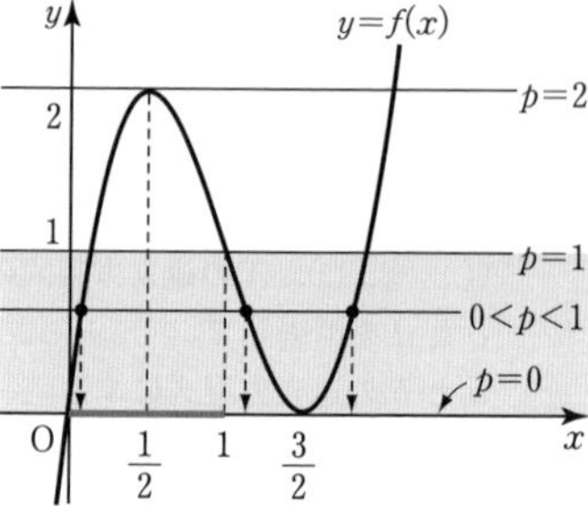

(2) $y=f(x)$ と $y=p$ のグラフの共有点の x 座標が $0\leqq x\leqq 1$ の範囲にただ1つある条件は，$f(1)=1$ だから，上のグラフで考えると，$y=p$ のグラフが $p=1$ を除き灰色の部分，または $p=2$ のときである。

よって，$\boldsymbol{0\leqq p<1,\ p=2}$

134 $\boldsymbol{y=f(x)}$ のグラフで考える。$\boldsymbol{x}$ 軸と異なる3つの共有点をもつ条件を求める。

$f(x)=x^3-6ax^2+9a^2x-4a$　とおく。

$$f'(x)=3x^2-12ax+9a^2$$
$$=3(x-a)(x-3a)$$

$f(x)=0$ が異なる3つの実数解をもつのは(極大値)・(極小値)<0 ならばよいから

$a \neq 0$ かつ $f(a)\cdot f(3a)<0$

$$f(a)=a^3-6a^3+9a^3-4a=4a^3-4a$$
$$f(3a)=27a^3-54a^3+27a^3-4a=-4a$$

だから

$$(4a^3-4a)(-4a)<0$$
$$16a^2(a^2-1)>0$$
$$a^2(a+1)(a-1)>0$$

よって，$\boldsymbol{a<-1,\ 1<a}$

135 定義に従って絶対値記号をはずす。積分区間と積分する関数に注意して計算する。

(1) $|x-1|=\begin{cases} x-1 & (x \geqq 1) \\ -x+1 & (x \leqq 1) \end{cases}$　だから

$$\int_{-2}^{2}|x-1|(3x+1)\,dx$$
$$=\int_{-2}^{1}(-x+1)(3x+1)\,dx+\int_{1}^{2}(x-1)(3x+1)\,dx$$
$$=\int_{-2}^{1}(-3x^2+2x+1)\,dx+\int_{1}^{2}(3x^2-2x-1)\,dx$$
$$=\Big[-x^3+x^2+x\Big]_{-2}^{1}+\Big[x^3-x^2-x\Big]_{1}^{2}$$
$$=(-1+1+1)-(8+4-2)+(8-4-2)-(1-1-1)$$
$$=1-10+2+1=\boldsymbol{-6}$$

(参考)

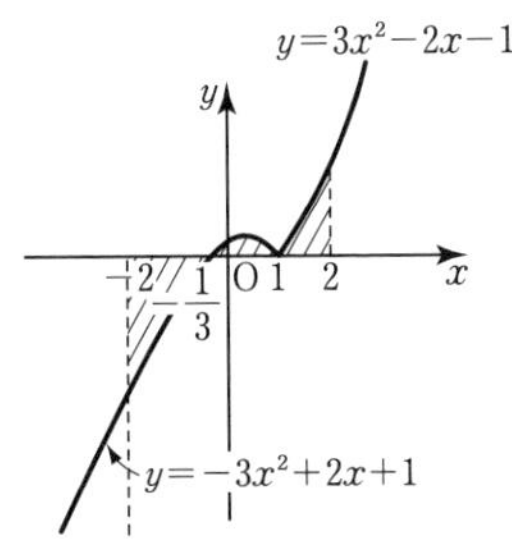

(2) $|x^2-4|=\begin{cases} x^2-4 & (x \leqq -2,\ 2 \leqq x) \\ -x^2+4 & (-2 \leqq x \leqq 2) \end{cases}$

だから

$$\int_{0}^{4}|x^2-4|\,dx$$
$$=\int_{0}^{2}(-x^2+4)\,dx+\int_{2}^{4}(x^2-4)\,dx$$
$$=\Big[-\frac{1}{3}x^3+4x\Big]_{0}^{2}+\Big[\frac{1}{3}x^3-4x\Big]_{2}^{4}$$
$$=\Big(-\frac{8}{3}+8\Big)+\Big(\frac{64}{3}-16\Big)-\Big(\frac{8}{3}-8\Big)$$
$$=\frac{48}{3}=\boldsymbol{16}$$

(参考)

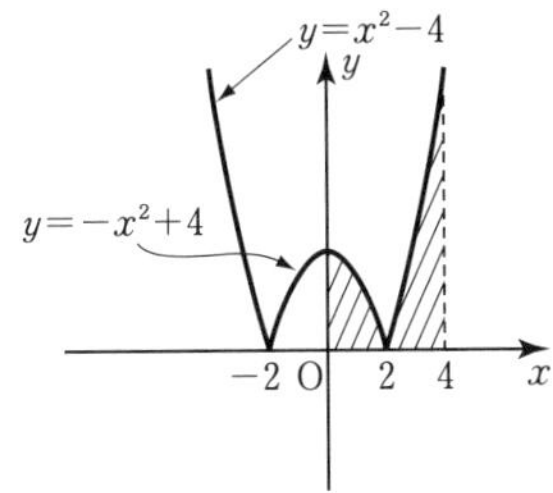

(3) $x^3-3x=x(x+\sqrt{3})(x-\sqrt{3})$

$$|x^3-3x|$$
$$=\begin{cases} x^3-3x & (-\sqrt{3} \leqq x \leqq 0,\ \sqrt{3} \leqq x) \\ -x^3+3x & (x \leqq -\sqrt{3},\ 0 \leqq x \leqq \sqrt{3}) \end{cases}$$

だから

$$\int_{0}^{2}|x^3-3x|\,dx$$
$$=\int_{0}^{\sqrt{3}}(-x^3+3x)\,dx+\int_{\sqrt{3}}^{2}(x^3-3x)\,dx$$
$$=\Big[-\frac{1}{4}x^4+\frac{3}{2}x^2\Big]_{0}^{\sqrt{3}}+\Big[\frac{1}{4}x^4-\frac{3}{2}x^2\Big]_{\sqrt{3}}^{2}$$
$$=\Big(-\frac{9}{4}+\frac{9}{2}\Big)+(4-6)-\Big(\frac{9}{4}-\frac{9}{2}\Big)$$
$$=\frac{9}{4}-2+\frac{9}{4}=\boldsymbol{\frac{5}{2}}$$

(参考)

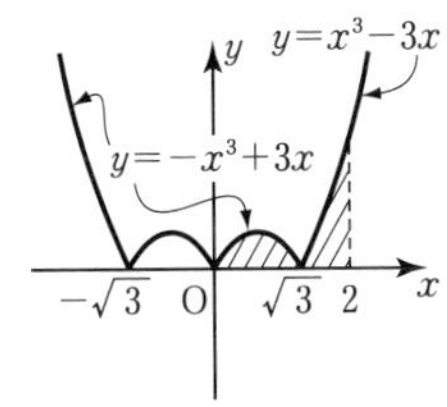

136 $\int_1^2 |t-x|\,dt$ は t の関数の定積分で積分区間は $1 \leqq t \leqq 2$ だから，x の値で場合分けをする。

(1) x の値によって，次の 3 通りに分けられる。

(i) $x \leqq 1$ のとき

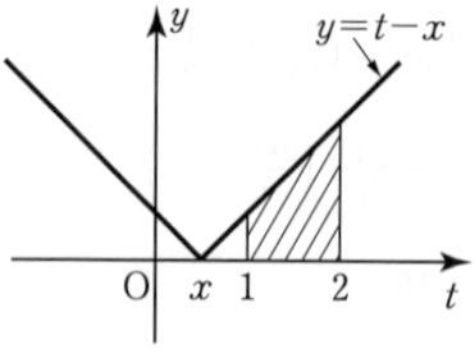

$$f(x)=\int_1^2 (t-x)\,dt=\left[\frac{1}{2}t^2-xt\right]_1^2$$

$$=(2-2x)-\left(\frac{1}{2}-x\right)=-x+\frac{3}{2}$$

(ii) $1 \leqq x \leqq 2$ のとき

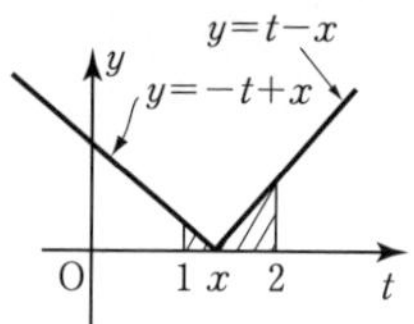

$$f(x)=\int_1^x (-t+x)\,dt+\int_x^2 (t-x)\,dt$$

$$=\left[-\frac{1}{2}t^2+xt\right]_1^x+\left[\frac{1}{2}t^2-xt\right]_x^2$$

$$=\left(-\frac{1}{2}x^2+x^2\right)-\left(-\frac{1}{2}+x\right)$$

$$+(2-2x)-\left(\frac{1}{2}x^2-x^2\right)$$

$$=x^2-3x+\frac{5}{2}$$

(iii) $2 \leqq x$ のとき

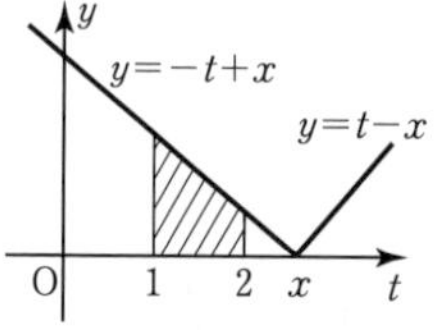

$$f(x)=\int_1^2 (-t+x)\,dt=\left[-\frac{1}{2}t^2+xt\right]_1^2$$

$$=(-2+2x)-\left(-\frac{1}{2}+x\right)=x-\frac{3}{2}$$

よって，(i)，(ii)，(iii)より

$$\boldsymbol{f(x)=\begin{cases} -x+\dfrac{3}{2} & (x \leqq 1) \\ x^2-3x+\dfrac{5}{2} & (1 \leqq x \leqq 2) \\ x-\dfrac{3}{2} & (2 \leqq x) \end{cases}}$$

(2) $f(x)=x^2-3x+\dfrac{5}{2}$

$$=\left(x-\frac{3}{2}\right)^2+\frac{1}{4} \text{ より}$$

$y=f(x)$ のグラフは下図のようになる。

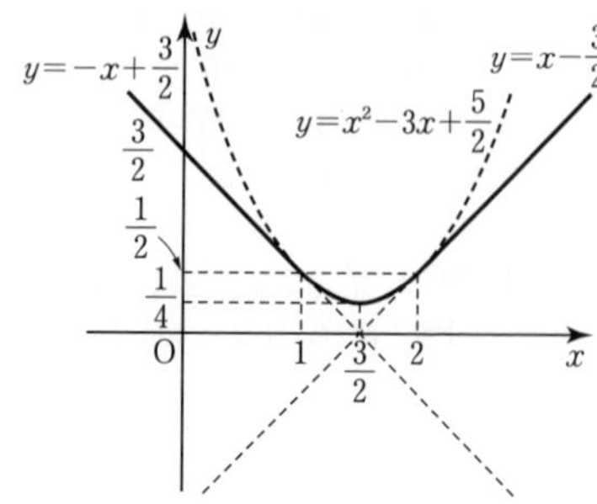

よって，$\boldsymbol{x=\dfrac{3}{2}}$ のとき **最小値 $\dfrac{1}{4}$**

137 (1) $\int_0^1 f(t)\,dt=A$ とおくと $f(x)=x^2-4x-A$ となる。

$$f(x)=x^2-4x-\int_0^1 f(t)\,dt$$

ここで

$$\int_0^1 f(t)\,dt=A \text{（定数）}$$

とおくと

$f(x)=x^2-4x-A$　だから

$f(t)=t^2-4t-A$

$$A=\int_0^1 (t^2-4t-A)\,dt$$

$$=\left[\frac{1}{3}t^3-2t^2-At\right]_0^1$$

$$=\frac{1}{3}-2-A$$

$2A=-\dfrac{5}{3}$　より　$A=-\dfrac{5}{6}$

よって，$\boldsymbol{f(x)=x^2-4x+\dfrac{5}{6}}$

(2) **$\int_0^1 (xt+1)f(t)\,dt$**
$=x\int_0^1 tf(t)\,dt+\int_0^1 f(t)\,dt$
として，別々の定数でおく。

$f(x)=1+2\int_0^1 (xt+1)f(t)\,dt$

$\quad=1+2x\int_0^1 tf(t)\,dt+2\int_0^1 f(t)\,dt$

ここで

$\int_0^1 tf(t)\,dt=A$，$\int_0^1 f(t)\,dt=B$

（A，B は定数）とおくと

$f(x)=1+2Ax+2B$　だから

$A=\int_0^1 t(1+2At+2B)\,dt$

$\quad=\left[\frac{2}{3}At^3+\frac{1}{2}(2B+1)t^2\right]_0^1$

$\quad=\frac{2}{3}A+\frac{1}{2}(2B+1)$

$2A-6B=3$　……①

$B=\int_0^1 (1+2At+2B)\,dt$

$\quad=\left[At^2+(2B+1)t\right]_0^1$

$\quad=A+2B+1$

$A+B=-1$　……②

①，②を解いて，$A=-\frac{3}{8}$，$B=-\frac{5}{8}$

よって，$f(x)=1-\frac{3}{4}x-\frac{5}{4}$　より

$\boldsymbol{f(x)=-\frac{3}{4}x-\frac{1}{4}}$

138 **$-\int_\alpha^\beta (x-\alpha)(x-\beta)\,dx=\frac{(\beta-\alpha)^3}{6}$ を利用する。**

(1) (ア)　2 曲線の交点は

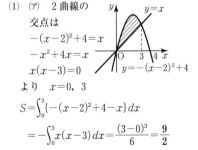

$-(x-2)^2+4=x$

$-x^2+4x=x$

$x(x-3)=0$

より　$x=0$，3

$S=\int_0^3\{-(x-2)^2+4-x\}\,dx$

$\quad=-\int_0^3 x(x-3)\,dx=\frac{(3-0)^3}{6}=\boldsymbol{\frac{9}{2}}$

(イ)

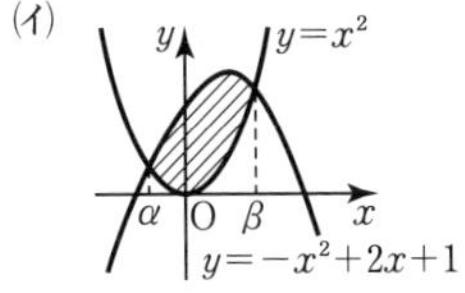

2 曲線の交点は

$x^2=-x^2+2x+1$

$2x^2-2x-1=0$

$x=\frac{1\pm\sqrt{3}}{2}$

$\alpha=\frac{1-\sqrt{3}}{2}$，$\beta=\frac{1+\sqrt{3}}{2}$　とおくと

$S=\int_\alpha^\beta(-x^2+2x+1-x^2)\,dx$

$\quad=-2\int_\alpha^\beta(x-\alpha)(x-\beta)\,dx$

$\quad=\frac{2(\beta-\alpha)^3}{6}$

$\quad=\frac{1}{3}\left(\frac{1+\sqrt{3}}{2}-\frac{1-\sqrt{3}}{2}\right)^3$

$\quad=\frac{1}{3}(\sqrt{3})^3=\boldsymbol{\sqrt{3}}$

(2)

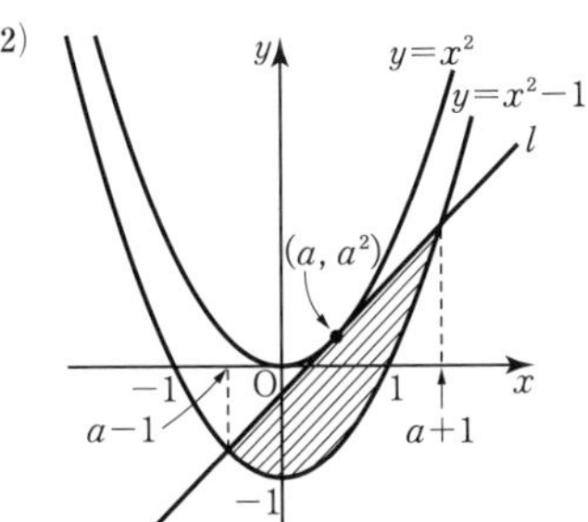

$y=x^2$　より $y'=2x$

点 $(a,\ a^2)$ における接線の方程式は

$y-a^2=2a(x-a)$

$y=2ax-a^2$

$y=x^2-1$ との交点は

$x^2-1=2ax-a^2$

$x^2-2ax+(a-1)(a+1)=0$

$(x-a+1)(x-a-1)=0$

$\quad\boldsymbol{x=a-1,\ a+1}$

また，求める面積は上図の斜線部分だから

$$\int_{a-1}^{a+1}\{2ax-a^2-(x^2-1)\}\,dx$$
$$=-\int_{a-1}^{a+1}(x^2-2ax+a^2-1)\,dx$$
$$=-\int_{a-1}^{a+1}(x-a+1)(x-a-1)\,dx$$
$$=\frac{1}{6}(a+1-a+1)^3=\frac{8}{6}=\mathbf{\frac{4}{3}}$$

139 (1) **連立させて，2次方程式の $D>0$ を示す。**

$x^2-ax+1=-x^2+(a+4)x-3a+1$

より

$2x^2-2(a+2)x+3a=0$ ……①

$D/4=(a+2)^2-2\cdot 3a$

$\quad =a^2-2a+4=(a-1)^2+3>0$

よって，2つの放物線は異なる2点で交わる。

(2) **2つの放物線の交点の x 座標を α，β とおいて $\dfrac{|a|}{6}(\beta-\alpha)^3$ の公式を使う。**

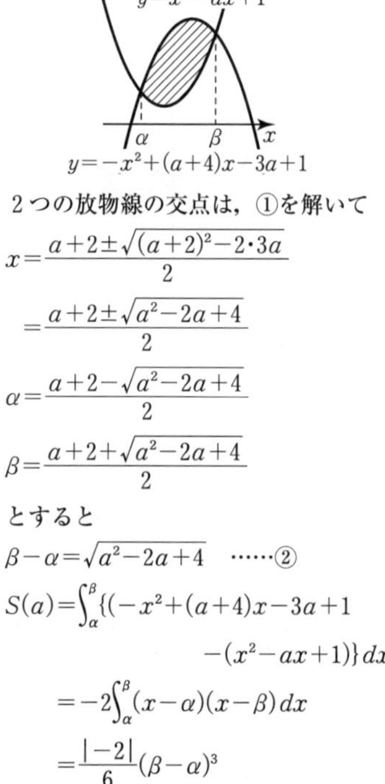

2つの放物線の交点は，①を解いて

$$x=\frac{a+2\pm\sqrt{(a+2)^2-2\cdot 3a}}{2}$$
$$=\frac{a+2\pm\sqrt{a^2-2a+4}}{2}$$
$$\alpha=\frac{a+2-\sqrt{a^2-2a+4}}{2}$$
$$\beta=\frac{a+2+\sqrt{a^2-2a+4}}{2}$$

とすると

$\beta-\alpha=\sqrt{a^2-2a+4}$ ……②

$$S(a)=\int_\alpha^\beta\{(-x^2+(a+4)x-3a+1)-(x^2-ax+1)\}\,dx$$
$$=-2\int_\alpha^\beta(x-\alpha)(x-\beta)\,dx$$
$$=\frac{|-2|}{6}(\beta-\alpha)^3$$

②を代入して

$$\mathbf{S(a)=\frac{1}{3}(\sqrt{a^2-2a+4})^3}$$

$a^2-2a+4=(a-1)^2+3$ より

$a=1$ のとき，最小値3をとるから

$S(a)$ の最小値は $\mathbf{a=1}$ のとき

$$S(1)=\frac{1}{3}(\sqrt{3})^3=\mathbf{\sqrt{3}}$$

別解

(2) ①の2つの解を α，β とすると，解と係数の関係より

$\alpha+\beta=a+2$，$\alpha\beta=\dfrac{3}{2}a$

$$\beta-\alpha=\sqrt{(\beta-\alpha)^2}=\sqrt{(\alpha+\beta)^2-4\alpha\beta}$$
$$=\sqrt{(a+2)^2-4\cdot\frac{3}{2}a}=\sqrt{a^2-2a+4}$$

として，$\beta-\alpha$ を求めてもよい。

140 **$y=x^2-4x$ のグラフをかき，(2)は $y=ax$ と囲まれた部分，(3)は，$y=bx^2$ と囲まれた部分を明らかにする。**

(1)
$$S=-\int_0^4(x^2-4x)\,dx$$
$$=-\int_0^4 x(x-4)\,dx$$
$$=\frac{(4-0)^3}{6}=\mathbf{\frac{32}{3}}$$

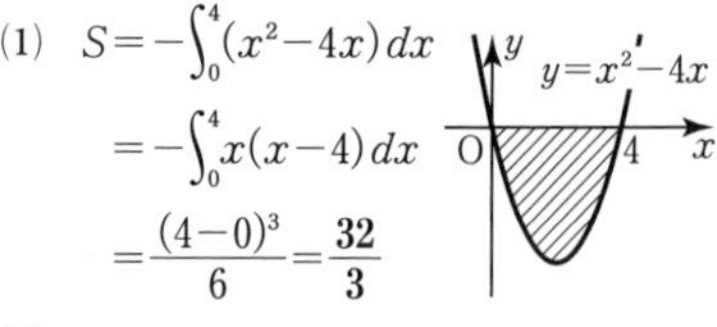

(2)

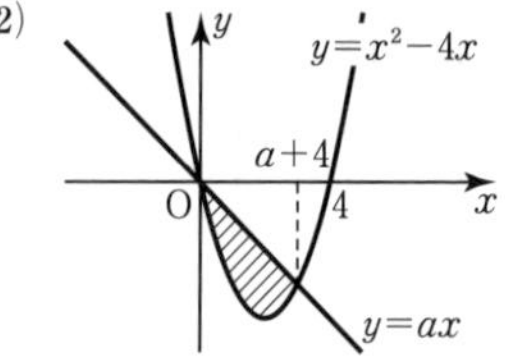

$y=x^2-4x$ と $y=ax$ の共有点は

$x^2-4x=ax$

$x\{x-(a+4)\}=0$

$x=0$，$a+4$

上図の斜線部分の面積が $\dfrac{16}{3}$ になればよいから

$$\int_0^{a+4}\{ax-(x^2-4x)\}\,dx$$
$$=-\int_0^{a+4}x(x-a-4)\,dx$$
$$=\frac{(a+4)^3}{6}=\frac{16}{3}$$ より

$(a+4)^3=32$

$a+4=\sqrt[3]{32}=2\sqrt[3]{4}$

よって，$\boldsymbol{a=-4+2\sqrt[3]{4}}$

(3)

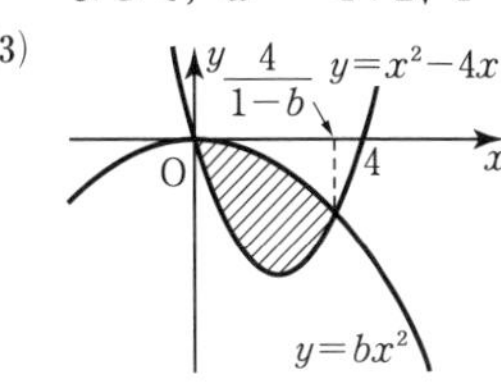

$y=x^2-4x$ と $y=bx^2$ の共有点は

$x^2-4x=bx^2$

$x\{(1-b)x-4\}=0$

$x=0,\ \dfrac{4}{1-b}$

上図の斜線部分の面積が $\dfrac{16}{3}$ になればよいから

$\displaystyle\int_0^{\frac{4}{1-b}}\{bx^2-(x^2-4x)\}dx$

$\displaystyle=-(1-b)\int_0^{\frac{4}{1-b}}x\left(x-\frac{4}{1-b}\right)dx$

$=\dfrac{(1-b)}{6}\cdot\left(\dfrac{4}{1-b}\right)^3=\dfrac{32}{3(1-b)^2}=\dfrac{16}{3}$

よって，$(1-b)^2=2$

$1-b=\pm\sqrt{2}$ より

$b=1\pm\sqrt{2}$

グラフより　$b<0$ だから

$\boldsymbol{b=1-\sqrt{2}}$

141 等差数列の一般項 $\boldsymbol{a_n=a+(n-1)d}$ と和 $\boldsymbol{S_n=\frac{1}{2}n\{2a+(n-1)d\}}$ の公式に代入する。

(1)　初項を a，公差を d とすると

$a_{20}=a+19d=-1$　……①

$a_{50}=a+49d=5$　……②

①，②を解いて

$a=-\dfrac{24}{5},\ d=\dfrac{1}{5}$

よって，$a_n=-\dfrac{24}{5}+(n-1)\cdot\dfrac{1}{5}$ より

$\boldsymbol{a_n=\frac{1}{5}n-5}$

また，$\dfrac{1}{5}n-5>2$　より，$n>35$

よって，最小の n は **36**

(2)　$S_5=\dfrac{1}{2}\cdot5\cdot\{2a+(5-1)d\}=20$

$a+2d=4$　……①

$S_{10}=\dfrac{1}{2}\cdot10\cdot\{2a+(10-1)d\}=30+20$

$2a+9d=10$　……②

①，②を解いて

$a=\dfrac{16}{5},\ d=\dfrac{2}{5}$

よって，$a_n=\dfrac{16}{5}+(n-1)\cdot\dfrac{2}{5}$ より

$\boldsymbol{a_n=\frac{2}{5}n+\frac{14}{5}}$

(3)　初項 a，公差を d とすると(i)より

$a_4+a_6+a_8=84$ だから

$a_n=a+(n-1)d$

に $n=4,\ 6,\ 8$ を代入して

$(a+3d)+(a+5d)+(a+7d)=84$

$a+5d=28$　……①

(ii)より $a_n>50$ となる最小の n が 11 だから $a_{10}\leqq50$ かつ $50<a_{11}$ である。

$\begin{cases}a+9d\leqq50 & \cdots\cdots② \\ a+10d>50 & \cdots\cdots③\end{cases}$

①より $a=28-5d$ を②，③に代入すると

②は $28-5d+9d\leqq50$

$4d\leqq22,\ d\leqq\dfrac{11}{2}=5.5$

③は $28-5d+10d>50$

$5d>22,\ d>\dfrac{22}{5}=4.4$

よって，$4.4<d\leqq5.5$ で，d は自然数だから $\boldsymbol{d=5}$，①に代入して $\boldsymbol{a=3}$

142 等比数列の一般項 $\boldsymbol{a_n=ar^{n-1}}$ と和 $\boldsymbol{S_n=\frac{a(r^n-1)}{r-1}}$ の公式に代入する。

(1)　初項を a，公比を r とすると

$a_3=ar^2=36$　……①

$a_5=ar^4=324$　……②

②÷①より

$\dfrac{ar^4}{ar^2}=\dfrac{324}{36},\ r^2=9$

よって，$r=\pm3$　①に代入して $a=4$

よって，$a=4$，$r=3$ のとき

$$S_5=\frac{4(3^5-1)}{3-1}=\mathbf{484}$$

$a=4$，$r=-3$ のとき

$$S_5=\frac{4\{(-3)^5-1)\}}{-3-1}=\mathbf{244}$$

(2)　初項から第 n 項までの和を S_n，初項を a，公比を r とすると

$$S_3=\frac{a(r^3-1)}{r-1}=21 \quad \cdots\cdots①$$

$$S_9=\frac{a(r^9-1)}{r-1}=21+1512=1533 \quad \cdots②$$

②より

$$\frac{a(r^9-1)}{r-1}=\frac{a\{(r^3)^3-1\}}{r-1}$$ として

$$\frac{a(r^3-1)(r^6+r^3+1)}{r-1}=1533$$

①を代入して

$21(r^6+r^3+1)=1533$

$r^6+r^3+1=73$

$(r^3+9)(r^3-8)=0$

$r>0$ だから $r^3=8$ より $r=2$

①に代入して

$7a=21$ より $a=3$

よって，初項は **3**

また，はじめの 5 項の和は

$$S_5=\frac{3(2^5-1)}{2-1}=\mathbf{93}$$

143 $a_n\geqq0$ となる最大の n を求める。

初項を a，公差を d とすると

$a_{10}=a+9d=39$ 　　$\cdots\cdots①$

$a_{30}=a+29d=-41$ 　$\cdots\cdots②$

①，②を解いて

$a=75$，$d=-4$

よって，$a_n=75+(n-1)\cdot(-4)$

$=\mathbf{-4n+79}$

$a_n=-4n+79\geqq0$ となるのは

$$n\leqq\frac{79}{4}\fallingdotseq19.7\cdots$$

だから，初項から第 19 項までの和が最大になる。

よって，

$$S_{19}=\frac{1}{2}\cdot19\{2\cdot75+(19-1)\cdot(-4)\}$$

$$=\frac{1}{2}\cdot19\cdot78=\mathbf{741}$$

144 a，b，c が等比数列，c，a，b が等差数列となる関係式をつくる。

a，b，c が等比数列をなすから

$b^2=ac$ 　　$\cdots\cdots①$

c，a，b が等差数列をなすから

$2a=b+c$ 　$\cdots\cdots②$

また，和が 6 だから

$a+b+c=6$ 　$\cdots\cdots③$

②より $b+c=2a$ を③に代入して

$3a=6$，$a=2$

①，②に代入して

$b^2=2c$ 　$\cdots\cdots①'$

$b+c=4$ 　$\cdots\cdots②'$

①′，②′ を解いて

$b=2$，$c=2$　または　$b=-4$，$c=8$

a，b，c は異なる 3 数だから

$\boldsymbol{a=2,\ b=-4,\ c=8}$

145 2 つの数列をかいて，初項を見つける。公差は 4 と 5 の最小公倍数

4 で割ると 3 余るのは

3，7，11，15，19，23，……

5 で割ると 4 余るのは

4，9，14，19，24，29，……

初項 19，公差は，4 と 5 の最小公倍数の 20 だから

$a_n=19+(n-1)\cdot20=20n-1$

$1\leqq20n-1\leqq200$ より

$0.1\leqq n\leqq10.05$

n は自然数だから　$1\leqq n\leqq10$

よって，$S=\frac{1}{2}\cdot10\cdot\{2\cdot19+(10-1)\cdot20\}$

$=\mathbf{1090}$

別解

$S=\frac{1}{2}n(a+l)$ を使って求めると

末項が $a_{10}=20\cdot10-1=199$ だから

$$S=\frac{1}{2}\cdot10(19+199)=\mathbf{1090}$$

別解 **2つの数列の一般項から，共通項の一般項を整数の性質を使って求める。**

4で割ると3余る数は初項3，公差4の等差数列だから

$a_l=3+(l-1)\cdot 4=4l-1$ ……①

5で割ると4余る数は初項4，公差5の等差数列だから

$b_m=4+(m-1)\cdot 5=5m-1$ ……②

$a_l=b_m$ となるのは

$4l-1=5m-1$ より $4l=5m$

4と5は互いに素だから

$m=4n$（または $l=5n$）（$n=1,\ 2,\ 3,\ \cdots\cdots$）

のときである。

共通項の一般項を c_n とすると②に代入して

$c_n=5\cdot 4n-1=20n-1$

（$l=5n$ とすると①に代入して $c_n=4\cdot 5n-1=20n-1$）

146 **一般項は $a_n=n\cdot x^{n-1}$ だから S_n-xS_n を計算する。**

$$\begin{array}{rl} S_n= & 1+2\cdot x+3\cdot x^2+\cdots\cdots\cdots+nx^{n-1} \\ -)\ xS_n= & \quad x+2x^2+3\cdot x^3+\cdots\cdots+(n-1)x^{n-1}+nx^n \\ \hline (1-x)S_n= & \underbrace{1+x+x^2+x^3+\cdots\cdots+x^{n-1}}_{\text{初項}1,\ \text{公比}x,\ \text{項数}n}-nx^n \end{array}$$

$$=\frac{1\cdot(1-x^n)}{1-x}-nx^n$$

$$=\frac{1-x^n-(1-x)nx^n}{1-x}$$

$$=\frac{1-x^n-nx^n+nx^{n+1}}{1-x}$$

$$=\frac{1-(n+1)x^n+nx^{n+1}}{1-x}$$

よって，$\boldsymbol{S_n=\dfrac{1-(n+1)x^n+nx^{n+1}}{(1-x)^2}}$

147 **$\sum$ の公式をあてはめて計算する。**

(1) 第 k 項は

$a_k=k(2k-1)^2=4k^3-4k^2+k$ だから

$$(\text{与式})=\sum_{k=1}^{n}(4k^3-4k^2+k)$$

$$=4\sum_{k=1}^{n}k^3-4\sum_{k=1}^{n}k^2+\sum_{k=1}^{n}k$$

$$=4\cdot\left\{\frac{1}{2}n(n+1)\right\}^2-4\cdot\frac{1}{6}n(n+1)(2n+1)+\frac{1}{2}n(n+1)$$

$$=\frac{1}{6}n(n+1)\{6n(n+1)-4(2n+1)+3\}$$

$$\boldsymbol{=\frac{1}{6}n(n+1)(6n^2-2n-1)}$$

(2) 第 k 項は $a_k=k^2(n-k+1)$ と表せるから

$$(\text{与式})=\sum_{k=1}^{n}k^2(n-k+1)$$

$$=-\sum_{k=1}^{n}k^3+(n+1)\sum_{k=1}^{n}k^2$$

$$=-\left\{\frac{1}{2}n(n+1)\right\}^2+(n+1)\frac{1}{6}n(n+1)(2n+1)$$

$$=-\frac{1}{4}n^2(n+1)^2+\frac{1}{6}n(n+1)^2(2n+1)$$

$$=\frac{1}{12}n(n+1)^2\{2(2n+1)-3n\}$$

$$\boldsymbol{=\frac{1}{12}n(n+1)^2(n+2)}$$

148 (1) **$\dfrac{1}{(2k-1)(2k+1)}$ を部分分数に分解する。**

$$\frac{1}{(2k-1)(2k+1)}=\frac{1}{2}\left(\frac{1}{2k-1}-\frac{1}{2k+1}\right) \text{と変形}$$

$$\sum_{k=1}^{n}\frac{1}{(2k-1)(2k+1)}$$

$$=\frac{1}{2}\sum_{k=1}^{n}\left(\frac{1}{2k-1}-\frac{1}{2k+1}\right)$$

$$=\frac{1}{2}\left\{\left(\frac{1}{1}-\frac{1}{3}\right)+\left(\frac{1}{3}-\frac{1}{5}\right)+\left(\frac{1}{5}-\frac{1}{7}\right)+\cdots+\left(\frac{1}{2n-3}-\frac{1}{2n-1}\right)+\left(\frac{1}{2n-1}-\frac{1}{2n+1}\right)\right\}$$

$=\frac{1}{2}\left(1-\frac{1}{2n+1}\right)=\boldsymbol{\frac{n}{2n+1}}$

(2) **$\frac{1}{\sqrt{k+2}+\sqrt{k}}$ を有理化する。**

$\frac{1}{\sqrt{k+2}+\sqrt{k}}$

$=\frac{\sqrt{k+2}-\sqrt{k}}{(\sqrt{k+2}+\sqrt{k})(\sqrt{k+2}-\sqrt{k})}$

$=\frac{\sqrt{k+2}-\sqrt{k}}{k+2-k}=\frac{1}{2}(\sqrt{k+2}-\sqrt{k})$

と変形

$\sum_{k=1}^{48}\frac{1}{\sqrt{k+2}+\sqrt{k}}$

$=\sum_{k=1}^{48}\frac{1}{2}(\sqrt{k+2}-\sqrt{k})$

$=\frac{1}{2}\{(\sqrt{3}-\sqrt{1})+(\sqrt{4}-\sqrt{2})$

$+(\sqrt{5}-\sqrt{3})+\cdots$

$+(\sqrt{49}-\sqrt{47})+(\sqrt{50}-\sqrt{48})\}$

$=\frac{1}{2}(-1-\sqrt{2}+\sqrt{49}+\sqrt{50})$

$=\frac{1}{2}(-1-\sqrt{2}+7+5\sqrt{2})$

$=\boldsymbol{3+2\sqrt{2}}$

149 (1) **数列 $\{a_n\}$ の偶数番目で作られる数列の一般項は n を $2n$ に置きかえればよい。**

$a_n=1\cdot\left(\frac{1}{3}\right)^{n-1}$

$b_n=a_{2n}=\left(\frac{1}{3}\right)^{2n-1}=\frac{1}{3}\cdot\left(\frac{1}{3}\right)^{2n-2}$

$=\frac{1}{3}\cdot\left(\frac{1}{3}\right)^{2(n-1)}$

よって，$\boldsymbol{b_n=\frac{1}{3}\cdot\left(\frac{1}{9}\right)^{n-1}}$

$\sum_{k=1}^{n}\frac{1}{3}\cdot\left(\frac{1}{9}\right)^{k-1}=\frac{1}{3}\cdot\frac{1\cdot\left\{1-\left(\frac{1}{9}\right)^n\right\}}{1-\frac{1}{9}}$

$=\boldsymbol{\frac{3}{8}\left\{1-\left(\frac{1}{9}\right)^n\right\}}$

(2) **$b_1b_2\cdots\cdots b_n$ は累乗部分の和を求める。**

$b_n=\frac{1}{3}\cdot\left(\frac{1}{9}\right)^{n-1}$ だから

$b_1b_2\cdots\cdots b_n$

$=\frac{1}{3}\left(\frac{1}{9}\right)^0\times\frac{1}{3}\cdot\left(\frac{1}{9}\right)^1\times\left(\frac{1}{3}\right)\cdot\left(\frac{1}{9}\right)^2$

$\times\cdots\cdots\times\left(\frac{1}{3}\right)\cdot\left(\frac{1}{9}\right)^{n-1}$

$=\left(\frac{1}{3}\right)^n\cdot\left(\frac{1}{9}\right)^{0+1+2+\cdots+(n-1)}$

$=\left(\frac{1}{3}\right)^n\cdot\left(\frac{1}{9}\right)^{\frac{n(n-1)}{2}}$

$=\left(\frac{1}{3}\right)^n\cdot\left\{\left(\frac{1}{3}\right)^2\right\}^{\frac{n(n-1)}{2}}$

$=\left(\frac{1}{3}\right)^n\cdot\left(\frac{1}{3}\right)^{n(n-1)}=\boldsymbol{\left(\frac{1}{3}\right)^{n^2}}$ $(=3^{-n^2})$

150 (1) **$a_n=S_n-S_{n-1}$ $(n\geqq2)$ の利用。**

$a_1=S_1=2^1-1=1$

$a_n=S_n-S_{n-1}$ $(n\geqq2)$ より

$=2^n-n-\{2^{n-1}-(n-1)\}$

$=2^{n-1}(2-1)-1$

$=2^{n-1}-1$ ……①

ここで，①に $n=1$ を代入すると

$2^{1-1}-1=2^0-1=0$

となり，a_1 と一致しない。

よって，$\begin{cases}\boldsymbol{a_1=1}\\ \boldsymbol{a_n=2^{n-1}-1\ (n\geqq2)}\end{cases}$

(2) **$\sum_{k=1}^{n}a_k=S_n$ だから $a_{n+1}=S_{n+1}-S_n$ を利用して，a_{n+1} と a_n の式にする。**

$\sum_{k=1}^{n}a_k=S_n$ だから与式は

$S_n=\frac{1}{2}(1-a_n)$ ……① と表せる。

$S_{n+1}=\frac{1}{2}(1-a_{n+1})$ ……② として

②−①より

$S_{n+1}-S_n=-\frac{1}{2}a_{n+1}+\frac{1}{2}a_n$

$a_{n+1}=-\frac{1}{2}a_{n+1}+\frac{1}{2}a_n$

$a_{n+1}=\frac{1}{3}a_n$ ⇐ 等比数列の漸化式

ここで，①に $n=1$ を代入して

$S_1=a_1=\frac{1}{2}(1-a_1)$ より $a_1=\frac{1}{3}$

数列 $\{a_n\}$ は，初項 $\frac{1}{3}$，公比 $\frac{1}{3}$ の等比数列だから

$$a_n=\frac{1}{3}\cdot\left(\frac{1}{3}\right)^{n-1}$$

よって，$\boldsymbol{a_n=\left(\frac{1}{3}\right)^n}$

151 (1) **第 9 群の末項までの項数を求める。**

第 1 群から第 9 群までの項の数は

$1+2+3+\cdots\cdots+9=\frac{9\times10}{2}=45$（個）

第 10 群の最初の数は奇数の列 $a_N=2N-1$ の 46 番目の数だから

$a_{46}=2\times46-1=\mathbf{91}$

(2) **第 8 群の初項と末項を求める。**

第 1 群から第 7 群までの項の数は

$$1+2+3+\cdots\cdots+7=\frac{7\times8}{2}=28\ (\text{個})$$

第 8 群の初項と末項は

$$a_{29}=2\times29-1=57$$
$$a_{36}=2\times36-1=71$$

第 8 群の項数は 8 個だから，和は

$$\frac{8(57+71)}{2}=\mathbf{512}$$

別解 **第 8 群の初項がわかれば，公差 2，項数 8 の等差数列の和として求まる。**

第 8 群の初項は $a_{29}=57$　だから和は

$$\frac{1}{2}\cdot8\{2\cdot57+(8-1)\cdot2\}=4\cdot128=\mathbf{512}$$

(3) **999 が始めから何番目の数になるかを求めて，それが第何群の何番目かを調べる。**

$2N-1=999$　より $N=500$

999 は始めから 500 番目の数である。

500 番目が第 n 群に含まれるとすると

$$\frac{n(n-1)}{2}<500\leqq\frac{n(n+1)}{2}$$

$n(n-1)<1000\leqq n(n+1)$

$n^2\fallingdotseq1000$ として n を求めると

$n=31$ または 32

第 31 群までの項の数は

$$\frac{31\times32}{2}=496\ (\text{個})$$

第 32 群までの項の数は

$$\frac{32\times33}{2}=528\ (\text{個})$$

よって，500 番目は第 32 群の数であり，第 32 群の初項は 497 番目だから 500 番目になる 999 は**第 32 群の 4 番目**である。

152 (1) $\boldsymbol{a_{n+1}-a_n=f(n)}$ **で** $\boldsymbol{f(n)=2^n-2n}$ **の場合。**

$a_{n+1}-a_n=2^n-2n$ だから

$n\geqq2$ のとき

$$a_n=a_1+\sum_{k=1}^{n-1}(2^k-2k)$$
$$=0+\sum_{k=1}^{n-1}2^k-2\sum_{k=1}^{n-1}k$$
$$=\frac{2(2^{n-1}-1)}{2-1}-2\cdot\frac{n(n-1)}{2}$$
$$=2^n-2-n^2+n=2^n-n^2+n-2$$

$n=1$ でも成り立つ。

よって，$\boldsymbol{a_n=2^n-n^2+n-2}$

(2) **両辺の逆数をとって，**$\boldsymbol{b_n=\frac{1}{a_n}}$ **とおく。**

$a_{n+1}=\frac{3a_n}{a_n+3}$ の両辺の逆数をとると，

$$\frac{1}{a_{n+1}}=\frac{a_n+3}{3a_n}=\frac{1}{a_n}+\frac{1}{3}$$

$\frac{1}{a_n}=b_n$ とおくと　$b_1=\frac{1}{a_1}=1$

$$b_{n+1}=b_n+\frac{1}{3},\ b_{n+1}-b_n=\frac{1}{3}$$

$n\geqq2$ のとき

$$b_n=b_1+\sum_{k=1}^{n-1}\frac{1}{3}$$
$$=1+\frac{1}{3}(n-1)=\frac{n+2}{3}$$

$n=1$ でも成り立つ。

よって，$\boldsymbol{a_n=\frac{1}{b_n}=\frac{3}{n+2}}$

(3) **両辺を** $\boldsymbol{2^{n+1}}$ **で割って，**$\boldsymbol{b_n=\frac{a_n}{2^n}}$ **とおく。**

$a_{n+1}-2a_n=n\cdot 2^{n+1}$

の両辺を 2^{n+1} で割ると

$\dfrac{a_{n+1}}{2^{n+1}}-\dfrac{a_n}{2^n}=n$

$b_n=\dfrac{a_n}{2^n}$ とおくと

$b_{n+1}-b_n=n,\quad b_1=\dfrac{a_1}{2^1}=\dfrac{1}{2}$

$n\geqq 2$ のとき

$$b_n=b_1+\sum_{k=1}^{n-1}k$$
$$=\frac{1}{2}+\frac{n(n-1)}{2}=\frac{n^2-n+1}{2}$$

$n=1$ でも成り立つ。

よって，$b_n=\dfrac{a_n}{2^n}=\dfrac{n^2-n+1}{2}$

ゆえに，$\boldsymbol{a_n=(n^2-n+1)\cdot 2^{n-1}}$

153 $\boldsymbol{a_{n+1}=pa_n+q}$ **（$\boldsymbol{p\neq 1}$）の型の漸化式だから $\boldsymbol{a_{n+1}-\alpha=p(a_n-\alpha)}$ と変形する。**

(1) $a_{n+1}+3=2(a_n+3)$

（$\alpha=2\alpha+3$ より $\alpha=-3$）

と変形すると，数列 $\{a_n+3\}$ は

初項 $a_1+3=1+3=4$，公比 2

の等比数列だから

$a_n+3=4\cdot 2^{n-1}$

よって，$\boldsymbol{a_n=2^{n+1}-3}$

(2) $3a_{n+1}-a_n-6=0$

$a_{n+1}=\dfrac{1}{3}a_n+2$

$a_{n+1}-3=\dfrac{1}{3}(a_n-3)$

$\left(\alpha=\dfrac{1}{3}\alpha+2 \text{ より } \alpha=3\right)$

と変形すると，数列 $\{a_n-3\}$ は

初項 $a_1-3=1-3=-2$

公比 $\dfrac{1}{3}$ の等比数列だから

$a_n-3=-2\cdot\left(\dfrac{1}{3}\right)^{n-1}$

よって，$\boldsymbol{a_n=3-2\cdot\left(\dfrac{1}{3}\right)^{n-1}}$

別解 **階差をとって一般項を求める。**

(1) $a_{n+1}=2a_n+3$ ……①

$a_n=2a_{n-1}+3$ ……②

①−②より

$a_{n+1}-a_n=2(a_n-a_{n-1})$ と変形すると階差数列 $\{a_{n+1}-a_n\}$ は

初項 $a_2-a_1=(2\cdot 1+3)-1=4$

公比 2 の等比数列だから

$a_{n+1}-a_n=4\cdot 2^{n-1}$ より

$n\geqq 2$ のとき

$$a_n=a_1+\sum_{k=1}^{n-1}4\cdot 2^{k-1}=1+\frac{4(2^{n-1}-1)}{2-1}$$
$$=1+4\cdot 2^{n-1}-4=\boldsymbol{2^{n+1}-3}$$

（$n=1$ のときにも成り立つ。）

(2) $a_{n+1}=\dfrac{1}{3}a_n+2$ ……①

$a_n=\dfrac{1}{3}a_{n-1}+2$ ……②

①−②より

$a_{n+1}-a_n=\dfrac{1}{3}(a_n-a_{n-1})$

階差数列 $\{a_{n+1}-a_n\}$ は

初項 $a_2-a_1=\left(\dfrac{1}{3}\cdot 1+2\right)-1=\dfrac{4}{3}$

公比 $\dfrac{1}{3}$ の等比数列だから

$a_{n+1}-a_n=\dfrac{4}{3}\cdot\left(\dfrac{1}{3}\right)^{n-1}$

$n\geqq 2$ のとき

$$a_n=a_1+\sum_{k=1}^{n-1}\frac{4}{3}\cdot\left(\frac{1}{3}\right)^{k-1}$$
$$=1+\frac{4}{3}\cdot\frac{1\cdot\left\{1-\left(\frac{1}{3}\right)^{n-1}\right\}}{1-\frac{1}{3}}$$
$$=1+2\left\{1-\left(\frac{1}{3}\right)^{n-1}\right\}$$

よって，$\boldsymbol{a_n=3-2\cdot\left(\dfrac{1}{3}\right)^{n-1}}$

（$n=1$ のときも成り立つ。）

154 (1) さいころを投げたとき，それぞれの目の出方は $\dfrac{1}{6}$

X のとりうる値は，1 から 6 までの目の数を 4 で割ったときの余りだから $X=0,\ 1,\ 2,\ 3$ で，そのときのさいころの目の出方は，次の通り。

$X=0$　のとき　4

$X=1$　のとき　1と5

$X=2$　のとき　2と6

$X=3$　のとき　3

Xの確率分布は，次のようになる。

X	0	1	2	3	計
P	$\frac{1}{6}$	$\frac{2}{6}$	$\frac{2}{6}$	$\frac{1}{6}$	1

Xの期待値を$E(X)$とすると

$$E(X)=0\times\frac{1}{6}+1\times\frac{2}{6}+2\times\frac{2}{6}+3\times\frac{1}{6}$$

$$=\frac{9}{6}=\mathbf{\frac{3}{2}}$$

(2)　Xのとりうる値は0，1，2，3で，そのときの確率は

$X=0$　のとき　$\frac{2}{5}$

$X=1$　のとき　$\frac{3}{5}\times\frac{2}{4}=\frac{3}{10}$

$X=2$　のとき　$\frac{3}{5}\times\frac{2}{4}\times\frac{2}{3}=\frac{1}{5}$

$X=3$　のとき

$$\frac{3}{5}\times\frac{2}{4}\times\frac{1}{3}\times\frac{2}{2}=\frac{1}{10}$$

確率分布は，次のようになる。

X	0	1	2	3	計
P	$\frac{2}{5}$	$\frac{3}{10}$	$\frac{1}{5}$	$\frac{1}{10}$	1

よって，Xの期待値を$E(X)$とすると

$$E(X)=0\times\frac{2}{5}+1\times\frac{3}{10}+2\times\frac{1}{5}+3\times\frac{1}{10}$$

$$=\frac{1}{10}(3+4+3)=\mathbf{1}$$

155 (1)　Xの期待値を$E(X)$，分散を$V(X)$とすると

$$E(X)=1\times\frac{1}{8}+2\times\frac{1}{8}+3\times\frac{1}{8}+4\times\frac{1}{8}+5\times\frac{1}{8}+6\times\frac{1}{8}+7\times\frac{1}{8}+8\times\frac{1}{8}$$

$$=\frac{1}{8}(1+2+3+4+5+6+7+8)$$

$$=\frac{36}{8}=\mathbf{\frac{9}{2}}$$

$$V(X)=\left(1-\frac{9}{2}\right)^2\times\frac{1}{8}+\left(2-\frac{9}{2}\right)^2\times\frac{1}{8}+\left(3-\frac{9}{2}\right)^2\times\frac{1}{8}+\left(4-\frac{9}{2}\right)^2\times\frac{1}{8}+\left(5-\frac{9}{2}\right)^2\times\frac{1}{8}+\left(6-\frac{9}{2}\right)^2\times\frac{1}{8}+\left(7-\frac{9}{2}\right)^2\times\frac{1}{8}+\left(8-\frac{9}{2}\right)^2\times\frac{1}{8}$$

$$=\frac{1}{8}\left(\frac{49}{4}+\frac{25}{4}+\frac{9}{4}+\frac{1}{4}+\frac{1}{4}+\frac{9}{4}+\frac{25}{4}+\frac{49}{4}\right)$$

$$=\frac{168}{32}=\mathbf{\frac{21}{4}}$$

別解

$$E(X^2)=\frac{1}{8}(1^2+2^2+3^2+4^2+5^2+6^2+7^2+8^2)$$

$$=\frac{1}{8}\cdot\frac{8(8+1)(2\cdot8+1)}{6}=\frac{51}{2}$$

よって，$V(X)=\frac{51}{2}-\left(\frac{9}{2}\right)^2=\mathbf{\frac{21}{4}}$

(2)　さいころの目の出方は$6\times6=36$（通り）

Xのとりうる値は0，1，2，3，4，5

$X=0$　となるのは　6通り

$X=1$　となるのは　10通り

$X=2$　となるのは　8通り

$X=3$　となるのは　6通り

$X=4$　となるのは　4通り

$X=5$　となるのは　2通り

確率分布は，次のようになる。

X	0	1	2	3	4	5	計
P	$\frac{3}{18}$	$\frac{5}{18}$	$\frac{4}{18}$	$\frac{3}{18}$	$\frac{2}{18}$	$\frac{1}{18}$	1

Xの期待値を$E(X)$，分散を$V(X)$，標準偏差を$\sigma(X)$とすると

$$E(X)=0\times\frac{3}{18}+1\times\frac{5}{18}+2\times\frac{4}{18}+3\times\frac{3}{18}+4\times\frac{2}{18}+5\times\frac{1}{18}$$

$$=\frac{1}{18}(5+8+9+8+5)=\mathbf{\frac{35}{18}}$$

$E(X^2)=0^2\times\frac{3}{18}+1^2\times\frac{5}{18}+2^2\times\frac{4}{18}$

$+3^2\times\frac{3}{18}+4^2\times\frac{2}{18}+5^2\times\frac{1}{18}$

$=\frac{1}{18}(5+16+27+32+25)$

$=\frac{105}{18}$

$V(X)=\frac{105}{18}-\left(\frac{35}{18}\right)^2=\frac{665}{18^2}$

よって,

$\sigma(X)=\sqrt{V(X)}=\sqrt{\frac{665}{18^2}}=\boldsymbol{\frac{\sqrt{665}}{18}}$

156 (1) カードの取り出し方は ${}_5C_2=10$（通り）

Xのとりうる値は1, 2, 3, 4であり

$X=1$ のとき

(1, 2), (2, 3), (3, 4), (4, 5) の4通り。

$X=2$ のとき

(1, 3), (2, 4), (3, 5) の3通り。

$X=3$ のとき

(1, 4), (2, 5) の2通り。

$X=4$ のとき　(1, 5) の1通り。

確率分布は, 次のようになる。

X	1	2	3	4	計
P	$\frac{4}{10}$	$\frac{3}{10}$	$\frac{2}{10}$	$\frac{1}{10}$	1

$E(X)=1\times\frac{4}{10}+2\times\frac{3}{10}+3\times\frac{2}{10}+4\times\frac{1}{10}$

$=\frac{20}{10}=2$

$E(X^2)=1^2\times\frac{4}{10}+2^2\times\frac{3}{10}+3^2\times\frac{2}{10}+4^2\times\frac{1}{10}$

$=\frac{50}{10}=5$

$V(X)=E(X^2)-\{E(X)\}^2=5-2^2$

$=1$

これより

$E(2X+3)=2E(X)+3=2\times2+3$

$=\mathbf{7}$

$V(3X+1)=3^2V(X)=9\times1=\mathbf{9}$

(2) $E(5X^2+3)=5E(X^2)+3=5\times5+3$

$=\mathbf{28}$

157 (1) **缶詰の重さは正規分布 $N(200,\ 3^2)$ に従うから $Z=\frac{X-200}{3}$ とおいて標準化する。**

缶詰の重さをXとすると, Xは正規分布$N(200,\ 3^2)$に従うから,

$Z=\frac{X-200}{3}$ とおくとZは$N(0,\ 1)$に従う。

$X=194$ のとき,

$Z=\frac{194-200}{3}=-2$

$X=209$ のとき, $Z=\frac{209-200}{3}=3$

だから

$P(194\leqq X\leqq209)$

$=P(-2\leqq Z\leqq3)$

$=P(0\leqq Z\leqq2)+P(0\leqq Z\leqq3)$

$=0.4772+0.4987$

$=0.9759$

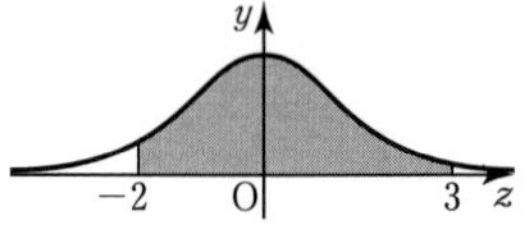

$1000\times0.9759=975.9$

よって, 規格品の個数はおよそ**976個**

(2) **試験の得点をXとするとXは$N(62,\ 16^2)$に従うから $Z=\frac{X-62}{16}$ とおいて標準化する。**

試験の得点をXとおくと, Xは正規分布$N(62,\ 16^2)$に従うから,

$Z=\frac{X-62}{16}$ とおくとZは$N(0,\ 1)$に従う。

$X=30$ のとき, $Z=\frac{30-62}{16}=-2$

だから

$P(X \leqq 30)$

$= P(Z \leqq -2)$

$= 0.5 - P(0 \leqq Z \leqq 2)$

$= 0.5 - 0.4772 = 0.0228$

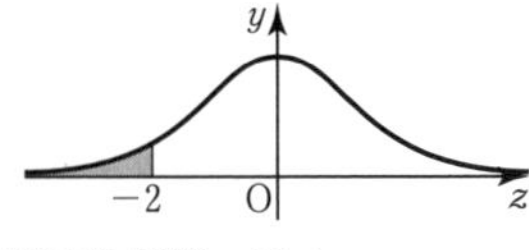

$500 \times 0.0228 = 11.4$

よって，不合格者はおよそ **11 人**

158 **二項分布 $B(n, p)$ は正規分布 $N(np, np(1-p))$ に従うから $Z = \dfrac{X - np}{\sqrt{np(1-p)}}$ で標準化する。**

(1)　1 個のさいころを投げるとき，1 または 6 の目が出る確率は $\dfrac{1}{3}$ である。

1 または 6 の目の出る回数を X とすると，X は二項分布 $B\left(450, \dfrac{1}{3}\right)$ に従うから

$E(X) = 450 \times \dfrac{1}{3} = 150$

$\sigma(X) = \sqrt{450 \times \dfrac{1}{3} \times \dfrac{2}{3}} = \sqrt{100} = 10$

$n = 450$ は十分大きな値だから

$Z = \dfrac{X - 150}{10}$ とおくと，Z は近似的に正規分布 $N(0, 1)$ に従う。

$X = 140$ のとき，

$Z = \dfrac{140 - 150}{10} = -1$　だから

$P(X \leqq 140)$

$= P(Z \leqq -1)$

$= 0.5 - P(0 \leqq Z \leqq 1)$

$= 0.5 - 0.3413 = \mathbf{0.1587}$

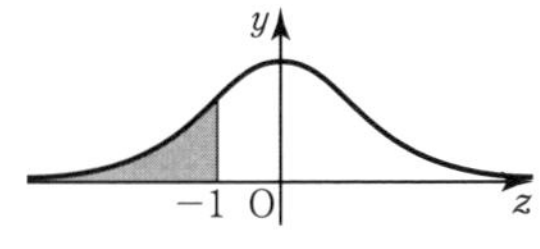

(2)　$X = 160$ のとき，$Z = \dfrac{160 - 150}{10} = 1$

$X = 180$ のとき，$Z = \dfrac{180 - 150}{10} = 3$

だから

$P(160 \leqq X \leqq 180)$

$= P(1 \leqq Z \leqq 3)$

$= P(0 \leqq Z \leqq 3) - P(0 \leqq Z \leqq 1)$

$= 0.4987 - 0.3413 = \mathbf{0.1574}$

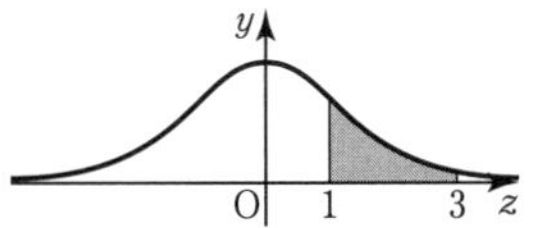

159 **母平均 μ，母標準偏差 σ から大きさ n の標本を抽出するとき，標本平均 $\overline{X}$ の分布は $N\left(\mu, \dfrac{\sigma^2}{n}\right)$ で近似できる。**

$n = 100$，$\mu = 120$，$\sigma = 150$ で，n は十分大きいから，$\overline{X}$ は正規分布 $N\left(120, \dfrac{150^2}{100}\right)$，すなわち $N(120, 15^2)$ で近似できる。

$Z = \dfrac{\overline{X} - 120}{15}$ とおくと，Z は正規分布 $N(0, 1)$ に従う。

(1)　$\overline{X} = 105$ のとき，

$Z = \dfrac{105 - 120}{15} = -1$

$\overline{X} = 135$ のとき，$Z = \dfrac{135 - 120}{15} = 1$

だから

$P(105 \leqq \overline{X} \leqq 135)$

$= P(-1 \leqq Z \leqq 1)$

$= \mathbf{0.6827}$

$\left(\begin{array}{l} = 2P(0 \leqq Z \leqq 1) \\ = 2 \times 0.3413 \\ = 0.6826 \text{ でもよい} \end{array}\right)$

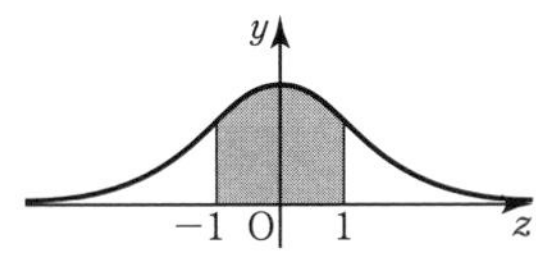

(2)　$\overline{X} = 150$ のとき，$Z = \dfrac{150 - 120}{15} = 2$

$\overline{X} = 90$ のとき，$Z = \dfrac{90 - 120}{15} = -2$

だから

$P(\overline{X} \leqq 90,\ 150 \leqq \overline{X})$
$= P(|Z| \geqq 2)$
$= 1 - P(-2 \leqq Z \leqq 2)$
$= 1 - 0.9545$
$= \mathbf{0.0455}$
$\left(\begin{aligned} &= 2\{0.5 - P(0 \leqq Z \leqq 2)\} \\ &= 2(0.5 - 0.4772) \\ &= 0.0456 \text{ でもよい。} \end{aligned} \right)$

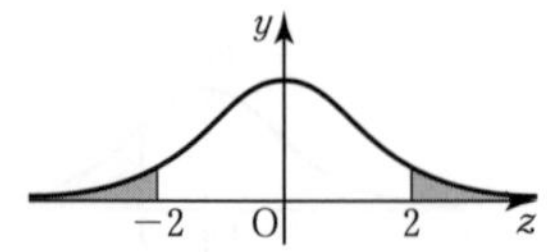

160 母平均の推定：信頼度 95 %では

$$\overline{X} - \frac{1.96\sigma}{\sqrt{n}} \leqq \mu \leqq \overline{X} + \frac{1.96\sigma}{\sqrt{n}}$$

(1) 標本平均は $\overline{X} = 300$,
標本の大きさは $n = 400$
標準偏差は $\sigma = 50$　だから

$$300 - \frac{1.96 \times 50}{\sqrt{400}} \leqq \mu \leqq 300 + \frac{1.96 \times 50}{\sqrt{400}}$$

$$300 - 4.9 \leqq \mu \leqq 300 + 4.9$$

よって，$\mathbf{295.1 \leqq \mu \leqq 304.9}$

(2) 信頼度 95 %の信頼区間の幅は

$2 \times \dfrac{1.96\sigma}{\sqrt{n}}$　だから

$$2 \times \frac{1.96 \times 12.5}{\sqrt{n}} \leqq 5$$

$5\sqrt{n} \geqq 49$　より　$n \geqq 96.04$

よって，標本の大きさを **97** 以上にすればよい。

161 母比率の検定：有意水準 5 %では，

$$z = \frac{p_0 - p}{\sqrt{\dfrac{p(1-p)}{n}}} \longrightarrow \frac{X - np}{\sqrt{np(1-p)}}$$

$|z| > 1.96$　のとき，仮説を棄却する。

帰無仮説は「ワクチン B を接種すると効果のある人は 75 %である」
有意水準 5 %の検定なので $|z| > 1.96$ を棄却域とする。
母比率は $p = 0.75$
標本比率は $p_0 = \dfrac{80}{100} = 0.8$

$$z = \frac{0.8 - 0.75}{\sqrt{\dfrac{0.75 \times 0.25}{100}}} = \frac{0.05}{\dfrac{\sqrt{3}}{40}} = \frac{2}{\sqrt{3}}$$

$$= \frac{2\sqrt{3}}{3} = 1.154\cdots$$

$|z| = 1.154\cdots < 1.96$
z は棄却域に含まれないので仮説は棄却されない。

よって，A，B のワクチンには効果の違いはあるとはいえない。

162 A を始点とするベクトルで表す。

(1) $\overrightarrow{\mathrm{BC}} = \overrightarrow{\mathrm{AO}} = \boldsymbol{\vec{a} + \vec{b}}$

(2) $\overrightarrow{\mathrm{AH}} = \overrightarrow{\mathrm{AF}} + \overrightarrow{\mathrm{FH}} = \overrightarrow{\mathrm{AF}} + \dfrac{1}{2}\overrightarrow{\mathrm{AO}}$
$= \vec{b} + \dfrac{1}{2}(\vec{a} + \vec{b}) = \boldsymbol{\dfrac{1}{2}\vec{a} + \dfrac{3}{2}\vec{b}}$

(3) $\overrightarrow{\mathrm{AC}} = \overrightarrow{\mathrm{AB}} + \overrightarrow{\mathrm{BC}} = \overrightarrow{\mathrm{AB}} + \overrightarrow{\mathrm{AO}}$
$= \vec{a} + (\vec{a} + \vec{b}) = 2\vec{a} + \vec{b}$　だから
$\overrightarrow{\mathrm{CH}} = \overrightarrow{\mathrm{AH}} - \overrightarrow{\mathrm{AC}}$
$= \dfrac{1}{2}\vec{a} + \dfrac{3}{2}\vec{b} - (2\vec{a} + \vec{b})$
$= \boldsymbol{-\dfrac{3}{2}\vec{a} + \dfrac{1}{2}\vec{b}}$

(4) $\overrightarrow{\mathrm{HG}} = \overrightarrow{\mathrm{AG}} - \overrightarrow{\mathrm{AH}}$
$= \overrightarrow{\mathrm{AO}} + \overrightarrow{\mathrm{OG}} - \overrightarrow{\mathrm{AH}}$
$= (\vec{a} + \vec{b}) + \dfrac{1}{2}\vec{a} - \left(\dfrac{1}{2}\vec{a} + \dfrac{3}{2}\vec{b}\right)$
$= \boldsymbol{\vec{a} - \dfrac{1}{2}\vec{b}}$

別解　ベクトルを追っていく。

(3) $\overrightarrow{\mathrm{CH}} = \overrightarrow{\mathrm{CD}} + \overrightarrow{\mathrm{DE}} + \overrightarrow{\mathrm{EH}}$
$= \vec{b} + (-\vec{a}) - \dfrac{1}{2}(\vec{a} + \vec{b})$
$= \boldsymbol{-\dfrac{3}{2}\vec{a} + \dfrac{1}{2}\vec{b}}$

(4) $\overrightarrow{\mathrm{HG}} = \overrightarrow{\mathrm{HE}} + \overrightarrow{\mathrm{EO}} + \overrightarrow{\mathrm{OG}}$
$= \dfrac{1}{2}(\vec{a} + \vec{b}) + (-\vec{b}) + \dfrac{1}{2}\vec{a}$
$= \boldsymbol{\vec{a} - \dfrac{1}{2}\vec{b}}$

163 問題のベクトルを $\vec{a}$，$\vec{b}$ で表し，内分点，外分点の考え方から判断する。

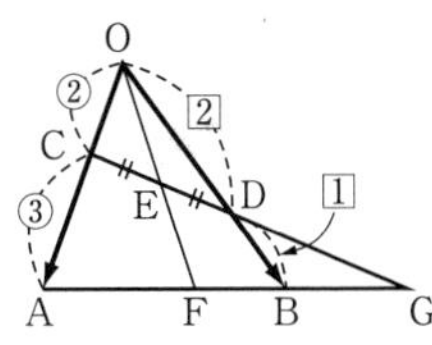

(1) $\overrightarrow{OE}=\frac{1}{2}(\overrightarrow{OC}+\overrightarrow{OD})$

$$=\frac{1}{2}\left(\frac{2}{5}\vec{a}+\frac{2}{3}\vec{b}\right)=\boldsymbol{\frac{1}{5}\vec{a}+\frac{1}{3}\vec{b}}$$

(2) $\overrightarrow{OE}=\frac{3\vec{a}+5\vec{b}}{15}=\frac{8}{15}\cdot\frac{3\vec{a}+5\vec{b}}{8}$

と表せるから $\overrightarrow{OE}=\frac{8}{15}\overrightarrow{OF}$ である。

よって，**OE：EF**$=\frac{8}{15}:\frac{7}{15}=$**8：7**

また，$\overrightarrow{OF}=\frac{3\vec{a}+5\vec{b}}{8}\left(=\frac{3\vec{a}+5\vec{b}}{5+3}\right)$

だから

F は AB を 5：3 に内分する点である。

よって，**AF：FB＝5：3**

(3) $\overrightarrow{OG}=\frac{-5\overrightarrow{OC}+9\overrightarrow{OD}}{9-5}$

$$=\frac{1}{4}\left(-5\cdot\frac{2}{5}\vec{a}+9\cdot\frac{2}{3}\vec{b}\right)$$

$$=\frac{-\vec{a}+3\vec{b}}{2}\left(=\frac{-\vec{a}+3\vec{b}}{3-1}\right)$$

だから

G は AB を 3：1 に外分する点である。

よって，**AB：BG＝2：1**

164 $\overrightarrow{AB}=\vec{b}$，$\overrightarrow{AC}=\vec{c}$ として，$\overrightarrow{PR}=k\overrightarrow{PC}$ を示す。

右図のように

$\overrightarrow{AB}=\vec{b}$，$\overrightarrow{AC}=\vec{c}$

とすると

$\overrightarrow{AP}=\frac{2}{5}\vec{b}$

$\overrightarrow{AQ}=\frac{\vec{b}+2\vec{c}}{3}$

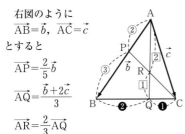

$\overrightarrow{AR}=\frac{2}{3}\overrightarrow{AQ}$

$$=\frac{2}{3}\cdot\frac{\vec{b}+2\vec{c}}{3}=\frac{2\vec{b}+4\vec{c}}{9}$$

$\overrightarrow{PR}=\overrightarrow{AR}-\overrightarrow{AP}$

$$=\frac{2\vec{b}+4\vec{c}}{9}-\frac{2}{5}\vec{b}$$

$$=\frac{-8\vec{b}+20\vec{c}}{45}=\frac{4(-2\vec{b}+5\vec{c})}{45}$$

$\overrightarrow{PC}=\overrightarrow{AC}-\overrightarrow{AP}$

$$=\vec{c}-\frac{2}{5}\vec{b}=\frac{-2\vec{b}+5\vec{c}}{5}$$

よって，$\overrightarrow{PR}=\frac{4}{9}\overrightarrow{PC}$ が成り立つから，

3 点 P，R，C は一直線上にある。

このとき，PR：RC＝**4：5**

165 四角形 ABCD が平行四辺形になる条件は $\overrightarrow{AB}=\overrightarrow{DC}$ または $\overrightarrow{AD}=\overrightarrow{BC}$ である。

四角形 ABCD が平行四辺形になるためには

$\overrightarrow{AB}=\overrightarrow{DC}$　となればよい。

$\overrightarrow{AB}=(a+2,\ 4-1)=(a+2,\ 3)$

$\overrightarrow{DC}=(4+1,\ b-3)=(5,\ b-3)$

$\overrightarrow{AB}=\overrightarrow{DC}$　より　$a+2=5$，$3=b-3$

よって，$\boldsymbol{a=3}$，$\boldsymbol{b=6}$

別解

$\overrightarrow{AD}=\overrightarrow{BC}$ となればよい。

$\overrightarrow{AD}=(-1,\ 3)-(-2,\ 1)=(1,\ 2)$

$\overrightarrow{BC}=(4,\ b)-(a,\ 4)=(4-a,\ b-4)$

$(1,\ 2)=(4-a,\ b-4)$ より

$1=4-a$，$2=b-4$

よって，$\boldsymbol{a=3}$，$\boldsymbol{b=6}$

166 $\vec{p}=m\vec{a}+n\vec{b}$ とおいて成分を代入する。

$\vec{p}=m\vec{a}+n\vec{b}$ とおくと

$(-7,\ 4)=m(-1,\ 2)+n(2,\ 1)$

$\qquad=(-m+2n,\ 2m+n)$

x 成分，y 成分を等しくおいて

$$\begin{cases}-m+2n=-7 & \cdots\cdots① \\ 2m+n=4 & \cdots\cdots②\end{cases}$$

①，②を解いて

$m=3$，$n=-2$

よって，$\boldsymbol{\vec{p}=3\vec{a}-2\vec{b}}$

167 (1) 条件に従って，$\vec{a}$ と $\vec{b}$ についての内積や大きさを計算する。

$(2\vec{a}+\vec{b})\cdot(\vec{a}-2\vec{b})=12$ より
$2|\vec{a}|^2-3\vec{a}\cdot\vec{b}-2|\vec{b}|^2=12$
$|\vec{a}|=4$, $|\vec{b}|=5$ を代入して
$32-3\vec{a}\cdot\vec{b}-50=12$
$-3\vec{a}\cdot\vec{b}=30$
よって，$\vec{a}\cdot\vec{b}=\mathbf{-10}$
$\vec{a}$ と $\vec{b}$ のなす角を θ とすると

$$\cos\theta=\frac{\vec{a}\cdot\vec{b}}{|\vec{a}||\vec{b}|}=\frac{-10}{4\cdot5}=-\frac{1}{2}$$

よって，$0\leqq\theta\leqq180°$ より $\theta=\mathbf{120°}$

$$|2\vec{a}+\vec{b}|^2=4|\vec{a}|^2+4\vec{a}\cdot\vec{b}+|\vec{b}|^2$$
$$=4\cdot4^2+4\cdot(-10)+5^2$$
$$=64-40+25$$
$$=49$$

よって，$|2\vec{a}+\vec{b}|=\sqrt{49}=\mathbf{7}$

(2) **$\overrightarrow{BC}=\overrightarrow{AC}-\overrightarrow{AB}$ として $|\overrightarrow{BC}|^2$ を計算する。**

$$|\overrightarrow{BC}|^2=|\overrightarrow{AC}-\overrightarrow{AB}|^2$$
$$=|\overrightarrow{AC}|^2-2\overrightarrow{AB}\cdot\overrightarrow{AC}+|\overrightarrow{AB}|^2$$
$$=5^2-2\cdot3+1^2=20$$

よって，$|\overrightarrow{BC}|=\sqrt{20}=\mathbf{2\sqrt{5}}$

(3) **$|\vec{p}+\vec{q}|=\sqrt{13}$，$|\vec{p}-\vec{q}|=1$ の両辺を 2 乗する。**

$|\vec{p}+\vec{q}|^2=(\sqrt{13})^2$ より
$|\vec{p}|^2+2\vec{p}\cdot\vec{q}+|\vec{q}|^2=13$ ……①
$|\vec{p}-\vec{q}|^2=1^2$ より
$|\vec{p}|^2-2\vec{p}\cdot\vec{q}+|\vec{q}|^2=1$ ……②
①−②より
$4\vec{p}\cdot\vec{q}=12$　よって，$\vec{p}\cdot\vec{q}=\mathbf{3}$
②に $|\vec{p}|=\sqrt{3}$，$\vec{p}\cdot\vec{q}=3$ を代入して
$(\sqrt{3})^2-2\cdot3+|\vec{q}|^2=1$
$|\vec{q}|^2=4$　より　$|\vec{q}|=2$

$$\cos\theta=\frac{\vec{p}\cdot\vec{q}}{|\vec{p}||\vec{q}|}=\frac{3}{\sqrt{3}\cdot2}=\frac{\sqrt{3}}{2}$$

$0°\leqq\theta\leqq180°$ より　$\theta=\mathbf{30°}$

168 それぞれの条件を成分で計算する。

(1) $\vec{a}+\vec{b}=(1,\ x)+(2,\ -1)=(3,\ x-1)$
$2\vec{a}-3\vec{b}=2(1,\ x)-3(2,\ -1)$
$=(-4,\ 2x+3)$

$(\vec{a}+\vec{b})\perp(2\vec{a}-3\vec{b})$ のとき
$(\vec{a}+\vec{b})\cdot(2\vec{a}-3\vec{b})=0$　だから
$3\times(-4)+(x-1)\times(2x+3)=0$
$2x^2+x-15=0$
$(2x-5)(x+3)=0$

よって，$\boldsymbol{x=\frac{5}{2},\ -3}$

(2) $(\vec{a}+\vec{b})/\!/(2\vec{a}-3\vec{b})$ のとき
$\vec{a}+\vec{b}=k(2\vec{a}-3\vec{b})$　が成り立つから
$(3,\ x-1)=k(-4,\ 2x+3)$
となればよい。
$3=-4k$　　　……①
$x-1=k(2x+3)$　……②

①より $k=-\dfrac{3}{4}$　②に代入して

$x-1=-\dfrac{3}{4}(2x+3)$
$4x-4=-6x-9$，$10x=-5$

よって，$\boldsymbol{x=-\frac{1}{2}}$

(3) $|\vec{a}|=\sqrt{1+x^2}$,
$|\vec{b}|=\sqrt{2^2+(-1)^2}=\sqrt{5}$
$\vec{a}\cdot\vec{b}=1\times2+x\times(-1)=2-x$

$$\cos60°=\frac{\vec{a}\cdot\vec{b}}{|\vec{a}||\vec{b}|}=\frac{2-x}{\sqrt{1+x^2}\sqrt{5}}$$

$$\frac{1}{2}=\frac{2-x}{\sqrt{5x^2+5}}$$

$4-2x=\sqrt{5x^2+5}$
右辺は正だから　$4-2x>0$
すなわち $x<2$ のとき，両辺 2 乗して
$(4-2x)^2=5x^2+5$
$4x^2-16x+16=5x^2+5$
$x^2+16x-11=0$
$x=-8\pm\sqrt{64+11}=-8\pm5\sqrt{3}$
これは $x<2$ を満たす。
よって，$\boldsymbol{x=-8\pm5\sqrt{3}}$

169 $|\vec{a}|$，$|\vec{b}|$，$\vec{a}\cdot\vec{b}$ の値を面積の公式 $S=\dfrac{1}{2}\sqrt{|\vec{a}|^2|\vec{b}|^2-(\vec{a}\cdot\vec{b})^2}$ に代入する。

(1) $\vec{c}=\dfrac{\vec{a}+2\vec{b}}{2+1}$

$=\dfrac{1}{3}\vec{a}+\dfrac{2}{3}\vec{b}$ **答**

(2) $|\vec{c}|=5$ だから

$\left|\dfrac{1}{3}\vec{a}+\dfrac{2}{3}\vec{b}\right|=5$

$|\vec{a}+2\vec{b}|^2=15^2$

$|\vec{a}|^2+4\vec{a}\cdot\vec{b}+4|\vec{b}|^2=225$

$|\vec{a}|=7$，$|\vec{b}|=6$ を代入して

$7^2+4\vec{a}\cdot\vec{b}+4\cdot6^2=225$

$4\vec{a}\cdot\vec{b}=32$

よって，$\boldsymbol{\vec{a}\cdot\vec{b}=8}$

(3) $\triangle\mathrm{OAB}=\dfrac{1}{2}\sqrt{|\vec{a}|^2|\vec{b}|^2-(\vec{a}\cdot\vec{b})^2}$

$=\dfrac{1}{2}\sqrt{7^2\cdot6^2-8^2}$

$=\dfrac{1}{2}\sqrt{1700}=\boldsymbol{5\sqrt{17}}$

170 始点を A にそろえて $\overrightarrow{\mathrm{AP}}$ を $\overrightarrow{\mathrm{AB}}$，$\overrightarrow{\mathrm{AC}}$ で表す。

$3\overrightarrow{\mathrm{PA}}+5\overrightarrow{\mathrm{PB}}+7\overrightarrow{\mathrm{PC}}=\vec{0}$

$-3\overrightarrow{\mathrm{AP}}+5(\overrightarrow{\mathrm{AB}}-\overrightarrow{\mathrm{AP}})+7(\overrightarrow{\mathrm{AC}}-\overrightarrow{\mathrm{AP}})=\vec{0}$

$-15\overrightarrow{\mathrm{AP}}=-5\overrightarrow{\mathrm{AB}}-7\overrightarrow{\mathrm{AC}}$

よって，$\overrightarrow{\mathrm{AP}}=\boldsymbol{\dfrac{5\overrightarrow{\mathrm{AB}}+7\overrightarrow{\mathrm{AC}}}{15}}$

$\overrightarrow{\mathrm{AP}}=\dfrac{12}{15}\cdot\dfrac{5\overrightarrow{\mathrm{AB}}+7\overrightarrow{\mathrm{AC}}}{7+5}$

$=\dfrac{4}{5}\cdot\dfrac{5\overrightarrow{\mathrm{AB}}+7\overrightarrow{\mathrm{AC}}}{12}$

$\dfrac{5\overrightarrow{\mathrm{AB}}+7\overrightarrow{\mathrm{AC}}}{12}$ は辺 BC を 7：5 に内分する点を表すから点 D は BC を 7：5 に内分する点である。

よって，BD：DC＝**7：5**

$\overrightarrow{\mathrm{AP}}=\dfrac{4}{5}\overrightarrow{\mathrm{AD}}$ より

AP：PD＝4：1

△PCD の面積を S とすると

$\triangle\mathrm{PBD}=\dfrac{7}{5}S$

$\triangle\mathrm{PBC}=S+\dfrac{7}{5}S$

$=\dfrac{12}{5}S$

$\triangle\mathrm{PAB}=4\times\triangle\mathrm{PBD}=4\times\dfrac{7}{5}S=\dfrac{28}{5}S$

$\triangle\mathrm{PCA}=4\times\triangle\mathrm{PCD}=4S$

よって，△PAB：△PBC：△PCA

$=\dfrac{28}{5}S:\dfrac{12}{5}S:4S=\boldsymbol{7:3:5}$

別解

△ABC の面積を S とすると

$\triangle\mathrm{PAB}=\dfrac{4}{5}\triangle\mathrm{ABD}=\dfrac{4}{5}\times\dfrac{7}{12}S=\dfrac{7}{15}S$

$\triangle\mathrm{PBC}=\dfrac{1}{5}S$

$\triangle\mathrm{PCA}=\dfrac{4}{5}\triangle\mathrm{ADC}=\dfrac{4}{5}\times\dfrac{5}{12}S=\dfrac{1}{3}S$

よって，△PAB：△PBC：△PCA

$=\dfrac{7}{15}S:\dfrac{1}{5}S:\dfrac{1}{3}S=\boldsymbol{7:3:5}$

171 角の 2 等分線と対辺の比の性質を使う。

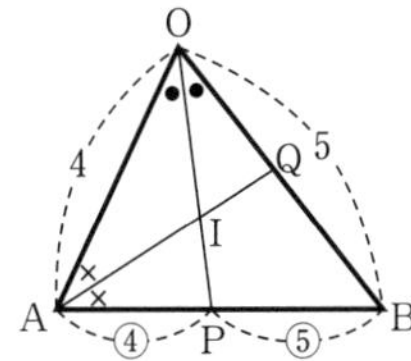

(1) $\overrightarrow{\mathrm{AB}}=\overrightarrow{\mathrm{OB}}-\overrightarrow{\mathrm{OA}}$ だから

$|\overrightarrow{\mathrm{AB}}|^2=|\overrightarrow{\mathrm{OB}}-\overrightarrow{\mathrm{OA}}|^2$

$=|\overrightarrow{\mathrm{OB}}|^2-2\overrightarrow{\mathrm{OA}}\cdot\overrightarrow{\mathrm{OB}}+|\overrightarrow{\mathrm{OA}}|^2$

$=5^2-2\cdot\dfrac{5}{2}+4^2=36$

よって，**AB＝6**

(2) AP：PB＝OA：OB＝4：5 だから

$\overrightarrow{\mathrm{OP}}=\dfrac{5\overrightarrow{\mathrm{OA}}+4\overrightarrow{\mathrm{OB}}}{4+5}=\boldsymbol{\dfrac{5}{9}\overrightarrow{\mathrm{OA}}+\dfrac{4}{9}\overrightarrow{\mathrm{OB}}}$

OQ：QB＝AO：AB

＝4：6＝2：3　だから

$\boldsymbol{\overrightarrow{\mathrm{OQ}}=\dfrac{2}{5}\overrightarrow{\mathrm{OB}}}$

(3) $\mathrm{AP}=\dfrac{4}{9}\mathrm{AB}=\dfrac{4}{9}\times6=\dfrac{8}{3}$

OI：IP＝AO：AP

$=4:\dfrac{8}{3}=3:2$

よって，$\overrightarrow{OI}=\frac{3}{5}\overrightarrow{OP}$

$=\frac{3}{5}\left(\frac{5}{9}\overrightarrow{OA}+\frac{4}{9}\overrightarrow{OB}\right)$

$=\boldsymbol{\frac{1}{3}\overrightarrow{OA}+\frac{4}{15}\overrightarrow{OB}}$

別解

OQ=2　だから

AI：IQ=OA：OQ

=4：2=2：1

よって，

$\overrightarrow{OI}=\frac{\overrightarrow{OA}+2\overrightarrow{OQ}}{2+1}=\frac{1}{3}\overrightarrow{OA}+\frac{2}{3}\overrightarrow{OQ}$

$=\frac{1}{3}\overrightarrow{OA}+\frac{2}{3}\cdot\frac{2}{5}\overrightarrow{OB}$

$=\boldsymbol{\frac{1}{3}\overrightarrow{OA}+\frac{4}{15}\overrightarrow{OB}}$

172 直線 AB 上の点 H を $\overrightarrow{OH}=(1-t)\overrightarrow{OA}+t\overrightarrow{OB}$ と表して，$\overrightarrow{OH}\perp\overrightarrow{AB}$ より求める。

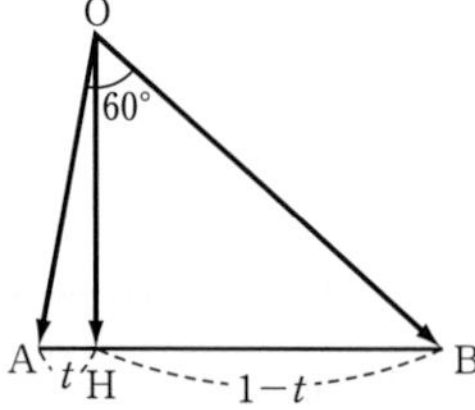

点 H は直線 AB 上の点だから

$\overrightarrow{OH}=(1-t)\overrightarrow{OA}+t\overrightarrow{OB}$ と表せる。

OH⊥AB より $\overrightarrow{OH}\cdot\overrightarrow{AB}=0$

$\{(1-t)\overrightarrow{OA}+t\overrightarrow{OB}\}\cdot(\overrightarrow{OB}-\overrightarrow{OA})=0$

$(t-1)|\overrightarrow{OA}|^2+(1-2t)\overrightarrow{OA}\cdot\overrightarrow{OB}+t|\overrightarrow{OB}|^2=0$

$|\overrightarrow{OA}|=4$，$|\overrightarrow{OB}|=6$，

$\overrightarrow{OA}\cdot\overrightarrow{OB}=4\cdot6\cdot\cos60°=12$ だから

$16(t-1)+(1-2t)\cdot12+36t=0$

$28t=4$　より　$t=\frac{1}{7}$

よって，$\boldsymbol{\overrightarrow{OH}=\frac{6}{7}\overrightarrow{OA}+\frac{1}{7}\overrightarrow{OB}}$

173 $\overrightarrow{AF}$ を線分 CE と線分 FG のそれぞれの内分点の比として表す。

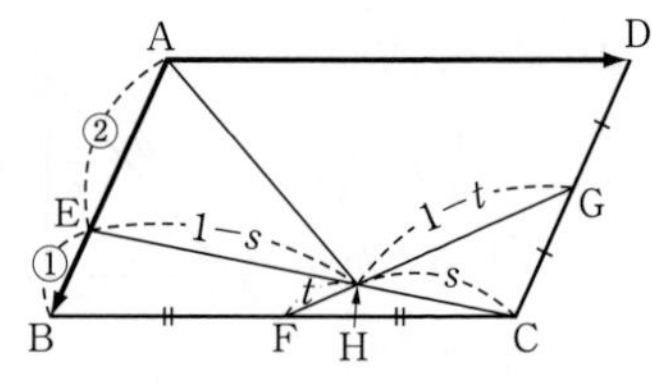

$\overrightarrow{AB}=\vec{b}$，$\overrightarrow{AD}=\vec{d}$ とする。

CH：HE$=s:(1-s)$

FH：HG$=t:(1-t)$ とおくと

$\overrightarrow{AH}=(1-s)\overrightarrow{AC}+s\overrightarrow{AE}$

$=(1-s)(\vec{b}+\vec{d})+s\frac{2}{3}\vec{b}$

$=\left(1-\frac{s}{3}\right)\vec{b}+(1-s)\vec{d}$　……①

$\overrightarrow{AH}=(1-t)\overrightarrow{AF}+t\overrightarrow{AG}$

$=(1-t)\left(\vec{b}+\frac{1}{2}\vec{d}\right)+t\left(\vec{d}+\frac{1}{2}\vec{b}\right)$

$=\left(1-\frac{t}{2}\right)\vec{b}+\left(\frac{1}{2}+\frac{t}{2}\right)\vec{d}$　……②

$\vec{b}$，$\vec{d}$ は 1 次独立だから ①=② より

$1-\frac{s}{3}=1-\frac{t}{2}$　……③

$1-s=\frac{1}{2}+\frac{t}{2}$　……④

$3t-2s=0$
$t+2s=1$

③，④を解いて

$s=\frac{3}{8}$，$t=\frac{1}{4}$

よって，

$\overrightarrow{AH}=\frac{7}{8}\vec{b}+\frac{5}{8}\vec{d}=\boldsymbol{\frac{7}{8}\overrightarrow{AB}+\frac{5}{8}\overrightarrow{AD}}$

174 (1) $\frac{s}{2}+\frac{t}{2}=1$ として，$\overrightarrow{OP}=s\overrightarrow{OA}+t\overrightarrow{OB}$ を変形。

$s+t=2$ の両辺を 2 で割って

$\frac{s}{2}+\frac{t}{2}=1$

$\overrightarrow{OP}=s\overrightarrow{OA}+t\overrightarrow{OB}$

$=\frac{s}{2}\cdot2\overrightarrow{OA}+\frac{t}{2}\cdot2\overrightarrow{OB}$

と変形できるから

P は $2\overrightarrow{OA}$ と $2\overrightarrow{OB}$ の終点を通る直線上にある。

$2\overrightarrow{OA}=\overrightarrow{OA'}$，$2\overrightarrow{OB}=\mathrm{OB'}$ となる点をとると，

P は図の直線 A′B′ 上である。

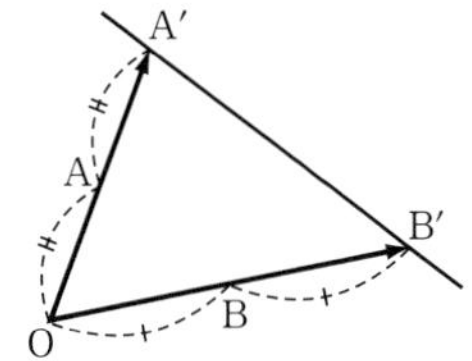

(2) $\overrightarrow{\mathrm{OP}}=\underset{\sim}{s}\overrightarrow{\mathrm{OA}}+\underset{\sim\sim}{(-2t)}\cdot\left(-\dfrac{1}{2}\overrightarrow{\mathrm{OB}}\right)$ と変形。
$s-2t=1$

$\overrightarrow{\mathrm{OP}}=s\overrightarrow{\mathrm{OA}}+t\overrightarrow{\mathrm{OB}}$

$=s\overrightarrow{\mathrm{OA}}+(-2t)\cdot\left(-\dfrac{1}{2}\overrightarrow{\mathrm{OB}}\right)$

と変形できるから

P は $\overrightarrow{\mathrm{OA}}$ と $-\dfrac{1}{2}\overrightarrow{\mathrm{OB}}$ の終点を通る直線上にある。

$-\dfrac{1}{2}\overrightarrow{\mathrm{OB}}=\overrightarrow{\mathrm{OB'}}$ となる点をとると，

P は下図の直線 AB′ 上にある。

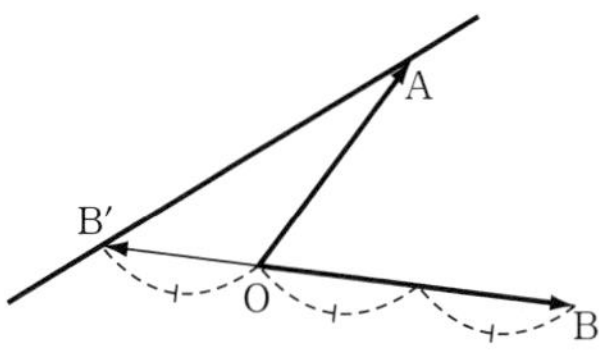

(3) $s+\dfrac{2}{3}t=1$ として，$\overrightarrow{\mathrm{OP}}=s\overrightarrow{\mathrm{OA}}+t\overrightarrow{\mathrm{OB}}$ を変形。

$3s+2t=3$ の両辺を 3 で割って

$s+\dfrac{2}{3}t=1$

$\overrightarrow{\mathrm{OP}}=s\overrightarrow{\mathrm{OA}}+t\overrightarrow{\mathrm{OB}}=s\overrightarrow{\mathrm{OA}}+\dfrac{2}{3}t\cdot\dfrac{3}{2}\overrightarrow{\mathrm{OB}}$

と変形する。

$s\geqq 0$，$t\geqq 0$ の条件があるから

$\dfrac{3}{2}\overrightarrow{\mathrm{OB}}=\overrightarrow{\mathrm{OB'}}$ となる点をとると，

P は図の線分 AB′ 上にある。

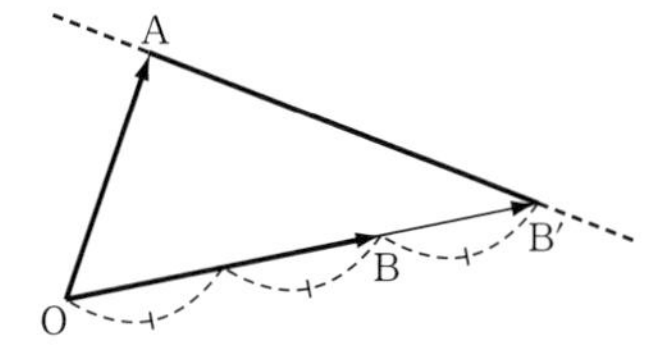

175 (1) $\overrightarrow{\mathrm{AB}}=k\overrightarrow{\mathrm{AC}}\Longleftrightarrow$ A，B，C は同一直線上。

3 点 A，B，C が一直線上にあるとき

$\overrightarrow{\mathrm{AB}}=k\overrightarrow{\mathrm{AC}}$ が成り立つ。

$\overrightarrow{\mathrm{AB}}=(-1-a,\ b-3,\ -6)$

$\overrightarrow{\mathrm{AC}}=(3-a,\ -8,\ -12)$

$\overrightarrow{\mathrm{AB}}=k\overrightarrow{\mathrm{AC}}$ より

$(-1-a,\ b-3,\ -6)$

$=k(3-a,\ -8,\ -12)$

$$\begin{cases}-1-a=k(3-a)\\ b-3=-8k\\ -6=-12k\end{cases}$$

これより，$k=\dfrac{1}{2}$，$b=-1$，$a=-5$

このとき

$\overrightarrow{\mathrm{AB}}=(4,\ -4,\ -6)$

$|\overrightarrow{\mathrm{AB}}|=\sqrt{4^2+(-4)^2+(-6)^2}$

$=\sqrt{68}=2\sqrt{17}$

よって，$\boldsymbol{a=-5}$，$\boldsymbol{b=-1}$，$\mathbf{AB=2\sqrt{17}}$

(2) 原点と A(2, 3, 1) を結ぶ直線上の点は $t\overrightarrow{\mathrm{OA}}=(2t,\ 3t,\ t)$ と表せる。

$\overrightarrow{\mathrm{OP}}=t\overrightarrow{\mathrm{OA}}=(2t,\ 3t,\ t)$

と表せるから

$\mathrm{BP}^2=(2t-5)^2+(3t-9)^2+(t-5)^2$

$=14t^2-84t+131$

$=14(t^2-6t)+131$

$=14\{(t-3)^2-9\}+131$

$=14(t-3)^2+5$

$t=3$ のとき，BP は最小になる。

よって，**P(6, 9, 3)**

(3) $\cos 30^\circ=\dfrac{\vec{a}\cdot\vec{b}}{|\vec{a}||\vec{b}|}$ にあてはめて計算。

$|\vec{a}|=\sqrt{2^2+(-1)^2+1^2}=\sqrt{6}$

$|\vec{b}|=\sqrt{(x-2)^2+(-x)^2+4^2}$

$=\sqrt{2x^2-4x+20}$

$\vec{a}\cdot\vec{b}=2\times(x-2)-1\times(-x)+1\times4$

$=3x$

$\cos 30^\circ=\dfrac{\vec{a}\cdot\vec{b}}{|\vec{a}||\vec{b}|}$

$=\dfrac{3x}{\sqrt{6}\sqrt{2x^2-4x+20}}$

$\dfrac{\sqrt{3}}{2}=\dfrac{3x}{2\sqrt{3}\sqrt{x^2-2x+10}}$

$x=\sqrt{x^2-2x+10}$

右辺は 0 以上だから，$x\geqq0$ のとき両辺 2 乗して

$x^2=x^2-2x+10$，$2x=10$

よって，$\boldsymbol{x=5}$（$x\geqq0$ を満たす。）

(4) **単位ベクトルを $\vec{e}=(x,\ y,\ z)$ とし $|\vec{e}|=1$，$\vec{a}\perp\vec{e}$，$\vec{b}\perp\vec{e}$ の条件をとる。**

単位ベクトルを $\vec{e}=(x,\ y,\ z)$ とすると

$|\vec{e}|^2=x^2+y^2+z^2=1$ ……①

$\vec{a}\perp\vec{e}$ より　$\vec{a}\cdot\vec{e}=0$

$\vec{a}\cdot\vec{e}=3x+y+2z=0$ ……②

$\vec{b}\perp\vec{e}$ より　$\vec{b}\cdot\vec{e}=0$

$\vec{b}\cdot\vec{e}=4x+2y+3z=0$ ……③

②×2−③より

$2x+z=0$，$z=-2x$ ……④

②に代入して　$y=x$ ……⑤

④，⑤を①に代入して

$x^2+x^2+4x^2=1$　より　$x=\pm\dfrac{\sqrt{6}}{6}$

④，⑤に代入して

$x=\dfrac{\sqrt{6}}{6}$ のとき，

$y=\dfrac{\sqrt{6}}{6}$，$z=-\dfrac{\sqrt{6}}{3}$

$x=-\dfrac{\sqrt{6}}{6}$ のとき，

$y=-\dfrac{\sqrt{6}}{6}$，$z=\dfrac{\sqrt{6}}{3}$

よって，$\vec{e}=\left(\boldsymbol{\dfrac{\sqrt{6}}{6},\ \dfrac{\sqrt{6}}{6},\ -\dfrac{\sqrt{6}}{3}}\right)$，

$\left(\boldsymbol{-\dfrac{\sqrt{6}}{6},\ -\dfrac{\sqrt{6}}{6},\ \dfrac{\sqrt{6}}{3}}\right)$

176 **正四面体の性質（各面はすべて正三角形である。）を利用する。**

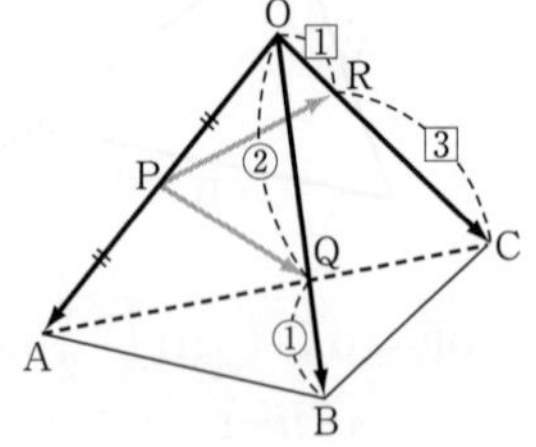

$\overrightarrow{\mathrm{OA}}=\vec{a}$，$\overrightarrow{\mathrm{OB}}=\vec{b}$，$\overrightarrow{\mathrm{OC}}=\vec{c}$ とすると，1 辺の長さが 1 の正四面体だから

$|\vec{a}|=|\vec{b}|=|\vec{c}|=1$

$\vec{a}\cdot\vec{b}=\vec{b}\cdot\vec{c}=\vec{c}\cdot\vec{a}=1\cdot1\cdot\cos 60^\circ=\dfrac{1}{2}$

(1) $\overrightarrow{\mathrm{PQ}}=\overrightarrow{\mathrm{OQ}}-\overrightarrow{\mathrm{OP}}=\dfrac{2}{3}\vec{b}-\dfrac{1}{2}\vec{a}$

$|\overrightarrow{\mathrm{PQ}}|^2=\left|\dfrac{2}{3}\vec{b}-\dfrac{1}{2}\vec{a}\right|^2$

$=\dfrac{4}{9}|\vec{b}|^2-\dfrac{2}{3}\vec{a}\cdot\vec{b}+\dfrac{1}{4}|\vec{a}|^2$

$=\dfrac{4}{9}-\dfrac{2}{3}\cdot\dfrac{1}{2}+\dfrac{1}{4}=\dfrac{13}{36}$

よって，$\mathrm{PQ}=\boldsymbol{\dfrac{\sqrt{13}}{6}}$

$\overrightarrow{\mathrm{PR}}=\overrightarrow{\mathrm{OR}}-\overrightarrow{\mathrm{OP}}=\dfrac{1}{4}\vec{c}-\dfrac{1}{2}\vec{a}$

$|\overrightarrow{\mathrm{PR}}|^2=\left|\dfrac{1}{4}\vec{c}-\dfrac{1}{2}\vec{a}\right|^2$

$=\dfrac{1}{16}|\vec{c}|^2-\dfrac{1}{4}\vec{c}\cdot\vec{a}+\dfrac{1}{4}|\vec{a}|^2$

$=\dfrac{1}{16}-\dfrac{1}{4}\cdot\dfrac{1}{2}+\dfrac{1}{4}=\dfrac{3}{16}$

よって，$\mathrm{PR}=\boldsymbol{\dfrac{\sqrt{3}}{4}}$

(2) $\overrightarrow{\mathrm{PQ}}\cdot\overrightarrow{\mathrm{PR}}$

$=\left(\dfrac{2}{3}\vec{b}-\dfrac{1}{2}\vec{a}\right)\cdot\left(\dfrac{1}{4}\vec{c}-\dfrac{1}{2}\vec{a}\right)$

$=\dfrac{1}{6}\vec{b}\cdot\vec{c}-\dfrac{1}{3}\vec{a}\cdot\vec{b}-\dfrac{1}{8}\vec{a}\cdot\vec{c}+\dfrac{1}{4}|\vec{a}|^2$

$=\dfrac{1}{6}\cdot\dfrac{1}{2}-\dfrac{1}{3}\cdot\dfrac{1}{2}-\dfrac{1}{8}\cdot\dfrac{1}{2}+\dfrac{1}{4}$

$=\boldsymbol{\dfrac{5}{48}}$

(3) △PQR

$=\frac{1}{2}\sqrt{|\overrightarrow{PQ}|^2|\overrightarrow{PR}|^2-(\overrightarrow{PQ}\cdot\overrightarrow{PR})^2}$

$=\frac{1}{2}\sqrt{\left(\frac{13}{36}\right)\left(\frac{3}{16}\right)-\left(\frac{5}{48}\right)^2}$

$=\frac{1}{2}\sqrt{\frac{13}{6^2}\cdot\frac{3}{4^2}-\frac{25}{6^2\cdot 8^2}}$

$=\frac{1}{2}\sqrt{\frac{13\cdot 3\cdot 4-25}{6^2\cdot 8^2}}=\boldsymbol{\frac{\sqrt{131}}{96}}$

177 (1) **$\overrightarrow{OP}=t\vec{a}$ として平面 OPB で考える。**

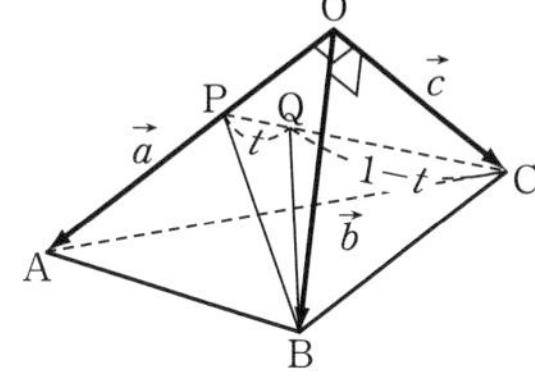

$\overrightarrow{OP}=t\vec{a}$ とすると

$\overrightarrow{OP}\cdot\overrightarrow{OB}=t\vec{a}\cdot\vec{b}=\frac{1}{2}$ より

$t\cdot 3\cdot 2\cos\angle AOB=\frac{1}{2}$

$t\cdot 3\cdot 2\cdot\frac{1}{4}=\frac{1}{2}$　より　$t=\frac{1}{3}$

よって，$\boldsymbol{\overrightarrow{OP}=\frac{1}{3}\vec{a}}$

(2) **PQ：QC$=t:(1-t)$ とおいて平面 PBC 上で PC⊥BQ の条件をとる。**

PQ：QC$=t:(1-t)$ $(0<t<1)$ とおくと

$\overrightarrow{BQ}=(1-t)\overrightarrow{BP}+t\overrightarrow{BC}$

$=(1-t)(\overrightarrow{OP}-\overrightarrow{OB})+t(\overrightarrow{OC}-\overrightarrow{OB})$

$=(1-t)\left(\frac{1}{3}\vec{a}-\vec{b}\right)+t(\vec{c}-\vec{b})$

$=\frac{1}{3}(1-t)\vec{a}-\vec{b}+t\vec{c}$

$\overrightarrow{PC}=\overrightarrow{OC}-\overrightarrow{OP}=\vec{c}-\frac{1}{3}\vec{a}$

$\overrightarrow{PC}\cdot\overrightarrow{BQ}$

$=\left(\vec{c}-\frac{1}{3}\vec{a}\right)\cdot\left\{\frac{1}{3}(1-t)\vec{a}-\vec{b}+t\vec{c}\right\}$

四面体の条件より

$|\vec{a}|=3,\ |\vec{b}|=|\vec{c}|=2$

$\vec{a}\cdot\vec{b}=3\cdot 2\cos\angle AOB=3\cdot 2\cdot\frac{1}{4}=\frac{3}{2}$

$\vec{b}\cdot\vec{c}=\vec{c}\cdot\vec{a}=0$　だから

$\overrightarrow{PC}\cdot\overrightarrow{BQ}$

$=t|\vec{c}|^2-\frac{1}{9}(1-t)|\vec{a}|^2+\frac{1}{3}\vec{a}\cdot\vec{b}=0$

$4t-(1-t)+\frac{1}{2}=0$

$5t=\frac{1}{2}$　より　$t=\frac{1}{10}$

よって，**PQ：QC＝1：9**

178 (1) **内分点の公式を利用して求める。**

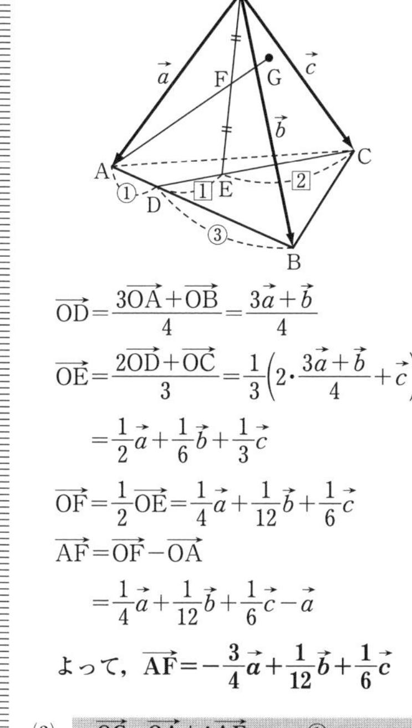

$\overrightarrow{OD}=\frac{3\overrightarrow{OA}+\overrightarrow{OB}}{4}=\frac{3\vec{a}+\vec{b}}{4}$

$\overrightarrow{OE}=\frac{2\overrightarrow{OD}+\overrightarrow{OC}}{3}=\frac{1}{3}\left(2\cdot\frac{3\vec{a}+\vec{b}}{4}+\vec{c}\right)$

$=\frac{1}{2}\vec{a}+\frac{1}{6}\vec{b}+\frac{1}{3}\vec{c}$

$\overrightarrow{OF}=\frac{1}{2}\overrightarrow{OE}=\frac{1}{4}\vec{a}+\frac{1}{12}\vec{b}+\frac{1}{6}\vec{c}$

$\overrightarrow{AF}=\overrightarrow{OF}-\overrightarrow{OA}$

$=\frac{1}{4}\vec{a}+\frac{1}{12}\vec{b}+\frac{1}{6}\vec{c}-\vec{a}$

よって，$\boldsymbol{\overrightarrow{AF}=-\frac{3}{4}\vec{a}+\frac{1}{12}\vec{b}+\frac{1}{6}\vec{c}}$

(2) **$\overrightarrow{OG}=\overrightarrow{OA}+t\overrightarrow{AF}$ ……①**
$\overrightarrow{OG}=l\overrightarrow{OB}+m\overrightarrow{OC}$ ……②
と表して，1次独立の考えを利用。

$\overrightarrow{OG}=\overrightarrow{OA}+t\overrightarrow{AF}$

$=\vec{a}+t\left(-\frac{3}{4}\vec{a}+\frac{1}{12}\vec{b}+\frac{1}{6}\vec{c}\right)$

$=\left(1-\frac{3}{4}t\right)\vec{a}+\frac{t}{12}\vec{b}+\frac{t}{6}\vec{c}$　……①

$\overrightarrow{OG}=l\overrightarrow{OB}+m\overrightarrow{OC}=l\vec{b}+m\vec{c}$ ……②
$\vec{a}$, $\vec{b}$, $\vec{c}$ は1次独立だから①=②より
$1-\frac{3}{4}t=0$, $\frac{t}{12}=l$, $\frac{t}{6}=m$
これより $t=\frac{4}{3}$ $\left(l=\frac{1}{9},\ m=\frac{2}{9}\right)$
よって，$\boldsymbol{\overrightarrow{OG}=\frac{1}{9}\vec{b}+\frac{2}{9}\vec{c}}$

別解
①よりGが平面OBC上にあるから，$\vec{a}$ の係数は0である。
よって，$1-\frac{3}{4}t=0$ より $t=\frac{4}{3}$
ゆえに，$\boldsymbol{\overrightarrow{OG}=\frac{1}{9}\vec{b}+\frac{2}{9}\vec{c}}$

179 (1) **xy平面との交点は $z=0$ として求める。**

直線 l のベクトル方程式は
$\vec{p}=\overrightarrow{OA}+t\overrightarrow{AB}$
$\overrightarrow{AB}=(-3,\ 4,\ -3)$ だから
$\vec{p}=(5,\ -1,\ 6)+t(-3,\ 4,\ -3)$
$=(5-3t,\ -1+4t,\ 6-3t)$
xy 平面との交点は $z=0$ だから
$6-3t=0$ より $t=2$
よって，**D(−1, 7, 0)**

(2) **$l\perp\overrightarrow{CH}$ より $\overrightarrow{AB}\cdot\overrightarrow{CH}=0$ の条件を求める。**

H$(5-3t,\ -1+4t,\ 6-3t)$ とおくと
$\overrightarrow{CH}=\overrightarrow{OH}-\overrightarrow{OC}$
$=(5-3t,\ -1+4t,\ 6-3t)-(-4,\ -5,\ 4)$
$=(9-3t,\ 4+4t,\ 2-3t)$
$\overrightarrow{AB}\perp\overrightarrow{CH}$ だから $\overrightarrow{AB}\cdot\overrightarrow{CH}=0$
$\overrightarrow{AB}\cdot\overrightarrow{CH}$
$=-3\times(9-3t)+4\times(4+4t)-3\times(2-3t)$
$=(-27+9t)+(16+16t)+(-6+9t)$
$=34t-17=0$
よって，$t=\frac{1}{2}$ より $\mathbf{H}\left(\frac{7}{2},\ 1,\ \frac{9}{2}\right)$

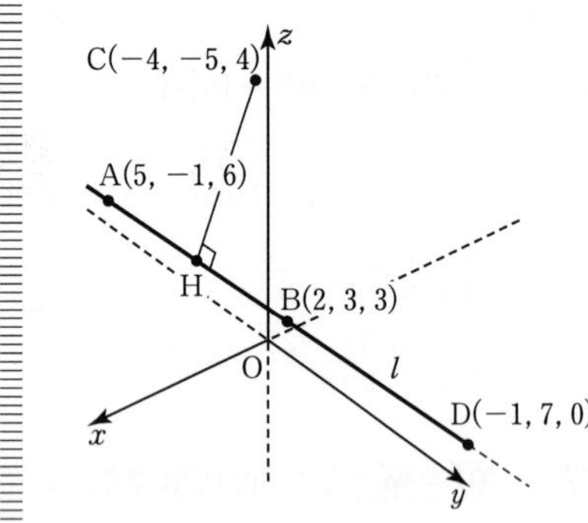

180 **$\pi\perp\overrightarrow{OP}$ のとき，$\overrightarrow{AB}\perp\overrightarrow{OP}$ かつ $\overrightarrow{AC}\perp\overrightarrow{OP}$ である条件から $\overrightarrow{OP}$ を求める。**

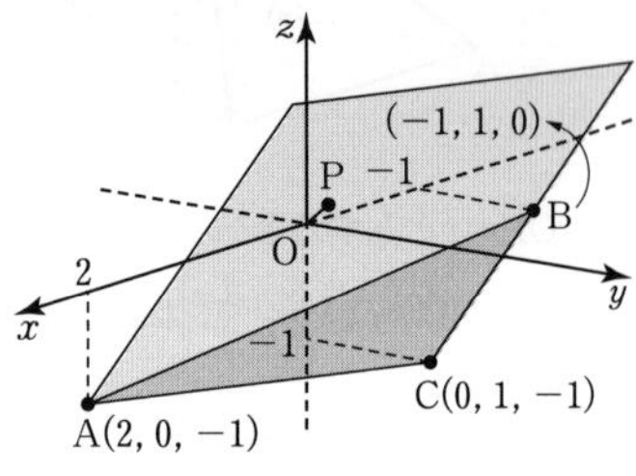

(1) 点Pが3点A，B，Cを通る平面上の点だから
$\overrightarrow{OP}=\overrightarrow{OA}+s\overrightarrow{AB}+t\overrightarrow{AC}$
$\overrightarrow{AB}=(-3,\ 1,\ 1)$, $\overrightarrow{AC}=(-2,\ 1,\ 0)$
$\overrightarrow{OP}=(2,\ 0,\ -1)+s(-3,\ 1,\ 1)+t(-2,\ 1,\ 0)$
$=(2-3s-2t,\ s+t,\ -1+s)$ ……①
$\pi\perp\overrightarrow{OP}$ より $\overrightarrow{AB}\perp\overrightarrow{OP}$, $\overrightarrow{AC}\perp\overrightarrow{OP}$ である。
$\overrightarrow{AB}\cdot\overrightarrow{OP}$
$=-3\times(2-3s-2t)+1\times(s+t)+1\times(-1+s)$
$=(-6+9s+6t)+(s+t)+(-1+s)$
$=11s+7t-7=0$ ……②
$\overrightarrow{AC}\cdot\overrightarrow{OP}$
$=-2\times(2-3s-2t)+1\times(s+t)+0\times(-1+s)$
$=(-4+6s+4t)+(s+t)$
$=7s+5t-4=0$ ……③

②，③を解いて，

$s=\frac{7}{6}$，$t=-\frac{5}{6}$

これを①に代入して

②×5−③×7 より

$$\begin{array}{r} 55s+35t=35 \\ -)\ 49s+35t=28 \\ \hline 6s\qquad =7 \end{array}$$

$\overrightarrow{OP}=\left(2-\frac{7}{2}+\frac{5}{3},\ \frac{7}{6}-\frac{5}{6},\ -1+\frac{7}{6}\right)$

$=\left(\boldsymbol{\frac{1}{6}},\ \boldsymbol{\frac{1}{3}},\ \boldsymbol{\frac{1}{6}}\right)$

(2) **面積の公式 $S=\frac{1}{2}\sqrt{|\vec{a}|^2|\vec{b}|^2-(\vec{a}\cdot\vec{b})^2}$ を利用。**

$\triangle ABC$

$=\frac{1}{2}\sqrt{|\overrightarrow{AB}|^2|\overrightarrow{AC}|^2-(\overrightarrow{AB}\cdot\overrightarrow{AC})^2}$

ここで

$|\overrightarrow{AB}|^2=(-3)^2+1^2+1^2=11$

$|\overrightarrow{AC}|^2=(-2)^2+1^2+0^2=5$

$\overrightarrow{AB}\cdot\overrightarrow{AC}=-3\cdot(-2)+1\cdot1+1\cdot0=7$

よって，$\triangle ABC=\frac{1}{2}\sqrt{11\cdot5-7^2}$

$=\boldsymbol{\frac{\sqrt{6}}{2}}$

(3) **底面積が △ABC，高さ OP の三角錐の体積。**

四面体の体積を V とすると

$V=\frac{1}{3}\cdot\triangle ABC\cdot OP$

$|\overrightarrow{OP}|=\sqrt{\left(\frac{1}{6}\right)^2+\left(\frac{1}{3}\right)^2+\left(\frac{1}{6}\right)^2}=\frac{\sqrt{6}}{6}$

よって，$V=\frac{1}{3}\cdot\frac{\sqrt{6}}{2}\cdot\frac{\sqrt{6}}{6}=\boldsymbol{\frac{1}{6}}$

181 (1) (ア) $z=1+2i$

(イ) $\bar{z}=1-2i$

(ウ) $-z=-1-2i$

(エ) $-\bar{z}=-1+2i$

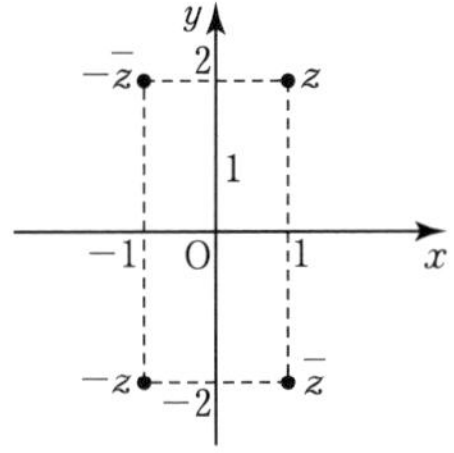

(2) $AB=|(4+10i)-(-1-2i)|$

$=|5+12i|$

$=\sqrt{5^2+12^2}=\sqrt{169}=\mathbf{13}$

$BC=|(11+3i)-(4+10i)|$

$=|7-7i|$

$=\sqrt{7^2+(-7)^2}=\sqrt{98}=\mathbf{7\sqrt{2}}$

$CA=|(-1-2i)-(11+3i)|$

$=|-12-5i|$

$=\sqrt{(-12)^2+(-5)^2}=\sqrt{169}=\mathbf{13}$

よって，AB=AC の二等辺三角形

(3) $OA=|a+bi|=\sqrt{a^2+b^2}=\sqrt{10}$ より

$a^2+b^2=10$ ……①

$AB=|(6-3i)-(a+bi)|$

$=\sqrt{(6-a)^2+(-3-b)^2}=5$

$a^2-12a+36+b^2+6b+9=25$

$a^2+b^2-12a+6b+20=0$ ……②

①を②に代入して

$-12a+6b+30=0$ より $b=2a-5$

①に代入して

$a^2+(2a-5)^2=10$，$a^2-4a+3=0$

$(a-1)(a-3)=0$ より $a=1,\ 3$

$a=1$ のとき $b=-3$

$a=3$ のとき $b=1$

よって，$1-3i$ または $3+i$

182 **$|z|$ と $\arg z$（z の偏角）を求めて極形式にする。**

(1) (i) $z=\frac{4(\sqrt{3}+i)}{(\sqrt{3}-i)(\sqrt{3}+i)}$

$=\sqrt{3}+i$

$|z|=\sqrt{(\sqrt{3})^2+1^2}=2$，$\arg z=\frac{\pi}{6}$

よって，$\boldsymbol{z=2\left(\cos\frac{\pi}{6}+i\sin\frac{\pi}{6}\right)}$

(ii) $z=\dfrac{(-5+i)(2+3i)}{(2-3i)(2+3i)}$

$=\dfrac{-13-13i}{13}=-1-i$

$|z|=\sqrt{(-1)^2+(-1)^2}=\sqrt{2}$,

$\arg z=\dfrac{5}{4}\pi$

よって,

$\boldsymbol{z=\sqrt{2}\left(\cos\dfrac{5}{4}\pi+i\sin\dfrac{5}{4}\pi\right)}$

(2) $z+\dfrac{1}{z}=1$, $z^2-z+1=0$

$z=\dfrac{1}{2}\pm\dfrac{\sqrt{3}}{2}i$

$|z|=\sqrt{\left(\dfrac{1}{2}\right)^2+\left(\dfrac{\sqrt{3}}{2}\right)^2}=1$

$z=\dfrac{1}{2}+\dfrac{\sqrt{3}}{2}i$ のとき,

$\arg z=\dfrac{\pi}{3}$

$z=\dfrac{1}{2}-\dfrac{\sqrt{3}}{2}i$ のとき,

$\arg z=\dfrac{5}{3}\pi$

よって, $\boldsymbol{\begin{cases} z=\cos\dfrac{\pi}{3}+i\sin\dfrac{\pi}{3} \\ z=\cos\dfrac{5}{3}\pi+i\sin\dfrac{5}{3}\pi \end{cases}}$

(3) $\dfrac{z-1}{z}$ の大きさが1で偏角が $\dfrac{5}{6}\pi$ だから

$\dfrac{z-1}{z}=1\cdot\left(\cos\dfrac{5}{6}\pi+i\sin\dfrac{5}{6}\pi\right)$

$=-\dfrac{\sqrt{3}}{2}+\dfrac{1}{2}i$

$2(z-1)=(-\sqrt{3}+i)z$

$(2+\sqrt{3}-i)z=2$

$z=\dfrac{2}{2+\sqrt{3}-i}$

$=\dfrac{2(2+\sqrt{3}+i)}{(2+\sqrt{3}-i)(2+\sqrt{3}+i)}$

$=\dfrac{2(2+\sqrt{3}+i)}{(2+\sqrt{3})^2+1}=\dfrac{2+\sqrt{3}+i}{4+2\sqrt{3}}$

$=\dfrac{(2+\sqrt{3}+i)(4-2\sqrt{3})}{(4+2\sqrt{3})(4-2\sqrt{3})}$

$=\dfrac{2+(4-2\sqrt{3})i}{4}$

$\boldsymbol{=\dfrac{1}{2}+\dfrac{2-\sqrt{3}}{2}i}$

183 分母を実数化した値と極形式で表した式を等しくおく。

$\boldsymbol{1+i=\sqrt{2}\left(\cos\dfrac{\pi}{4}+i\sin\dfrac{\pi}{4}\right)}$

$\boldsymbol{1+\sqrt{3}i=2\left(\cos\dfrac{\pi}{3}+i\sin\dfrac{\pi}{3}\right)}$

$\dfrac{1+\sqrt{3}i}{1+i}=\dfrac{2\left(\cos\dfrac{\pi}{3}+i\sin\dfrac{\pi}{3}\right)}{\sqrt{2}\left(\cos\dfrac{\pi}{4}+i\sin\dfrac{\pi}{4}\right)}$

$\boldsymbol{=\sqrt{2}\left(\cos\dfrac{\pi}{12}+i\sin\dfrac{\pi}{12}\right)}$ …①

$\dfrac{1+\sqrt{3}i}{1+i}=\dfrac{(1+\sqrt{3}i)(1-i)}{(1+i)(1-i)}$

$=\dfrac{1+\sqrt{3}+(\sqrt{3}-1)i}{2}$ …②

①, ②は等しいから

$\sqrt{2}\left(\cos\dfrac{\pi}{12}+i\sin\dfrac{\pi}{12}\right)$

$=\dfrac{1+\sqrt{3}+(\sqrt{3}-1)i}{2}$

が成り立つ。よって,

$\cos\dfrac{\pi}{12}+i\sin\dfrac{\pi}{12}$

$=\dfrac{\sqrt{6}+\sqrt{2}+(\sqrt{6}-\sqrt{2})i}{4}$

これより

$\cos\dfrac{\pi}{12}=\dfrac{\sqrt{6}+\sqrt{2}}{4}$,

$\sin\dfrac{\pi}{12}=\dfrac{\sqrt{6}-\sqrt{2}}{4}$

184 ド・モアブルの定理が適用できるように式を変形する。

(1) ① $1+i=\sqrt{2}\left(\cos\dfrac{\pi}{4}+i\sin\dfrac{\pi}{4}\right)$

$1-\sqrt{3}i=2\left\{\cos\left(-\dfrac{\pi}{3}\right)+i\sin\left(-\dfrac{\pi}{3}\right)\right\}$

$\left(\dfrac{1+i}{1-\sqrt{3}i}\right)^3$

$=\left(\dfrac{\sqrt{2}\left(\cos\dfrac{\pi}{4}+i\sin\dfrac{\pi}{4}\right)}{2\left\{\cos\left(-\dfrac{\pi}{3}\right)+i\sin\left(-\dfrac{\pi}{3}\right)\right\}}\right)^3$

$=\left(\frac{1}{\sqrt{2}}\right)^3\left(\cos\frac{7}{12}\pi+i\sin\frac{7}{12}\pi\right)^3$

$=\frac{1}{2\sqrt{2}}\left(\cos\frac{7}{4}\pi+i\sin\frac{7}{4}\pi\right)$

$=\frac{1}{2\sqrt{2}}\left(\frac{\sqrt{2}}{2}-\frac{\sqrt{2}}{2}i\right)$

$=\boldsymbol{\frac{1}{4}-\frac{1}{4}i}$

② $\frac{7-3i}{2-5i}=\frac{(7-3i)(2+5i)}{(2-5i)(2+5i)}$

$=\frac{29+29i}{29}=1+i$

$\left(\frac{7-3i}{2-5i}\right)^8=(1+i)^8$

$=\left\{\sqrt{2}\left(\cos\frac{\pi}{4}+i\sin\frac{\pi}{4}\right)\right\}^8$

$=(\sqrt{2})^8(\cos 2\pi+i\sin 2\pi)$

$=\mathbf{16}$

(2) **実数になるのは虚部が 0 のとき。**

$\frac{i}{\sqrt{3}-i}=\frac{\cos\frac{\pi}{2}+i\sin\frac{\pi}{2}}{2\left\{\cos\left(-\frac{\pi}{6}\right)+i\sin\left(-\frac{\pi}{6}\right)\right\}}$

$=\frac{1}{2}\left(\cos\frac{2}{3}\pi+i\sin\frac{2}{3}\pi\right)$

$z=\left(\frac{i}{\sqrt{3}-i}\right)^{n-4}$

$=\left\{\frac{1}{2}\left(\cos\frac{2}{3}\pi+i\sin\frac{2}{3}\pi\right)\right\}^{n-4}$

$=\frac{1}{2^{n-4}}\left\{\cos\frac{2(n-4)}{3}\pi+i\sin\frac{2(n-4)}{3}\pi\right\}$

これが実数となるのは

$\sin\frac{2(n-4)}{3}\pi=0$ のときだから

$\frac{2(n-4)}{3}\pi=k\pi$ （k は整数）

$2(n-4)=3k$ より $n=\frac{3}{2}k+4$

自然数 n の最小値は $k=-2$ のとき

$n=\mathbf{1}$ で，このとき

$z=\frac{1}{2^{-3}}\cos(-2\pi)=\mathbf{8}$

185 **$z^n=a+bi$ の解を求める手順に従う。**

(1) $z=r(\cos\theta+i\sin\theta)$ とおくと

$z^2=r^2(\cos 2\theta+i\sin 2\theta)$ ……①

$-i=\cos\frac{3}{2}\pi+i\sin\frac{3}{2}\pi$ ……②

①，②は等しいから

$r^2=1$，$r>0$ より $r=1$

$2\theta=\frac{3}{2}\pi+2k\pi$ （k は整数）

$\theta=\frac{3}{4}\pi+k\pi$

よって，

$z_k=\cos\left(\frac{3}{4}\pi+k\pi\right)+i\sin\left(\frac{3}{4}\pi+k\pi\right)$

$k=0$，1 を代入して

$z_0=\cos\frac{3}{4}\pi+i\sin\frac{3}{4}\pi$

$=-\frac{\sqrt{2}}{2}+\frac{\sqrt{2}}{2}i$

$z_1=\cos\frac{7}{4}\pi+i\sin\frac{7}{4}\pi$

$=\frac{\sqrt{2}}{2}-\frac{\sqrt{2}}{2}i$

これより，求める解は

$\boldsymbol{-\frac{\sqrt{2}}{2}+\frac{\sqrt{2}}{2}i,\ \frac{\sqrt{2}}{2}-\frac{\sqrt{2}}{2}i}$

(2) $z=r(\cos\theta+i\sin\theta)$ とおくと

$z^6=r^6(\cos 6\theta+i\sin 6\theta)$ ……①

$-1=\cos\pi+i\sin\pi$ ……②

①，②は等しいから

$r^6=1$，$r>0$ より $r=1$

$6\theta=\pi+2k\pi$ （k は整数）

$\theta=\frac{\pi}{6}+\frac{k}{3}\pi$

よって，

$z_k=\cos\left(\frac{\pi}{6}+\frac{k}{3}\pi\right)+i\sin\left(\frac{\pi}{6}+\frac{k}{3}\pi\right)$

$k=0$，1，2，3，4，5 を代入して

$z_0=\cos\frac{\pi}{6}+i\sin\frac{\pi}{6}=\frac{\sqrt{3}}{2}+\frac{1}{2}i$

$z_1=\cos\frac{\pi}{2}+i\sin\frac{\pi}{2}=i$

$z_2=\cos\frac{5}{6}\pi+i\sin\frac{5}{6}\pi$

$=-\frac{\sqrt{3}}{2}+\frac{1}{2}i$

$z_3=\cos\frac{7}{6}\pi+i\sin\frac{7}{6}\pi$

$=-\dfrac{\sqrt{3}}{2}-\dfrac{1}{2}i$

$z_4=\cos\dfrac{3}{2}\pi+i\sin\dfrac{3}{2}\pi=-i$

$z_5=\cos\dfrac{11}{6}\pi+i\sin\dfrac{11}{6}\pi$

$=\dfrac{\sqrt{3}}{2}-\dfrac{1}{2}i$

これより，求める解は

$$\boldsymbol{\frac{\sqrt{3}}{2}\pm\frac{1}{2}i,\ -\frac{\sqrt{3}}{2}\pm\frac{1}{2}i,\ \pm i}$$

186 **z, $\bar{z}$ の共役な複素数を使って計算するか，$z=x+yi$ とおく。垂直 2 等分線や円は式からも判断できる。**

(1) z は 2 点 -1, -3 から等しい距離にある点だから，この 2 点を結んだ線分の垂直 2 等分線である（下図)。

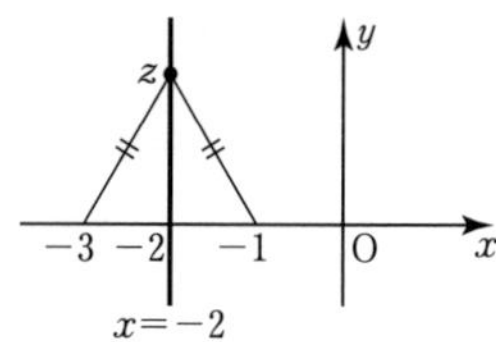

別解

$z=x+yi$（x, y は実数）とおくと

$|x+yi+3|=|x+yi+1|$

$|(x+3)+yi|=|(x+1)+yi|$

$\sqrt{(x+3)^2+y^2}=\sqrt{(x+1)^2+y^2}$

両辺を 2 乗して

$x^2+6x+9+y^2=x^2+2x+1+y^2$

$4x=-8$ より $x=-2$

よって，**直線 $x=-2$**

(2) $|z-3|=2|z|$ より

$|z-3|^2=4|z|^2$

$(z-3)(\overline{z-3})=4z\bar{z}$

$(z-3)(\bar{z}-3)=4z\bar{z}$

$z\bar{z}-3z-3\bar{z}+9=4z\bar{z}$

$z\bar{z}+z+\bar{z}=3$

$(z+1)(\bar{z}+1)=4$

$|z+1|^2=4$ より

$|z+1|=2$

よって，**点 -1 を中心とする半径 2 の円**

（下図)

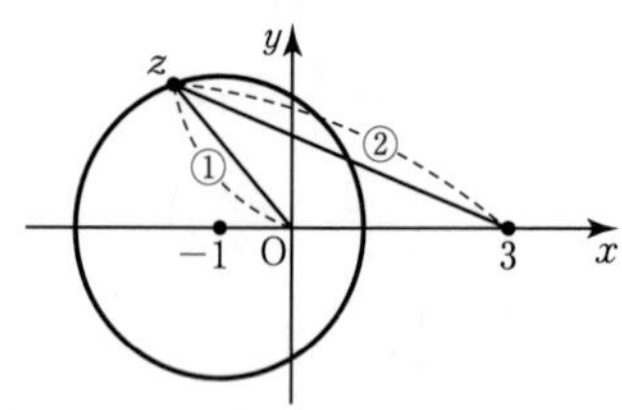

別解

$z=x+yi$（x, y は実数）とおき，

$|z-3|=2|z|$ に代入すると

$|x+yi-3|=2|x+yi|$

$|(x-3)+yi|=2|x+yi|$

$\sqrt{(x-3)^2+y^2}=2\sqrt{x^2+y^2}$

両辺を 2 乗して

$x^2-6x+9+y^2=4(x^2+y^2)$

$3x^2+3y^2+6x-9=0$

$x^2+y^2+2x-3=0$

$(x+1)^2+y^2=4$　　よって，

点 -1 を中心とする半径 2 の円

(3) $z\bar{z}+iz-i\bar{z}=0$

$z(\bar{z}+i)-i(\bar{z}+i)+i^2=0$

$(z-i)(\bar{z}+i)=1$

$(z-i)(\overline{z-i})=1$

$|z-i|^2=1$ より $|z-i|=1$

よって，**点 i を中心とする半径 1 の円**

(下図)

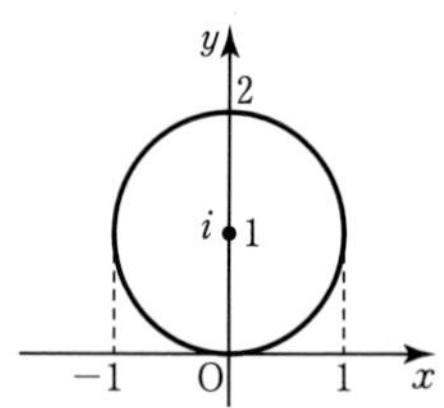

別解

$z=x+yi$（x, y は実数）とおくと

$\bar{z}=x-yi$　これを与式に代入して

$(x+yi)(x-yi)+i(x+yi)$
$-i(x-yi)=0$

$x^2+y^2-2y=0$

$x^2+(y-1)^2=1$

よって，**点 i を中心とする半径 1 の円**

(4) $|3z-4i|=2|z-3i|$ より

$|3z-4i|^2=4|z-3i|^2$

$(3z-4i)(\overline{3z-4i})=4(z-3i)(\overline{z-3i})$

$(3z-4i)(3\bar{z}+4i)=4(z-3i)(\bar{z}+3i)$

$9z\bar{z}+12zi-12i\bar{z}+16$
$=4(z\bar{z}+3zi-3\bar{z}i+9)$

$5z\bar{z}=20$

$|z|^2=4$ より $|z|=2$

よって，原点Oを中心とする半径2の円（下図）

別解

$z=x+yi$（x，y は実数）とおき，

$|3z-4i|=2|z-3i|$ に代入すると

$|3(x+yi)-4i|=2|x+yi-3i|$

$|3x+(3y-4)i|=2|x+(y-3)i|$

$\sqrt{(3x)^2+(3y-4)^2}=2\sqrt{x^2+(y-3)^2}$

両辺を2乗して

$9x^2+9y^2-24y+16$
$=4(x^2+y^2-6y+9)$

$5x^2+5y^2=20$

$x^2+y^2=4$

よって，原点Oを中心とする半径2の円

187 **z を w の形で表し，w，$\overline{w}$ の共役な複素数で計算するか，$w=x+yi$ とおく。**

(1) ①の $z=\dfrac{(1+i)w-i}{w-1}$ より

$\bar{z}=\dfrac{(1-i)\overline{w}+i}{\overline{w}-1}$

$z\bar{z}=|z|^2=1$ だから

$|z|^2=z\bar{z}=\dfrac{(1+i)w-i}{w-1}\cdot\dfrac{(1-i)\overline{w}+i}{\overline{w}-1}$

$=\dfrac{2w\overline{w}-(1-i)w-(1+i)\overline{w}+1}{w\overline{w}-w-\overline{w}+1}=1$

$2w\overline{w}-(1-i)w-(1+i)\overline{w}+1$
$=w\overline{w}-w-\overline{w}+1$

$w\overline{w}+iw-i\overline{w}=0$

$(w-i)(\overline{w}+i)=1$

$|w-i|^2=1$ より $|w-i|=1$

よって，点 w は点 i を中心とする半径1の円をえがく。

別解

$w=\dfrac{z-i}{z-1-i}$ を z について解く。

$w(z-1-i)=z-i$

$z(w-1)=(1+i)w-i$

$z=\dfrac{(1+i)w-i}{w-1}$ ……①

z は原点を中心とする半径1の円周上を動くから，$|z|=1$

$|z|=\left|\dfrac{(1+i)w-i}{w-1}\right|=1$

$|(1+i)w-i|=|w-1|$

ここで，$w=x+yi$（x，y は実数）とおいて代入する。

$|(1+i)(x+yi)-i|=|x+yi-1|$

$|(x-y)+(x+y-1)i|$
$=|(x-1)+yi|$

$\sqrt{(x-y)^2+(x+y-1)^2}$
$=\sqrt{(x-1)^2+y^2}$

両辺を2乗して

$x^2-2xy+y^2+x^2+y^2+1+2xy$
$-2y-2x=x^2-2x+1+y^2$

$x^2+y^2-2y=0$

$x^2+(y-1)^2=1$

よって，点 w は点 i を中心とする半径1の円をえがく。

(2) **$|w|$ は原点からの点 w までの距離である。**

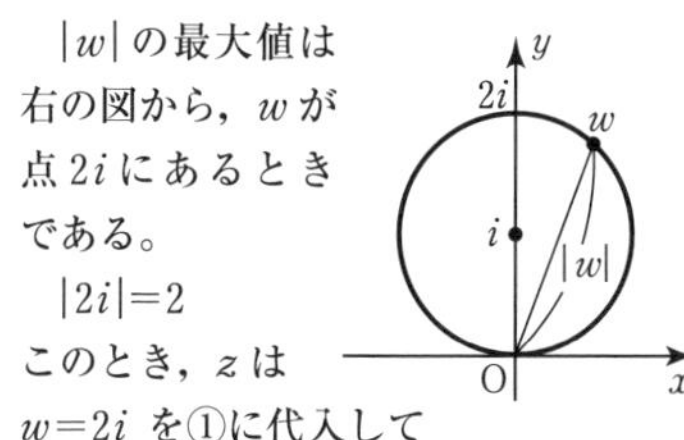

$|w|$ の最大値は右の図から，w が点 $2i$ にあるときである。

$|2i|=2$

このとき，z は

$w=2i$ を①に代入して

$$z=\frac{(1+i)2i-i}{2i-1}$$
$$=\frac{(i-2)(2i+1)}{(2i-1)(2i+1)}$$
$$=\frac{4+3i}{5}$$

よって，$\boldsymbol{z=\frac{4}{5}+\frac{3}{5}i}$ **のとき最大値2**

188 3点 α，β，γ に対して $\dfrac{\gamma-\alpha}{\beta-\alpha}$ を計算する。

(1) $\alpha=-1+2i$，$\beta=1+i$，$\gamma=-3+ki$ とする。

$$\frac{\gamma-\alpha}{\beta-\alpha}=\frac{(-3+ki)-(-1+2i)}{(1+i)-(-1+2i)}$$
$$=\frac{-2+(k-2)i}{2-i}$$
$$=\frac{\{-2+(k-2)i\}(2+i)}{(2-i)(2+i)}$$
$$=\frac{(-2-k)+(2k-6)i}{5}\quad\cdots①$$

(i) AB⊥AC となるのは，①が純虚数のとき。

よって，$-2-k=0$ より $\boldsymbol{k=-2}$

(ii) A，B，C が一直線上にあるのは，①が実数のとき。

よって，$2k-6=0$ より $\boldsymbol{k=3}$

(2) O，$\mathrm{P_1}$，$\mathrm{P_2}$ が同一直線上にあるとき，

$\dfrac{z_2}{z_1}$ が実数であればよい。

$$\frac{z_2}{z_1}=\frac{(a+2)-i}{3+(2a-1)i}$$
$$=\frac{\{(a+2)-i\}\{3-(2a-1)i\}}{\{3+(2a-1)i\}\{3-(2a-1)i\}}$$
$$=\frac{(a+7)-(2a^2+3a+1)i}{9+(2a-1)^2}$$

これが実数になるためには，虚部＝0

よって，$2a^2+3a+1=0$

$(2a+1)(a+1)=0$ より

$$\boldsymbol{a=-\frac{1}{2},\ -1}$$

別解

$\dfrac{z_2}{z_1}$ が実数のとき，$\overline{\left(\dfrac{z_2}{z_1}\right)}=\dfrac{z_2}{z_1}$ が成り立つ。

$\dfrac{\overline{z_2}}{\overline{z_1}}=\dfrac{z_2}{z_1}$ より $z_1\overline{z_2}=\overline{z_1}z_2$

$$\{3+(2a-1)i\}\{(a+2)+i\}$$
$$=\{3-(2a-1)i\}\{(a+2)-i\}$$
$$(a+7)+(2a^2+3a+1)i$$
$$=(a+7)-(2a^2+3a+1)i$$

よって，$2a^2+3a+1=0$

(以下同様)

189 (1)は $\dfrac{\gamma-\alpha}{\beta-\alpha}$ を，(2)は $\dfrac{z_1-z_3}{z_2-z_3}$ を極形式で表す。

(1) $\dfrac{\gamma-\alpha}{\beta-\alpha}=2\left\{\cos\left(-\dfrac{\pi}{6}\right)+i\sin\left(-\dfrac{\pi}{6}\right)\right\}$

$$\left|\frac{\gamma-\alpha}{\beta-\alpha}\right|=2$$

$\dfrac{\mathrm{AC}}{\mathrm{AB}}=2$ より

$$\frac{\mathrm{AB}}{\mathrm{AC}}=\boldsymbol{\frac{1}{2}}$$

$$\arg\frac{\gamma-\alpha}{\beta-\alpha}=-\frac{\pi}{6}$$

だから　$\angle\mathrm{BAC}=\boldsymbol{\dfrac{\pi}{6}}$

(この三角形は上図のようになっている。)

(2) $z_1+iz_2=(1+i)z_3$

$z_1-z_3=-i(z_2-z_3)$

よって，$\dfrac{z_1-z_3}{z_2-z_3}=-i$

$-i=\cos\left(-\dfrac{\pi}{2}\right)+i\sin\left(-\dfrac{\pi}{2}\right)$ だから

$$\left|\frac{z_1-z_3}{z_2-z_3}\right|=|-i|=1$$

よって，$|z_1-z_3|=|z_2-z_3|$

$$\arg\frac{z_1-z_3}{z_2-z_3}=-\frac{\pi}{2}$$

これより，z_1，z_2，z_3 は下図のような直角二等辺三角形をつくる。

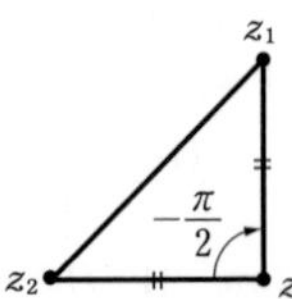

90 **点 α の回りの回転移動の公式を使う。**

頂点 A は点 B を中心に点 C を $\pm 60^\circ$ 回転させた点である。

(1) $(4+3i)\left\{\cos\left(\pm\frac{\pi}{3}\right)+i\sin\left(\pm\frac{\pi}{3}\right)\right\}$

より

$(4+3i)\left(\frac{1}{2}+\frac{\sqrt{3}}{2}i\right)$

$=\boldsymbol{\left(2-\frac{3\sqrt{3}}{2}\right)+\left(\frac{3}{2}+2\sqrt{3}\right)i}$

$(4+3i)\left(\frac{1}{2}-\frac{\sqrt{3}}{2}i\right)$

$=\boldsymbol{\left(2+\frac{3\sqrt{3}}{2}\right)+\left(\frac{3}{2}-2\sqrt{3}\right)i}$

(2) $(1+2i-3)\left\{\cos\left(\pm\frac{\pi}{3}\right)+i\sin\left(\pm\frac{\pi}{3}\right)\right\}+3$

より

$(-2+2i)\left(\frac{1}{2}+\frac{\sqrt{3}}{2}i\right)+3$

$=\boldsymbol{2-\sqrt{3}+(1-\sqrt{3})i}$

$(-2+2i)\left(\frac{1}{2}-\frac{\sqrt{3}}{2}i\right)+3$

$=\boldsymbol{2+\sqrt{3}+(1+\sqrt{3})i}$

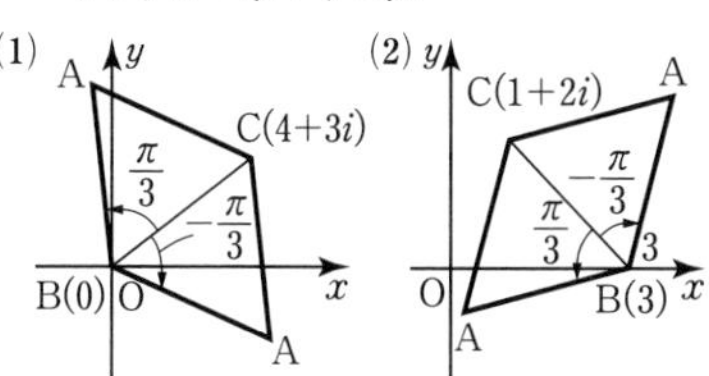

191 **標準形 $y^2=4px$, $x^2=4py$ に変形する。**

(1) ① $y^2=12x$ より $y^2=4\cdot 3x$

よって，**焦点 (3, 0)**

準線 $x=-3$

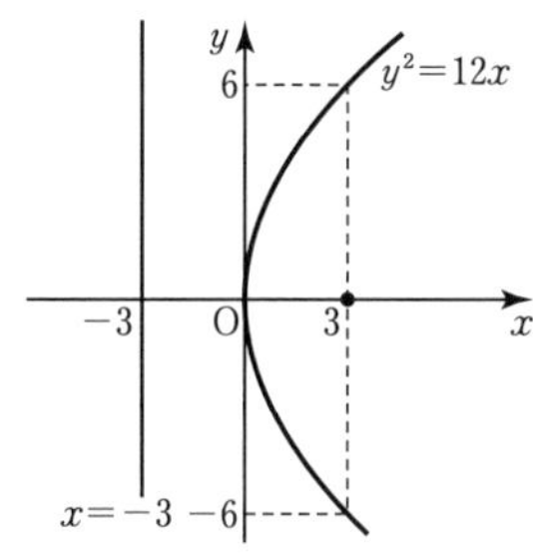

② $y=\frac{1}{4}x^2$ より $x^2=4\cdot 1\cdot y$

よって，**焦点 (0, 1)**

準線 $y=-1$

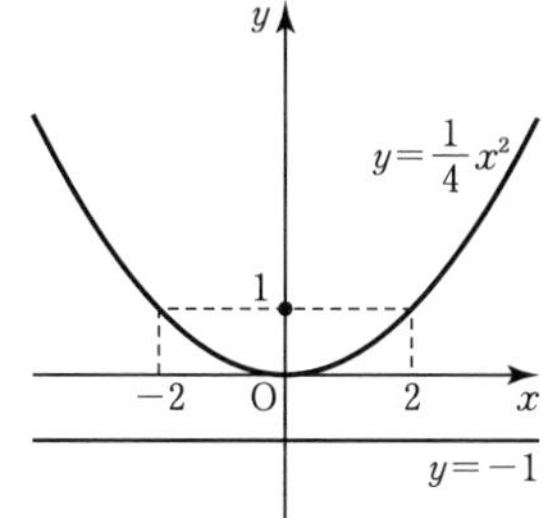

③ $y^2=-6x$ より $y^2=4\cdot\left(-\frac{3}{2}\right)\cdot x$

よって，**焦点 $\left(-\frac{3}{2},\ 0\right)$**

準線 $x=\frac{3}{2}$

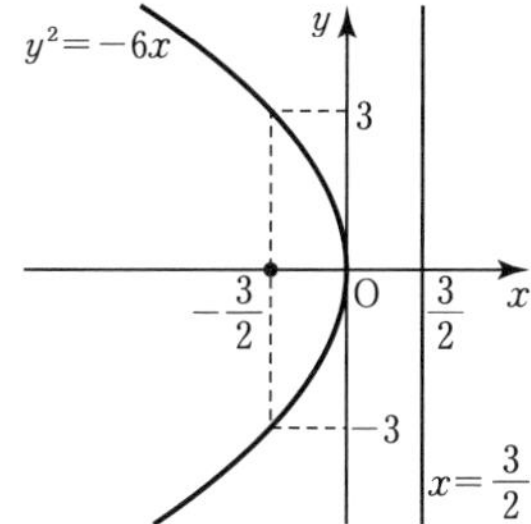

(2) **点 P と直線 $x=-2$ までの距離 と点 P と円の中心までの距離を考える。**

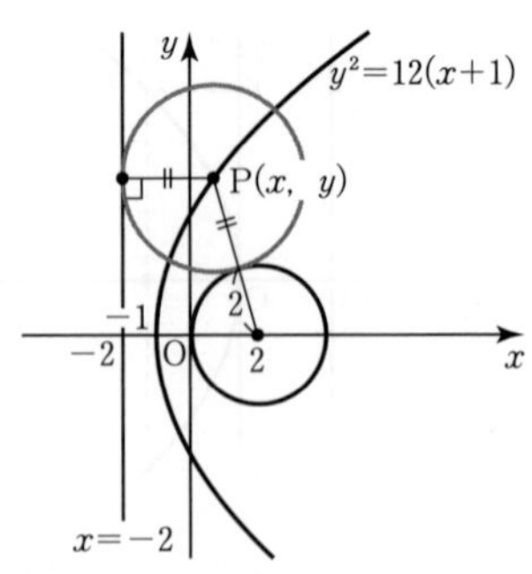

$x^2+y^2-4x=0$ より $(x-2)^2+y^2=4$

P$(x,\ y)$ とおくと，上図より円の半径は等しいから

$|x-(-2)|=\sqrt{(x-2)^2+y^2}-2$

$x>-2$ だから　$x+2>0$

ゆえに，$x+4=\sqrt{(x-2)^2+y^2}$

両辺を 2 乗して

$x^2+8x+16=x^2-4x+4+y^2$

$y^2=12x+12$

よって，**放物線** $\boldsymbol{y^2=12(x+1)}$

192 標準形 $\dfrac{\boldsymbol{x^2}}{\boldsymbol{a^2}}+\dfrac{\boldsymbol{y^2}}{\boldsymbol{b^2}}=\mathbf{1}$ とおき，焦点の位置に注意して $\boldsymbol{a}$，$\boldsymbol{b}$ を決定する。

(1)　楕円の方程式を $\dfrac{x^2}{a^2}+\dfrac{y^2}{b^2}=1$ とおくと，焦点からの距離の和が 6 だから

$2a=6$ より $a=3$

焦点が $(\pm\sqrt{5},\ 0)$ だから

$\sqrt{a^2-b^2}=\sqrt{5}$

$\sqrt{9-b^2}=\sqrt{5}$　より　$b^2=4$

よって，$\boldsymbol{\dfrac{x^2}{9}+\dfrac{y^2}{4}=1}$

(2)　焦点が y 軸上にあるから，楕円の方程式は

$\dfrac{x^2}{a^2}+\dfrac{y^2}{b^2}=1$ $(b>a>0)$　……①

とおける。

焦点が $(0,\ \pm1)$ だから，

$\sqrt{b^2-a^2}=1$　……②

$(0,\ 2)$ を通るから，①より $\dfrac{4}{b^2}=1$，

$b^2=4$

これを②に代入して $a^2=3$

よって，$\boldsymbol{\dfrac{x^2}{3}+\dfrac{y^2}{4}=1}$

193 双曲線の方程式を $\dfrac{x^2}{a^2}-\dfrac{y^2}{b^2}=1$ とおくと

(1)　焦点からの距離の差が 4 だから

$2a=4$　より　$a=2$

焦点が $(\pm3,\ 0)$ だから

$\sqrt{a^2+b^2}=3$

$\sqrt{4+b^2}=3$　より　$b^2=5$

よって，$\boldsymbol{\dfrac{x^2}{4}-\dfrac{y^2}{5}=1}$

(2)　漸近線が $y=2x$，$y=-2x$ だから

$y=\dfrac{b}{a}x \Longleftrightarrow y=2x$ より

$\dfrac{b}{a}=2$，$b=2a$　……①

点 $(3,\ 0)$ を通るから

$\dfrac{3^2}{a^2}-\dfrac{0^2}{b^2}=1$　より　$a=3$

①に代入して，$b=6$

よって，$\boldsymbol{\dfrac{x^2}{9}-\dfrac{y^2}{36}=1}$

焦点は $\sqrt{a^2+b^2}=\sqrt{45}=3\sqrt{5}$ より

$\boldsymbol{(3\sqrt{5},\ 0),\ (-3\sqrt{5},\ 0)}$

194 変形した式と標準形の式から平行移動についてよみとる。

(1)　$y^2-6y-6x+3=0$ より

$(y-3)^2-9=6x-3$

$(y-3)^2=6(x+1)$

この放物線は，

放物線　$y^2=4\cdot\dfrac{3}{2}x$　…①

を x 軸方向に -1，y 軸方向に 3 だけ平行移動したもの。

①の焦点は $\left(\dfrac{3}{2},\ 0\right)$，準線は $x=-\dfrac{3}{2}$

だから，**焦点** $\boldsymbol{\left(\dfrac{1}{2},\ 3\right)}$，**準線** $\boldsymbol{x=-\dfrac{5}{2}}$

（下図）

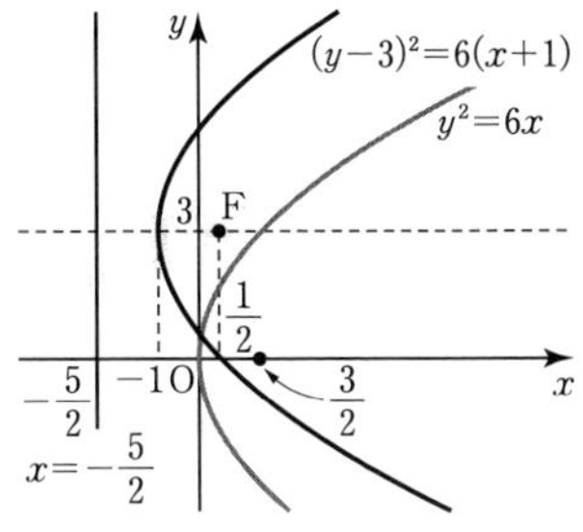

(2) $2x^2+3y^2-16x+6y+11=0$

$2(x^2-8x)+3(y^2+2y)+11=0$

$2(x-4)^2+3(y+1)^2=24$

$\dfrac{(x-4)^2}{12}+\dfrac{(y+1)^2}{8}=1$

この楕円は,

楕円 $\dfrac{x^2}{12}+\dfrac{y^2}{8}=1$ …①

を x 軸方向に 4，y 軸方向に -1 だけ平行移動したもの。

①の中心は原点 $(0,\ 0)$，焦点は $(\pm2,\ 0)$

だから，**中心 $(4,\ -1)$，**

焦点 $(6,\ -1)$，$(2,\ -1)$（下図）

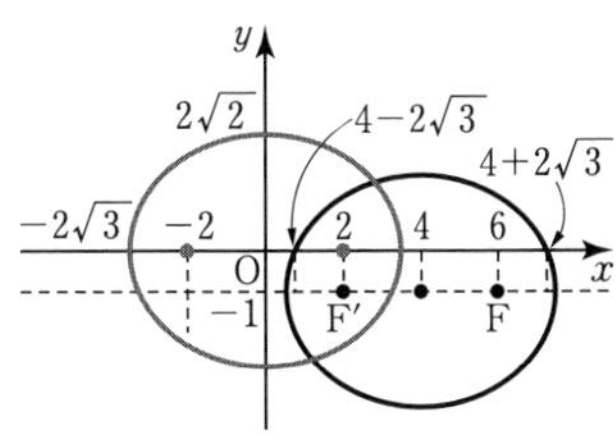

(3) $x^2-4y^2-6x+16y-3=0$

$(x^2-6x)-4(y^2-4y)-3=0$

$(x-3)^2-4(y-2)^2=-4$

$\dfrac{(x-3)^2}{4}-(y-2)^2=-1$

この双曲線は,

双曲線 $\dfrac{x^2}{4}-y^2=-1$ …①

を x 軸方向に 3，y 軸方向に 2 だけ平行移動したもの。

①は，焦点 $(0,\ \pm\sqrt{5})$，

漸近線は $y=\pm\dfrac{1}{2}x$

よって，

焦点 $(3,\ 2+\sqrt{5})$，$(3,\ 2-\sqrt{5})$

漸近線は $y-2=\pm\dfrac{1}{2}(x-3)$ より

$\boldsymbol{y=\dfrac{1}{2}x+\dfrac{1}{2},\ y=-\dfrac{1}{2}x+\dfrac{7}{2}}$（概形は下図）

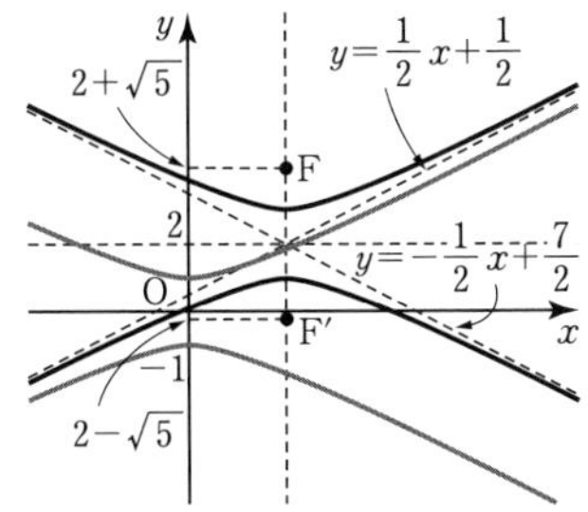

195 **2次曲線と直線の方程式を連立させて判別式を利用する。**

(1) 直線の方程式を $y=2x+n$ とおいて $4x^2+y^2=4$ に代入する。

$4x^2+(2x+n)^2=4$

$8x^2+4nx+n^2-4=0$

判別式を D とすると，接するから $D=0$

$\dfrac{D}{4}=(2n)^2-8(n^2-4)$

$=-4n^2+32=0$ より $n=\pm2\sqrt{2}$

よって，$\boldsymbol{y=2x\pm2\sqrt{2}}$

(2) $y=mx+3$ ……①

$4x^2+y^2=4$ ……②

①を②に代入して

$4x^2+(mx+3)^2=4$

$(m^2+4)x^2+6mx+5=0$

判別式を D とすると，接するから $D=0$

$\dfrac{D}{4}=9m^2-5(m^2+4)=4m^2-20=0$

$m^2=5$ より $m=\pm\sqrt{5}$

第1象限で接するから $m<0$ である。

よって，$\boldsymbol{m=-\sqrt{5}}$

$m=-\sqrt{5}$ のとき，

$9x^2-6\sqrt{5}x+5=0$

$(3x-\sqrt{5})^2=0$ より $x=\dfrac{\sqrt{5}}{3}$

このとき，$y=-\sqrt{5}\cdot\dfrac{\sqrt{5}}{3}+3=\dfrac{4}{3}$

よって，接点は $\left(\dfrac{\sqrt{5}}{3},\ \dfrac{4}{3}\right)$

(3) $y=mx+2$ を $y^2=2x+3$ に代入する。

$(mx+2)^2=2x+3$

$m^2x^2+(4m-2)x+1=0$

判別式を D とすると，接するから $D=0$

$\dfrac{D}{4}=(2m-1)^2-m^2$

$=3m^2-4m+1$

$=(3m-1)(m-1)=0$

よって，接するのは $\boldsymbol{m=\dfrac{1}{3}}$，**1** のとき。

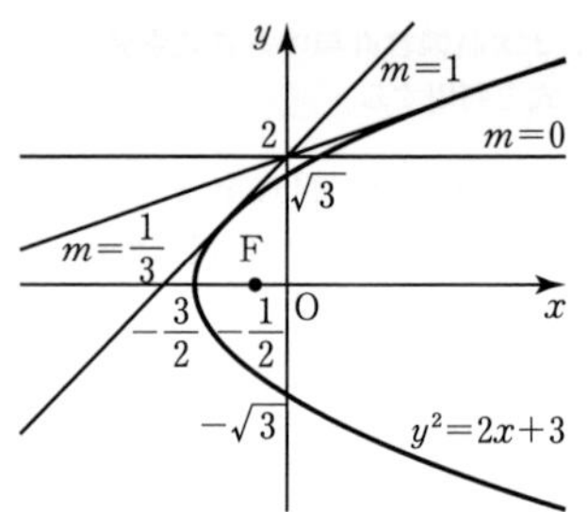

また，$\dfrac{D}{4}=(3m-1)(m-1)$ だから

$D>0$ すなわち $m<\dfrac{1}{3}$，$1<m$ のとき，共有点は 2 個

ただし，$m=0$ のときは放物線の軸と平行になるから共有点は 1 個。

$D<0$ すなわち $\dfrac{1}{3}<m<1$ のとき，共有点はない。よって，

$\boldsymbol{m<0,\ 0<m<\dfrac{1}{3},\ 1<m}$ **のとき 2 個。**

$\boldsymbol{m=\dfrac{1}{3},\ 1,\ 0}$ **のとき 1 個。**

$\boldsymbol{\dfrac{1}{3}<m<1}$ **のとき，共有点はない。**

196 (1) ① $r\cos\left(\theta+\dfrac{\pi}{6}\right)=1$

$r\left(\cos\theta\cos\dfrac{\pi}{6}-\sin\theta\sin\dfrac{\pi}{6}\right)=1$

$r\left(\dfrac{\sqrt{3}}{2}\cos\theta-\dfrac{1}{2}\sin\theta\right)=1$

$x=r\cos\theta$，$y=r\sin\theta$ を代入して

$\dfrac{\sqrt{3}}{2}x-\dfrac{1}{2}y=1$

よって，$\boldsymbol{\sqrt{3}x-y=2}$

② $r=4\sin\theta-2\cos\theta$

両辺に r を掛けて

$r^2=4r\sin\theta-2r\cos\theta$

$r^2=x^2+y^2$，$x=r\cos\theta$，$y=r\sin\theta$ を代入して

$x^2+y^2=4y-2x$

よって，$\boldsymbol{(x+1)^2+(y-2)^2=5}$

(2) $r=\dfrac{\sqrt{6}}{2+\sqrt{6}\cos\theta}$

$2r+\sqrt{6}r\cos\theta=\sqrt{6}$

$r=\sqrt{x^2+y^2}$，$x=r\cos\theta$ を代入して

$2\sqrt{x^2+y^2}+\sqrt{6}x=\sqrt{6}$

$2\sqrt{x^2+y^2}=\sqrt{6}(1-x)$

両辺を 2 乗して

$4(x^2+y^2)=6(1-x)^2$

$x^2-6x-2y^2+3=0$

$(x-3)^2-2y^2=6$

よって，$\boldsymbol{\dfrac{(x-3)^2}{6}-\dfrac{y^2}{3}=1}$

(曲線は下図の双曲線)

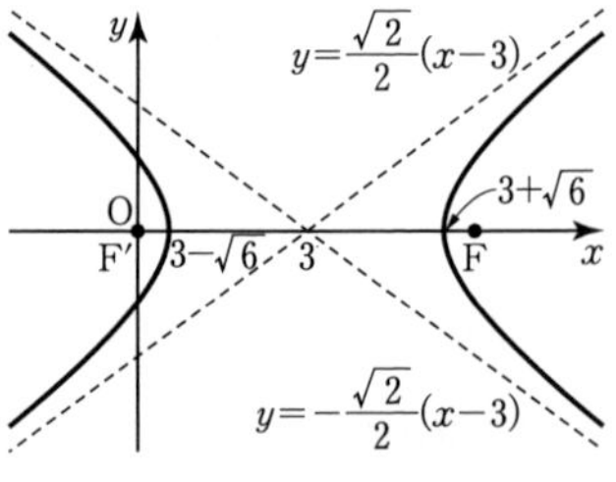

F(6, 0)，F′(0, 0)

197 (1) 楕円上の点を P$(x,\ y)$ とすると

$x=1+r\cos\theta$，$y=r\sin\theta$

と表せる。

$\dfrac{x^2}{4}+\dfrac{y^2}{3}=1$ に代入して

$$\frac{(1+r\cos\theta)^2}{4}+\frac{r^2\sin^2\theta}{3}=1$$

$$3(1+2r\cos\theta+r^2\cos^2\theta)+4r^2\sin^2\theta=12$$

$$r^2(3\cos^2\theta+4\sin^2\theta)+6r\cos\theta-9=0$$

$$r^2(4-\cos^2\theta)+6r\cos\theta-9=0$$

$$r=\frac{-3\cos\theta\pm\sqrt{36}}{4-\cos^2\theta}$$

$$=\frac{-3(\cos\theta\pm2)}{4-\cos^2\theta}$$

$r>0$ だから

$$r=\frac{3(2-\cos\theta)}{(2-\cos\theta)(2+\cos\theta)}$$

よって，$\boldsymbol{r=\dfrac{3}{2+\cos\theta}}$

別解

$$(2+\cos\theta)(2-\cos\theta)r^2+6(\cos\theta)r-9=0$$

$$\{(2+\cos\theta)r-3\}\{(2-\cos\theta)r+3\}=0$$

$(2-\cos\theta)r+3>0$ だから

$$(2+\cos\theta)r-3=0$$

よって，$\boldsymbol{r=\dfrac{3}{2+\cos\theta}}$

(2) 放物線上の点を $\mathrm{P}(x,\ y)$ とすると

$x=r\sin\theta,\ y=1-r\cos\theta$

と表せる。

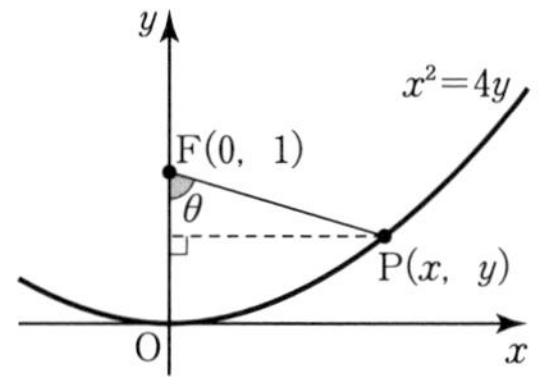

$x^2=4y$ に代入して

$$r^2\sin^2\theta=4(1-r\cos\theta)$$

$$r^2\sin^2\theta+4r\cos\theta-4=0$$

$$r=\frac{-2\cos\theta\pm\sqrt{4(\cos^2\theta+\sin^2\theta)}}{\sin^2\theta}$$

$$=\frac{-2\cos\theta\pm2}{1-\cos^2\theta}$$

$r>0$ だから

$$r=\frac{2(1-\cos\theta)}{(1+\cos\theta)(1-\cos\theta)}$$

よって，$\boldsymbol{r=\dfrac{2}{1+\cos\theta}}$

別解

$$(1+\cos\theta)(1-\cos\theta)r^2+4(\cos\theta)r-4=0$$

$$\{(1+\cos\theta)r-2\}\{(1-\cos\theta)r+2\}=0$$

$(1-\cos\theta)r+2>0$ だから

$$(1+\cos\theta)r-2=0$$

よって，$\boldsymbol{r=\dfrac{2}{1+\cos\theta}}$

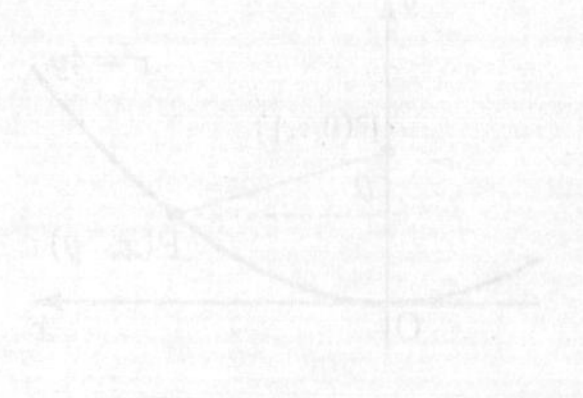